人力资源和社会保障部职业能力建设司推荐
冶金行业职业教育培训规划教材

轧钢工理论培训教程

主　编　任蜀焱　齐淑娥　阳　辉
副主编　刘饶川　胡　彬　王青峡
主　审　杨荣万

U0323142

北　京
冶金工业出版社
2024

内 容 提 要

本书系参照冶金行业职业技能标准和国家职业技能鉴定规范，根据冶金企业轧钢车间的生产实际和轧钢工种所需要的基本理论知识编写的。

全书共分 12 章，主要包括钢铁基本知识、金属学及热处理、金属塑性变形理论、轧制理论、轧钢机械设备、钢坯加热工艺及设备、轧钢工艺与控制、轧制参数检测、轧钢自动化操作平台、钢材质量管理、轧钢车间技术经济指标以及轧钢工理论知识复习题等。

本书可供轧钢车间操作人员的培训之用，也可作为职业技术院校相关专业的教材或现场工程技术人员的参考用书。

图书在版编目(CIP)数据

轧钢工理论培训教程/任蜀焱，齐淑娥，阳辉主编．—北京：冶金工业出版社，2010.5 （2024.9 重印）
冶金行业职业教育培训规划教材
ISBN 978-7-5024-5260-5

Ⅰ．①轧… Ⅱ．①任… ②齐… ③阳… Ⅲ．①轧钢学—技术培训—教材 Ⅳ．①TG33

中国版本图书馆 CIP 数据核字(2010)第 058327 号

轧钢工理论培训教程

出版发行	冶金工业出版社	电　话	(010)64027926
地　址	北京市东城区嵩祝院北巷 39 号	邮　编	100009
网　址	www.mip1953.com	电子信箱	service@mip1953.com

责任编辑　戈　兰　美术编辑　彭子赫　版式设计　孙跃红
责任校对　石　静　责任印制　禹　蕊
北京虎彩文化传播有限公司印刷
2010 年 5 月第 1 版，2024 年 9 月第 6 次印刷
787mm×1092mm　1/16；19.25 印张；515 千字；291 页
定价 59.00 元

投稿电话　(010)64027932　投稿信箱　tougao@cnmip.com.cn
营销中心电话　(010)64044283
冶金工业出版社天猫旗舰店　yjgycbs.tmall.com
（本书如有印装质量问题，本社营销中心负责退换）

冶金行业职业教育培训规划教材
编辑委员会

序

吴溪淳

改革开放以来，我国经济和社会发展取得了辉煌成就，冶金工业实现了持续、快速、健康发展，钢产量已连续数年位居世界首位。这其间凝结着冶金行业广大职工的智慧和心血，包含着千千万万产业工人的汗水和辛劳。实践证明，人才是兴国之本、富民之基和发展之源，是科技创新、经济发展和社会进步的探索者、实践者和推动者。冶金行业中的高技能人才是推动技术创新、实现科技成果转化不可缺少的重要力量，其数量能否迅速增长、素质能否不断提高，关系到冶金行业核心竞争力的强弱。同时，冶金行业作为国家基础产业，拥有数百万从业人员，其综合素质关系到我国产业工人队伍整体素质，关系到工人阶级自身先进性在新的历史条件下的巩固和发展，直接关系到我国综合国力能否不断增强。

强化职业技能培训工作，提高企业核心竞争力，是国民经济可持续发展的重要保障，党中央和国务院给予了高度重视，明确提出人才立国的发展战略。结合《职业教育法》的颁布实施，职业教育工作已出现长期稳定发展的新局面。作为行业职业教育的基础，教材建设工作也应认真贯彻落实科学发展观，坚持职业教育面向人人、面向社会的发展方向和以服务为宗旨、以就业为导向的发展方针，适时扩大编者队伍，优化配置教材选题，不断提高编写质量，为冶金行业的现代化建设打下坚实的基础。

为了搞好冶金行业的职业技能培训工作，冶金工业出版社在人力资源和社会保障部职业能力建设司和中国钢铁工业协会组织人事部的指导下，同河北工业职业技术学院、昆明冶金高等专科学校、吉林电子信息职业技术学院、山西工程职业技术学院、山东工业职业学院、安徽工业职业技术学院、武汉钢铁集团公司、山钢集团济钢公司、云南文山铝业有限公司、中国职工教育和职业培训协会冶金分会、中国钢协职业培训中心、中国钢协人力资源与劳动保障工作委员会教育培训研究会等单位密切协作，联合有关冶金企业、高职院校和本科院校，编写了这套冶金行业职业教育培训规划教材，并经人力资源和社会保障部职业培训教材工作委员会组织专家评审通过，由人力资源和社会保障部职业能力建设司给予推荐，有关学校、企业的编写人员在时间紧、任务重的情况下，克服困难，辛勤工作，在相关科研院所的工程技术人员的积极参与和大力支持下，出色地完成了前期工作，为冶金行业的职业技能培训工作的顺利进行，打下了坚实的基础。相信这套教材的出版，将为冶金企业生产一线人员理论水平、操作水平和管理水平的进一步提高，企业核心竞争力的不断增强，起到积极的推进作用。

随着近年来冶金行业的高速发展，职业技能培训工作也取得了令人瞩目的成绩，绝大多数企业建立了完善的职工教育培训体系，职工素质不断提高，为我国冶金行业的发展提供了强大的人力资源支持。今后培训工作的重点，应继续注重职业技能培训工作者队伍的建设，丰富教材品种，加强对高技能人才的培养，进一步强化岗前培训，深化企业间、国际间的合作，开辟冶金行业职业培训工作的新局面。

展望未来，任重而道远。希望各冶金企业与相关院校、出版部门进一步开拓思路，加强合作，全面提升从业人员的素质，要在冶金企业的职工队伍中培养一批刻苦学习、岗位成才的带头人，培养一批推动技术创新、实现科技成果转化的带头人，培养一批提高生产效率、提升产品质量的带头人；不断创新，不断发展，力争使我国冶金行业职业技能培训工作跨上一个新台阶，为冶金行业持续、稳定、健康发展，做出新的贡献！

前　言

　　钢铁工业既是制造业的基础，又是国家重要支柱产业之一。钢铁产能的高低是衡量国民经济发展的重要标志。近年来，我国钢铁工业发展迅猛，生产工艺及装备水平、新产品研发能力和产品质量都有显著提高，粗钢产量连续多年居世界首位，但高质量的钢材所占比例仍然较小。另外，受金融危机的影响以及随着低碳经济时代的到来，轧钢企业需要一大批高技能人才，来推动技术创新，实现科技成果转化。轧钢从业人员素质的高低关系到冶金行业核心竞争力的强弱。工作在轧钢生产第一线的轧钢从业人员大部分来自高中毕业生或其他非轧钢专业人员，缺乏系统的理论知识，而在实际生产中仍然沿用传统的师傅带徒弟的传授模式已经不能适应轧钢、冶金装备新技术和计算机控制等技术快速发展的要求，因此轧钢企业急需培养既懂理论又懂操作的高素质的新一代操作工人。强化轧钢从业人员的理论和技能培训，是解决上述问题，提高轧钢企业核心竞争力的保证。

　　在国家提出实行学历文凭和职业资格两种证书制度的大环境下，轧钢相关专业的大、中专毕业生应具备轧钢工中、高级理论水平和实践技能水平。我们编写本书，就是为了提高轧钢从业人员的这一理论素质。本书是依据《中华人民共和国职业技能鉴定标准——轧钢卷》，针对轧钢车间的生产实际和轧钢工种的理论知识要求来编写，内容紧密结合冶金行业职业技能标准和国家职业技能鉴定规范，涵盖轧钢工所需掌握的基本理论知识，目的是为从事轧钢生产一线的工作人员提供理论支持，更好地促进理论指导实践，提高轧钢从业人员的综合素质和操作技能。

　　本书立足于基本概念清晰，重点突出，简明扼要，基本理论必需、够用，紧密联系生产实际，力求使读者易学易懂。

　　本书由任蜀焱、齐淑娥、阳辉任主编，刘饶川、胡彬、王青峡任副主编，重庆钢铁（集团）股份有限公司杨荣万高级工程师任主审。全书共12章，编写人员的分工为：重庆科技学院任蜀焱（第1、2、3章、第8.5、8.6节、附录1）、阳辉（第4章、8.1节）、刘饶川（第5章、第8.2、8.3节）、胡彬（第8.4节）、王青峡（第11、12章及附录2）、罗晓东（第7章）、许文林（附录3）及四川机电职业技术学院齐淑娥（第6、9、10章）。任蜀焱、阳辉、王青峡负责统稿与书稿整理。

　　在编写过程中，编者参考了多种相关书籍、资料和国家标准，在此，对相关文献资料的作者一并表示衷心的感谢！

　　书中不妥之处，敬请读者批评指正。

编　者

2010年2月

目　录

1 绪　　论

1.1　职业、工种、岗位之间的区别和联系

职业、工种和岗位之间有着密切的内在联系。职业是具有一定特征的社会工作类别，它是一种或一组特定工作的统称。工种是根据劳动管理的需要，按照生产劳动的性质、工艺技术的特征或者服务活动的特点而划分的工作种类。岗位是企业根据生产的实际需要而设置的工作位置。一个职业包括一个或几个工种，一个工种又包括几个岗位。因此，职业与工种、岗位之间是一个包含和被包含的关系，如图 1-1 所示。职业→工种→岗位，逐渐细化，逐渐具体。企业根据劳动岗位的特点对上岗人员提出的综合要求形成岗位规范，构成企业劳动管理的基础。职业分类客观地反映了国家经济、社会和科技等领域的发展和变化，在某种程度上也反映了一个阶段社会管理水平。

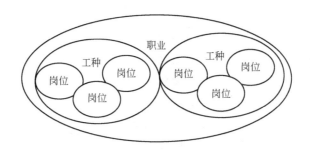

图 1-1　职业、工种和岗位三者的关系

1.2　轧钢工在国家职业分类中的位置

在《中华人民共和国职业分类大典》中，将我国职业归为 8 个大类，66 个中类，413 个小类，1838 个细类（职业）。轧钢工属于第 6 大类第 2 中类第 8 小类第 2 细类（金属轧制工）职业的工种之一。细类（职业）下所列的工种名称和序号是与《中华人民共和国工种分类目录》中的工种名称和序号相一致的，体现工种分类与职业分类的衔接。轧钢工工种属于金属轧制工这一职业，如表 1-1 所示。

1.3　轧钢工鉴定流程

国家职业技能鉴定通常实行定期鉴定制度，一般流程是：发布鉴定公告→鉴定申报→资格审查→交纳鉴定考核费→考前准备→人员管理→试卷管理→鉴定实施→阅卷管理→职业技能鉴定信息统计→印发证书。

职业鉴定考试分国家统考和非国家统考。国家统考时间一般安排在每年 3 月、5 月、7 月、9 月和 11 月的第三周。非国家统考时间灵活，由鉴定机构随时组织考试鉴定。轧钢工属于特种行业类工种，实行非国家统考。

表 1-1　金属轧制工职业描述信息表

职业名称	金属轧制工
职业编码	6-02-08-02
所在分类	生产、运输设备操作人员及有关人员→金属冶炼、轧制人员→金属轧制人员
职业描述	操作轧机及辅助设备，将金属锭、坯轧制成管、板、线、型等金属材的人员。 从事的工作主要包括： （1）操作辊道、翻料、拉料、移位和升降等设备、装置或使用工具，将金属锭、坯调头、移位、翻面、送入轧机； （2）使用工具或液压装置，调整轧辊的压下量，控制孔型； （3）操作轧机等设备，将金属锭、坯制成坯料和管、板、线、型等金属材； （4）操作轧制工艺线上的剪切、锯切机，按定尺剪切金属材、坯及其头尾； （5）处理轧废料，取样； （6）按工艺要求，制作轧机的导板、卫板、孔型样板； （7）组装整体更换的轧辊，配备、管理轧辊； （8）更换轧机的导板、卫板、轧辊、轴及连接装置； （9）处理故障，维护保养设备。 注：职业描述以已颁布的国家职业标准内容为准

下列 14 个工种归入本职业（金属轧制工）		
序　号	工　种　名　称	工　种　编　码
1	轧钢工	15-063
2	轧制备品工	15-080
3	钨、钼轧制开坯工	36-148
4	精密合金管制造工	36-155
5	钨、钼板带材制造工	36-156
6	热压延工	39-188
7	冷压延工	39-189
8	轧管工	39-194
9	工艺润滑工	39-211
10	换辊轴承调整工	39-215
11	线材轧制工	39-235
12	复合板工	39-240
13	热轧管工	新增工种
14	冷轧管工	新增工种

（注：前两行"包含工种"在表格左侧合并列中）

　　轧钢工理论知识考核成绩和操作技能考核成绩采取百分制。评定成绩按理论知识考核和操作技能考核成绩中较低的成绩确定。证书上评定成绩应按情况打印：合格（60～79分）、良好（80～89分）、优秀（90～100分）。成绩结果在15日内通知考试人员，对成绩有异议者，在1周内查询，单项成绩两年内有效。

1.4　国家职业资格证书

　　国家实行职业资格证书制度，由经过人力资源和社会保障（劳动保障）行政部门批准的考核鉴定机构对劳动者实施职业技能考核鉴定。国家职业资格分为初级（五级）、中级（四级）、高级（三级）、技师（二级）、高级技师（一级）。轧钢工有这五个职业等级，但不是所有的职业都有五个等级。

证书照片处须贴本人近期2寸免冠黑白照，并在左下角加盖发证机关职业技能鉴定专用钢印。

证书按照《职业技能鉴定考务管理编码方案》编码，证书编号16位所表示的意思如表1-2所示。

证书可在www.osta.org.cn网站上输入身份证号码、姓名、证书编号进行查询。

表1-2 中华人民共和国职业资格证书编号含义

编号位数	1, 2位		3, 4位		5, 6位		7位	8~10位			11位	12~16位				
编号含义	年 份		省 份		地 区		机构识别	机构代码			证书类别	顺序编号				
编号举例	0	8	3	1	0	0	1	1	0	4	4	0	0	9	0	0

2 钢铁基本知识

钢是以铁为主要元素，碳含量一般在 0.0218% ~ 2.11% 的铁碳合金，并含有其他元素的材料。含碳量 2.11% 通常是划分钢和铸铁的分界线。

我国钢铁工业经过几十年的努力，已发展到目前能生产 1000 多个钢种、4 万多个品种的钢材，特别是国防工业和高精尖技术，包括原子弹、氢弹、导弹、核潜艇、通讯卫星、火箭等需要的关键性钢铁材料。

2.1 钢的分类

钢的种类繁多，为了便于生产、选用和比较研究并进行保管，根据钢的某些特性，从不同角度出发，可以把它们分成若干具有共同特点的类别。下面简单介绍一些常用的分类方法。

（1）按钢的化学成分分类。按化学成分可把钢分为碳素钢（或碳钢）和合金钢两类，如图 2-1 所示。

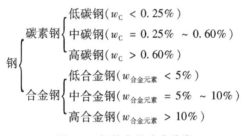

$$钢 \begin{cases} 碳素钢 \begin{cases} 低碳钢(w_C < 0.25\%) \\ 中碳钢(w_C = 0.25\% \sim 0.60\%) \\ 高碳钢(w_C > 0.60\%) \end{cases} \\ 合金钢 \begin{cases} 低合金钢(w_{合金元素} < 5\%) \\ 中合金钢(w_{合金元素} = 5\% \sim 10\%) \\ 高合金钢(w_{合金元素} > 10\%) \end{cases} \end{cases}$$

图 2-1 钢按化学成分分类

（2）按钢的质量分类。根据钢中所含有害杂质（S、P）量的多少，工业用钢通常分为普通质量钢（$w_S \leq 0.050\%$，$w_P \leq 0.045\%$）、优质钢（$w_S \leq 0.035\%$，$w_P \leq 0.035\%$）和高级优质钢（$w_S \leq 0.025\%$，$w_P \leq 0.025\%$）等三类。

（3）按钢的金相组织分类。按平衡状态或退火组织可将钢分为亚共析钢（F + P 组织）、共析钢（P 组织）、过共析钢（P + Fe₃C_Ⅱ 组织）和莱氏体钢。

按正火组织可将钢分为珠光体钢、贝氏体钢、马氏体钢和奥氏体钢。

按加热及冷却时有无相变和室温组织时金相组织可将钢分为铁素体钢、奥氏体钢和复相钢。

（4）按钢的冶炼方法分类。根据冶炼设备可将钢分为转炉钢和电炉钢。

根据冶炼时钢的脱氧程度不同可将钢分为沸腾钢、镇静钢和半镇静钢。合金钢一般均为镇静钢。

（5）按钢的用途分类。按用途可将钢分为结构钢、工具钢、特殊钢和专业用钢等四大类。按用途分类是钢最常用的分类方法。

结构钢包括建筑及工程用结构钢和机械制造用结构钢。建筑及工程用结构钢（简称建造用钢）是指用于建筑、桥梁、船舶、锅炉或其他工程上制作金属结构件的钢，如碳素结构钢、低合金钢、钢筋钢等。机械制造用结构钢是指用于制造机械设备上结构零件的钢。这类钢基本都是优质钢或高级优质钢，主要有优质碳素结构钢、合金结构钢、易切削结构钢、弹簧钢、滚动轴承钢等。

工具钢包括碳素工具钢、合金工具钢和高速工具钢等三种，主要用来制造刃具、模具和量具等。

特殊钢是指具有特殊物理、化学性能的钢，包括不锈钢、耐酸钢、耐热钢、耐磨钢、电工用钢、低温用钢等。

专业用钢是指各个工业部门专业用途的钢，如汽车用钢、农机用钢、航空用钢、化工机械用钢、锅炉用钢、压力容器用钢、桥梁用钢、船舶用钢、焊条用钢等。

（6）按钢的成形方式分类。按成形方式可把钢分为铸钢、锻钢、热轧钢、冷轧钢和冷（拉）拔钢等。

铸钢是指采用铸造方法而生产出来的一种钢铸件。铸钢主要用于制造一些形状复杂，难于进行锻造或切削加工成形而又要求较高的强度和塑性的零件。

锻钢是指采用锻造方法而生产出来的各种锻材和锻件。锻钢件的质量比铸钢件高，能承受大的冲击力作用，塑性、韧性和其他方面的力学性能也都比铸钢件高，所以凡是一些重要的机器零件都应当采用锻钢件。

热轧钢是指用热轧方法而生产出来的各种热轧钢材。大部分钢材都是采用热轧轧成的，热轧常用来生产型钢、钢管、钢板等大型钢材，也用于轧制线材。

冷轧钢是指用冷轧方法而生产出来的各种冷轧钢材。与热轧钢相比，冷轧钢的特点是表面光洁、尺寸精确、力学性能好。冷轧常用来轧制薄板、钢带和钢管。

冷（拉）拔钢是指用冷拔方法而生产出来的各种冷拔钢材。冷（拉）拔钢的特点是精度高、表面质量好。冷（拉）拔主要用于生产钢丝，也用于生产直径在50mm以下的圆钢和六角钢，以及直径在76mm以下的钢管。

（7）新国标GB/T 1330—2008按化学成分及主要质量等级分类。

根据国标《钢分类》（GB/T 13304.1—2008和GB/T 13304.2—2008）中的规定，钢有两种分类方法：一种是按化学成分分类，另一种是按主要质量等级和主要性能或使用特性分类。

按照钢中所含合金元素规定含量质量百分数界限值来分为非合金钢、低合金钢和合金钢三大类，详见表2-1。

表 2-1　非合金钢、低合金钢和合金钢合金元素规定含量界限值

合 金 元 素	合金元素规定含量界限值(质量分数)/%		
	非合金钢	低合金钢	合金钢
Ar	<0.10	—	≥0.10
B	<0.0005	—	≥0.0005
Bi	<0.10	—	≥0.10
Cr	<0.30	0.30～0.50	≥0.50
Co	<0.10	—	≥0.10
Cu	<0.10	0.10～0.50	≥0.50
Mn	<1.00	1.00～1.40	≥1.40
Mo	<0.05	0.05～0.10	≥0.10
Ni	<0.30	0.30～0.50	≥0.50

合 金 元 素	合金元素规定含量界限值(质量分数)/%		
	非合金钢	低合金钢	合金钢
Nb	<0.02	0.02~0.06	≥0.06
Pb	<0.40	—	≥0.40
Se	<0.10	—	≥0.10
Si	<0.50	0.50~0.90	≥0.90
Te	<0.10	—	≥0.10
Ti	<0.05	0.05~0.13	≥0.13
W	<0.10	—	≥0.10
V	<0.04	0.04~0.12	≥0.12
Zr	<0.05	0.05~0.12	≥0.12
La系（每一种元素）	<0.02	0.02~0.05	≥0.05
其他规定元素（S、P、C、N除外）	<0.05	—	≥0.05

如果某合金钢中含有 Cr、Cu、Mo、Ni 四种元素或 Nb、Ti、V、Zr 四种元素，其中有两种、三种或四种元素同时出现在钢中时，对于低合金钢，不但要考虑每种元素的规定含量，而且要同时考虑所有这些元素的规定含量总和，应不大于表 2-1 中规定的两种、三种或四种元素中每种元素最高限值总和的 70%。如果这些元素的规定含量总和大于表 2-1 中规定的元素中每种元素最高限值总和的 70%，即使这些元素中的每种元素的规定含量低于规定的最高界限值，也应划入合金钢。

非合金钢按主要质量等级可分为普通质量非合金钢、优质非合金钢和特殊质量非合金钢等三类。

低合金钢按主要质量等级可分为普通质量低合金钢、优质低合金钢和特殊质量低合金钢等三类。

合金钢按主要质量等级可分为优质合金钢和特殊质量合金钢两类。

2.2 我国钢号表示方法

2.2.1 我国钢号表示方法概述

钢的牌号简称钢号，是对每一种具体钢产品所取的名称，是人们了解钢的一种共同语言。我国的钢号表示方法，根据国家标准《钢铁产品牌号表示方法》（GB/T 211—2008）中规定，并于 2009 年 4 月 1 日开始实施。

我国现行钢铁产品牌号的表示一般采用大写汉语拼音字母、化学元素符号和阿拉伯数字相结合的方法表示。为了便于国际交流和贸易的需要，也可采用大写英文字母或国际惯例表示符号。即：（1）钢号中的化学元素采用国际化学元素符号表示，如 Cr、W、Mn、V、Ti、Si 等，其中只有稀土元素，用"RE"表示其总含量。（2）产品名称、用途、特性和工艺方法等，一般从产品名称中选取有代表性的汉字的汉语拼音的首位字母或英文词的首位字母。当和另一产品所取字母重复时，改取第二个字母或第三个字母，或同时选取两个（或多个）汉字的首位字母或英文单词的首位字母。采用汉语拼音字母或英文字母，原则上只取一个，一般不超过三个，如表 2-2 所示。

表 2-2 常用钢产品的名称、用途、特性和工艺方法表示符号 （GB/T 211—2008）

产品名称	采用汉字或英文	采用符号	产品名称	采用汉字或英文	采用符号
碳素结构钢	屈	Q（头）	热轧光圆钢筋	Hot Rolled Plain Bars	HPB（头）
低合金高强度钢	屈	Q（头）	热轧带肋钢筋	Hot Rolled Ribbed Bars	HRB（头）
易切削钢	易	Y（头）	细晶粒热轧带肋钢筋	Hot Rolled Ribbed Bars + Fine	HRBF（头）
车辆车轴用钢	辆轴	LZ（头）	冷轧带肋钢筋	Cold Rolled Ribbed Bars	CRB（头）
机车车辆用钢	机轴	JZ（头）	预应力混凝土用螺纹钢筋	Prestressing、Screw、Bars	PSB（头）
非调质机械结构钢	非	F（头）	管线用钢	Line	L（头）
碳素工具钢	碳	T（头）	焊接气瓶用钢	焊瓶	HP（头）
高碳高速工具钢	"C"（碳符号）	C（头）	船用锚链钢	船锚	CM（头）
滚珠轴承钢	滚	G（头）	煤机用钢	煤	M（头）
钢轨钢	轨	U（头）	锅炉和压力容器用钢	容	R（尾）
铆螺钢（冷镦钢）	铆螺	ML（头）	锅炉用钢（管）	锅	G（尾）
焊接用钢	焊	H（头）	低温压力容器用钢	低容	DR（尾）
电磁纯铁	电铁	DT（头）	桥梁用钢	桥	Q（尾）
原料纯铁	原铁	YT（头）	耐候钢	耐候	NH（尾）
沸腾钢	沸	F	高耐候钢	高耐候	GNH（尾）
半镇静钢	半	b	汽车大梁用钢	梁	L（尾）
镇静钢	镇	Z	高性能建筑结构用钢	高建	GJ（尾）
特殊镇静钢	特镇	TZ	低焊接裂纹敏感性钢	Crack Free	CF（尾）
质量等级	—	ABCDEF	保证淬透性钢	Hardenability	H（尾）
船用钢	采用国际符号		矿用钢	矿	K（尾）

2.2.2 我国钢号表示方法的分类说明

2.2.2.1 碳素结构钢和低合金结构钢

这两类钢中通用结构钢采用表示屈服强度的拼音的字母"Q"＋屈服强度值（单位为MPa）＋质量等级（以 A、B、C、D、E、F、…表示）＋脱氧方法（以"F"、"b"、"Z"、"TZ"表示。镇静钢、特殊镇静钢表示符号通常可以省略）＋产品用途、特性和工艺方法表示符号（必要时）。如 Q235AF、Q345D 等。

专用结构钢的前缀符号采用汉字的汉语拼音或英文单词的首字。例如，热轧光圆钢筋 HPB400、热轧带肋钢筋 HRB500、细晶粒热轧带肋钢筋 HRBF335、冷轧带肋钢筋 CRB550、预应力混凝土用螺纹钢筋 PSB830、焊接气瓶用钢 HP345、管线用钢 L415、船用锚链钢 CM370、煤机用钢 M510、锅炉和压力容器用钢 Q345R 等。

根据需要，低合金高强度结构钢也可以采用两位阿拉伯数字（表示平均含碳量，以万分之几计）＋化学元素符号＋产品用途、特性和工艺方法表示符号（必要时）。例如，碳含量为 0.15% ~ 0.26%，锰含量为 1.20% ~ 1.60% 的矿用钢牌号为 20MnK。

2.2.2.2　优质碳素结构钢和优质碳素弹簧钢

这两类钢的牌号通常由五部分组成，即：以二位阿拉伯数字表示平均碳含量（以万分之几计）＋较高含锰量的优质碳素结构钢（必要时）＋锰元素符号 Mn ＋钢材冶金质量（即高级优质钢、特级优质钢分别以 A、E 表示，优质钢不用字母表示。必要时）＋脱氧方式（沸腾钢、半镇静钢、镇静钢分别以"F"、"b""Z"表示。但镇静钢表示符号通常可以省略）＋产品用途、特性和工艺方法表示符号（必要时）。如 08F、50A、50MnE、45AH、65Mn 等。

2.2.2.3　易切削钢

易切削钢牌号通常由三部分组成，即：表示易切削钢的符号"Y"＋以二位阿拉伯数字表示平均碳含量（以万分之几计）＋易切削元素符号（如 Ca、Pb、Sn、Mn 等，S、P 通常省略）。如 Y45Ca、Y45Mn、Y45MnS 等。

2.2.2.4　车辆车轴及机车车辆用钢

这两类钢的牌号通常由两部分组成，即：表示车辆车轴用钢的符号"LZ"或表示机车车辆用钢的符号"JZ"＋以二位阿拉伯数字表示平均碳含量（以万分之几计）。如 LZ45、JZ45 等。

2.2.2.5　合金结构钢和合金弹簧钢

这两类钢的牌号通常由四部分组成，即：以二位阿拉伯数字表示平均碳含量（以万分之几计）＋表示合金元素符号及阿拉伯数字（合金元素平均含量小于 1.50% 时，牌号中仅标明元素，一般不标含量；平均含量为 1.50% ～ 2.49%、2.50% ～ 3.49%、3.50% ～ 4.49%、4.50% ～ 5.49%、…时，在合金元素后相应写成 2、3、4、5、…）＋钢材冶金质量等级（高级优质钢、特级优质钢分别以 A、E 表示，优质钢不用字母表示）＋产品用途、特性和工艺方法表示符号（必要时）。如 25Cr2MoVA、18MnMoNbER、60Si2Mn 等。

2.2.2.6　非调质机械结构钢

这类钢的牌号通常由四部分组成，即表示非调质机械结构钢的符号"F"＋以二位阿拉伯数字表示平均碳含量（以万分之几计）＋表示合金元素符号及阿拉伯数字（合金元素平均含量小于 1.50% 时，牌号中仅标明元素，一般不标含量；平均含量为 1.50% ～ 2.49%、2.50% ～ 3.49%、3.50% ～ 4.49%、4.50% ～ 5.49%、…时，在合金元素后相应写成 2、3、4、5、…）＋改善切削性能的非调质机械结构钢（必要时）＋硫元素符号 S。如 F35VS 等。

2.2.2.7　工具钢

工具钢通常分为碳素工具钢、合金工具钢、高速工具钢等。

碳素工具钢牌号通常由四部分组成，即表示碳素工具钢的符号（必要时）"T"＋阿拉伯数字表示平均碳含量（以千分之几计）＋较高含锰碳素工具钢（必要时）＋锰元素符号"Mn"＋钢材冶金质量（高级优质碳素工具钢以 A 表示，优质钢不用字母表示。必要时）。如 T8MnA 等。

合金工具钢的牌号通常由两部分组成，即：平均碳含量小于 1.00% 时，采用一位数字表示碳含量（以千分之几计）。平均碳含量不小于 1.00% 时，不标明含碳数字＋表示合金元素符号及阿拉伯数字（合金元素平均含量小于1.50%时，牌号中仅标明元素，一般不标含量；平均含量为1.50%~2.49%、2.50%~3.49%、3.50%~4.49%、4.50%~5.49%、…时，在合金元素后相应写成2、3、4、5、…），但低铬（平均含铬小于1%）合金工具钢，在铬含量（以千分之几计）前加数字"0"。如9SiCr等。

高速工具钢的牌号表示方法与合金结构钢相同，但在牌号头部一般不标明表示碳含量的阿拉伯数字。为了区别牌号，在牌号头部可以加"C"表示高碳高速工具钢。如W6Mo5Cr4V2、CW6Mo5Cr4V2等。

2.2.2.8　轴承钢

轴承钢分为高碳铬轴承钢、渗碳轴承钢、高碳铬不锈轴承钢和高温轴承钢等四大类。

高碳铬轴承钢牌号通常由两部分组成，即：表示（滚珠）轴承钢表示符号"G"，但不标明碳含量+合金元素"Cr"符号及其含量（以千分之几计），其他合金元素含量以化学元素符号及阿拉伯数字表示（合金元素平均含量小于1.50%时，牌号中仅标明元素，一般不标含量；平均含量为1.50%~2.49%、2.50%~3.49%、3.50%~4.49%、4.50%~5.49%、…时，在合金元素后相应写成2、3、4、5、…）。如GCr15SiMn等。

渗碳轴承钢在牌号头部加符号"G"，采用合金结构钢的牌号表示方法。高级优质渗碳轴承钢，在牌号尾部加"A"。如G20CrNiMoA等。

高碳铬不锈轴承钢和高温轴承钢在牌号头部加"G"，采用不锈钢和耐热钢的牌号表示方法。如G80Cr4Mo4V等。

2.2.2.9　钢轨钢、冷镦钢

钢轨钢、冷镦钢牌号通常由三部分组成，即：表示钢轨钢的符号"U"或冷镦钢（铆螺钢）的符号"ML"+以阿拉伯数字表示平均碳含量，优质碳素结构钢同优质碳素结构钢第一部分，合金结构钢同合金结构钢第一部分+合金元素含量，以化学元素符号及阿拉伯数字表示，表示方法同合金结构钢第二部分。如U70MnSi、ML30CrMo等。

2.2.2.10　不锈钢和耐热钢

不锈钢和耐热钢（珠光体型耐热钢除外）的牌号由"数字+合金元素符号+数字"组成。通常，前面的两位或三位数字表示平均含碳量的万分之几或十万分之几（只规定碳含量上限者，当碳含量上限不大于0.10%时，以上限的3/4表示碳含量；当碳含量上限大于0.10%时，以其上限的4/5表示碳含量；对超低碳不锈钢，碳含量不大于0.030%，用三位阿拉伯数字表示碳含量，并以十万分之几计；规定碳含量上、下限者，以平均含碳量乘100表示）。合金元素含量以化学元素符号及阿拉伯数字表示，表示方法同合金结构钢第二部分。钢中有意加入Ti、Nb、Zr、N等合金元素，虽然含量很低，也应在牌号中标出。如95Cr18、008Cr30Mo2、06Cr19Ni10、022Cr18Ti、20Cr15Mn15Ni2N、20Cr25Ni20等。

2.2.2.11　焊接用钢

焊接用钢包括焊接用碳素钢、焊接用合金钢和焊接用不锈钢等。

焊接用钢牌号通常由两部分组成，即：表示焊接用钢的符号"H"+各类焊接用钢牌号表示方法。如H08A、H08CrMoA等。

2.2.2.12　冷轧电工钢

冷轧电工钢分为取向电工钢和无取向电工钢，牌号通常由三部分组成，即：材料公称厚度（单位：mm）100 倍的数字＋普通级取向电工钢表示符号"Q"、高磁导率级取向电工钢表示符号"QG"或无取向电工钢表示符号"W"＋取向电工钢，磁极化强度在 1.7T 和频率在 50HZ，以 W/kg 为单位及相应厚度产品的最大比总损耗值的 100 倍；无取向电工钢，磁极化强度在 1.5T 和频率在 50HZ，以 W/kg 为单位及相应厚度产品的最大比总损耗值的 100 倍。如 30Q130、30QG110、50W400 等。

2.3　钢材的分类及重量计算

2.3.1　钢材的分类

钢材品种达数万种以上，根据《中国钢铁工业生产统计指标体系·指标解释》（2003 版），钢铁产品包括生铁、粗钢、钢材。为了与国际惯例接轨，其中钢材分为长材、扁平材、管材和其他钢材四大类。但长期以来，国内习惯于把钢材分为型钢、板带钢、钢管、金属制品和其他钢材等五大类。

（1）型钢。型钢具体又分为：

1）重轨：每米重量大于 24kg 的钢轨，包括起重机轨、接触钢轨和工业轨。

2）轻轨：每米重量小于或等于 24kg 的钢轨。

3）型钢：普通钢圆钢、方钢、扁钢、六角钢、工字钢、槽钢、等边和不等边角钢及螺纹钢等。按尺寸大小分为大、中、小型型钢。

4）线材：直径 6～9mm 的热轧圆钢和 10mm 以下的螺纹钢（热轧圆盘条）。

5）冷弯型钢：将钢材或钢带冷弯成形制成的型钢。

6）优质型材：优质钢圆钢、方钢、扁钢、六角钢等。

7）其他钢材：包括重轨配件、车轴坯、轮箍等。

（2）板带钢。板带钢具体又分为：

1）薄钢板：厚度等于或小于 3mm 的钢板。

2）厚钢板：厚度大于 3mm 的钢板。厚钢板可分为中板（3mm～20mm）、厚板（20mm～60mm）、特厚板（＞60mm）。

3）钢带：也叫带钢，实际上是长而窄并成卷供应的薄钢板。

4）电工硅钢薄板：也叫硅钢片或矽钢片，包括热轧硅钢片和冷轧硅钢片。

（3）钢管。钢管具体又分为：

1）无缝钢管：用热轧、冷轧、冷拔或挤压等方法生产的管壁无接缝的钢管。

2）焊接钢管：将钢板或钢带卷曲成形，然后焊接制成的钢管。

（4）金属制品。金属制品包括钢丝、焊丝、钢丝绳、钢绞线等。

（5）其他钢材。其他钢材包括钢轨配件、鱼尾板、车轮、盘件、环件、车轴坯、锻件坯、钢球料等。

2.3.2　常用钢材的理论重量计算方法

圆钢：每米重量 = 0.00617 × 直径 × 直径（螺纹钢和圆钢相同）；

扁钢：每米重量 = 0.00785 × 厚度 × 边宽；

管材:每米重量 = 0.02466 × 壁厚 × (外径 - 壁厚);

板材:每米重量 = 7.85 × 厚度;

角钢:每米重量 = 0.00785 × (边宽 + 边宽 - 边厚) × 边厚。

2.4 钢的性能

钢的性能分为物理性能、化学性能、力学性能、工艺性能等几类,前三者统称为使用性能,如图 2-2 所示。

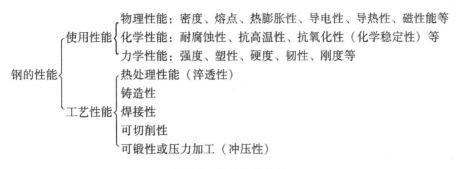

图 2-2 钢的性能分类

2.4.1 物理性能

钢的物理性能有:

(1) 密度:是指单位体积的质量,单位 kg/m³。一般来说,随着含碳量的增加,其密度减小。通常钢的密度取 $7.85 × 10^3 kg/m^3$。

(2) 导热性:物体传导热量的能力称为导热性。常用热导率反映材料热导性的大小,热导率越大的材料其导热性越好。一般说来,在常用温度范围内,钢的热导率随温度的上升而下降。但钢加热到700℃以上时,钢的导热性增大。钢中杂质和合金元素对钢的热导率也有影响,合金元素含量越高,钢的导热性就越差。

(3) 热膨胀性:指的是物体在加热时体积膨胀的性能一般用线膨胀系数表示。一般物体,随着温度升高,其体积总是增大的,即热胀冷缩。钢在加热时,在不同的温度阶段发生相变,其热膨胀性必须加以考虑,以避免造成加热缺陷。

2.4.2 化学性能

钢的化学性能是指钢在常温和高温下抵抗各种介质侵蚀的能力,也称化学稳定性。在具体评价钢的化学稳定性时,常分为抗氧化性和耐腐蚀性。其中抗氧化性是与钢的加热密切相关的化学性能。

抗氧化性是指钢抵抗高温氧化性气氛腐蚀作用的能力。钢在900℃以上的条件下,抗氧化性能急剧降低,从而使被加热钢坯表面生产大量氧化铁皮。氧化铁皮的生成不但造成金属的收得率降低,钢的表面粗糙,而且使钢的加热、轧制过程变得复杂。

2.4.3 力学性能

钢在一定温度条件下受外力作用所表现出来的特性称为钢的力学性能,又称机械性能。具体来说,钢的力学性能由强度、塑性、硬度和韧性等四个方面来体现。

2.4.3.1   强度

强度是指材料在外力（载荷）作用下，抵抗产生塑性变形和断裂破坏的能力。其分别用屈服极限和强度极限两个指标来表示。材料单位面积受到的载荷称为应力。

屈服强度是指材料在拉伸过程中，材料所受应力达到某一临界值时，载荷不再增加（保持恒定），变形却继续增加时的应力值，称为屈服点。若力发生下降时，则应区分上、下屈服点。屈服点的单位为 $MPa(N/mm^2)$。

上屈服点（R_{eL}）：试样发生屈服而力首次下降前的最大应力；

下屈服点（R_{eH}）：当不计初始瞬时效应时，屈服阶段中的最小应力。

屈服点的计算公式为：

$$R_{eL} \text{ 或 } R_{eH} = \frac{F_s}{S_0} \tag{2-1}$$

式中 F_s——试样拉伸过程中屈服力（恒定），N；

   S_0——试样原始横截面积，mm^2；

强度极限指材料在拉断前承受最大应力值，称为抗拉强度，一般用符号 R_m 表示，单位为 $MPa(N/mm^2)$。它表示金属材料在拉力作用下抵抗破坏的最大能力。计算公式为：

$$R_m = \frac{F_m}{S_0} \tag{2-2}$$

式中 F_m——试样拉断时所承受的最大力，N；

   S_0——试样原始横截面积，mm^2。

在压力加工中，材料抵抗塑性变形的能力称为变形抗力。钢坯加热的目的之一就是降低钢在塑性加工时的变形抗力。

2.4.3.2   塑性

材料的塑性是指材料破断前产生塑性变形的大小。材料塑性常用断后伸长率和断面收缩率两个指标来衡量。

在拉伸试验中，试样拉断后其标距所增加的长度与原标距长度的百分比，称为伸长率，以 A 表示。计算公式为：

$$A = \frac{L_1 - L_0}{L_0} \times 100\% \tag{2-3}$$

式中 L_0——试样原始标距长度，mm；

   L_1——试样拉断后的标距长度，mm。

在拉伸试验中，试样拉断后其缩径处横截面积的最大缩减量与原始横截面积的百分比，称为断面收缩率，以 Z 表示。计算公式如下：

$$Z = \frac{S_0 - S_1}{S_0} \times 100\% \tag{2-4}$$

式中 S_0——试样原始横截面积，mm^2；

   S_1——试样拉断后缩径处的最小横截面积，mm^2。

良好的塑性可以避免钢坯加热不均或加工变形时产生裂纹。

2.4.3.3 硬度

硬度表示材料抵抗物体压入其表面的能力，是金属材料的重要性能指标之一。材料常用的硬度有布氏硬度、洛氏硬度和维氏硬度三种，分别以 HB、HR 和 HV 表示。

布氏硬度（HB）：用一定直径的硬质合金球，以规定的试验力（F）压入试样表面，经规定保持时间后卸除试验力，测量试样表面的压痕直径（d）。布氏硬度值是以试验力除以压痕球形表面积所得的商。以 HBW 表示，单位为 $MPa(N/mm^2)$。布氏硬度值的测定一般只适用于 $450MPa(N/mm^2)$ 以下的金属材料。布氏硬度法用途最广，往往以压痕直径 d 来表示该材料的硬度，既直观，又方便。布氏硬度法对于较硬的钢或较薄的板材不适用。

洛氏硬度（HR）：洛氏硬度试验同布氏硬度试验一样，都是压痕试验方法。不同的是，它是测量压痕的深度。一般当硬度大于 HB > 450 或者试样过小时，采用洛氏硬度试验计量。根据试验材料硬度的不同，洛氏硬度分 HRA、HRB、HRC 三种不同的标度来表示。洛氏硬度法可适用于测定极软到极硬的金属材料。

维氏硬度（HV）：维氏硬度试验也是一种压痕试验方法，是将一个相对面夹角为136°的正四棱锥体金刚石压头以选定的试验力压入试样表面，经规定保持时间后卸除试验力，测量压痕两对角线长度。维氏硬度法可用于测定很薄的金属材料和表面层硬度。

一般来说，材料硬度越大，其耐磨性越好。材料硬度能够在一定程度上反映材料强度的高低。

2.4.3.4 韧性

金属在断裂前吸收变形能量的能力称为韧性，包括冲击韧性和断裂韧性两类。

冲击韧性是反映金属对外来冲击负荷的抵抗能力，一般由冲击功（A_k）表示，其单位为 J。

冲击功试验（简称"冲击试验"）因试验温度不同而分为常温、低温和高温冲击试验三种；若按试样缺口形状又可分为"V"形缺口和"U"形缺口冲击试验两种。

断裂韧性是用来反映材料抵抗裂纹失稳扩展，即抵抗脆性断裂的指标。断裂韧性是材料固有的力学性能指标，是强度和韧性的综合体现，主要取决于材料的成分、内部组织和结构，与裂纹的大小、形状、外加应力等无关，可以通过实验测定。

2.4.4 工艺性能

钢的工艺性能是指钢在各种冷、热加工工艺（切削、焊接、热处理、弯曲、锻压等）过程中表现出来的性能。

（1）淬透性。钢的淬透性是指钢在淬火时能够获得马氏体的能力，它是钢本身固有的一个属性，是一种重要的热处理工艺性能。

淬透性的大小是以一定淬火条件下淬硬层深度来表示的。实际上，淬硬层深度采用自零件表面向内深入到半马氏体层的距离作为淬硬层深度。利用测定试样截面硬度分布便可求出淬硬层深度。

钢的淬透性主要取决于钢的化学成分和奥氏体化条件。我国现行国标中有两个淬透性检验方法，即 GB/T 227 工具钢淬透性试验方法和 GB/T 225 钢的淬透性末端淬火试验方法。

（2）铸造性。钢的铸造性能是指钢是否适合铸造的一些工艺性能，主要包括金属的流动性、收缩性、偏析倾向等。

（3）焊接性。钢的焊接性能一般是指钢适应普通常用的焊接方法和焊接工艺的能力。钢的化学成分和焊接时的热循环对钢的焊接性影响最大。通常采用焊接碳当量（C_{eq}）的概念来评估钢的焊接性的好坏。碳当量的概念就是把单个合金元素对热影响区硬化倾向的作用折算成碳的作用，再与钢中碳的质量分数加在一起，用碳当量（C_{eq}）来判断钢的焊接性能。这方面有一些一般经验公式，例如：

$$C_{eq} = w_c + \frac{w_{Mn}}{6} + \frac{w_{Cr}}{5} + \frac{w_{Mo}}{4} + \frac{w_{Ni}}{15} + \frac{w_{Si}}{24} + \left(\frac{w_{Cu}}{13} + \frac{w_P}{2} \right) \tag{2-5}$$

实验证明，碳当量大于 0.4% ~ 0.5% 时，钢就不具有良好的焊接性。为了保证工程用钢的焊接性，工程用钢只能是低合金化或微合金化，且碳含量应在 0.20% 以下。

钢的焊接性试验方法一般分为直接试验法和间接试验法。直接试验法是根据产品结构在使用中的具体要求做相应的试验。间接试验结果是检验钢的焊接接头（焊缝金属、热影响区和基体金属）的力学性能、工艺性能和金相组织等。

（4）可切削性。钢的可切削性是指钢接受切削加工的能力。评价金属的切削性是一个十分复杂的问题，至今还没有一个较全面的确定金属切削性能的试验方法。一般可从允许的切削速度、切削力、表面粗糙度等几个方面进行评价。常用的试验方法很多，如端面车削试验法、表面粗糙度试验法、切削力试验法、切削热试验法等。一般认为，钢的硬度大致为 250HBW 时切削加工性能较好。

（5）冷弯性能。冷弯性能是指金属材料在常温下能承受弯曲而不破裂性能。弯曲程度一般用弯曲角度 α（外角）或弯心直径 d 对材料厚度 h 的比值表示，α 愈大或 d/h 愈小，则材料的冷弯性愈好。

金属弯曲试验就是按规定尺寸弯曲，将试样弯曲至规定程度，检验金属承受弯曲塑性变形的能力，并显示其缺陷。金属弯曲试验执行国标 GB/T 232 金属材料弯曲试验方法。

金属反复弯曲试验用于检验金属（及其覆盖层）在反复弯曲中承受塑性变形的能力，并显示其缺陷。适用于测试厚度等于或小于 3mm 的薄板及带材的金属反复弯曲试验的国标是 GB/T 235 金属材料反复弯曲试验方法。适用于测试直径为 0.3 ~ 10mm 的冷拉及热轧线材的耐反复弯曲试验的国标是 GB/T 238 金属线材反复弯曲试验方法。

（6）顶锻性能。金属顶锻试验是检验金属在室温或热状态下承受规定程度的顶锻变形性能，并显示其缺陷。GB/T 33 和 YB/T 5293 金属顶锻试验方法为现行国家金属顶锻试验标准。

（7）冲压性能。冲压性能是指金属材料承受冲压变形加工而不破裂的能力。在常温下进行冲压称为冷冲压。检验方法用杯凸试验进行检验。

金属杯凸试验就是用端部为球形的冲头，将夹紧的试样（金属板材或带材）压入压模内，直至出现穿透裂缝为止，此时所测得的杯凸深度即为试验结果，以此来检验金属板、带材的塑性变形性能。GB/T 4156—2007 金属杯凸试验方法标准适用于厚度为 0.2 ~ 2mm、宽度等于或大于 90mm 的金属板和金属带的杯凸试验。

（8）可锻性。钢的可锻性是指钢在压力加工时，能改变形状而不产生裂纹的性能。钢的可锻性首先与含碳量有关。低碳钢的可锻性较好，随着含碳量的增加，可锻性逐渐变差。奥氏体钢具有良好的塑性，易于塑性变形，钢加热到高温可获得单相奥氏体组织，具有良好的可锻性。

2.5　化学元素对钢材的质量及性能的影响

不同的化学元素对钢材的质量及性能影响是不同的，根据不同需要而确定不同含量。下列分别说明钢中主要元素对钢材的质量及性能的影响。

碳：含碳量越高，钢的硬度就越高，但是它的可塑性和韧性就越差。

硫：硫是钢中的有害杂物，含硫较高的钢在高温进行压力加工时，容易脆裂，通常叫作热脆性。

磷：磷能使钢的可塑性及韧性明显下降，特别是在低温下更为严重，这种现象称为冷脆性。在优质钢中，硫和磷要严格控制，但从另一方面看，在低碳钢中含有较高的硫和磷，使其切削易断，对改善钢的可切削性是有利的。

锰：锰能提高钢的强度，能削弱和消除硫的不良影响，并能提高钢的淬透性，含锰量很高的高合金钢（高锰钢）具有良好的耐磨性和其他的物理性能。

硅：硅可以提高钢的硬度，但是可塑性和韧性下降，电工用的钢中含有一定量的硅，能改善软磁性能。

钨：钨能提高钢的红硬性和热强性，并能提高钢的耐磨性。

铬：铬能提高钢的淬透性和耐磨性，能改善钢的抗腐蚀能力和抗氧化作用。

钒：钒能细化钢的晶粒组织，提高钢的强度、韧性和耐磨性。当它在高温熔入奥氏体时，可增加钢的淬透性；反之，当它在碳化物形态存在时，就会降低它的淬透性。

钼：钼可明显的提高钢的淬透性和热强性，防止回火脆性。

钛：钛能细化钢的晶粒组织，从而提高钢的强度和韧性，在不锈钢中，钛能消除或减轻钢的晶间腐蚀现象。

铌：铌能细化晶粒和降低钢的过热敏感性及回火脆性，提高强度，但塑性和韧性有所下降。

镍：镍能提高钢的强度和韧性，提高淬透性。镍含量高时，可显著改变钢和合金的一些物理性能，提高钢的抗腐蚀能力。

硼：当钢中含有微量的（0.001% ~ 0.005%）硼时，钢的淬透性可以成倍的提高。

铝：铝能细化钢的晶粒组织，阻抑低碳钢的时效。提高钢在低温下的韧性，还能提高钢的抗氧化性，提高钢的耐磨性和疲劳强度等。

铜：铜的突出作用是改善普通低合金钢的抗大气腐蚀性能，特别是和磷配合使用时更为明显。

稀土：稀土元素是指元素周期表中原子序数为 57 ~ 71 的 15 个镧系元素。这些元素都是金属，但它们的氧化物很像"土"，所以习惯上称稀土。钢中加入稀土，可以改变钢中夹杂物的组成、形态、分布和性质，从而改善了钢的各种性能，如韧性、焊接性、冷加工性能。在犁铧钢中加入稀土，可提高耐磨性。

2.6 常用工业用钢的用途和性能

2.6.1 工程结构用钢

工程结构用钢用于制作各种大型金属结构，如桥梁、船舶、屋架、车辆、锅炉、容器等工程构件，通常简称为工程用钢。一般来说，这些构件不作相对运动，长期承受静载荷。有的在高温或低温工作环境中使用。一般在野外或海水中使用，承受大气和海水的侵蚀。根据以上工作条件，要求工程用钢有较高的强度和刚度，且塑性韧性较好；有较小的冷脆倾向性和耐蚀性；具有良好的冷变形性和焊接性等工艺性能。

根据工程用钢的工作条件和性能要求，工程用钢大多采用低碳钢和含有少量合金元素的低合金钢。大部分构件是在热轧空冷（正火），有时也在正火、回火状态下使用，其基本组织为大量铁素体加少量珠光体。

碳素结构钢（如 Q195、Q215、Q235、Q255、Q275 等）和低合金高强度结构钢（如 Q295、Q345、Q390、Q420、Q460 等）是常用的工程结构用钢。

2.6.2　机械零件用钢

机械零件用钢是指用于制造各种机械零件，如轴类零件、齿轮、弹簧和轴承等所用的钢种，也称为机械结构用钢。机械零件在工作时承受拉伸、压缩、剪切、扭转、冲击、振动、摩擦等一种或几种力的作用，在零件的截面上产生拉、压、切等应力。机械零件的工作环境也很复杂，有的在高温，有的在低温，有的还受腐蚀介质的作用。机械零件损伤及失效方式也各不相同。所以要求机械零件用钢有较高的疲劳强度、屈服强度、抗拉强度、断裂抗力、良好的耐磨性及接触疲劳强度、较高韧性等力学性能。同时要求机械零件用钢具有良好的切削加工性能和热处理工艺性能。

机械零件用钢通常为优质钢和高级优质钢，使用状态为淬火加回火。影响机械零件用钢力学性能的主要因素是钢中含碳量、回火温度及合金元素种类和数量。

渗碳钢（如 15、20、20MnVB、18Cr2Ni4WA 等）、调质钢（如 45、35CrMo、40CrMnMo 等）、弹簧钢（如 65、50CrVA、60Si2MnA 等）和滚动轴承钢（如 GCr15、GCr18Mo、GCr4 等）是常用的机械零件用钢。

2.6.3　工具钢

工具钢是用以制造各种加工工具的钢种。根据用途不同可分为刃具钢、模具钢和量具钢三大类。按照化学成分不同可分为碳素工具钢、合金工具钢和高速钢三类。

工具钢在使用性能及工艺性能上有许多共同的要求。高硬度和高耐磨性是工具钢最重要的性能要求之一。刃具钢和热作模具钢还要求热稳定性和热硬性，一般来说，碳素工具钢热稳定性很差，合金工具钢较高，高速钢最好。淬透性是选择和使用工具钢时的另一个重要性能要求。一般来说，碳素工具钢或部分低合金工具钢的淬透性低，通常采用急冷（如水冷）淬火；中合金工具钢淬透性较好，一般可以油淬，在 150～180℃ 热介质中也能淬硬；高合金钢（如高速钢）淬透性很好，甚至空冷也能淬火。一般工具钢均经淬火加低温回火处理，得到回火马氏体加粒状碳化物组织以保证所要求的性能。

刃具钢是用来制造各种切削加工工具（如车刀、铣刀、刨刀、钻头、丝锥、板牙等刃具）的钢种。通常采用碳素工具钢（如 T8Mn、T10、T13 等）、低合金刃具钢（如 9Si、Cr2、9Mn2V 等）和高速钢（如 W18Cr4V、W9Mo3Cr4V、W6Mo5Cr4V2Al 等）。

模具钢是用来制造各种锻造、冲压或压铸成形工件模具的钢种。通常采用冷作模具钢（如 9Mn2V、Cr12、Cr5Mo1V 等）和热作模具钢（如 8Cr3、4Cr5W2VSi、5Cr4W5Mo2V 等）

量具钢是用以制造卡尺、千分尺、块规等各种度量工具的钢种。通常采用 T10A、T11A、T12A、95Cr18、Cr12MoV 等钢种。

2.6.4　特殊性能用钢

特殊性能用钢是指具有特殊使用性能的钢种。它包括不锈钢、耐热钢、超高强度钢、耐磨钢、磁钢等。

（1）不锈钢。不锈钢是石油、化工、化肥等工业部门中广泛使用的金属材料。通常所说的不锈钢是不锈钢和耐酸钢的总称。所谓"不锈钢"是指能抵抗大气及弱腐蚀介质的钢；而"耐酸钢"是指在各种强腐蚀介质中耐蚀的钢。实际上没有绝对不锈、不受腐蚀的钢种，只是在不同介质中腐蚀速度不同而已。为了提高钢本身的耐蚀性，通常加入合金元素 Cr、Ni、Si 等提高基体金属的电极电位，减少微电池数目，可有效提高钢的耐蚀性。铬是提高钢电极电位的主要元素，一般不锈钢的含铬量均在 13% 以上。不锈钢含碳量大多在 0.1% ~ 0.2%，不超过 0.4%。

常用的不锈钢有马氏体不锈钢（如 Cr13、12Cr13、95Cr18 等）、铁素体不锈钢（如10Cr17）、奥氏体不锈钢（如 12Cr18Ni9）和奥氏体-铁素体不锈钢（如 022Cr25Ni6Mo2N）四大类。

（2）耐热钢。耐热钢是指在高温下工作并具有一定强度和抗氧化、耐腐蚀能力的钢种。耐热钢常用来制造蒸汽锅炉、蒸汽轮机、燃气涡轮、喷气发动机以及火箭、原子能装置等构件或零件。这些零件一般在 450℃ 以上，甚至高达 1100℃ 以上工作，并承受静载荷、疲劳或冲击负荷的作用。

常用耐热钢有珠光体耐热钢（如 12CrMo）、马氏体耐热钢（如 12Cr5Mo）和奥氏体耐热钢（如 22Cr21Ni2N）三大类。

（3）耐磨钢。耐磨钢是指具有高耐磨性的钢种，广义上也包括结构钢、工具钢、滚动轴承钢等。高锰铸钢（如 ZGMn13）具有高耐磨性，属于奥氏体钢，具有优良的韧性。

3 金属学及热处理

金属学研究金属和合金的成分、结构、组织和性能，以及它们之间的相互关系和变化规律。利用这些关系和规律来指导科学和生产实践，以便更充分有效地发挥现有金属材料的潜力，并进而创制新的金属材料。

3.1 金属晶体结构

物质都是由原子构成的。按原子排列方式的不同，固态物质可分为晶体和非晶体。我们把内部原子是规则排列的物质称为晶体，如铁、盐等；原子无序排列的物质称为非晶体，如玻璃、松香等。大多数固态无机物都是晶体。

在金相显微镜下看到的金属晶粒简称组织。用电子显微镜可以观察到金属原子的各种规则排列，这种排列称为金属的晶体结构，简称结构。凡是晶体都具有规则的外形、一定的熔点。那么内部原子是如何按规则进行排列的，它们排列的方式有哪些种类，就是我们要研究的晶体结构。

3.1.1 常见金属的晶体结构

为了简化问题，便于分析，通常把原子当成一个刚性球，并在平衡位置不动，再抽象成一个点，代表原子的振动中心，这样原子在空间堆垛的刚性球模型就成为了一个规则排列的晶体点阵，把这些点用直线连接就成了一个空间格架，简称晶格。具有代表性的结构单元称为晶胞。

金属的晶格类型有 14 种，其中最常见的有三种：体心立方晶格、面心立方晶格和密排六方晶格。

（1）体心立方晶格：在正立方体中心有一个原子，八个顶角各有一个原子，如 α-Fe、Cr、W、V 等，如图 3-1a 所示。

（2）面心立方晶格：在正立方体六个面的中心各有一个原子，八个顶角各有一个原子，如：γ-Fe、Al、Cu、Ni、Au、Ag 等，如图 3-1b 所示。

（3）密排六方晶格：在晶胞正六棱柱体的十二角和上下六角底面中心各有一个原子，晶胞的中间还有三个原子，如 Mg、Zn、Be 等，如图 3-1c 所示。

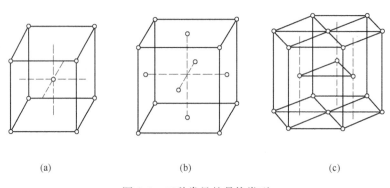

（a）   （b）   （c）

图 3-1 三种常见的晶格类型

（a）体心立方晶格；（b）面心立方晶格；（c）密排六方晶格

每种晶格排列的方式不同，则它们的致密度不同，面心和密排的致密度为0.74，体心的致密度为0.68。即中间有空隙决定了碳、氮等小原子能溶入晶格中，面心立方虽然致密度大，但它的间隙尺寸大，能溶入碳原子就多。再有原子层面的排列密度也不一样，就像石墨一层层之间间隙很大，很易破碎，而金刚石的四面体每个原子间距均一样，就很硬，所以面心立方晶格金属的延展性好、塑性好。这就是面心立方晶格的滑移面多、滑移方向多的缘故。

3.1.2　实际金属的结构

晶体分为单晶体和多晶体。具有一致晶向的晶体称为单晶体，例如单晶体硅。由于各方向上的原子密度不同所以呈现物理、化学、力性能各向异性。由许多不同晶向的晶粒组成的晶体称为多晶体。多晶体中每个晶粒内部的原子排列次序一样，但不同晶粒的晶体位向不同。由于多晶体是由许多不同位向的晶粒所组成，各晶粒的有向性互相抵消，所以多晶体呈现的是"无向性"又称"伪各向同性"，一般金属都是多晶体。

在多晶体中晶粒和晶粒之间的交界称为晶界。晶界是两个位向不同的晶粒的过渡区，所以在晶界处的原子排列不整齐，造成了晶格的畸变（即晶格常数发生了改变）并常有杂质存在，所以晶界处熔点偏低（化学能高）易受侵蚀（金相原理）。

在实际应用的金属材料中，原子的排列不可能像理想晶体那样规则和完整，总是不可避免地存在一些原子偏离规则排列的不完整性区域，这就是晶体缺陷。根据晶体缺陷的几何形态特征，可以将它们分为点缺陷、线缺陷和面缺陷三类，如图3-2所示。

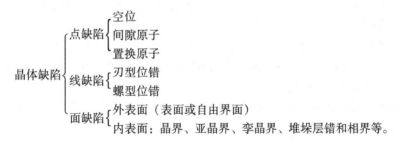

图3-2　晶体缺陷分类

点缺陷就是由空位和间隙原子、置换原子引起晶格的畸变，使金属的屈服点和抗拉强度增高。所以热处理有渗碳、渗氮等工艺来提高金属材料的强度。

线缺陷就是在晶体中某处有一列或若干列原子发生了某种有规律的错排现象称为位错。最简单、最基本的位错是刃型位错和螺型位错两类。位错的存在使金属容易塑性变形，但使强度降低，位错附近晶格发生畸变。不含位错的晶体，不易塑性变形，因而强度很高；而工业纯铁中含有位错，易于塑性变形，所以强度很低。如果采用冷塑性变形等方法使金属中的位错密度大大提高，则金属的强度也可以随之提高。位错的密度和运动对金属的塑性、强度、相变、疲劳、腐蚀等起重要作用，所以位错理论是当今研究金属学的重要方法。

面缺陷的特征是在一个方向上的尺寸很小，另外两个方向上的尺寸相对很大，例如晶界和亚晶界等。

3.1.3　金属的结晶

金属的结晶就是从原子不规则排列状态（液态）过渡到规则排列状态（晶体状态）的过程。

（1）冷却曲线。金属在冷却过程中表示温度和时间关系的曲线，称为冷却曲线，如图3-3所示。

（2）过冷度。图 3-3 中温度 T_0 是无限缓慢冷却时的结晶温度，称为平衡结晶温度或理论结晶温度。而在实际冷却时，由于冷却速度比较快，冷却到 T_0 时并不结晶，而是在低于 T_0 的某一温度下才能结晶。这种实际结晶温度总低于理论结晶温度的现象称为过冷。实际结晶温度 T_1 于理论结晶温度 T_0 之差称为过冷度，即 $\Delta T = T_0 - T_1$。过冷度的大小与冷却速度有关，冷却速度越快，过冷度就越大。液态金属凝固时，所放出的结晶潜热抵消向外界失散的热量，温度降低暂时停止，这时的温度为结晶温度。实际结晶过程中均有一个过冷现象，过冷是金属结晶的必要条件。

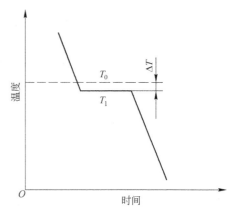

图 3-3　金属结晶的冷却曲线

固态金属在晶体结构发生变化时也会有过冷现象发生，而且过冷度比结晶时会更大。

（3）金属的结晶过程。金属的结晶过程是一个由小到大，由局部到整体的发展过程，分为形核和晶核长大两个过程。首先，在液相中形成一些极为细小的晶体，即晶核，这就是形核；之后，晶核不断长大。同时，在液相中不断地产生新的晶核并长大，直至每个晶核长大到互为接触为止，这些长大了的晶核就是晶粒。

形核分自发形核和非自发形核。依靠本身原子有规则排列而形成晶核称为自发形核；依靠固态杂质微粒表面形成晶核称为非自发形核。

晶核长大是晶核突出部分处于过冷状态，散热较好，突出长大形成枝干，使晶核长大，同时液体中又不断产生新的晶体，并不断长大直到所有的晶粒长大到相互抵消，金属材料的晶粒大小决定着材料的综合力学性能。

（4）晶粒。晶粒的大小称为晶粒度。晶粒度的大小与过冷度有关，过冷度越大，成核越多，晶粒则越小；反之，过冷度越小，晶粒度则较大。晶粒的大小对金属的性能影响很大，晶粒越小，力学性能越好。

采取某些措施可改变晶粒度，如加大过冷度、加入某些物质微粒（变质处理）、振动等方法。同时在锅炉压力容器的事故处理往往也要检查金属的晶粒度看它是否过热，因为过热后金属粒会慢慢长大（温度过高会迅速长大）。

3.2　固态金属的同素异构转变

同一金属元素在固态下，由一种晶格转变为另一种晶格的变化，称为同素异构转变。例如，纯铁从液相中结晶后的 δ-Fe 具有体心立方晶格，冷却至 1394℃ 时，δ-Fe 就转变为 γ-Fe，γ-Fe 则具有面心立方晶格；而在冷却至 912℃ 以下时，γ-Fe 转变为 α-Fe，又恢复为体心立方晶格，如图 3-4 所示。

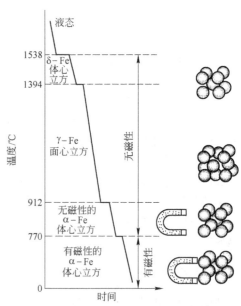

图 3-4　纯铁的同素异构转变示意图

在同素异构转变过程中，原子重新排列，晶格发生变化，实际上是一个结晶过程，只是它发生在固态下，为了与液态下的结晶有所区别，称之为重结晶。既然是结晶，那么它同样有生核长大的过程。首先在晶粒的晶界处生成新晶格的核心，然后逐渐长大，新、旧晶粒的分界面逐渐向旧晶粒内部迁移，直至相邻的新晶粒相互接触，新晶粒完全替代了旧晶粒，结晶完成。

面心立方比体心立方排列紧密程度大，所以在 γ-Fe 转变为 α-Fe 时体积要膨胀，而 γ-Fe 可溶解碳达 2%，而 α-Fe 只能溶解 0.002%，所以钢铁才能通过热处理使其发生相变，而使碳化物的析出及溶解的不同，而改变其性能。同素异构转变可以使钢和铸铁等金属材料改变其组织和性能，对于制定热处理工艺具有重要意义。

3.3 固态金属组织与合金相图

金属合金是指用熔化及其他方法，将两种以上元素，其中主要是以金属元素为主而熔合成具有多种工业上所需的性能的物质。金属合金在工业上远较纯金属重要，因为他们可以被配制为具有各种各样性能的材料。

3.3.1 塑性变形对金属组织和性能的影响

金属或合金经塑性变形后，结构组织会发生明显的变化，用显微镜可看出晶粒外形发生变化，这种变化大致与工件的宏观形变相似。随变形方法和程度的不同，不仅晶粒外形的变化不一样，而且在晶粒剖面上或晶粒内部也发生了变化，除了易于观察的滑移带、孪生带和各种形变带以外，还出现了新的亚晶，增添了各种结构缺陷，如位错、空位、间隙原子、层错等。特别应当指出，所有上述各种变化都是很不均匀的，即便整个工件的宏观形变很均匀，情况也是如此；而且所有这些大大小小的不均匀变化并不是孤立的，而是相互联系的。综合来看，一方面在于顺应外力的作用而使材料进行相应的变形；另一方面则在于抗衡外力的作用，阻止材料进一步进行变形。前者使应力松弛，后者使材料处于受胁状态，松弛与受胁是贯穿在变形始末的一对矛盾。这一对矛盾决定了材料的强度与塑性，也决定变形后金属材料的性能。主要表现在以下几个方面。

（1）晶粒沿变形方向被拉长，性能趋于各向异性。

金属在外力的作用下塑性形变时，随着金属外形被压扁或拉长，其内部晶粒会产生破碎。例如，在拉拔时，晶粒随工件的形变而逐步变长，甚至最后可变为纤维丝状；在轧压时，晶粒逐渐变为扁平状，甚至变为薄片状。当变形量很大时，各晶粒将会被拉长，成为细条状或纤维状，晶界变得模糊不清。这种组织称为纤维组织。塑性变形后金属性能将会具有明显的方向性，例如纵向（沿纤维方向）的强度和塑性要比横向（垂直于纤维方向）高得多，即各向异性。各向异性的产生，实际上是两种因素的综合结果，其一是组织的方向性，其二是结构的方向性，而单向形变或不匀称形变则是引起这两种方向性的重要的直接原因之一。

（2）晶粒破碎，位错密度增加和产生加工硬化。

金属发生塑性形变时，晶粒外形和内部结构均会发生显著的变化，这对金属的性能将有很大的影响。在变形量不太大时，先是在变形晶粒中的晶界附近出现位错的堆积，随着变形量的增大，使晶粒破碎成细碎的亚晶粒。变形量愈大，晶粒破碎得愈严重，亚晶界愈多，位错密度愈大。这种在亚晶界处大量堆积的位错，以及它们之间的相互干扰作用，均会阻碍位错的运动，使金属变形抗力增大，强度和硬度显著增高。随着变形程度的增加，使金属强度和硬度升高，而塑性和韧性下降，这种现象称为加工硬化。

加工硬化在生产中具有很重要的实际意义。首先，可利用加工硬化来强化金属，提高强度、硬度和耐磨性。尤其是对那些不能用热处理方法来提高强度的金属更为重要。其次，加工硬化有利于金属进行均匀的变形。另外，加工硬化可提高构件在使用过程中的安全性。

（3）晶粒择优取向，形成变形织构。

随着变形程度的增加，各晶粒的晶格位向会沿着变形方向发生转动，使金属中每个晶粒的晶格位向大体趋于一致的现象称为择优取向，其结构称为变形织构。变形织构使金属具有各向异性。在许多情况下各向异性对金属的后续加工或使用是不利的，例如，用有织构的板材冲制筒形零件时，易出现所谓"制耳"现象。但在制造变压器铁芯的硅钢片时，利用织构可使变压器铁芯的磁导率明显增加，磁滞损耗降低，从而提高变压器的效率。

（4）产生残余应力。

由于金属在外力作用下内部变形不均匀，在去除外力后，残留在金属内部的应力称为残余应力。通常外力对金属做的功绝大部分在变形过程中转化为热而散失，只有很少的能量转化为内部应力残留在金属中，使其内能升高。残余应力不仅降低金属的强度，而且还会使金属的耐蚀性能降低。为此需进行适当的热处理来消除其残余应力。

（5）其他物理性能的变化。

形变后的金属和合金，除了力学性能发生变化外，对结构敏感或不敏感的性能都发生了较明显的变化。

3.3.2　塑性变形后的金属在加热时的组织变化

金属和合金经塑性变形后，强度、硬度升高，塑性、韧性下降，这对拉拔、轧制、挤压等成形工艺很重要，但对进一步的冷成形加工（例如深冲或冷轧）带来困难。常常需要将金属加热进行退火处理，以使塑性、韧性提高，强度、硬度下降。

塑性变形后的金属和合金在加热时，其组织结构要发生转变，这种转变过程包括回复、再结晶和晶粒长大等，如图 3-5 所示。了解这些变化过程和发展规律，对于控制和改善形变材料的组织和性能，具有重要意义。

（1）回复。变形金属在较低温度加热时，在光学显微组织发生改变前（即再结晶晶粒形成前）所产生的某些亚结构和性能的变化过程，称为回复。

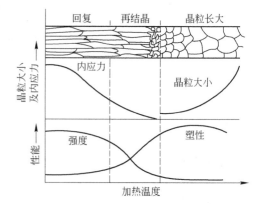

图 3-5　变形金属中加热时组织和性能的变化

产生回复的温度 $T_{回复}$ 为：

$$T_{回复} = (0.25 \sim 0.3) T_K \tag{3-1}$$

式中　T_K——该金属的熔点，单位为绝对温度，K。

由于加热温度不高，原子扩散能力不大，只是晶粒内部位错、空位、间隙原子等缺陷通过移动、复合消失而大大减少，所以晶粒仍保持变形后的形态，变形金属的显微组织不发生明显的变化。此时金属材料的强度和硬度略有降低，塑性有一定提高，但残余应力则大大降低。在生产上，常采用去应力退火来消除内应力。

（2）再结晶。当变形金属被加热到较高温度时，由于原子活动能力增大，金属的显微组织发生明显的变化，破碎的、被拉长或压扁的晶粒变为均匀细小的等轴晶粒，这一变化过程也是通过形核晶核长大方式进行的，故称为再结晶。但应指出，再结晶晶格类型没有改变，所以再结晶不是相变过程。

经再结晶后，金属的强度、硬度显著降低，塑性、韧性大大提高，加工硬化现象得以消除。再结晶不是一个恒温过程，而是在一个温度范围内发生的。通常再结晶温度是指再结晶开始的温度，它与变形程度、金属的纯度等因素有关。实验表明，各种纯金属和合金的最低再结晶温度与其熔点有如下关系：

$$纯金属\qquad\qquad T_{再} \approx (0.35 \sim 0.4)T_{K} \qquad\qquad (3\text{-}2)$$

$$合\quad金\qquad\qquad T_{再} \approx (0.5 \sim 0.7)T_{K} \qquad\qquad (3\text{-}3)$$

式中　$T_{再}$——金属的最低再结晶温度，单位为绝对温度，K；

　　　T_{K}——金属的熔点，单位为绝对温度，K。

再结晶是物理冶金过程中一个十分重要的现象。生产中常采用再结晶温度退火来消除经冷变形加工的产品的加工硬化，以提高塑性。为了缩短退火周期，进行再结晶退火时，常将加热温度定在最低再结晶温度以上 $100 \sim 200℃$。表 3-1 列出了几种金属及合金的最低再结晶温度和再结晶退火温度。

表 3-1　几种金属及合金的最低再结晶温度和再结晶退火温度

金属材料	最低再结晶温度 /℃	再结晶退火温度 /℃
纯　铁	$360 \sim 450$	$650 \sim 700$
工业纯铁	$200 \sim 270$	$300 \sim 470$
碳素结构钢及合金结构钢	$480 \sim 600$	$680 \sim 720$

通常以再结晶温度作为冷加工和热加工的分界。低于再结晶温度的加工称为冷加工，高于再结晶温度的加工称为热加工。

（3）晶粒长大。再结晶完成后，在高温区停留时间长，将导致晶粒的过分粗大，综合性能不好。

3.3.3　再结晶退火后的组织

生产上的所谓再结晶退火，实际上是回复、再结晶和晶粒长大等几个过程交错重叠进行的，因而退火后的组织也应理解为这些过程的综合结果。

变形金属经过再结晶退火后的晶粒大小，对其力学性能有很大影响。对给定的材料来说，退火后的晶粒大小主要取决于变形程度和退火温度。一般来说，变形程度越大，晶粒越细；而退火后温度越高，则晶粒越粗。这三个变量——晶粒大小、变形量及温度的关系可用一个立体图形来表示，称"再结晶图"，如图 3-6 所示。它可用作制定生产工艺规范的参考。

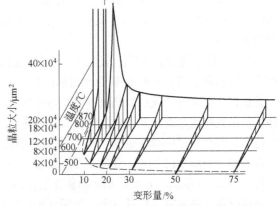

图 3-6　纯铁退火 1h 的再结晶图

3.3.4　合金相结构及合金组织

由于合金包含着两种以上的元素，所以它的组织要比纯金属复杂得多，但根据相的晶体结构特点可以将其分为固溶体和金属化合物两大类。

（1）固溶体。合金的组元之间以不同比例相互混合后形成的固相，其晶体结构与组成合金的某一组元相同，这种相就称为固溶体，这种组元称为溶剂，其他的组元即为溶质。广泛使用的碳钢和合金钢，均以固溶体为基本相，其含量占组织中的绝大部分。

根据溶质原子在晶格中所占位置，可分为置换固溶体和间隙固溶体两类。

按照溶质原子在溶剂中排列位置是否有着一定的严格规律，可分为无序固溶体与有序固溶体。

按照溶剂性质的不同，可将固溶体分为以金属元素为基的固溶体和以化合物为基的固溶体。

按照固溶度的不同，可将固溶体分为有限固溶体和无限固溶体两类。

（2）金属化合物。合金组元相互作用，除可形成固溶体外，当超过固溶体的固溶度极限时，还可形成金属化合物，又称为中间相。在周期表上，若二元素相距愈大，则形成化合物倾向性便愈强烈。碳钢中的 Fe_3C、黄铜中 $CuZn$、铝合金中的 $CuAl_2$ 等都是金属化合物。

金属化合物的种类繁多，可分为服从原子价规律的正常价化合物、晶体结构取决于电子浓度的电子化合物、小于原子尺寸与过渡族金属之间形成的间隙相和间隙化合物。

3.3.5　合金相图的基本概念

相图是表示在平衡条件下合金系中合金的状态与温度、成分间关系的图解，又称为状态图或平衡图。相图是研究金属材料的一个十分重要的工具。

3.3.5.1　二元合金相图的建立

测定相图的方法有热分析法、金相分析法、硬度法、膨胀试验、X 射线分析等。这里重点介绍热分析法建立二元合金相图，具体步骤如下：（1）首先配制一系列不同成分的同一合金系；（2）将合金熔化后，分别测出它们的冷却曲线；（3）根据冷却曲线上的转折点确定各合金的状态变化温度；（4）将上述数据引入以温度（℃）为纵轴，成分（质量分数为单位）为横轴的坐标平面中；（5）连接意义相同的点，作出相应的曲线，标明各区域所存在的相。便得到合金系相图。

如图 3-7 所示是用热分析法建立的 Cu-Ni 合金的相图过程示例。其中上临界点的连线称为液相线，表示合金结晶的开始温度或加热过程中熔化终了的温度；下临界点的连线称为固相线，表示合金结晶终了或在加热过程中开始熔化的温度。这两条曲线把 Cu-Ni 合金相图分成三个相区：在液相线之上，所有的合金都处于液态，是液相单相区，以 L 表示；在固相线之下，所有的合金都已结晶完毕，处于固态，是固相单相区，所有的合金都是单相固溶体，以 α 表示。在液相线和固相线之间，合金已开始结晶，但结晶过程还没有结束，是液相和固相的两相共存区，以 L+α 表示。至此，相图的建立工作即告完成。

测定时所配制的合金数目越多，所用金属纯度越高，测温精度越高，冷却速度越慢，则所测得的相图越精确。

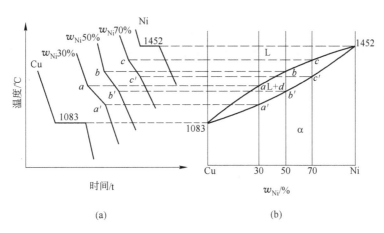

图 3-7   用热分析法建立 Cu-Ni 合金相图
（a）冷却曲线；（b）相图

3.3.5.2   相律

相律表示在平衡条件下，系统的自由度数、组元数和相数之间的关系，是系统平衡条件的数学表达式，是检验、分析和使用相图的重要工具，所测定的相图是否正确需用相律检验。在研究和使用相图时，也要用到相律。

相律的表达式为：

$$F = C - P + 2 \tag{3-4}$$

当系统的压力为常数时，则为：

$$F = C - P + 1 \tag{3-5}$$

式中 C——系统的组元数；

　　　P——平衡条件下系统中的相数；

　　　F——自由度数（F 不能为负数）。

利用相律可以判断在一定条件下，系统最多可能平衡共存的相数目。当组元 C 给定时，自由度越小，平衡共存的相数越多。当 $F = 0$ 时，可得出：

$$P = C + 2 \tag{3-6}$$

当压力恒定时，则为：

$$P = C + 1 \tag{3-7}$$

例如，一元系 $C = 1$，$P = 2$，即最多可以两相共存。二元系 $C = 2$，$P = 3$，最多可以三相平衡共存。

3.3.5.3   杠杆定律

合金在结晶过程中，各相的成分及其相对含量都在不断地发生变化。利用相图及杠杆定律，不但能够确定任一成分的合金，在任一温度下处于平衡时的两相的成分，而且可以确定两相的相对含量。

如图 3-8 所示，设合金 I 的总质量为 1，在温度 T_1 时液相的质量为 Q_L，固溶体的质量为

Q_α，则有：

$$Q_L + Q_\alpha = 1 \tag{3-8}$$

另外，合金 I 中所含的 Ni 的质量应等于液相中 Ni 的质量与固溶体中 Ni 的质量的和。即：

$$Q_L \times C_L + Q_\alpha \times C_\alpha = 1 \times C \tag{3-9}$$

可以得到：

$$Q_L = \frac{C_\alpha - C}{C_\alpha - C_L} = \frac{rb}{ab} \tag{3-10}$$

$$Q_\alpha = \frac{C - C_L}{C_\alpha - C_L} = \frac{ar}{ab} \tag{3-11}$$

或

$$\frac{Q_L}{Q_\alpha} = \frac{rb}{ar} \tag{3-12}$$

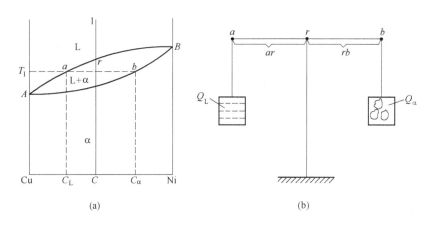

(a)   (b)

图 3-8　杠杆定律的证明及力学比喻
（a）杠杆定律的证明；（b）杠杆定律的力学比喻

式（3-12）与力学中的杠杆定律相似，所以也称为杠杆定律。如图 3-8a 中，将 r 看作支点，假定杠杆 arb 的两端分别悬挂质量 Q_L 及 Q_α，则杠杆的平衡条件就是：

$$Q_L \times ar = Q_\alpha \times rb \tag{3-13}$$

可以简单地总结为："两平衡相中，某一相的相对百分量，等于该相不相邻的另一分段除以杠杆全长"。注意，杠杆定律只能用于处于平衡状态的两相区，对相的类型不作限制。

3.3.6　铁碳合金相图

铁碳合金相图是研究铁碳合金的重要工具，了解和掌握铁碳合金相图对于钢铁材料的研究与使用，各种热加工工艺的制订以及工艺废品产生原因的分析等都有很重要的指导意义。

3.3.6.1　铁碳合金的基本组织

一般铁中都含有杂质，工业铁中含有 0.1% ~0.2% 的杂质。工业纯铁具有良好的塑性，但强度较低，很少用来制造机械零件。为了提高纯铁的强度与硬度，常在纯铁中加入少量的碳元素。由于铁和碳元素相互作用的不同，铁碳合金的基本组织有：铁素体、奥氏体、渗碳体、珠光体和莱氏体。

(1) 铁素体 (F)。碳溶于 α-Fe 中形成的间隙固溶体称为铁素体，用符号 F 表示。铁素体仍具有体心立方晶格。溶碳能力差，在室温可溶碳只有 0.0057%，在 727℃ 时最大溶碳才 0.0218%。所以铁素体的性能与纯铁相似，强度和硬度较低，塑性和韧性好。在显微镜下，铁素体呈明亮的多变形晶粒。

(2) 奥氏体 (A)。碳溶于 γ-Fe 中所形成的间隙固溶体称为奥氏体，用符号 A 表示。奥氏体仍具有面心立方晶格。由于面心立方晶格原子间的空隙比体心立方的晶格大，因此溶碳量就多。在 727℃ 时可溶碳 0.77%，随着温度升高，溶碳量增多，在 1148℃ 时可溶碳最大为 2.11%。在铁碳合金中奥氏体仅存在于 727℃ 高温以上，奥氏体没有磁性，有良好的塑性和韧性，一定的强度和硬度。因此，生产常将钢材加热到奥氏体状态进行轧制或锻造。

在显微镜下，奥氏体晶粒呈多边形，与铁素体的显微组织相近似，但晶粒边界较铁素体的平直。

(3) 渗碳体 (Fe_3C)。铁和碳形成的一种具有复杂斜方晶格的间隙化合物，用化学式 Fe_3C 或 C_m 表示。渗碳体不发生同素异晶转变，含碳量为 6.69%。硬度很高、耐磨、很脆，塑性和韧性极低，熔点为 1227℃。不单独使用。

Fe_3C 是钢中的强化相，它的数量、形状、分布对钢材的力学性能影响很大，在钢和生铁、铸铁中可呈片状、球状和网状等分布。在一定条件下 Fe_3C 可分解为 Fe 和 C（石墨），这就是高温下钢材常出现的石墨化问题。

(4) 珠光体。珠光体是由铁素体和渗碳体两者组成的两相复合物，用符号 P 表示。其平均含碳量为 0.77%，是一个双相组织。常温下，珠光体内铁素体约占 88%，而渗碳体占 12%。在金相显微镜下，可见是由片状铁素体和片状渗碳体一层层交替分布的。由于珠光体是由硬而脆的渗碳体与软而韧的铁素体相间组成的机械混合物，因此其性能介于铁素体和渗碳体之间，即具有足够的强度、塑性和硬度。珠光体的比例、分散度、珠光体的形状对其力学性能起着决定性的作用。

(5) 莱氏体。碳的质量分数为 4.3% 的液态铁碳合金，冷却到 1147℃ 时，由液体中同时结晶出奥氏体和渗碳体的复相组织称为莱氏体，用符号 Ld 表示。在 727℃ 以下由珠光体和渗碳体组成的复相组织称为变态莱氏体，也称低温莱氏体，用符号 Ld 表示。莱氏体的性能与渗碳体相似，硬度很高，塑性很差。

3.3.6.2 铁碳合金相图分析

用来表示在平衡状态下，不同含碳量的铁碳合金，在不同温度下所处的状态、晶体结构和显微组织特征的图称为铁碳合金相图或铁碳合金状态图。它是制定熔铸、锻造、轧制、热处理工艺的重要依据，也是分析合金组织研究相变规律的工具。

在铁碳合金中，铁与碳可形成一系列的化合物 Fe_3C、Fe_2C 和 FeC，其中形成的 Fe_3C 中碳的质量分数为 6.69%。由于碳的质量分数超过 6.69% 的铁碳合金脆性大，没有实用价值，所以在铁碳合金相图中，仅研究 Fe-Fe_3C 这一部分，因此铁碳合金相图实际上是 Fe-Fe_3C 相图，如图 3-9 所示。Fe-Fe_3C 相图纵坐标表示温度，横坐标表示碳的质量分数。横坐标左端碳的质量分数为零，是纯铁的成分；右端碳的质量分数为 6.69%，是 Fe_3C 的成分。

(1) Fe-Fe_3C 相图中的特性点。图 3-9 是 Fe-Fe_3C 相图，图中各特性点的温度、碳浓度及意义，如表 3-2 所示。各特征点的符号是国际通用的，不能随意更换。

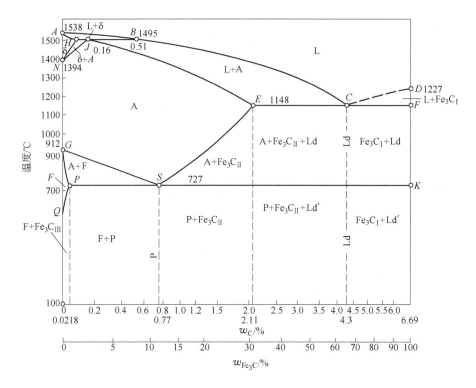

图 3-9　Fe-Fe₃C 相图

表 3-2　Fe-Fe₃C 相图中的特性点

特性点	温度/℃	w_C/%	说　明
A	1538	0	纯铁的熔点
B	1495	0.53	包晶转变时液态合金的成分
C	1148	4.30	共晶点
D	1227	6.69	渗碳体的熔点
E	1148	2.11	碳在 γ-Fe 中的最大溶解度
F	1148	6.69	渗碳体的成分
G	912	0	α-Fe 和 γ-Fe 相互转变温度（A_3）
H	1495	0.09	碳在 δ-Fe 中的最大溶解度
J	1495	0.17	包晶点
K	727	6.69	渗碳体
M	770	0	纯铁的磁性转变点
N	1394	0	γ-Fe 和 δ-Fe 的相互转变温度
O	770	约 0.5	含碳量 0.5% 合金的磁性转变点
P	727	0.0218	碳在 α-Fe 中的最大溶解度
S	727	0.77	共析点（A_1）
Q	600	0.0057	600℃ 碳在 α-Fe 中的溶解度

（2）Fe-Fe₃C 相图中的特性线。Fe-Fe₃C 相图中的特性线是不同成分的合金，具有相同意义相变点的连接线。Fe-Fe₃C 相图中各特性线符号、名称及含义如表 3-3 所示。

表 3-3 Fe-Fe₃C 相图中的特性线

特性线	名　称	含　义
ABCD 线	液相线	任何成分的碳铁合金在此线以上均处于液态 L，液态合金缓冷到 ABC 线时，从液体中开始结晶出奥氏体 A；缓冷到 CD 线时，从液体中开始结晶出渗碳体，这种渗碳体称为一次渗碳体（Fe₃C）
AHJECF 线	固相线	任何成分的碳铁合金缓冷到此线时全部结晶为固体
ECF 水平线	共晶线	凡是碳的质量分数大于 2.11% 的液态碳铁合金缓冷到该线（1148℃）时均发生共晶转变，生成莱氏体（Ld）
PSK 水平线	共析线（又称 A₁ 线）	凡是碳的质量分数大于 0.0218% 的碳铁合金（奥氏体）缓冷到 727℃ 均发生共析转变，由奥氏体生成珠光体（P）
ES 线	Aₘ 线	碳在 γ-Fe 中的溶解度曲线。随着温度的降低，含碳量在减少，在 1148℃ 时碳的质量分数为 2.11%（E 点），在 727℃ 时碳的质量分数为 0.77%（S 点）。或者说碳的质量分数大于 0.77% 的碳铁合金，由高温缓冷时从奥氏体析出渗碳体的开始线，这种渗碳体称为二次渗碳体（Fe₃C_Ⅱ）；加热时为二次渗碳体溶入了奥氏体的终了线
PQ 线		碳在 α-Fe 中的溶解度曲线。随着温度的降低，含碳量在减少，在 727℃ 时碳的质量分数为 0.0218%（P 点），在 600℃ 时碳的质量分数为 0.0057%（Q 点），因此，由 727℃ 缓冷时，铁素体中多余的碳将以渗碳体的形式析出，这种渗碳体称为三次渗碳体（Fe₃C_Ⅲ）
GS 线	A₃ 线	碳的质量分数小于 0.77% 的铁碳合金缓冷时由奥氏体中析出铁素体的开始线；或者说加热时铁素体转变为奥氏体的终了线

应当指出，一次、二次、三次渗碳体没有本质上的区别，只是渗碳体的来源、分布、形态以及铁碳合金性能的作用有所不同，而含碳量、晶体结构和自身性能均相同。

3.3.6.3 碳铁合金的平衡结晶过程及其组织

根据组织特征，将铁碳合金按含碳量划分为七种类型，如图 3-10 所示。

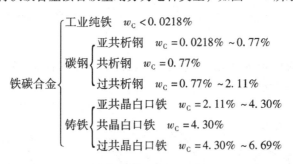

图 3-10 铁碳合金的分类

A 共析钢

碳的质量分数为 0.77% 的铁碳合金，见图 3-11 中的合金①，组织转变过程示意图为图 3-12。

在奥氏体区，合金中所有的碳全部溶入奥氏体中，合金的碳含量就是奥氏体的碳含量，所

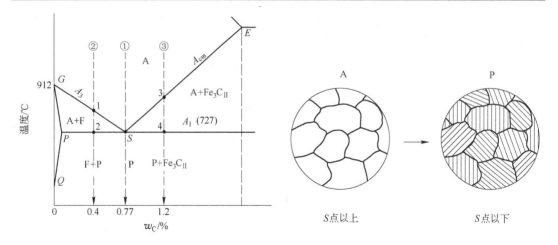

图 3-11　三种典型合金在 Fe-Fe₃C 相图中的位置　　　图 3-12　共析钢的组织转变过程示意图

以奥氏体的碳质量分数也是 0.77% 。在此区间降低温度，成分和组织不发生转变。

　　当温度降至 S 点（727℃）时，奥氏体发生共析反应，即 $A_s \rightarrow P(F + Fe_3C)$，全部转变为珠光体。在珠光体中，铁和渗碳体成片层状相间排列（见图 3-13），由于其显微试样具有珍珠般的光泽，故称之为珠光体。

　　从 S 点继续冷却，从铁素体中析出三次渗碳体 Fe_3C_{III}。由于其数量很少，在显微镜下也难以分辨，故忽略不计，认为 S 点以下至室温，珠光体组织基本不变。

　　珠光体中铁素体与渗碳体的相对量的计算可用杠杆定律求出：

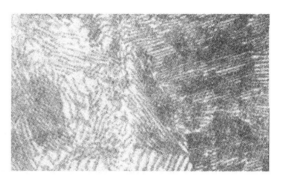

图 3-13　珠光体的显微组织

$$Q_F = \frac{SK}{PK} \times 100\% = \frac{6.69 - 0.77}{6.69 - 0.0218} \times 100\% \approx 88.8\% \qquad (3-14)$$

$$Q_{Fe_3C} = \frac{PS}{PK} \times 100\% = \frac{0.77 - 0.0218}{6.69 - 0.0218} \times 100\% \approx 11.2\% \qquad (3-15)$$

B　亚共析钢

　　以碳的质量分数为 0.40% 的亚共析钢为例（见图 3-11 中的合金②），来说明亚共析钢的组织转变过程，如图 3-14 所示。

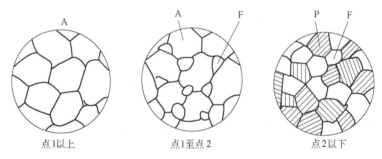

点1以上　　　　　　　　　点1至点2　　　　　　　　　点2以下

图 3-14　亚共析钢的组织转变过程示意图

合金②在奥氏体区冷却至点1（见图3-11）时，开始从奥氏体中析出铁素体，随着温度的降低，铁素体的量不断增加。由于铁素体含碳量极少，铁素体的析出，使奥氏体中的碳含量相对增加，并沿 GS 线变化。点1至点2之间为两相区，即奥氏体（A）和铁素体（F）。

当合金冷却到点2（727℃）时，奥氏体的碳含量增加到0.77%（S 点），发生共析转变，奥氏体全部转变为珠光体，而原先析出的铁素体保持不变，组织为珠光体（P）＋铁素体（F）。

在点2以下直至室温，与共析钢一样，合金的组织基本上不发生变化，仍为珠光体（P）和铁素体（F）。

亚共析钢的显微组织如图3-15所示。图中白色部分为铁素体，深色部分为珠光体，在高倍显微镜下，可以看到珠光体的片层组织。所有亚共析钢的室温组织均为铁素体（F）和珠光体（P），只是铁素体和珠光体的相对含量不同。随着碳含量的增加，珠光体量相对增加，铁素体量相对减少。

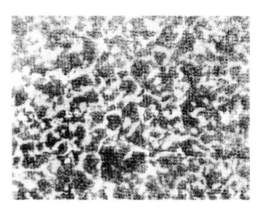

图3-15 亚共析钢（40钢）的显微组织

利用杠杆定律可以分别计算出钢中的组织组成物——先共析铁素体和珠光体的含量：

$$Q_F = \frac{2S}{PS} \times 100\% = \frac{0.77 - 0.40}{0.77 - 0.0218} \times 100\% \approx 49.5\% \tag{3-16}$$

$$Q_P = \frac{P2}{PS} \times 100\% = \frac{0.40 - 0.0218}{0.77 - 0.0218} \times 100\% \approx 50.5\% \tag{3-17}$$

同样，也可以算出相组成物中铁素体与渗碳体的相对含量：

$$Q_F = \frac{2K}{PK} \times 100\% = \frac{6.69 - 0.40}{6.69 - 0.0218} \times 100\% \approx 94.3\% \tag{3-18}$$

$$Q_{Fe_3C} = \frac{P2}{PK} \times 100\% = \frac{0.40 - 0.0218}{6.69 - 0.0218} \times 100\% \approx 5.7\% \tag{3-19}$$

一般可根据亚共析钢的平衡组织中珠光体所占的面积比例，粗略地计算出各种亚共析钢的含量（由于室温下铁素体中含碳量低，可不考虑）：

$$w_C = 0.77 \times \frac{S_P}{S} \times 100\% \tag{3-20}$$

式中　w_C——碳的质量分数；

　　　S_P——金相试样组织中珠光体所占面积（一般由目测估算）；

　　　S——金相试样组织总面积。

也可近似地估计其含碳量：$w_C \approx P \times 0.8\%$，其中 P 为珠光体在显微组织中所占面积的百分比，0.8%是珠光体含碳量0.77%的近似值。

C　过共析钢

以碳的质量分数为1.2%的过共析钢为例（见图3-11中的合金③），来说明过共析钢的组织转变过程，如图3-16所示。

当合金③冷却至点3时，开始从奥氏体中析出渗碳体，这种渗碳体沿奥氏体的晶界成核并

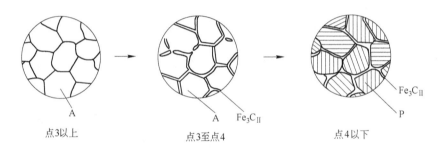

图 3-16　过共析钢的组织转变过程示意图

长大，通常称为二次渗碳体 Fe_3C_{II}。

　　在点 3 至点 4 之间，随着温度的降低，二次渗碳体的数量逐渐增多，沿奥氏体的晶界形成网状，既通常的网状渗碳体。随着二次渗碳体的逐渐增多，奥氏体的碳含量沿 ES 线逐渐减少。这一区间为两相区，即 $A + Fe_3C$。

　　当冷却到点 4（727℃）时，奥氏体中的碳质量分数达到 0.77%（S 点），发生共析转变，奥氏体转变为珠光体。合金的组织为珠光体（P）和二次渗碳体 Fe_3C_{II}。

　　点 4 以下直至室温，合金的组织基本不发生变化，室温下的组织为珠光体和网状二次渗碳体。其显微组织如图 3-17 所示，图中的片状组织为珠光体，白色网状物为二次渗碳体。

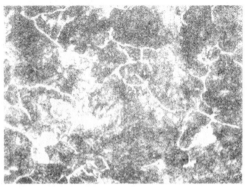

图 3-17　过共析钢的显微组织

　　过共析钢的室温组织为珠光体和网状二次渗碳体，两者的相对含量可用杠杆定律计算：

$$Q_P = \frac{4K}{SK} \times 100\% = \frac{6.69 - 1.2}{6.69 - 0.77} \times 100\% = 92.7\% \qquad (3-21)$$

$$Q_{Fe_3C_{II}} = \frac{S4}{SK} \times 100\% = \frac{1.2 - 0.77}{6.69 - 0.77} \times 100\% = 7.3\% \qquad (3-22)$$

　　所有过共析钢的室温组织均为珠光体和二次渗碳体，只是不同钢种碳含量不同，珠光体和二次渗碳体的相对量不同。随着碳含量的增加，二次渗碳体的量相对增加，珠光体的量相对减小。

　　当含碳量达到 2.11% 时，二次渗碳体的数量达到最大值，其含量可用杠杆定律算出：

$$Q_{Fe_3C_{II}} = \frac{2.11 - 0.77}{6.69 - 0.77} \times 100\% \approx 22.6\% \qquad (3-23)$$

　　由于 Fe-Fe_3C 相图是在平衡条件下建立的，所以上述转变过程也是在平衡条件下进行的。所谓平衡条件，即无限缓慢地加热或冷却。当加热速度或冷却速度较快时，则转变点与 Fe-Fe_3C 相图会有一定的偏差。

　　Fe-Fe_3C 相图是钢铁热处理原理的基础，是制订热处理工艺的重要依据，每一个轧钢或热处理工作者都应熟悉掌握，灵活应用。

3.3.7 铁碳相图的应用

Fe-Fe₃C 相图除了对制定热处理工艺有重要意义外，在制定铸造、锻造、焊接等热加工工艺以及选材方面都有重要用途。

（1）在选材方面的应用。铁碳相图指出了组织随成分变化的规律。从材料的组织可以大致判断出其力学性能，从而根据工件的工作环境和性能要求来合理地选择材料。

若需要塑性和韧性较高的材料，应选用含碳量在 0.10% ~0.25% 的低碳钢；如果需要强度高，塑性和韧性较好的材料，应选用含碳量在 0.25% ~0.60% 的中碳钢；当需要耐磨性好、硬度高的材料时，应选用含碳量在 0.60% ~1.30% 的高碳钢。一般低碳钢和中碳钢主要用来制造机器零件或建筑结构，高碳钢主要用来制造各种工具。为了进一步提高钢的性能，还需要有相应的合理工艺与之相配合。

（2）在制定热加工工艺方面的应用。室温时碳钢是由铁素体和渗碳体组成的双相组织，塑性较差，变形困难，只有将其加热到单相奥氏体状态，才具有较好的塑性，易于塑性变形。温度愈高，塑性愈好，愈易产生塑性变形。因此，钢材在进行轧制和锻造时，要将坯料加热到单相奥氏体温度范围。一般开轧（始锻）温度控制在固相线以下 100 ~200℃ 范围内，温度不宜过高，以免钢材氧化严重，发生过热或过烧。而终轧（锻）温度，对于亚共析钢应控制在稍高于 GS 线以上；对于过共析钢应控制在稍高于 PSK 线以上，温度不能过低，以免使钢材产生加工硬化，塑性变差，导致产生裂纹。总之，各种碳素钢的开轧（始锻）温度一般为1150 ~1250℃，终轧（锻）温度为 750 ~850℃。具体温度应根据情况合理确定。

（3）在热处理方面的应用。由 Fe-Fe₃C 相图可知，铁碳合金在固态加热或冷却过程中均有相的变化，故钢可以进行退火、正火、淬火和回火等处理。另外，碳和其他合金元素可以溶解于奥氏体中，溶解度随温度的升高而增加，这就是钢可以进行渗碳处理和其他化学热处理的原因。

应用铁碳合金相图应注意如下问题：（1）铁碳相图不能表示快速加热或冷却时铁碳合金组织的变化规律；（2）可参考铁碳相图来分析快速冷却和加热的问题，但还应借助于其他理论知识；（3）相图可以表示铁碳合金可能进行的相变，但不能看出相变过程所经过的时间。相图反映的是平衡相的概念，而不是组织的概念。（4）铁碳合金相图是用极纯的 Fe 和 C 配制的合金测定的，而实际的钢铁材料中还含有或有意加入许多其他元素。其中某些元素对临界点和相的成分都可能有很大的影响，此时必须借助于三元或多元相图来分析和研究。

3.4 钢的热处理原理和工艺

目前改善钢的工艺性能、提高钢的力学性能和使用性能主要有两个途径：一是加入合金元素，调整钢的化学成分，即合金化的办法；二是对钢进行热处理。这两者之间有着极为密切的关系。

3.4.1 概述

钢的热处理是指将钢在固态下进行加热、保温和冷却三个基本过程，以改变钢的内部组织结构，从而得到所需性能的一种工艺。为了表示热处理的基本工艺过程，通常用温度-时间坐标绘出热处理工艺曲线，如图3-18 所示。

钢热处理的最基本类型可根据加热、冷却方法以及组织和性能变化的不同，钢的热处理工艺可分为普通热处理、表面热处理、形变热处理和其他热处理等四大类，如图 3-19 所示。

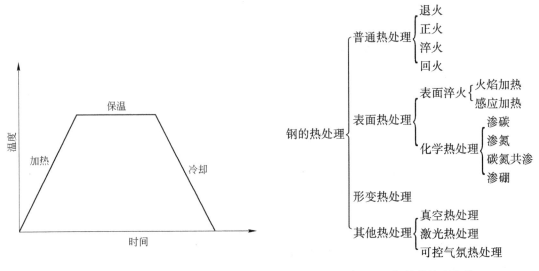

图 3-18　钢的热处理工艺曲线　　　　　图 3-19　钢的热处理分类

根据热处理在零件整个生产工艺过程中位置和作用的不同，又可分为预备热处理和最终热处理。在生产工艺流程中，经过切削加工等成形工艺而达到工件的形状和尺寸后，再进行赋予工件所需的使用性能的热处理，称为最终热处理；如果是为随后的冷拔、冲压和切削加工或进一步处理作好组织处理，称为预备热处理。

3.4.2　钢加热时的组织转变

钢的热处理工艺几乎都要先将钢加热到临界温度以上，获得奥氏体组织，即"奥氏体化"。然后再以适当速度冷却，以获得所需要的组织和性能。加热时形成的奥氏体其组织形态对冷却转变过程以及冷却转变产物的组织和性能具有显著的影响，因此研究加热时奥氏体形成过程具有重要的意义。

3.4.2.1　转变温度

在 $Fe-Fe_3C$ 相图中，将共析钢加热到 A_1 线以上，全部变为奥氏体；而亚共析钢和过共析钢必须加热至 A_3 和 A_{cm} 以上才能获得单相奥氏体。在实际热处理生产过程中，加热不可能极其缓慢，相变并不按照相图上所示的临界温度进行，大多有不同程度滞后现象产生，即实际转变温度往往要偏离平衡的临界温度。随着加热和冷却速度增加，滞后现象将愈加严重。实际转变温度与平衡临界温度之差称为过热度（加热时）或过冷度（冷却时）。过热度或过冷度随加热或冷却速度的增大而增大。通常把加热时的临界温度加注下标 "c"，如 A_{c1}、A_{c3}、A_{ccm}，而把冷却时的临界温度加注下标 "r"，A_{r1}、A_{r3}、A_{rcm}，如图 3-20 所示。

3.4.2.2　奥氏体的形成

钢在加热时奥氏体的形成过程（也称奥氏体化）也是一个形核、长大和均匀化过程，符合相变过程的普遍规律。以共析钢为例说明奥氏体的形成过程，如图 3-21 所示。

（1）奥氏体的形核。将钢加热到 A_{c1} 以上某一温度时，珠光体已处于不稳定状态，由于在铁素体和碳浓度不均匀，原子排列也不规则，这就从浓度和结构上为奥氏体晶体核的形成提供了有利条件，因此优先在界面上形成新的奥氏体晶核。

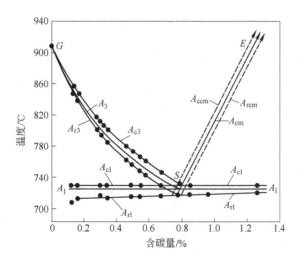

图 3-20　加热和冷却速度（0.125℃/min）对临界转变温度的影响

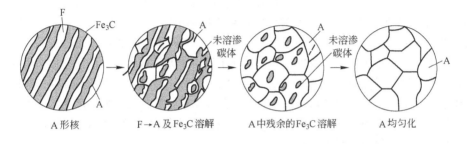

图 3-21　共析钢中奥氏体形成过程示意图

（2）奥氏体的长大。奥氏体晶核形成后，便开始长大，它是依靠铁素体向奥氏体的继续转变和渗碳体不断溶入奥氏体而进行的。铁元素转变为奥氏体后含碳量较低；渗碳体的溶入引起奥氏体含碳量的增加。根据 Fe-Fe$_3$C 相图，在 A_1 以上只有在一定的碳浓度范围内奥氏体才能稳定存在。为此奥氏体必须同时向渗碳体和铁素体两方向长大，并通过碳原子扩散以保持奥氏体稳定存在的碳浓度。

实验表明，铁素体向奥氏体转变的速度，往往比渗碳体的溶解要快，因此珠光体中的铁素体总比渗碳体消失得早。铁素体一旦消失，可以认为珠光体向奥氏体的转变基本完成。此时仍有部分剩余渗碳体未溶解，奥氏体化过程仍在继续进行。

（3）残余奥氏体的溶解。铁素体消失后，随着保温时间的延长或继续加热，残余渗碳体不断溶入奥氏体。

（4）奥氏体的均匀化。当渗碳体刚刚全部溶入奥氏体后，奥氏体内碳浓度仍是不均匀的，原来是渗碳体的地方碳浓度较高，而原来是铁素体的地方碳浓度较低，只有经长时间的保温或继续加热，让碳原子进行充分的扩散才能获得成分均匀的奥氏体。如果奥氏体化温度不高，而保温时间足够长时，可以获得极细小而又均匀的奥氏体晶粒。

亚共析钢和过共析钢的奥氏体化过程与共析钢基本相同。而不同的是加热温度应超过 A_{c3} 或 A_{ccm} 并保温足够时间后，才能获得均匀的单相奥氏体。

3.4.2.3 影响奥氏体形成的因素

影响奥氏体形成的因素主要有加热条件、原始组织、碳含量和合金元素四个方面。它们都是通过对奥氏体的成核及核的长大速度的影响而起作用的。

(1) 加热温度影响。加热温度对奥氏体形成速度的影响十分明显。加热温度愈高，奥氏体的成核速度及长大速度愈快，奥氏体的形成就迅速。物质的转化总是由高自由能向低自由能方向转化的。由于温度愈高，奥氏体自由能愈低；同时，与珠光体自由能的差也愈大，所以愈容易形成奥氏体。加热温度的升高也增加了铁原子从体心立方晶格向面心立方晶格的转变速度，以及碳原子向奥氏体扩散的速度。加速了奥氏体的形成。

(2) 碳含量的影响。钢中的碳含量愈高，渗碳体的数量就愈多，则铁素体和渗碳体的相界面就愈多，有利于奥氏体的成核，使成核数量增加。同时，碳含量的升高增加了奥氏体和渗碳体之间的碳含量差，有利于碳原子的扩散速度，加速了奥氏体的形成。

(3) 原始组织的影响。原始组织中碳化物弥散度及其形状对奥氏体的形成有一定影响。碳化物的弥散度愈大，即碳化物的颗粒愈细小，铁素体与渗碳体的相界面就愈多，形成奥氏体晶核的数量就愈多。同时，碳化物弥散度的增大，缩短了原子扩散的距离，加快了奥氏体生长的速度。因此，同一钢种，原始组织中碳化物颗粒愈细小，转变为奥氏体的速度愈快。

(4) 合金元素的影响。合金元素对奥氏体形成的影响很大，也很复杂。Co、Ni 等元素能增强碳在奥氏体中的扩散能力，从而提高奥氏体形成的速度。其余大部分合金元素（如 Cr、Mo、W、V 等）由于与碳容易形成碳化物，减弱了碳原子的扩散能力，从而降低了奥氏体形成的速度，并使钢的临界转变点升高。此外，合金钢的奥氏体均匀化已不仅仅是碳在奥氏体中均匀化，还包括合金在奥氏体中的均匀化。另外，合金元素的扩散比碳难，合金元素形成碳化合物后，也使碳的扩散变得困难了。因此，合金钢的奥氏体化温度高，扩散时间长。在处理时，加热温度比碳钢高，保温时间也长。

在实际生产中，为了获得良好的热处理质量，首先，在选材上以选择优质碳钢或合金钢为宜。

3.4.2.4 奥氏体的晶粒度

晶粒大小是指晶粒的平均体积或平均直径或单位体积内含有的晶粒数，但要测定这样的数据是很繁琐的，所以目前大多使用与标准金相图片相比较的方法。通常把晶粒大小分为 8 级，根据各级晶粒号，制订合理的热处理工艺；再次，操作上控制好加热、保温和冷却三个环节的晶粒大小，请查阅标准晶粒度等级图，如图 3-22 所示。

根据《GB/T 6394—2002 金属平均晶粒度测定法》可知，晶粒号数 N 和放大 100 倍时平均每 $6.45\,\text{cm}^2$ 内所含晶粒数目 n 有以下关系：

$$n = 2^{N-1} \tag{3-24}$$

如 8 号晶粒，每 $6.45\,\text{cm}^2$ 面积内所含晶粒数目为 128。由式可知，晶粒号数愈小，单位面积内晶粒数目愈少，即晶粒尺寸愈大。通常 1~4 号为粗晶粒；5~8 号为细晶粒。粗于 1 号的晶粒，在过热的情况下可以遇到；细于 8 号的晶粒，多属工具钢淬火时的实际晶粒度。

奥氏体的晶粒度可分为起始晶粒度、本质晶粒度和实际晶粒度三种。

(1) 起始晶粒度。在奥氏体化过程中，当奥氏体成核、长大时，奥氏体转变刚完成时的晶粒大小称为起始晶粒度。

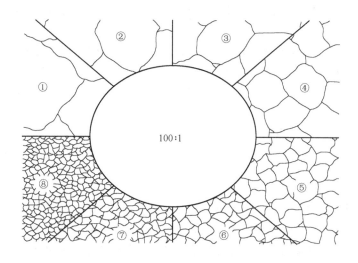

图 3-22 标准晶粒度 1~8 级示意图

（2）实际晶粒度。在某一具体加热或热加工条件下所得到的奥氏体实际晶粒大小称为实际晶粒度。例如热轧钢材，一般是指热轧终了时钢中奥氏体的晶粒度。

（3）本质晶粒度。在特定的条件下（加热温度在930℃±10℃，保温3~8h），所得到的奥氏体晶粒的大小，称为本质晶粒度。它反映奥氏体的晶粒长大的趋势。研究指出，随加热温度升高，钢中奥氏体晶粒的长大倾向存在两种情况，如图3-23所示。一种是奥氏体晶粒随加热温度升高而迅速长大的钢，称为本质粗晶粒钢；另一种是奥氏体晶粒的长大倾向较小，直至超过某一温度后，奥氏体晶粒才会急剧长大的钢，称为本质细晶粒钢。奥氏体晶粒急剧长大的温度称为晶粒粗化温度，它随钢的成分和脱氧方法而变化，通常在950~1000℃范围内变动。必须指出，本质晶粒度只是表明奥氏体晶粒长大倾向，并不指具体的晶粒大小。

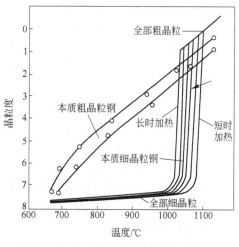

图 3-23 奥氏体晶粒长大倾向示意图

本质晶粒度是钢的热处理工艺性能的一个重要指标。实际应用中，优质碳素钢和合金钢等都是本质细晶粒钢。本质粗晶粒钢必须严格控制加热温度和保温时间，避免奥氏体晶粒的长大而影响其零件使用性能及寿命。

综上所述，钢的本质晶粒度是选材的依据，起始晶粒度仅仅是一个理论上的晶粒度。在生产中，通常加热温度都高于临界点几十摄氏度。因此，只有实际晶粒度最有现实意义，它直接影响钢的热处理质量和性能。同一钢种，晶粒越细，强度越高，塑性和韧性也越好。因此，在生产中必须避免奥氏体晶粒的长大，以便在冷却后得到细晶粒组织，从而获得较高的力学性能。

3.4.2.5 钢中成分对奥氏体晶粒长大的影响

用适量的铝脱氧，或钢中加入适量的钒、钛、锆、铌等元素，可得到本质细晶粒钢，这些元素对晶粒长大的影响可以用晶粒粗化温度来度量。晶粒粗化温度愈高，表明晶粒长大倾向愈小。

钢中铝以 AlN 粒子沿晶界弥散析出，起到阻碍晶界迁移的作用，随温度升高，AlN 在奥氏体中的溶解度增加，一旦 AlN 粒子大部分溶解，晶界迁移的障碍消除，奥氏体晶粒便急剧长大。从细化晶粒来说，脱氧后钢中酸溶铝含量以 0.02% ~ 0.04% 为最佳。在含钒、钛、锆、铌等元素的钢中，这些元素的碳化合物和氮化物呈弥散析出，起到抑制晶粒长大的作用。其中钛、锆、铌对提高奥氏体晶粒粗化温度的作用，比 Al 更为显著。随着奥氏体含碳量的增加，晶粒长大的倾向增加。如果碳以未溶碳化物形式存在，往往起到阻碍晶粒长大的作用。

在热处理过程中总希望获得细小的奥氏体晶粒。并不是只有本质细晶粒钢才能获得细的实际晶粒，本质粗晶粒钢只要热加工变形终止温度尽量接近 Ar_3 温度或零件的奥氏体化温度尽可能低些，仍可获得较细的实际晶粒。本质细晶粒钢的奥氏体晶粒不易粗化，它允许较宽的变形终止温度和热处理的加热温度范围，较容易获得细小的奥氏体晶粒，保证热加工或热处理后钢件的工艺性能和使用性能，所以采用本质细晶粒钢，在生产上是有利的。

3.4.3　过冷奥氏体的转变

加热时钢的奥氏体化仅为冷却转变做准备，一般不是热处理的目的。热处理生产中，钢在奥氏体化后的冷却方式有两种：一种是等温冷却，如等温淬火、等温退火等。另一种是连续冷却，如炉冷、空冷、油冷、水冷等，如图 3-24 所示。

当奥氏体冷至临界温度以下，即处于热力学上不稳定状态时，称为过冷奥氏体。在缓慢冷却时，奥氏体分解的过冷度很小，并

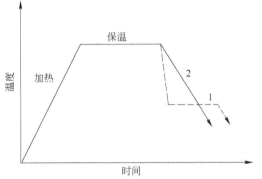

图 3-24　奥氏体不同冷却方式示意图
1—等温冷却；2—连续冷却

有足够的时间进行扩散分解，得到接近平衡的组织。随着冷却速度加快，可以把奥氏体急冷至很低温度，甚至过冷到奥氏体不能进行扩散分解的低温。根据不同的转变机理，过冷奥氏体的转变分为三种基本类型，即珠光体型转变（扩散型转变）、贝氏体转变（过渡型转变）和马氏体转变（无扩散型转变）。

过冷奥氏体连续冷却时，其转变多在一个温度范围内进行，从而会获得粗细不同或类型不同的混合组织。这种冷却条件在生产上广泛应用，但分析起来较为困难。在等温条件下，可以独立地改变温度和时间，分别研究温度和时间对过冷奥氏体转变的影响，有利于搞清转变机理、转变动力学及转变产物的组织和性能。因此首先分析过冷奥氏体等温转变图，在此基础上再介绍连续冷却转变图。

3.4.3.1　过冷奥氏体等温转变图

过冷奥氏体等温转变图用于表示在过冷奥氏体等温转变过程中温度、时间和转变产物三者之间的关系。过冷奥氏体等温转变图因其形状通常像英文字母 "C"，故俗称其为 C 曲线（或 S 曲线），也称 TTT 曲线。

在共析钢过冷奥氏体等温度转变图（图 3-25）中，除两条转变开始线和终了线外还

有三条水平线。最上方为 A_1 线，中部的 M_s 线为奥氏体向马氏体转变的开始温度线，下部的 M_f 线为奥氏体向马氏体转变的终了温度线。

　　由图可见，两条曲线和三条水平线把图形分为六个区域：（1）A_1 线以上为稳定的奥氏体区；（2）奥氏体转变开始线与温度坐标轴之间为不稳定的奥氏体区；（3）两条曲线之间为过冷奥氏体与转变产物共存区：$A+P$ 或 $A+B$；（4）奥氏体转变终了线以右为奥氏体转变产物区；（5）M_s 线与 M_f 线之间为过冷奥氏体与马氏体共存区；（6）M_f 线以下为马氏体区。

　　过冷奥氏体在等温转变发生前经过的时间，称为孕育期。孕育期的长短表示过冷奥氏体的稳定性。孕育期愈长，说明奥氏体的稳定性愈好。在等温转变图上，不同温度下奥氏体的孕育期不同。在 550~600℃温度范围内，奥氏体的孕育期最短，说明奥氏体最不稳定，极易发生转变，通常称为"鼻尖"

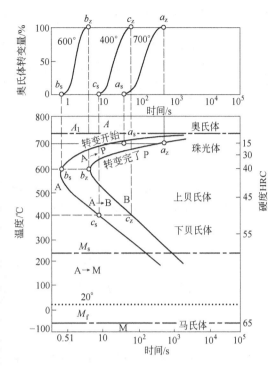

图 3-25　共析钢的等温转变曲线图

部位。在鼻尖以外的其他部分，孕育期较长，过冷奥氏体比较稳定。在实际应用中，如果我们要避免奥氏体分解的话，只要绕过这个"鼻尖"，就能使孕育期变得更长，便于获得所需要的组织。

　　碳钢的等温转变区大多是简单的"C"字形。图 3-26 所示为亚共析钢过冷奥氏体等温转变图，图 3-27 所示为过共析钢过冷奥氏体等温转变图。它们的不同之处在于亚共析钢的等温转变图上，多了一根铁素体析出线；而过共析钢的等温转变图上，多了一根二次渗碳体析出线。

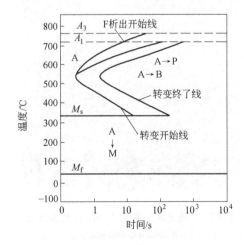

图 3-26　亚共析钢的等温转变曲线

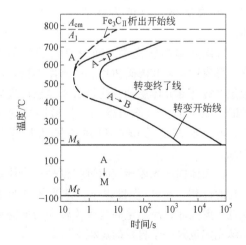

图 3-27　过共析钢的等温转变曲线

3.4.3.2　过冷奥氏体等温转变产物

由图 3-25 可以看出，过冷奥氏体在 A_1 至 M_f 之间的温度范围内，随着温度的不同，所得的转变组织也不同。按转变产物的不同，等温转变可分为三种类型：珠光体转变、贝氏体转变和马氏体转变。下面分析共析钢的奥氏体等温转变产物。

A　珠光体型转变

珠光体型转变的温度在 A_1 至 "鼻尖"（共析钢约为 550℃）的温度范围内，转变温度较高，也称高温转变。由于转变主要以通过铁原子和碳原子的充分扩散来完成的，所以又称扩散型转变。

过冷奥氏体在这个温度范围内，由于温度较高，转变产物为珠光体型组织。与所有相变一样，珠光体型转变同样遵循成核和长大的规律。珠光体的形成过程如图 3-28 所示。

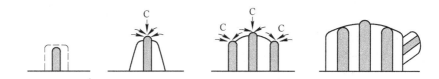

图 3-28　珠光体形成过程示意图

珠光体的晶核通常在奥氏体晶界处或未溶的碳化物及杂质处生成，由于微观碳含量的不同，首先在高碳区生成渗碳体晶核，在高温下碳原子向渗碳体的晶核扩散，使晶核长大成一薄片。同时，也使渗碳体薄片周围的奥氏体区成为贫碳区，这为铁素片的生成创造了条件，于是渗碳体薄片的两侧便形成铁素体的晶核。在高温下，铁原子不断向铁素体的晶核扩散，使铁原子晶核沿渗碳体薄片长大，同时也使铁素片薄片奥氏体一侧的碳含量升高，这又为形成新的渗碳体创造了条件。新的渗碳体长大，又形成新的铁素体。如此的交替的成核和长大，甚至形成一个珠光体的晶粒。所以，在显微镜下看到的珠光体组织是黑白相间的片状组织，其中黑色为渗碳体、白色为铁素体，如图 3-29 所示。

在珠光体型转变中，随着等温温度的变化，形成铁素体和渗碳体片层的厚度不同。等温温度愈低珠光体愈细。这是由于等温温度较低时，原子的扩散能力减弱，扩散距离比较短，所以形成的渗碳体和铁素体的片层比较细。

奥氏体向珠光体转变的过程也是一个能量转化的过程。在 A_1 温度以下，珠光体的自由能低于奥氏体，高能量的奥氏体转变为低能量的珠光体也是一个自发的过程。

根据珠光体片层的厚度，珠光体类组织

图 3-29　珠光体中渗碳片分枝长大的情况
a—渗碳体分枝的金相照片；
b—渗碳体分枝长大形态示意图

可分为珠光体、索氏体和屈氏体三类：在 A_1 ~ 650℃ 范围内所形成的珠光体比较粗，称为珠光体，片层较厚，硬度为 160 ~ 250HBW，以 "P" 表示。在 650 ~ 600℃ 范围内所形成片层比较细，只有在高倍光学显微镜下才能分辨出片层，这种组织称为细珠光体，也称索氏体，片层较薄，硬度为 250 ~ 320HBW，以 "S" 表示。在 600 ~ 550℃ 范围内之间形成片层更薄，只有在电子显微镜下才能分辨出来，称极细珠光体，也称屈氏体，硬度为 330 ~ 400HBW，用 "T" 表示。

以上情况表明：珠光体、索氏体和屈氏体为同一类型的组织，三者之间没有本质区别，只是粗细的程度不同，硬度不同。之所以产生这种差异，其原因在于转变温度不同。转变温度越低，组织晶粒越细，硬度越高。不过，以上给出的温度区间并无严格的界线。

B 贝氏体型的转变

贝氏体型转变的温度在曲线 "鼻尖" 至 M_s 点（共析钢为 240℃）之间的范围内，也称中温转变。其产物为贝氏体，用 "B" 表示。贝氏体也是铁素体和渗碳体的机械混合物，由于转变温度比珠光体低，过冷度大原子的扩散能力降低，所以以形态比珠光体型组织复杂，其性能也与珠光体类组织不同。

根据形态的不同，贝氏体分为上贝氏体和下贝氏体。上贝氏体的形成温度在 "鼻尖" 至 350℃ 之间，奥氏体中首先形成一排排的铁素体细片；之后，在这些铁素片细片之间析出不连续的碳化物细片，如图 3-30a 所示。在显微镜下，其形态呈羽毛状，硬度为 42 ~ 48HRC。下贝氏体是在 350℃ 至 M_s 点之间奥氏体分解的产物。由于下贝氏体的等温温度比较低，原子的扩散能力更低，奥氏体中首先生成竹叶状的铁素体，碳原子只能在铁素体中扩散，析出非常细小的碳化物颗粒，如图 3-30b 所示。下贝氏体的显微组织呈竹叶状或黑色针状，硬度为 50 ~ 55HRC。

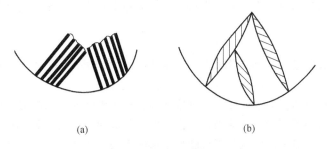

(a)　　　　　　　　　　　　　(b)

图 3-30　贝氏体组织特征示意图
(a) 上贝氏体；(b) 下贝氏体

上贝氏体和下贝氏体虽然在形态和碳化物的分布上不同，但没有本质的区别，只不过上贝氏体是铁素体片层间分布着细小的碳化物，而下贝氏体是碳化物分布于铁素体的基本上，碳化物弥散度大而已。

贝氏体具有较高的硬度和强度，同时也具有较好的塑性，特别是下贝氏体具有较好的综合力学性能，被广泛用于生产中的等温淬火。其目的就是获得下贝氏体的组织，以改善钢的力学性能。同时，等温淬火减小了淬火产生的热应力和组织应力，使零件的变形和开裂倾向大大减小。

C 马氏体型转变

奥氏体快速过冷到 M_s 点下（共析钢的 M_s 为 240℃，M_f 点为 -50℃），便可得到马氏体，由于转变温度更低，也称低温转变。

　　a　马氏体的形成

　　奥氏体在快速冷却到 M_s 点以下至 M_f 点，即转变为马氏体；奥氏体快速冷却（一般为水冷或油冷）到 M_s 点以下时，便立即形成部分马氏体，随着温度的下降，马氏体的数量逐渐增多，在 M_s 和 M_f 点之间的组织为马氏体和过冷奥氏体，直至降到 M_f 点，奥氏体全部转变为马氏体。

　　马氏体形成时，由于 γ-Fe 转变为 α-Fe，晶格类型也由面心立方晶格改为体心正方晶格。由于转变温度很低，原子失去了扩散力，碳原子来不及析出，被全部保留在 α-Fe 中。碳在 α-Fe 的溶解度为 0.0218%，而在 γ-Fe 中的溶解度则高达 0.77%，这就极大地超过了碳在 α-Fe 中的溶解度，使 α-Fe 处于过饱和状态。所以，马氏体实质上是碳在 α-Fe 中的过饱和固溶体。

　　b　马氏体形成的特点

　　在马氏体型转变中，马氏体碳含量与奥氏体是相同的；马氏体形成时，没有成分的变化；马氏体形成时，晶格的原子不交换位置，只作相对移动，移动的距离不超过一个原子的间距，晶格的改建不是通过原子扩散来完成的，所以也称无扩散性转变。

　　c　马氏体的显微组织

　　根据组织形态的不同马氏体可分为两种：片状马氏体和板条状马氏体。片状马氏体在显微镜下呈针状，但在正常温度淬火得到的针状马氏体，由于组织较细，在普通光学显微镜下显示得不够清楚，称为隐针马氏体。

　　需要指出的是，虽然片状马氏体在显微镜下呈针状，但它的空间形状却是片状的。我们在显微镜下看到的实际上是马氏体纵向沿短轴方向的截面，所以呈针状。

　　马氏体一般形成于一个奥氏体晶粒内，所以，奥氏体的晶粒决定了马氏体针的长度。奥氏体晶粒愈大，马氏体针愈长，反之，则马氏体针愈细小。

　　板条状马氏体的显微组织为一束束平行而细长的板条状组织，通常板条状马氏体由低碳钢淬火而获得。

　　d　马氏体的性能

　　马氏体具有很高的硬度，共析钢马氏体的硬度可达 65HRC，是钢的各种组织中最硬的一种。正是由于这一特点，马氏体在工业生产中得到广泛的应用。

　　硬度的本质是抵抗塑性变形的能力。硬度愈高，抵抗塑性变化的能力就愈强。

　　片状马氏体具有高硬度的主要原因，是由于太多的碳原子溶入 α-Fe 中，形成过饱和状态，引起晶格的歪扭，从而显著地增加了抵抗塑性变形的能力。显然，引起晶格歪扭的程度与溶入碳原子的数量有关，即与碳含量的高低有关。碳含量愈高，晶格的歪扭程度愈大，马氏体的硬度就愈高。但在碳的质量分数超过 0.6% 以后，硬度的提高趋于平缓。由低碳钢形成的马氏体多为板条状马氏体，由高碳钢形成的马氏体多为片状马氏体。

　　片状马氏体具有高硬度的另外一个原因是相变硬化。马氏体形成时，在晶粒之间也产生内应力。在这种应力的作用下，马氏体组织也能增加抵抗塑性变形的能力，使硬度提高，这一现象称为相变硬化。

　　片状马氏体虽然硬度很高，但塑性和韧性极低，容易发生脆性断裂现象，尤其是粗大的针状马氏体，更是如此。

　　板条马氏体产生于低碳钢中，虽然硬度较低，但强度高，塑性和韧性也好，具有很好的综合力学性能，很多情况下可以代替调质后的组织，是一种既节省材料又节约能源的热处理措施。

　　马氏体的比体积在钢的所有组织中是最大的，且其比体积与碳含量有关，碳含量愈高，体积愈大。在马氏体形成时，当比体积最小的奥氏体转变为比体积最大的马氏体时，必然伴随着体积的增大。这是工件淬火时产生变形、开裂的主要原因之一。

e 影响 M_s 和 M_f 的因素

奥氏体碳含量增加，M_s 和 M_f 点都会下降，且 M_f 点下降更快；当碳的质量分数增加到 0.6% 左右时，M_f 点已降至0℃以下，之后碳含量再增加，M_f 点下降趋于平缓。

f 残留奥氏体

在正常淬火处理时，由于只冷到室温，奥氏体没有全部转变为马氏体，还有少量奥氏体被保留下来，这些尚未转变的奥氏体称为残留奥氏体，用"A′"表示。残留奥氏体数量与 M_s 和 M_f 有关，M_s 和 M_f 愈低，淬火后室温下的残留奥氏体量就愈多。显然，这是由于碳含量的增加，使 M_s 和 M_f 下降的缘故。奥氏体中若含有能使 M_s 点下降的合金元素，也会使残留奥氏体量增加。

残留奥氏体对热处理质量和工件的性能有一定的影响。首先，大量残留奥氏体的存在会降低钢的硬度、强度和耐磨性。其次，残留奥氏体是一种不稳定的组织，会在零件长期的使用和保存过程中继续转变，从而引起零件尺寸的变化。对于精度要求较高的工具或零件，甚至影响其使用性能。为了减少淬火后钢中的残留奥氏体，可以将钢继续冷却到0℃以下，这就是冷处理。

尽管残留奥氏体有其不利的一面，但残留奥氏体还有有利的一面。由于奥氏体的塑性好，对马氏体转变时内应力有缓和的作用；另外，奥氏体的比体积小，适当增加残留奥氏体的数量，可以减少由于马氏体转变而产生的体积膨胀量。所以合理利用残留奥氏体，对于减少淬火畸变和防止开裂都有很好的作用。

为了便于比较，将共析钢过冷奥氏体转变产物及主要特征列于表3-4。

表 3-4 共析钢过冷奥氏体转变产物及主要特征

转变类型	转变产物	代 号	转变温度/℃	组织特征	硬 度	扩散性
珠光体型	珠光体	P	$A_1 \sim 650$	粗片层状	160 ~ 250HBW	有铁碳扩散
	索氏体	S	650 ~ 600	细片层状	250 ~ -320HBW	
	屈氏体	T	600 ~ 550	极细片层状	330 ~ 400HBW	
贝氏体型	上贝氏体	$B_上$	550 ~ 350	羽毛状	42 ~ 48HBC	有碳扩散，无铁扩散
	下贝氏体	$B_下$	350 ~ 240	针状或竹叶状	50 ~ 55HBC	
马氏体型	马氏体	M	240 ~ -50	片状或板条状	60 ~ 65HBC	无扩散

3.4.3.3 影响奥氏体等温转变的因素

(1) 碳的影响。随着钢中碳含量的增加，亚共析钢的奥氏体等温转变图向右移，而过共析钢的奥氏体等温转变图向左移。这是由于碳是增加奥氏体稳定性的元素，所以亚共析钢的奥氏体等温转变图随碳含量增加而右移。过共析钢的奥氏体等温转变图向左移，是由于转变时析出的二次渗碳体随钢中碳含量的升高而增加，有利于成核。二次渗碳体的析出，使奥氏体中的碳含量减少，而使其稳定性下降，所以加速了奥氏体转变的过程，使奥氏体等温转变向左移。

(2) 合金元素的影响。合金元素对钢的奥氏体等温转变图的影响很大，几乎所有的合金元素（除 Co 以外）都能增加奥氏体的稳定性，使奥氏体等温转变图右移。多种合金元素的加入会使这一影响更加明显。

合金元素不但会改变奥氏体等温转变图的位置，还会改变奥氏体等温转变图的形状，使奥氏体等温转变图上下分开，变成两个，即出现两"鼻尖"，中间出现一个较为稳定的过冷奥氏体区。

（3）加热条件的影响。提高加热温度，延长保温时间，会使奥氏体等温转变图右移。这是由于奥氏体晶粒的长大和未溶碳化物的减少，使晶界减少，从而使成核数量减少，提高了奥氏体的稳定性，从而使奥氏体等温转变图右移。

（4）应力的影响。对过冷奥氏体作拉伸变形处理，由于应力的作用，可使奥氏体等温转变图右移。

3.4.3.4 奥氏体等温转变图的应用

奥氏体等温转变图对于选择正确热处理冷却规范，估计热处理后转变产物的组织和性能，都具有重要的参考意义。

A 正确选择热处理冷却规范

由于奥氏体等温转变图本身反映的就是等温时的转变情况，所以根据不同钢种的奥氏体等温转变图，就可以确定该钢种在进行等温淬火、分级淬火和形变淬火等工艺的等温温度和等温时间等参数。

B 预测钢连续冷却后的组织

在生产实际中，零件的热处理冷却过程大部分都是连续进行的。如果将代表不同冷却速度的曲线画在奥氏体的等温转变图上，通过它们与奥氏体转变的开始线和终了线的位置，可以大致预测出在该冷却速度下转变产物的组织，如图 3-31 所示。

在图 3-31 中，v_1、v_2、v_3、v_4 代表连续冷却速度的曲线，其冷却速度 $v_1 < v_2 < v_3 < v_4$。v_1 冷却速度最小，根据它和奥氏体等温转变图交点的位置，可以预测转变产物是珠光体组织，这一冷却速度相当于热处理的退火工序的随炉冷却。当以 v_2 冷却时，所得到的是索氏体，相当于正火工序的空气中冷却。当以 v_3 冷却时，它与奥氏体等温转变图的转变开始线相交后并没有与转变终了线相交，而是与 M_s 线相交，预测其转变组织为屈氏体和马氏体的混合组织。这

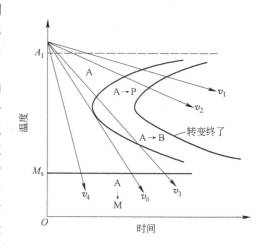

图 3-31 连续冷却时等温转变图的应用

一速度相当于淬火时油中冷却的速度。当以最快速度 v_4 冷却时，它没与奥氏体等温转变图相交，只与 M_s 线相交，说明奥氏体没有发生珠光体型和贝氏体型转变，而是直接转变为马氏体。这一速度相当于淬火时水冷的速度。

C 预测临界冷却速度

在图 3-31 中，v_0 即为临界冷却速度，它是正好与奥氏体转变开始线相切的冷却速度。所以临界冷却速度就是能将奥氏体全部过冷到 M_s 温度的最小冷却速度，用 v_0 表示。临界冷却速度的大小随奥氏体等温转变图与温度坐标轴的距离而变化。这个距离愈大，v_0 愈小，说明奥氏

体愈稳定，愈容易得到马氏体。

临界冷却速度对钢的热处理具有重要意义，也是选择淬火介质和评定钢的淬透性的主要依据。在实际应用中，根据零件的形状、尺寸及所使用的淬火介质，可以预测热处理后，所得到的组织能否满足使用要求。对于在截面较大的零件热处理过程中，以及工件在铸造、锻造或焊接后的冷却过程中，分析所发生的组织转变更为重要。

3.4.3.5 钢的连续冷却转变

在生产实际中，钢的热处理大都是在连续冷却过程中进行的，所以研究钢的连续冷却转变十分必要。过冷奥氏体连续冷却转变图反映了奥氏体不同速度冷却时，其组织转变开始及终了温度与时间的关系。

图 3-32 所示为共析钢连续冷却转变图与等温冷却转变图叠加后的情形。比较两组曲线可以看出，连续冷却转变图在等温转变图的右下方。这说明连续冷却的转变温度低于等温转的温度，转变所需时间也长一些。另外，连续冷却转变图没有下半图，说明没有贝氏体转变区域。这是因为过冷奥氏体在快速冷却到 M_s 点以下后，形成了马氏体；同时，也因为贝氏体转变需要较长的孕育期，而连续冷却不可能提供这一时间条件，所以贝氏体的形成被抑制。

等温转变图研究的是同一温度下组织的变化，而连续冷却转变图研究的是不同温度下组织的变化，这更符合实际情况，对制订零件的淬火工艺更有指导作用。

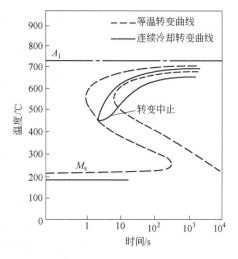

图 3-32　共析钢的连续冷却
转变图和等温转变图

过冷奥氏体连续冷却转变图又叫 CCT 曲线，它是分析连续冷却过程中奥氏体转变过程及转变产物组织和性能的依据，也是制订钢的热处理工艺的重要参考资料。

共析钢 CCT 曲线最为简单，只有珠光体转变区和马氏体转变区，说明共析钢连续冷却时没有贝氏体形成。与共析钢不同，亚共析钢 CCT 曲线出现了先共析铁素体析出区域和贝氏体转变区域。此外，M_s 线右端下降，这是由于先共析铁素体的析出和贝氏体的转变使周围奥氏体富碳所致，如图 3-33 所示。过共析钢 CCT 曲线与共析钢较为相似，在连续冷却过程中也无贝氏体区，所不同的是有先共析渗碳体析出区域。此外，M_s 线右端升高，这是由于先共析渗碳体的析出使周围奥氏体贫碳造成的，如图 3-34 所示。

连续冷却转变过程可以看成是无数个温度相差很小的等温转变过程。在共析钢和过共析钢中连续冷却时不出现贝氏体转变。

总之，钢的热处理原理包括钢在加热时的组织转变和钢在冷却时的组织转变。钢在加热时奥氏体的过程受加热速度、加热温度、合金元素及原始组织状态的影响。过冷奥氏体的转变产物包括珠光体、贝氏体和马氏体。过冷奥氏体等温转变（TTT）曲线和连续转变（CCT）曲线对制订热处理工艺，控制组织有重要意义。

3.4.4 常见的热处理工艺

制订钢的热处理工艺要综合考虑"一图、两线、四火、五转变"。即"一图"是指铁碳合

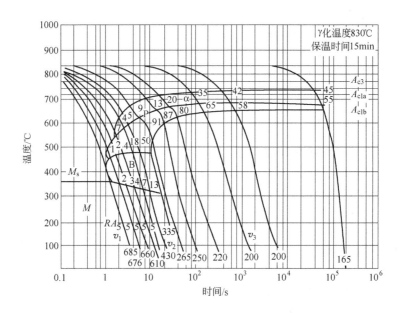

图 3-33　含碳 0.46% 的亚共析钢的 CCT 曲线

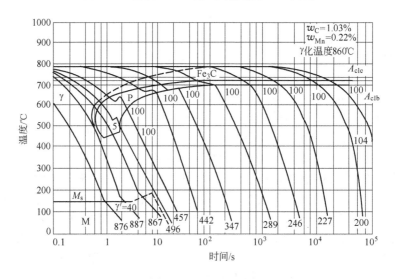

图 3-34　含碳 1.03% 的过共析钢的 CCT 曲线

金平衡状态的组织转变规律和临界参数（即铁碳合金相图）。"两线"是指等温转变曲线（TTT）和连续转变曲线（CCT），根据这些曲线确定采用什么样的冷却速度、冷却介质、冷却方式。"四火"是指正火、退火、淬火和回火。"五转变"是指两个加热转变（即室温组织在加热时向奥氏体的转变和马氏体在加热时的回火转变）和三个冷却转变（即奥氏体向珠光体的转变、奥氏体向贝氏体的转变、奥氏体向马氏体的转变）。下列分别说明常见的热处理工艺方法。

3.4.4.1　钢的退火与正火

退火和正火是生产上应用很广泛的预备热处理工艺，在机器零件或工模等的加工制作过程中，经常作为预备热处理工序被安排在工件毛坯生产之后和切削（粗）加工之前，用以消除一工序带来的某些缺陷，并为后一工序做好准备。对于少数铸件、焊件及一些性能要求不高的工件，也可作为最终热处理。

A 钢的退火

把钢加热至临界点 A_{c1} 以上或以下温度，保温以后随炉缓慢冷却以获得近于平衡状态组织的热处理方法，称为退火。

退火的目的降低硬度，改善切削加工性能；细化晶粒，改善钢中碳化物的形态和分布，为最终热处理作好组织准备；消除残余应力，以防钢件变形或开裂。

根据钢的成分和退火目的不同，退火可分为完全退火、等温退火、球化退火、均匀化退火（或称扩散退火）、去应力退火和再结晶退火等。各种退火方法的加热温度范围如图 3-35 所示。

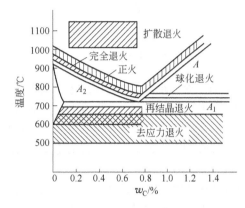

图 3-35 退火、正火加热温度示意图

（1）完全退火。完全退火是把钢加热到 A_{c3} 以上温度，保温一段时间，然后缓慢冷却的退火方法。可使热加工所造成的粗大、不均匀细化，消除组织缺陷和内应力，使中碳钢和合金结构钢硬度降低，为切削加工和淬火做好组织准备。但是完全退火所需时间很长，特别是对于某些合金钢往往需要数十小时，甚至数天时间。

完全退火主要用于亚共析成分的各种碳钢和合金钢的铸件、锻件、热轧型材和焊接结构件的退火。它不能用于过共析钢，因为加热到 A_{ccm} 温度以上，在随后缓冷过程中，二次渗碳体会以网状形式沿奥氏体晶界析出，严重地削弱了晶粒与晶粒之间的结合力，使钢的强度和韧性大大降低。

（2）等温退火。等温退火是将钢件加热到 A_{c3} 或 A_{c1} 温度以上，保温一定时间后，以较快的速度冷却到 A_{r1} 以下某一温度，并在此温度等温停留，使奥氏体转变为珠光体型组织，然后在空气中冷却的退火工艺。等温退火不仅可大大缩短退火时间，而且由于组织转变时工件内外处于同一温度，故能得到均匀的组织和性能。等温退火主要用于处理高碳钢、合金工具钢和高合金钢。

（3）球化退火。使钢中的碳化物球状化，获得粒状珠光体的退火方法称为球化退火。主要用于共析钢、过共析钢和合金工具钢。其目的是降低硬度，均匀组织，改善切削加工性，并为淬火作组织准备。

（4）均匀化退火。均匀化退火又称扩散退火，它是将金属铸锭、铸件或锻件加热到高温，在此温度长时间保温，然后缓慢冷却的退火工艺。其目的是为了减少金属铸锭、铸件或锻件的枝晶偏析和组织不均匀性。均匀化退火的加热温度取决于钢种和偏析程度，一般为 A_{c3} 以上 150～250℃，保温时间 10～15h。均匀化退火后的钢，其晶粒往往过分粗大，因此需再进行一次完全退火或正火处理。

（5）去应力退火和再结晶退火。去应力退火又称低温退火。它是将钢加热到 400～500℃（ A_{c1} 温度以下），保温一段时间，然后随炉缓慢冷却到室温的工艺方法。去应力退火主要用于消除铸件、锻件、焊件的内应力，稳定尺寸，从而减少使用过程中的变形。

再结晶退火是把冷变形（如冷拔）后的金属加热到再结晶温度以上保持适当的时间，使变形晶粒重新转变为均匀等轴晶粒，同时消除加工硬化或残留内应力的热处理工艺。经过再结晶退火，钢的组织和性能恢复到冷变形前的状态。

B 钢的正火

正火是将钢件加热到 A_{c3}（A_{ccm}）以上适当温度，保温一定时间后，在空气中冷却的热处理工艺。把钢件加热到 A_{c3} 以上 100～150℃的正火称为高温正火。正火与退火的主要区别是冷却速度比退火稍快，因此正火后得到的组织比退火细小，钢件的强度、硬度也稍有提高。正火的目的是：细化晶粒，调整硬度，消除网状渗碳体，为后续加工、球化退火及淬火等做好组织准备。

3.4.4.2 钢的淬火与回火

钢的淬火与回火是热处理工艺中最重要，也是用途最广泛的工序。淬火后，钢的硬度急剧增加。但有较大的内应力，也容易产生变形即裂纹。为了降低内应力和脆性，淬火后要进行回火处理。所以淬火和回火又是不可分割的紧密衔接在一起的两种热处理工艺。淬火与回火作为钢件最终热处理，也是强化钢材的重要热处理工艺方法之一。

A 钢的淬火

淬火是将钢件加热到临界点 A_{c3}（亚共析钢）或 A_{c1}（共析钢和过共析钢）以上一定温度，保温一定时间，然后以大于临界冷却速度获得马氏体（或下贝氏体）组织的热处理工艺。

淬火的主要目的是为了获得马氏体或贝氏体组织，然后与适当的回火工艺相配合，以得到零件所要求的使用性能。

碳钢的淬火加热温度可根据 Fe-Fe₃C 相图来选择。亚共析钢淬火加热温度一般在 A_{c3} 以上 30～50℃，可得到全部细晶粒的奥氏体组织，淬火后为均匀细小的马氏体组织。共析钢和过共析钢适宜的淬火加热温度为 A_{c1} 以上 30～50℃，此时的组织为奥氏体或奥氏体与渗碳体，淬火后得到细小马氏体或马氏体与少量渗碳体。由于渗碳体的存在，提高了淬火钢的硬度和耐磨性。

淬火加热时间包括升温时间和保温时间两个部分。升温时间是指零件由低温达到淬火温度所需的时间。保温时间是指零件内外温度一致，达到奥氏体均匀化的时间。生产中通常以总的加热时间来考虑。若加热时间过长，使奥氏体晶粒粗大，并引起钢件的氧化、脱碳，延长生产周期，降低生产率，提高生产成本；若加热时间过短，将使组织转变不完全，成分扩散不均匀，淬火回火后达不到需要的性能。

由 C 曲线可知，理想的淬火冷却介质在冷却过程中应满足以下要求：在 650℃时，由于过冷奥氏体稳定，故冷却速度可慢一些，以便减小零件内外温差引起的热应力，防止变形。在 650～500℃之间时，由于过冷奥氏体很不稳定（尤其是 C 曲线拐弯处），故在此温度区间要快速冷却，冷却速度应大于该钢种的马氏体临界冷却速度，使过冷奥氏体在 650～500℃之间不致发生分解而形成珠光体。在 300～200℃之间，此时过冷却奥氏体已进入马氏体转变区，故要求缓慢冷却，否则由于相变应力易使零件产生变形，甚至开裂。理想淬火冷却介质的冷却速度曲线如图 3-36 所示。到目前为止，在生产实践中还没有一种淬火冷却介质能符合这一理想的淬火冷却速度。

常用的淬火冷却介质有水、盐或碱的水溶液及油等。为了减小零件淬火时的变形，可用硝酸浴或碱浴作为淬火冷却介质，它们的冷却能力介于水和油之间。这类介质主要用于分级淬火和等温淬火中，如图 3-37 所示。

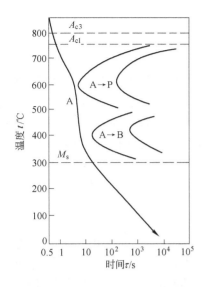

图 3-36 钢的理想淬火冷却曲线

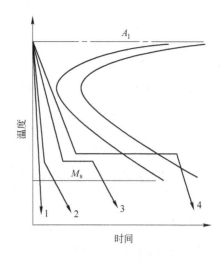

图 3-37 各种淬火方法冷却曲线示意图
1—单液淬火法；2—双液淬火法；
3—分级淬火法；4—等温淬火法

B 钢的回火

将淬火后的工件，再加热到 A_{c1} 以下，保温一定时间，然后冷却到室温的热处理工艺称为回火。其目的是降低脆性，消除或减少内应力；获得工件所要求的力学性能；稳定工件尺寸。

淬火钢在回火过程中，随温度的升高，组织发生如下变化：在 80~200℃ 温度区间回火，马氏体开始分解，这阶段的回火组织由过饱和的 α 固溶体与其晶格相联系的亚稳定碳化物所组成的回火马氏体。在 200~300℃ 温度区间回火，马氏体分解继续，主要是残余奥氏体的分解转变为马氏体或下贝氏体，但马氏体很快会转变为回火马氏体。在 300~400℃ 温度区间回火，亚稳定碳化物逐渐转变为稳定的细球粒状的渗碳体，并与 α 固溶体转变为保持针状外形的铁素体组成的复相组织，称为回火屈氏体。在温度大于 400℃ 时，随着温度的升高，碳化物的球状粒子逐渐长大，在 500~650℃ 形成粒状碳化物和铁素体的混合物，称为回火索氏体。

按照回火温度的不同，回火分为低温回火、中温回火和高温回火三种。低温回火（加热温度 150~250℃）主要为了减少钢中的残余应力和降低脆性，可保持高的强度、硬度和耐磨性能。低温回火组织主要为回火马氏体，用于高碳钢等工具钢的热处理。中温回火（加热温度 350~500℃）主要获得一定的韧性，又有较高的弹性、屈服强度和硬度。中温回火得到的组织为回火屈氏体，主要用于模具、弹簧等。高温回火（加热温度 500~650℃）主要为获得适当的强度和硬度，足够的塑性和弹性，较小的内应力相结合的较好的力学性能。淬火后再高温回火的处理方式又称为调质处理。高温回火组织为回火索氏体，具有一定强度、硬度和良好韧性的综合力学性能。生产上一般工件的回火时间为 1~2h。

钢在 250~400℃ 和 450~650℃ 两个温度区间回火后，钢的冲击韧性明显下降，这种脆化现象称为回火脆性。在 250~400℃ 出现的低温回火脆性是由于回火马氏体中分解出稳定的细片状化合物而引起的。低温回火脆性不可逆转，防止低温回火脆性，通常的办法是避免在这个温度区间内回火或采取等温淬火。高温回火脆性通常发生在有些合金钢尤其是含 Cr、Ni、Mn 等元素的合金钢，在 450~650℃ 高温回火后缓冷时，会使冲击韧性下降的现象，而回火快冷则不出现脆性。高温回火脆性可以逆转，这种脆性的产生与加热和冷却条件有关。

3.4.5　其他热处理工艺

3.4.5.1　钢的冷处理

冷处理就是将淬火冷却到室温的零件继续冷却至0℃以下（即 M_f 点附近），使残余奥氏体完全转变为马氏体的处理方法，它是工件淬火的后续处理。根据处理温度不同，冷处理可分为冰冷处理（$0 \sim -80℃$）、中冷处理（$-80 \sim -150℃$）和深冷处理（$-150 \sim -200℃$）三种。冷处理的目的是提高淬火钢的硬度和铁磁性，稳定零件尺寸，防止在使用和保管中发生畸变。冷处理适用于要求硬度高、耐磨性好的精密零件。工件冷处理应在淬火后立即进行，时间间隔一般不超过 $0.5 \sim 1h$。常用的冷冻介质有干冰、液氨、液氮、液氧、氟利昂等。

3.4.5.2　钢的表面淬火

表面淬火是将零件的表面快速加热到临界温度以上 $80 \sim 150℃$，经十几秒后，立即喷射水液冷却，使零件表面硬化。由于仅对钢的表面快速加热、冷却，把表层淬成马氏体，使零件表面组织细化，表面硬度提高，耐磨性好，零件变形较小，芯部组织不变，保持内部韧性。为了降低残余应力，零件应进行低温回火。

按照加热方式，表面淬火的方法有感应加热表面淬火、火焰加热表面淬火和电接触加热表面淬火等。

3.4.5.3　钢的化学热处理

化学热处理是将钢件置于活性介质中，通过加热和保温，使介质分解析出某些元素的活性原子并渗入工件表层，以改变其化学成分、组织和性能的热处理工艺。与其他热处理相比较，其特点是不仅改变钢的组织，而且还改变钢层的化学成分。提高了工件面的硬度、耐磨性、疲劳强度、耐热性、耐蚀性和抗氧性等。

化学热处理种类很多，按渗入元素的不同可分为渗碳、渗氮、碳氮共渗、渗铝、渗硼、渗硅、渗铬等。任何一种化学热处理都是由分解、吸收和扩散三个基本过程组成的。这三个过程又是同时发生而且密切相关的。

（1）钢的渗碳。渗碳是将零件在 $900 \sim 950℃$ 的炉内，通入含碳的气体或固体碳中，保持较长的时间，在零件表面渗入碳，零件表面起化学反应，形成含碳量较高的表层。然后，再进行表面淬火及回火处理，零件能获得比表面淬火更好的外硬内韧的力学性能。渗碳层深度通常为 $0.5 \sim 2.0mm$。一般选用低碳钢或低碳合金钢进行渗碳，随后进行淬火和回火处理。适用于齿轮、凸轮、活塞、轴类等机器零件的热处理。

（2）钢的渗氮。渗氮是将零件在炉温 $500 \sim 560℃$ 的环境下，通入氮气，氮气分解出活性氮原子，被零件表面吸收，并向内层扩散形成渗氮层，渗氮的过程非常缓慢，所以渗氮层很薄，零件的渗碳层表面有很高的硬度和耐磨性能，因处理温度不高，故零件的变形量小。

（3）碳氮共渗。碳氮共渗（又称氰化）是将零件在炉温850℃的环境下，通入含有碳和氮的气体，被零件表面吸收，并扩散成氰化层。零件通过碳氮共渗后表面有很高的硬度、抗疲劳性和耐磨性能，且零件变形量很小。缺点是准确控制工艺较难。

3.4.5.4　钢的形变热处理

形变热处理是将塑性变形和热处理有机结合在一起，以提高材料力学性能的复合工艺。这种方法能同时收到形变强化的综合效果，除可提高钢的强度外，在一定程度上还能提高钢的塑性和韧性，同时还能简化工艺，节省能源。因此，形变热处理是提高钢的强韧性的重要手段之一。

根据形变与相变的关系，形变热处理可分为在相变前进行形变、在相变中进行形变和在相变后进行形变等三类，这里仅介绍相变前形变的高温形变热处理和低温形变热处理。

A　高温形变热处理

高温形变热处理是将钢件加热到 A_{c3} 以上稳定的奥氏体区，保持一定时间后，进行塑性变形，然后立即淬火，使之发生马氏体转变，并回火的一种热处理工艺，如图 3-38 所示。形变的温度远高于钢的再结晶温度，形变效果易被高温再结晶所削弱，故应严格控制变形后至淬火前的停留时间，形变后要立即淬火冷却。一般高温形变的终轧温度以 900℃ 左右为宜，高温形变热处理的形变量控制在 20% ~40% 之间，可获得最佳的综合力学性能。

高温形变热处理适用于一般碳钢、低合金钢结构零件以及机械加工量不大的锻件或轧材。如连杆、曲轴、弹簧、叶片及各种农机具零件。锻轧余热淬火是用得较成功的高温形变热处理工艺。这种工艺变形温度高，变形抗力小，因而一般压力加工条件下既可采用，并且易插在轧制或锻造生产流程中。

B　低温形变热处理

低温形变热处理是将钢件加热至奥氏体状态，保持一定时间，急速冷却至 A_{r1} 以下、M_s 以上过冷奥氏体亚稳温度范围进行大量塑性变形，然后立即进行淬火，并回火的一种热处理工艺，如图 3-39 所示。

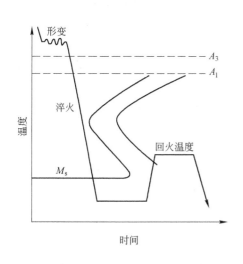

图 3-38　高温形变热处理工艺过程示意图

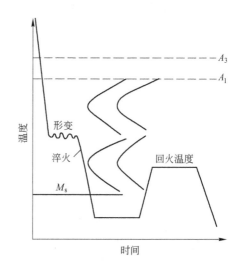

图 3-39　低温形变热处理工艺过程示意图

低温形变热处理使钢显著强化的原因是形变使奥氏体晶粒细化，进而又细化了马氏体，同时经低温形变后，使亚晶细化，并使位错密度提高，强化了马氏体。所以低温形变热处理比高温形变热处理具有更高的强化效果，而塑性并不降低。低温形变热处理可用于结构钢、弹簧钢、轴承钢及工具钢等。

3.4.5.5　可控气氛热处理

在炉气成分可控的热处理炉内进行的热处理，称为可控气氛热处理。其目的是减少和防止工件在加热时的氧化和脱碳，提高工件质量，节约钢材，控制渗碳时渗碳层的碳浓度，而且可以使脱碳的工件重新复碳。

用于热处理的可控气氛类型很多，按用途分主要有吸热式气氛、放热式气氛、放热与吸热式气氛、滴注式气氛等四种。

3.4.5.6　真空热处理

将工件放在低于 0.1MPa 的环境中进行加热的处理工艺称为真空热处理。真空热处理包括真空退火、真空淬火和真空化学处理等。其特点是使工件在热处理过程中不氧化，不脱碳，表面光洁。加热主要靠辐射，工件升温缓慢，截面温差小，热处理后变形小。溶解在工件的气体，特别是氢，在真空中加热是会不断外逸并被真空泵排出，减少了氢脆，提高了钢的韧性，无公害，劳动条件好。

3.4.5.7　激光热处理

激光热处理（又称激光硬化）是利用高能量密度的激光束对工件表面扫描照射，使其极快（百分之几秒或更快）地被加热到相变温度以上，停止扫描照射后，靠零件本身的热传导来冷却，从而达到自行淬火的目的。

激光热处理具有加热速度快，加热区域小，不需要淬火冷却介质，细化晶粒，工件表面硬度和耐磨性得以提高；变形量极小，但表面光滑度有所下降。一般不需再进行表面加工就可以直接使用。

激光热处理可以对精密零件的局部表面，如微孔、沟槽、盲孔等部位进行淬火。

4 金属塑性变形理论

4.1 应力和变形

4.1.1 应力状态及其图示

金属塑性加工是金属或合金在外力作用下产生塑性变形的过程。金属塑性成形原理用数学方法研究金属塑性变形的规律，即研究金属在外力作用下应力及应变的分布规律，从而进行压力加工力能参数的计算。

物体所承受外力分成两类，一类是作用在物体表面上的力，可以是集中力，也可以是分布力，如水坝所受的水压力，称为表面力；另一类是作用在物体每个质点上的力，例如重力、磁力以及惯性力等，称为体积力。塑性成形时，除高速锻造、爆炸成形、磁力成形等少数情况外，体积力相对于表面力而言很小，可忽略不计。

在外力作用下引起物体内部之间相互作用的力，称为内力。单位面积上的内力称为应力。图 4-1 表示一个物体受外力系 P_1、P_2、…的作用而处于平衡状态。设物体内有任意一点 Q，过 Q 作一个法线为 N 的平面 A，将物体切开后移去右半部。这时 A 面即可看成是左半部的外表面，A 面上作用的内力应与左半部其余的外力保持平衡。这样内力的问题就可以当成外力来处理。

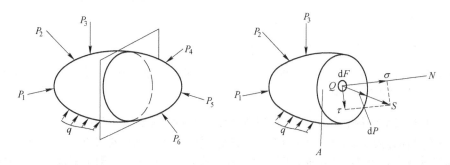

图 4-1 面力、内力和应力

在 A 面上围绕 Q 点取一很小的面积 ΔF，设该面积上内力的合力为 ΔP，则定义：

$$S = \lim_{\Delta F \to 0} \frac{\Delta P}{\Delta F} = \frac{\mathrm{d}P}{\mathrm{d}F} \tag{4-1}$$

S 称为 A 面上 Q 点的全应力。全应力 S 可以分解成两个分量，一个垂直于 A 面，称为正应力，一般用 σ 表示；另一个平行于 A 面，称为剪应力，用 τ 表示。这时，面积 $\mathrm{d}F$ 称为 Q 点在 N 方向的微分面。S，σ，τ 分别称为 Q 点在 N 方向微分面上的全应力，正应力及剪应力。全应力 S，正应力 σ 及剪应力 τ 之间的关系为：

$$S^2 = \sigma^2 + \tau^2 \tag{4-2}$$

　　弄清一点的应力情况，就是了解通过这点的任意截面上的应力状态，并从力学基本概念上分析和判断受力的物体会在哪些特定的方向受多大应力产生变形或导致破坏。物体内一点各个截面上的应力情况，通常称为物体内的点应力状态。研究点的应力状态的具体内容，就是建立通过一点各截面上的应力表达方式，并研究它们之间的相互联系。

　　设有一个承受任意力系的物体，物体内有一任意点 Q，围绕 Q 切取一立方六面体作为单元体，当用直角坐标系 $oxyz$ 时，可取各平行平面与坐标面平行的正六面体，如图 4-2 所示。如以点 Q 为正六面体的体心，由于物体各部分之间力的作用，单元体的各截面都有应力存在。若这些应力已知，根据平衡法则，可求通过该点任意斜面上的应力。

　　通常用单元体的三对相互垂直面上的应力来表示一点的应力状态。若应力状态均匀，则可取有限大小的单元体，否则应取微小单元体简称微单元。设边长分别为 dx、dy、dz，此时各微分面上的应力被认为是均匀分布的，且各微分面上的总应力可以分别向三个坐标轴投影，得到三个应力分量，由于每个微分面都与一个坐标轴垂直而与另两坐标轴平行，故三个应力分量中必有一个是正应力分量，另两个则是剪应力分量。三个微分面共有九个分量。因此一般情况下，一点的应力状态应该用九个应力量来描述，如图 4-3 所示。

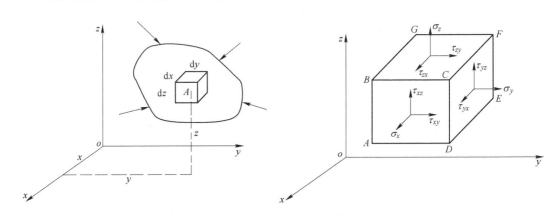

图 4-2　直角坐标系承受任意力系的　　　　图 4-3　直角坐标系单元体的应力分量
　　　　物体中的单元体

　　为了清楚地表示出各个微分面上的应力分量，三个微分面都可用各自的法线方向命名，如图 4-3 中 $ABCD$ 面称为 x 面，$CDEF$ 面称为 y 面等。每个应力分量的符号都带有两个下角标。第一个角标表示该应力分量的作用面，第二个角标表示它的作用方向。两个下角标相同的是正应力分量，例如 σ_{xx} 即表示 x 面上平行于 x 轴的正应力分量，一般简写为 σ_x；两个下角标不同的是剪应力分量，例如 τ_{xy} 即表示 x 面上平行于 y 轴的剪应力分量。为了清楚起见，可将九个应力分量表示如下：

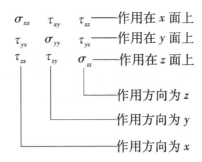

应力分量的正、负号按以下方法确定：在单元体上，外法线指向坐标轴正向的微分面称为正面，反之称为反面。在正面上，指向坐标轴正向的应力分量取正号，指向负向的取负号。负面上的应力分量则相反，指向坐标轴负向的为正，反之为负。按此规定，正应力分量以拉为正，以压为负。图 4-3 中画出的剪应力分量都是正的。

由于单元体处于静力平衡状态，故绕单元体各轴的合力矩必须等于零，由此可以导出以下关系：

$$\tau_{xy} = \tau_{yx}; \ \tau_{xz} = \tau_{zx}; \ \tau_{yz} = \tau_{zy} \tag{4-3}$$

式（4-3）称为剪应力互等定律。它表明为保持单元体的平衡，剪应力总是成对出现。由此表示一点的应力状态，实际上只需要六个应力分量。

对于同一个 Q 点，如果选取的坐标轴方向不同，那么，虽然该点的应力状态没有改变，但用来表示该点应力状态的九个应力分量就会有不同的数值。

这些不同坐标的应力分量之间可以用一定的线性关系式来换算，所以点的应力状态是一个二阶张量，称为应力张量，可以用符号 $\sigma_{ij}(i, j = x、y、z)$ 表示，使角标 i, j 依次分别等于 x, y, z，可得到九个分量。例如 $i = j = x$，可得 σ_{xx}，也即 σ_x；$i = x$，$j = y$，可得 σ_{xy}，也即 τ_{xy}。于是应力张量可以表示成矩阵的形式：

$$\sigma_{ij} = \begin{bmatrix} \sigma_x & \tau_{xy} & \tau_{xz} \\ \tau_{yx} & \sigma_y & \tau_{yz} \\ \tau_{zx} & \tau_{zy} & \sigma_z \end{bmatrix} \tag{4-4}$$

根据剪应力互等定律，可发现式（4-4）中矩阵主对角线 $\sigma_x - \sigma_y - \sigma_z$ 两边是对称的，这样的张量称为对称张量，它有许多独特的性质。上述 σ_{ij} 这种类型的符号称为角标符号，它可使书写大为简化。

取质点 Q（单元体）与 $oxyz$ 坐标系中的原点重合。设此单元体的应力分量为 σ_{ij}。现有一任意方向的斜切微分面 ABC 把单元体切成一个四面体 $QABC$，如图 4-4 所示，则该微分面上的应力就是质点在任意切面上的应力，它可通过四面体 $QABC$ 的静力平衡求得。

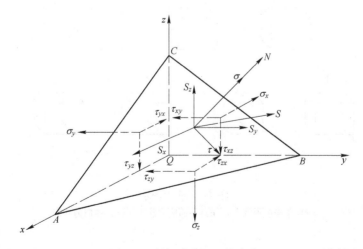

图 4-4　斜切微分面上的应力

如果点应力状态的应力分量已经确定，那么微分面 ABC 上的正应力及剪应力，都将随法线 N 的方向，也即随 l, m、n 的数值而变，l, m、n 为 N 的方向余弦。例如，N 在某一方向时，微分面上的 $\tau = 0$，这样的特殊微分面称为主平面，面上作用的正应力即称为主应力（其数值有时也可能为零），主平面的法线方向称为应力主方向或应力主轴。

对于任意一点的应力状态，一定存在相互垂直的三个主方向、三个主平面和三个主应力。这是应力张量的一个重要特性。一点的主应力状态表示为：

$$\sigma_i = \begin{bmatrix} \sigma_1 & 0 & 0 \\ 0 & \sigma_2 & 0 \\ 0 & 0 & \sigma_3 \end{bmatrix} \tag{4-5}$$

用来定性说明变形体上主应力作用情况的示意图，称为主应力图。已知过一点三个主平面上的三个主应力，可以求过该点任意倾斜截面上的应力，从而也就确定了该点的应力状态。为定性说明变形体中某点应力状态。常采用主应力状态图示（简称应力图示）。应力图示就是在变形体内某点处用截面法截取立方体，在其三个互相垂直的面上用箭头定性的表示有无主应力存在（拉应力箭头向外为正，压应力箭头向内为负）。如果变形区内绝大部分属于某种应力图示，则这种应力图示就表示该塑性加工过程的应力图示。

可能的应力图示共有九种（图 4-5）。其中单向应力状态（或线应力状态）有两种，即一个为拉应力，另一个为压应力。平面应力状态有三种，即一个为两向拉应力，一个为两向压应力，另一个为一向拉应力和一向压应力。体应力状态有四种，即一个为三向拉应力，一个为三向压应力，一个为一向压和两向拉应力，另一个为一向拉和两向压应力。塑性加工中常见的是体应力。

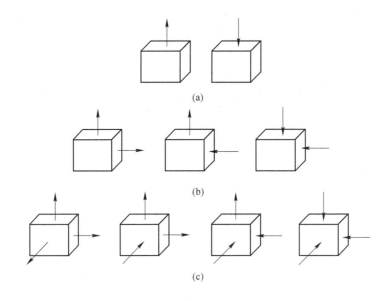

图 4-5　应力图示
（a）单向应力状态；（b）平面应力状态；（c）体应力状态

4.1.2　应变及其图示

应变是变形大小的描述，指物体变形时任意两质点的相对位置随时间发生变化。对于一个宏观物体来说，在物体上任取两质点，放在空间坐标系中。连接两点构成一个向量 **MN**

（图4-6），当物体发生变形时，向量的长短及方位发生变化，此时描述变形的大小可用线尺寸的变化与方位上的改变来表示，即线应变（正应变）与切应变（剪应变）。

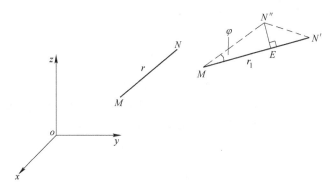

图4-6 任意方向上变形

线应变：

$$\varepsilon_r = \frac{r_1 - r}{r} = \frac{dr}{r} \tag{4-6}$$

切应变：

$$\gamma_n = \varphi \tag{4-7}$$

线应变描述线元尺寸长度方向上的变化（伸长或缩短），分一般相对应变（名义应变或工程应变）与自然应变（对数应变或真应变）。

以杆件拉伸变形为例，变形前两质点的标定长度为 l_0，变形后为 l_n。其相对应变为：

$$\varepsilon = \frac{l_n - l_0}{l_0} \tag{4-8}$$

这种相对应变一般用于小变形情况（变形量在 $10^{-3} \sim 10^{-2}$ 数量级的弹、塑性变形）。在大的塑性变形过程中，相对应变不足以反映实际变形情况，因为相对应变公式中的基长 l_0 是固定不变的。而实际变形过程中，长度 l_0 是由无穷多个中间的数值逐渐变形 l_n 的，即 l_0，l_1，l_2，$\cdots$，l_{n-1}，l_n。由 $l_0 \sim l_n$ 的总的变形程度可以近似看作是各个阶段相对应变之和，即：

$$\frac{l_1 - l_0}{l_0} + \frac{l_2 - l_1}{l_1} + \cdots + \frac{l_n - l_{n-1}}{l_n} \tag{4-9}$$

或用微分概念，设变形某一时刻杆件的长度为 l，经历时间 dt 杆件伸长为 dl，则物体的总的变形程度为：

$$\epsilon = \int_{l_0}^{l_n} \frac{dl}{l} = \ln \frac{l_n}{l_0} \tag{4-10}$$

ϵ 反映物体的真实变形情况，故称真应变。

真应变与一般相对应变的关系，可将自然对数按泰勒级数展开：

$$\epsilon = \ln \frac{l_n}{l_0} = \ln(1 + \varepsilon) = \varepsilon - \frac{\varepsilon^2}{2} + \frac{\varepsilon^3}{3} - \frac{\varepsilon^4}{4} + \cdots \tag{4-11}$$

当变形程度很小时，$\varepsilon \approx \epsilon$。当变形程度超过10%以后，误差逐渐增大。

物体变形时，其体内各质点在各个方向上会有应变，与应力分析一样，同样需引入"点应变状态"的概念。点应变状态也是二阶张量，故与应力张量有许多相似的性质。

在应力状态分析中，由一点三个相互垂直的微分面上九个应力分量可求得过该点任意方位斜面上的应力分量，则该点的应力状态即可确定。与此相似，根据质点三个相互垂直方向上的九个应变分量，也就求出过该点任意方向上的应变分量，则该点的应变状态即可确定。

点应变状态的描述如下：

$$\varepsilon_{ij} = \begin{pmatrix} \varepsilon_x & \gamma_{xy} & \gamma_{xz} \\ \gamma_{yx} & \varepsilon_y & \gamma_{yz} \\ \gamma_{zx} & \gamma_{zy} & \varepsilon_z \end{pmatrix} \tag{4-12}$$

给定一点应变状态，总存在三个相互垂直的主方向，该方向上的线元没有切应变，只有线应变，称为主应变，用 ε_1，ε_2，ε_3 表示。若取应变主轴为坐标轴，则主应变张量为：

$$\varepsilon_{ij} = \begin{bmatrix} \varepsilon_1 & 0 & 0 \\ 0 & \varepsilon_2 & 0 \\ 0 & 0 & \varepsilon_3 \end{bmatrix} \tag{4-13}$$

主变形图是定性判断塑性变形类型的图示方法。根据塑性变形体积不变条件，主变形图只可能有三种形式，如图4-7所示（设 $\varepsilon_1 \geq \varepsilon_2 \geq \varepsilon_3$）。

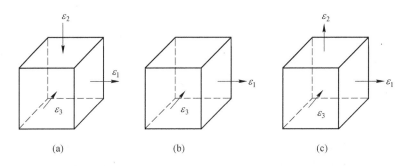

图 4-7 主变形图
（a）广义拉伸；（b）广义剪切；（c）广义压缩

4.1.3 变形量的表示方法

在实际的塑性加工中，实际变形量一般采用以下两种计算方法。

4.1.3.1 绝对变形量

绝对变形量是指变形前后某主轴方向上尺寸改变的总量。在生产中常见的绝对变形量有锻造时拔长及轧制时的压下量和宽展量。

压下量 $\Delta h = H - h$ (4-14)

宽展量 $\Delta b = b - B$ (4-15)

式中 H，B——拔长及轧制前的高度和宽度；

　　　　h，b——拔长及轧制后的高度和宽度。

管材拉拔时的减径量和减壁量：

减径量 $\Delta D = D_0 - D_1$ (4-16)

减壁量 $$\Delta t = t_0 - t_1 \tag{4-17}$$

式中 D_0, t_0——拉拔前管材的外径和壁厚;

      D_1, t_1——拉拔后管材的外径和壁厚。

4.1.3.2 相对变形量

相对变形量是指某方向尺寸的绝对变化量与该方向原始尺寸之比值。属于这类变形量常用的有:

相对压缩率 $$\varepsilon_h = \frac{H - h}{H} = \frac{\Delta h}{H} \tag{4-18}$$

相对伸长率 $$\varepsilon_1 = \frac{l - L}{L} = \frac{\Delta l}{L} \tag{4-19}$$

相对宽展率 $$\varepsilon_b = \frac{b - B}{B} = \frac{\Delta b}{B} \tag{4-20}$$

式中 H, B, L——变形前尺寸;

      h, b, l——变形后尺寸。

用面积比或线尺寸表示的变形量。表示这类变形量的有:

自由锻时的锻造比 $$K = \frac{A_0}{A} \tag{4-21}$$

式中 A_0, A——坯料变形前后的横截面积。

辊锻及轧制时的延伸系数 $$\lambda = \frac{A_0}{A} \tag{4-22}$$

式中 A_0, A——锻、轧件入口断面和出口断面的横截面积。

挤压时的挤压比 λ(或称延伸系数)或毛坯断面的缩减率 ε_f:

$$\lambda = \frac{A_0}{A} \tag{4-23}$$

$$\varepsilon_f = \frac{A_0 - A}{A_0} \tag{4-24}$$

式中 A_0, A——分别为毛坯和挤压工件的断面面积。

以上所述的压缩率、伸长率、宽展率、锻造比、挤压比等,都可以明确地表示和比较物体变形程度的大小,但是应该根据实际的工艺形式选择。上述表示方法如取对数,就成为对数应变。还应指出,以上表示变形程度的方法都只表示应变的平均值,并不代表各处的真实值。不过,一般它们能满足计算毛坯尺寸及选择设备能力和制定工艺规程的需要,在生产中得到了广泛的应用。若需研究变形体内部组织及质量,则需研究内部变形分布。

4.2 塑性变形基本原理

4.2.1 体积不变定律

金属塑性变形时,若忽略材料在加工过程中的密度变化,一般认为材料变形前后的体积保持不变。

在探讨一点的应变状态时,设过该点的单元体初始边长为 dx、dy、dz,则变形前的体积为：

$$V_0 = \mathrm{d}x\mathrm{d}y\mathrm{d}z \qquad (4\text{-}25)$$

考虑到小变形，切应变引起的边长变化及体积的变化都是高阶微量，可以忽略，则体积的变化只由线应变引起，如图4-8所示。在 x 方向上的应变为：

$$\varepsilon_x = \frac{r_x - \mathrm{d}x}{\mathrm{d}x} \qquad (4\text{-}26)$$

则 $\qquad r_x = \mathrm{d}x(1 + \varepsilon_x) \qquad (4\text{-}27)$

同理 $\qquad r_y = \mathrm{d}y(1 + \varepsilon_y) \qquad (4\text{-}28)$

$$r_z = \mathrm{d}z(1 + \varepsilon_z) \qquad (4\text{-}29)$$

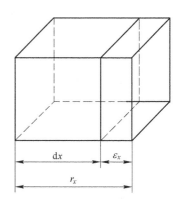

图 4-8　单元体边长的线变形

变形后的体积为：

$$V_1 = r_x r_y r_z = \mathrm{d}x\mathrm{d}y\mathrm{d}z(1 + \varepsilon_x)(1 + \varepsilon_y)(1 + \varepsilon_z) \qquad (4\text{-}30)$$

将上式展开，并忽略二阶以上的高阶微量，于是得到单元体单位体积的变化，即体积应变：

$$\theta = \frac{V_1 - V_0}{V_0} = \varepsilon_x + \varepsilon_y + \varepsilon_z \qquad (4\text{-}31)$$

当塑性变形时，变形物体变形前后的体积保持不变，即：

$$\theta = \varepsilon_x + \varepsilon_y + \varepsilon_z = 0 \qquad (4\text{-}32)$$

4.2.2　最小阻力定律

在塑性变形中，当金属质点有向几个方向移动的可能时，一般它向阻力最小的方向移动。这实际上是力学的普遍原理，它可以定性地用来确定金属质点的流动方向。

当接触表面存在摩擦时，棱柱体镦粗时的流动模型如图4-9所示。压板作用与坯料端面的摩擦力为 τ。因为接触面上质点向自由表面流动的摩擦阻力和质点离自由表面的距离成正比，因此距离自由边界愈短，阻力愈小，金属质点必然沿这个方向流动。这样就形成了四个流动区域，以四个角的二等分线和长度方向的中线为分界线，这四个区域内的质点到各自的边界线的距离都是最短距离。这样流动的结果，宽度方向流出的金属少于长度方向的，因此镦粗后的断面成椭圆形。若不断地镦粗，可以想像，必趋于达到各向摩擦阻力均相等的断面——圆形为止。因而最小阻力定律在镦粗中也称最小周边定则。

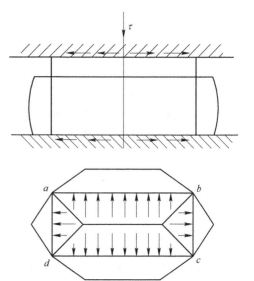

4.2.3　移位体积与变形速度

移位体积表示材料的相对体积变化，如图4-8所示。

图 4-9　棱柱体镦粗时的流动模型

x 轴方向上的移位体积为：

$$\theta_x = \frac{V_x - V_0}{V_0} = \frac{\mathrm{d}x(1 + \varepsilon_x)\mathrm{d}y\mathrm{d}z - \mathrm{d}x\mathrm{d}y\mathrm{d}z}{\mathrm{d}x\mathrm{d}y\mathrm{d}z} = \varepsilon_x \tag{4-33}$$

同理，y、z 轴方向上的移位体积分别为：

$$\theta_y = \varepsilon_y$$

$$\theta_z = \varepsilon_z \tag{4-34}$$

变形速度又称应变速率，它是表示单位时间内的变形大小的物理量，它反映材料变形的快慢程度。工程计算时一般以绝对值最大的变形方向上的平均变形速度来表示。轧制时的平均变形速度公式：

$$\bar{\dot{\varepsilon}} = \frac{2v_0 \sqrt{\dfrac{\Delta h}{R}}}{H + h} \tag{4-35}$$

式中　v_0, R ——轧辊线速度，半径；

　　H, h, Δh ——轧件入口厚度，出口厚度，压下量。

4.2.4　不均匀变形

若变形区金属各质点处（或各个微小体积内）的变形状态相同，即它们相应的各个轴向上变形的发生情况、发展方向及变形量的大小都相同，这个体积内的变形可视为均匀的，并且认为该物体所处变形状态是均匀的。否则，统称为不均匀变形。由于金属本身性质的不均匀，摩擦和工具形状的影响，不同变形区之间的相互制约，实际上都是不均匀变形。如图 4-10 所示，轧制板、带材时，在变形区内沿轧件宽度上金属质点的运动速度分布是不均匀的，从而引起不均匀变形。

金属塑性加工时，当坯料径高比 H/D（圆柱试件）或宽厚比 H/B（矩形试件）大时，接触表面摩擦较小，而且变形程度小时，常易产生双鼓形的高向上明显的不均匀变形。这时接触表面层附近的金属产生明显的塑性变形，而中心层变形很小，甚至不变形，形成很突出的表面变形，如图 4-11 所示。

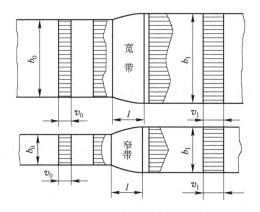

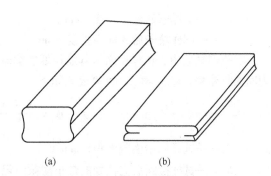

图 4-10　沿带材宽度方向金属质点
运动的速度分布图

图 4-11　轧制时轧件侧面的双鼓及折叠
（a）双鼓形；（b）折叠形

4.3 金属的塑性、变形抗力和屈服条件

4.3.1 金属的塑性

所谓金属的塑性，是指金属在外力作用下发生永久变形而不破坏其完整性的能力。金属塑性的大小，可用金属在断裂前产生的最大变形程度来表示。它反映塑性加工时金属塑性变形的限度，所以也称为"塑性极限"，一般通称"塑性指标"。

金属塑性不是固定不变的，同种材料在不同变形条件下会有不同的塑性。如三向等拉伸时，材料的塑性变形程度低于三向压缩。

金属与合金塑性的研究，是塑性加工理论与实践上的重要课题之一，研究的目的在于选择合适的变形方法，确定最好的变形温度、速度条件以及许用的最大变形量，以便使低塑性、难变形的金属与合金顺利实现成形过程。

由于变形力学条件对金属的塑性有很大影响，所以目前还没有某种实验方法能测出可表示所有塑性加工方式下金属的塑性指标。每种实验方法测定的塑性指标，仅能表明金属在该变形过程中所具有的塑性。但是各种塑性指标仍有相对的比较意义，因为通过这些试验可以得到相对的和比较的塑性指标。这些数据可以定性地说明在一定变形条件下，哪种金属塑性高，哪种金属塑性低，或者对同一金属，哪种变形条件下塑性高，哪种变形条件下塑性低等。这对正确选择变形的温度、速度范围和变形量，都有直接参考价值。测定金属塑性的方法，最常用的有力学性能试验方法和模拟试验法（即模仿某加工变形过程的一般条件，在小试样上进行试验的方法）两大类。

4.3.1.1 力学性能试验法

A 拉伸试验

拉伸试验一般是在材料试验机上进行的。如果要求得到更高或变化范围更大的变形速度，则需设计制造专门的高速变形机。伸长率（δ）和断面收缩率（ψ）是表示材料塑性的两个重要指标。这两个指标越高，说明材料的塑性越好。

在拉伸试验中，试样拉断后其标距所增加的长度与原标距长度的百分比，称为伸长率，以δ表示。计算公式为：

$$\delta = \frac{L_1 - L_0}{L_0} \times 100\% \qquad (4\text{-}36)$$

式中 L_0——试样原始标距长度，mm；

L_1——试样拉断后的标距长度，mm。

在拉伸试验中，试样拉断后其缩径处横截面积的最大缩减量与原始横截面积的百分比，称为断面收缩率，以ψ表示。计算公式如下：

$$\psi = \frac{S_0 - S_1}{S_0} \times 100\% \qquad (4\text{-}37)$$

式中 S_0——试样原始横截面积，mm^2；

S_1——试样拉断后缩径处的最小横截面积，mm^2。

伸长率（δ）和断面收缩率（ψ）这两个指标只能表示在单向拉伸条件下的塑性变形能力。

伸长率（δ）作为塑性指标时，必须把计算长度固定下来才能相互比较。对圆柱形试样，

规定有 $L_0 = 10d$ 和 $L_0 = 5d$ 两种标准试样（d 是试样的原始直径）。

断面收缩率也仅反映在单向拉应力和三向拉应力作用下的塑性指标，但与试样的原始计算长度无关，因此在金属材料中用 ψ 作塑性指标，可以得出比较稳定的数值，有其优越性。

B　扭转试验

扭转试验是在专用的扭转试验机上进行。试验时将圆柱形试样一端固定，另一端扭转，用破断前的扭转转数（n）表示塑性的大小。它可在不同温度和速度条件下进行试验。对一定尺寸的试样来说，n 越大，其塑性越好。在这种测定方法中，试样受纯剪力，切应力在试样断面中心为零，而在表面有最大值。纯剪时一个主应力为拉应力，另一个主应力为压应力。因此，这种变形过程所确定的塑性指标，可反映材料受数值相等的拉应力和压应力同时作用时的塑性。

C　冲击弯曲试验

冲击韧性 a_K 不完全是一种塑性指标，它是弯曲变形抗力和试样弯曲挠度的综合指标。

冲击韧性的测定方法是将材料制成带有缺口的标准试样，把试样放在摆锤式冲击试验机的支座上，使重摆从一定高度落下将试样冲断。由试验机可测出试样所吸收的能量 A_K（J），将 A_K 除以试样缺口处横截面积 F，所得为材料的冲击韧性。

$$a_K = A_K / F \quad (\text{J/mm}^2) \tag{4-38}$$

式中，a_K 越大，材料抵抗冲击能力越强。a_K 与试样的尺寸、缺口的形状有关。故试验时必须制成标准试样，才能比较。同样的 a_K 值，其材料塑性可能很不相同。有时由于弯曲变形抗力很大，虽然破断前的弯曲变形程度较小，a_K 值也可能很大，反之，虽然破断前弯曲变形程度较大但变形抗力很小，a_K 值也可能较小。由于试样有切口（切口处受拉应力作用），并受冲击作用，因此所得的 a_K 值可比较敏感地反映材料的脆性倾向。如果试样中有组织结构的变化、夹杂物的不利分布、晶粒过分粗大和晶间物质熔化等，a_K 会有所反映。例如，在合金结构钢中，二次碳化物由均匀分布状态变为沿晶界成网状形式分布，对于此种变化在拉伸试验中塑性指标 δ 和 ψ 并不改变，而在冲击弯曲试验中，却使 a_K 值降低了 $0.5 \sim 1$ 倍。某些合金钢中脱氧不良会使塑性降低，但 δ 和 ψ 值反映不明显，但 a_K 值却降低 $1 \sim 2$ 倍。

由于塑性急剧变化引起的 a_K 值的急剧变化，一般可配合参考在该试验条件下的强度极限（σ_b）变化情况：当 σ_b 变化不大或有所降低，而 a_K 值显著增大，说明这是由塑性急剧增高而引起的；a_K 值较高的温度范围内 σ_b 值很高，则不能证明在此温度范围内塑性最好。因此，按 a_K 值来决定最好的热加工温度范围，要加以具体分析，否则会得出错误的结论。

4.3.1.2　模拟试验法

A　顶锻试验

顶锻试验也称镦粗试验，是将圆柱形试样在压力机或落锤上镦粗，当试样侧面出现第一条用肉眼看到的裂纹时的变形量作为塑性指标，即：

$$\varepsilon = \frac{H - h}{H} \times 100\% \tag{4-39}$$

式中　H——试样的原始高度，mm；

　　　h——试样变形后高度，mm。

一般高度 H_0 为直径 D_0 的 1.5 倍。塑性高低可由 ε 值大小加以区分：

$\varepsilon \geqslant 60\% \sim 80\%$：高塑性；

$\varepsilon = 40\% \sim 60\%$：中塑性；

$\varepsilon = 20\% \sim 40\%$：低塑性；

$\varepsilon \leqslant 20\%$：塑性差，该材料难以锻压成形。

镦粗试验时，由于试样表面受接触摩擦的影响而出现鼓形，试样中部受三向压应力状态，当鼓形较大时，侧面受环向拉应力作用。此种试验方法可反映应力状态与此相近的锻压变形过程（自由锻、冷镦等）的塑性大小。在压力机上镦粗，一般变形速度为 $10^{-2} \sim 10 \mathrm{s}^{-1}$，相当于液压机和初轧机上的变形速度。而落锤试验，相当于锻锤上的变形速度。因此，在确定压力机和锻锤上锻压变形过程的加工温度范围时，最好分别在压力机和落锤上进行顶锻试验。

实验资料显示同一金属在一定的温度和速度条件下进行镦粗时，可能得出不同的塑性指标。原因是接触表面上外摩擦的条件和试样的原始尺寸不同。因此，顶锻试验应定出相应的规程，同时说明试验完成的具体条件，使所得结果能进行比较。

镦粗试验的缺点是在高温下，塑性较高的金属即使是在很大的变形程度下，试样侧表面上也不出现裂纹，因而得不到塑性极限。

B　楔形轧制试验

有两种不同的做法，一种是在平辊上将楔形试样轧成扁平带状，轧后测量首先发生裂纹处的压缩率，此压缩率就表示塑性的大小。此种方法不需要制备特殊的轧辊，但确定极限变形量比较困难，因为试样轧后高度是均匀的，而伸长后，原来一定高度的位置发生了变化，除非在原试样的侧面上刻竖痕，否则轧后便不易确定原始高度的位置，因而也就不好确定极限变形量。另一种方法是用偏心辊上将矩形轧件轧成楔形件，同样用最初出现目视裂纹的变形压缩率来确定其塑性的大小。偏心辊将平轧件轧成楔形轧件的优点是准确地确定极限相对压缩率，同时免除楔形轧件加工方面的麻烦。偏心轧辊有单辊刻槽的偏心轧辊和双辊刻槽的两种方式，如图 4-12 和图 4-13 所示。采用单辊刻槽，上下辊面之间必然产生轧制速度差，这种线速度差可能导致轧件表面损坏，同时也使变形力学条件发生一定变化，这对测定结果会产生一定的影响。双辊刻槽可以克服这些缺点。偏心辊试验条件可以很好地模拟轧制的情况，一次试验可以得到相当大的压缩率范围，往往只需进行一次实验就可以确定极限压缩率。

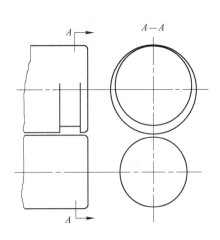

图 4-12　单辊刻槽的偏心轧辊

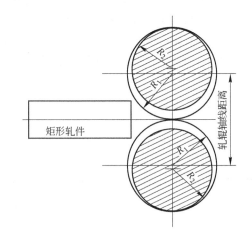

图 4-13　双辊刻槽的偏心轧辊

C　杯突试验

杯突试验是一种胀形试验，常用于模拟板料成形性能，如图 4-14 所示。试验时将试样置于凹模与压边圈之间夹紧，球状冲头向上运动使试样胀成凸包，直到凸包产生裂纹为止，测出此时的凸包高度 IE 记为杯突试验值。由于试验过程中试样外轮廓不收缩，板料的胀出部分承受两向拉应力，其应力状态和变形特点与冲压工序中的胀形、局部成形等相同，因此，该 IE 值即可作为这类成形工序的成形性能指标。

板料成形性能的模拟实验除胀形实验外，还有扩孔试验、拉伸试验、弯曲试验和拉深-胀形复合试验等。通过这些试验，可以获得评价各相关成形工序板料成形性能的指标。

以不同温度时得到的各种塑性指标（δ、ψ、n、a_K 等）为纵坐标，以温度为横坐标，绘成的函数曲线构成塑性图。完整的塑性图应包括材料拉伸时的强度极限 σ_b。塑性图有很大的实用意义，由热拉伸、热扭转等力学性能试验法测绘的塑性图，可确定变形温度范围；而顶锻和楔形轧制塑性图，不仅可以确定变形温度范围，还可分别确定锻造和轧制时许用最大变形量。图 4-15 为 W18Cr4V 高速钢的塑性图，显然，该钢种在 900 ~ 1200℃ 范围内具有最好的塑性，因此可将加工前钢锭加热的极限温度确定为1230℃，超过此温度，钢坯可能产生轴向断裂和裂纹。变形终了温度不应低于900℃，因为较低温度下钢的强度极限显著增大。

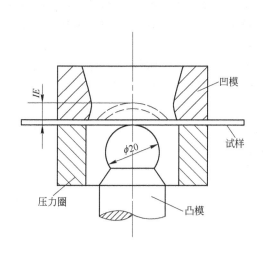

图 4-14　杯突试验　　　　　　　　　　图 4-15　W18Cr4V 高速钢的塑性图

为了确定变形温度范围，仅有塑性图是不够的，因为许多钢或合金的加工，不仅要保证顺利实现成形过程，还必须满足钢材的某些组织和性能方面的要求。因此在确定变形温度时，除了塑性图之外，还需要配合合金状态图和再结晶图以及必要的显微组织检查。

4.3.2　变形抗力与屈服条件

变形抗力是指材料在工具及支撑体的外力作用下发生塑性变形时，材料抵抗这种变形的受力。描述变形抗力大小的物理量称变形抗力指标。塑性加工力学理论中的应力状态研究实际上反映的就是材料的变形抗力大小。工程应用上，可通过实验方法测量材料的变形抗力大小，如在拉伸试验中可以确定两个变形抗力指标——屈服极限（σ_s）与强度极限（σ_b），还有杯突试验中测量材料的硬度值大小，也可间接反映材料的变形抗力大小。把这些绘制到塑性图中，也成为制订材料塑性加工工艺的依据。

柔软性反映金属的软硬程度，它也可以用变形抗力大小来衡量。但是，不能认为变形抗力小的金属塑性就好，或是与此相反。例如，室温下奥氏体不锈钢的塑性很好，可经受很大的变形而不破坏，但其变形抗力却很大；过热和过烧的金属与合金的塑性很小，甚至完全失去塑性变形能力，而其变形抗力也很小；也有些金属塑性很高，变形抗力又小，如室温下的铅等。

材料变形时，当发生弹性变形时，外力或应力消失，变形也消失，物体的形状及尺寸回复到变形前的状态。当由弹性状态进入塑性状态时，材料发生不可逆转的变形，即使外力或应力消失后，物体的形状与尺寸也不可能回到原来的状态，这种不可逆转的变形称为屈服。当物体内任一质点处于单向应力状态下，只要单向应力达到材料的屈服点，则该点由弹性变形状态进入塑性变形状态，该屈服点的应力称为屈服应力 σ_s。在多向应力状态下，显然不能用一个应力分量的数值来判断受力物体内质点是否进入塑性变形状态，而必须同时考虑所有的应力分量。实验研究表明，在一定的变形条件下，只有当各应力分量之间符合一定关系时，质点才开始进入塑性变形状态，这种关系称为屈服准则，也称塑性条件或屈服条件。一般表示为：

$$f(\sigma_{ij}) = C \tag{4-40}$$

式中 $f(\sigma_{ij})$——应力分量的函数；

C——给定材料下的某一常数。

历史上曾有不少学者提出了不同的理论来描述受力物体由弹性状态向塑性状态过渡的力学条件，但普遍采用而且比较符合实验数据的是屈雷斯加（Tresca）屈服准则和米塞斯（Mises）屈服准则。

1864 年，法国工程师屈雷斯加（H. Tresca）根据库伦在土力学中的研究结果，并从他自己做的金属挤压试验中提出材料的屈服与最大切应力有关，即当受力材料中的最大切应力达到某一极限 k 时，材料发生屈服。其表达式为：

$$\tau_{max} = k \tag{4-41}$$

用主应力表示且有 $\sigma_1 \geqslant \sigma_2 \geqslant \sigma_3$ 约定时，则有：

$$\sigma_1 - \sigma_3 = 2k \tag{4-42}$$

或 $$\sigma_1 - \sigma_3 = \sigma_s \tag{4-43}$$

式中 σ_s——相应条件下单向拉伸时的屈服极限。

在材料力学中，Tresca 屈服准则对应第三强度理论。

在一般应力状态下，应用 Tresca 准则较为繁琐。只有当主应力已知的前提下，使用 Tresca 屈服准则较为方便。

德国力学家米塞斯（Von. Mises）于 1913 年提出了另一个屈服准则，称为米塞斯屈服准则。由于材料屈服是物理现象，与坐标的选择无关，而材料的塑性变形是由应力偏张量引起的，且只与应力偏张量的第二不变量有关，于是将应力偏张量和第二不变量作为屈服准则的判据。当应力偏张量的第二不变量 J_2' 达到某一定值时，该点进入塑性变形状态，即：

$$J_2' = B^2 \tag{4-44}$$

$$J_2' = \frac{1}{6}\left[(\sigma_x - \sigma_y)^2 + (\sigma_y - \sigma_z)^2 + (\sigma_z - \sigma_x)^2 + 6(\tau_{xy}^2 + \tau_{yz}^2 + \tau_{zx}^2) \right]$$

$$= \frac{1}{6}\left[(\sigma_1 - \sigma_2)^2 + (\sigma_2 - \sigma_3)^2 + (\sigma_3 - \sigma_1)^2 \right]$$

式中 B——与应力状态无关的常数，其值可由简单拉伸来确定。

单向拉伸时有：

$$\sigma_1 = \sigma_s; \ \sigma_2 = \sigma_3 = 0$$

则
$$J_2' = \frac{1}{3}\sigma_s^2$$

将上式代入式（4-44）得到：

$$B^2 = \frac{1}{3}\sigma_s^2$$

因此，米塞斯屈服准则的数学表达式为：

$$(\sigma_x - \sigma_y)^2 + (\sigma_y - \sigma_z)^2 + (\sigma_z - \sigma_x)^2 + 6(\tau_{xy}^2 + \tau_{yz}^2 + \tau_{zx}^2) = 2\sigma_s^2 \tag{4-45}$$

或
$$(\sigma_1 - \sigma_2)^2 + (\sigma_2 - \sigma_3)^2 + (\sigma_3 - \sigma_1)^2 = 2\sigma_s^2 \tag{4-46}$$

后来学者研究发现，材料的弹性形状改变位能与应力偏张量的第二不变量有关，因此米塞斯屈服准则具有不同的物理意义。

为了便于两个屈服准则的比较，将米塞斯屈服准则的数学表达式（4-46）进行简化。为此，设 $\sigma_1 \geqslant \sigma_2 \geqslant \sigma_3$，引入罗德（W. Lode）应力参数：

$$\mu_\sigma = \frac{\sigma_2 - \dfrac{\sigma_1 + \sigma_3}{2}}{\dfrac{\sigma_1 - \sigma_3}{2}} \tag{4-47}$$

$$\mu_\sigma \in [-1, 1]$$

则中间主应力
$$\sigma_2 = \frac{\sigma_1 + \sigma_3}{2} + \mu_\sigma \frac{\sigma_1 - \sigma_3}{2}$$

将上式代入式（4-46）中整理得：

$$\sigma_1 - \sigma_3 = \frac{2}{\sqrt{3 + \mu_\sigma^2}}\sigma_s$$

令 $\beta = \dfrac{2}{\sqrt{3 + \mu_\sigma^2}}$，$\beta$ 为中间主应力影响系数，则米塞斯屈服准则的数学表达式可改写成：

$$\sigma_1 - \sigma_3 = \beta\sigma_s \quad (\beta = 1 \sim 1.155) \tag{4-48}$$

米塞斯屈服准则的数学表达式（4-48）与屈雷斯加屈服准则的数学表达式（4-43）相比，等式右边相差系数 β。

β 是随应力状态变化而变化的。当中间主应力 $\sigma_2 = \sigma_1$ 时，$\mu_\sigma = 1$，$\beta = 1$；当 $\sigma_2 = \sigma_3$ 时，$\mu_\sigma = -1$，$\beta = 1$；当 $\sigma_2 = \dfrac{\sigma_1 + \sigma_3}{2}$ 时（平面应变），$\mu_\sigma = 0$，$\beta = 1.155$。$\beta = 1$ 时两个屈服准则的数学表达式相同，$\beta = 1.155$ 时两个屈服准则差别最大。由此可见，米塞斯屈服准则考虑了中间主应力的影响，这与实验结果比较接近。

引入了中间主应力影响系数后，两个屈服准则可以写成统一数学表达式：

$$\sigma_{max} - \sigma_{min} = \beta\sigma_s \tag{4-49}$$

σ_{max}，σ_{min} 分别代表最大主应力与最小主应力。

4.4　塑性变形中的断裂

4.4.1　断裂的基本类型

在金属塑性加工的生产实践中，特别是在生产低塑性的钢与合金时，常常会发现在钢材的表面或内部出现断裂（裂纹、裂缝等）。从断口的断裂特征来看有两种情况：

4.4.1.1　脆性断裂

断面外观上没有明显的塑性变形迹象，直接由弹性变形状态过渡到断裂，断裂面和拉伸轴接近正交，断口平齐，如图 4-16a 所示。

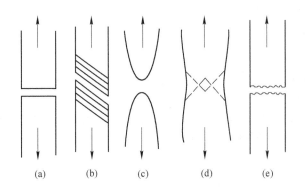

图 4-16　金属试样拉伸时断裂类型的简明图示
（a）脆性断裂；（b）切变断裂；（c）多晶体的完全韧性断裂；
（d）多晶体韧性断裂的一般情况；（e）脆性材料的韧性断裂

脆性断裂在单晶体试样中常表现为沿解理面的解理断裂。所谓解理面，一般都是晶面指数比较低的晶面，如体心立方的（100）面。

在多晶体试样中则可能出现两种情况：一是裂纹沿解理面横穿晶粒的穿晶断裂，断口可以看到解理亮面；二是裂纹沿晶界的晶间断裂，断口呈颗粒状，如图 4-17 所示。

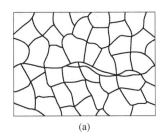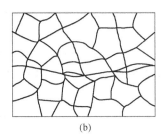

图 4-17　多晶体脆性断裂
（a）晶间断裂；（b）穿晶断裂

4.4.1.2　韧性断裂

在断裂前金属经受了较大的塑性变形，其断口呈纤维状，灰暗无光。韧性断裂主要是穿晶断裂，如果晶界处有夹杂物或沉淀物聚集，则也会发生晶间断裂。

韧性断裂有不同的表现形式：一种是切变断裂，例如密排六方金属单晶体沿基面作大量滑移后就会发生这种形式的断裂，其断裂面就是滑移面，如图 4-16b 所示；另一种是试样在塑性变形后出现缩颈，一些塑性非常好的材料，如金、铅和铝，可以拉缩成一个点才断开，如图 4-16c所示；对于一般的韧性金属，断裂则由试样中心开始，然后沿图 4-16d 所示的虚线断开，形成杯锥状断口。

　　综上所述，韧性断裂有如下几个特点：（1）韧性断裂前已发生了较大的塑性变形，断裂时要消耗相当多的能量，所以韧性断裂是一种高能量的吸收过程；（2）在小裂纹不断扩大和聚合过程中，又有新裂纹不断产生，所以韧性断裂通常表现为多断裂源；（3）韧性断裂的裂纹扩展的临界应力大于裂纹形核的临界应力，所以韧性断裂是个缓慢的撕裂过程；（4）随着变形的不断进行，裂纹不断生成、扩展和集聚，变形一旦停止，裂纹的扩展也将随着停止。

　　根据条件的不同，任何材料都可能产生两种不同类型的断裂：脆性断裂和韧性断裂。这取决于变形温度、变形速度、应力状态和材料本性。

　　除面心立方金属外，其他金属随温度下降可能发生由韧性向脆性转变，其标志是一定温度以下面缩率，延伸率或冲击韧性急剧下降。大体上，体心立方金属拉伸时变脆的温度约在 $0.1T_{熔}$ 以下（$T_{熔}$ 为熔点，K），金属间化合物大约在 $0.5T_{熔}$ 以下。韧性—脆性转变是因为一些金属的屈服强度随温度而变化，温度愈低，屈服强度愈高，但脆断强度与温度变化几乎无关，当塑性变形在断裂前发生，即为韧性断裂。

4.4.2　压力加工中金属的断裂

　　金属在加工过程中，由于不均匀变形，甚至在加热质量好的条件下，也会产生各种裂纹。在塑性较低的材质和加热质量不好的情况下更为严重。由于铸态组织塑性较低，所以低塑性的钢与合金在开坯阶段更易发生断裂。轧制时常出现的断裂形式如图 4-18 所示。

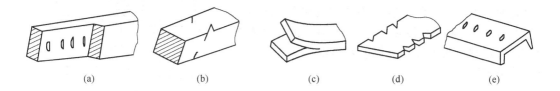

　　(a)　　　　　　　(b)　　　　　　　(c)　　　　　　　(d)　　　　　　　(e)

图 4-18　轧制时断裂的主要形式

（a）中心横裂；（b）角裂；（c）分层；（d）边裂；（e）横裂

5 轧制原理

5.1 轧制过程的基本概念

5.1.1 简单轧制与非简单轧制

轧制是轧件被轧辊与轧件之间的摩擦力拉入变形区产生塑性变形的过程。一般将轧制分为纵轧、斜轧和横轧等几种形式。实际的轧制过程是比较复杂的，为了简化过程便于轧制理论的研究，将复杂的轧制过程附加一些假设条件，即所谓的简单轧制条件。这些简单条件是：（1）两个轧辊都为电动机直接传动的平辊，且两轧辊的直径与转速均相同，转向相反，材质与表面状况亦相同，轧辊弹性变形可略去不计；（2）轧制前与轧制后轧件的断面为矩形或方形，轧件内部各部分结构和性能相同，轧件表面特别是与轧辊接触的表面状况一样，总之轧件变形是均匀的；（3）轧件以等速离开轧辊，除受轧辊的作用力外，不受其他任何外力的作用。满足上述限制条件的轧制过程称为简单轧制。凡不满足上述条件的轧制过程称为非简单轧制，如单辊传动、张力轧制、孔型中轧制等。

5.1.2 变形区主要参数

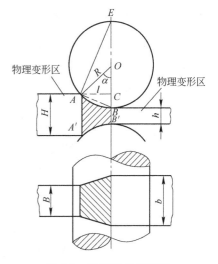

图 5-1 轧制时的变形区

轧件承受轧辊作用发生塑性变形的空间区域称为变形区，如图 5-1 所示。

若已知轧辊的工作直径 D_k、轧前与轧后轧件高度（H 和 h）、轧前与轧后轧件宽度（B 和 b）。变形区的有关参数确定如下：

（1）咬入角与压下量。轧件与轧辊相接触的圆弧所对应的圆心角 α，称为咬入角。在轧制过程中轧件的长、宽、高三个尺寸都发生了变化。轧制后轧件高度的减少量，称为压下量，即：

$$\Delta h = H - h \tag{5-1}$$

式中 Δh——压下量，mm；

  H——轧件的轧前高度，mm；

  h——轧件的轧后高度，mm。

由图 5-1 可知：

$$\Delta h = H - h = D_k(1 - \cos\alpha) \tag{5-2}$$

即

$$\alpha \approx \sqrt{\Delta h/R} \tag{5-3}$$

（2）变形区长度。轧件与轧辊相接触的圆弧的水平投影长度称为变形区长度（l），也叫咬入弧长度，即图 5-1 中的 AC 线段。为了简化计算，通常可认为：

两个轧辊直径相等时　　　　　　　　$l \approx \sqrt{R\Delta h}$

两个轧辊直径不相等时　　　　　　　$l = \sqrt{\dfrac{2R_1 R_2}{R_1 + R_2}\Delta h}$　　　　　　　(5-4)

式中　R_1，R_2——分别为上下两轧辊的半径。

5.1.3　轧制时的变形系数

用轧制前、后轧件尺寸的比值表示变形程度，此比值称为变形系数。变形系数包括：

压下系数：　　　　　　　　　　$\eta = \dfrac{H}{h}$

宽度系数：　　　　　　　　　　$\omega = \dfrac{b}{B}$

延伸系数：　　　　　　　　　　$\mu = \dfrac{l}{L}$

根据体积不变原理，三者之间存在如下关系：

$$\eta = \mu \cdot \omega$$

5.1.4　平均工作直径与平均压下量

上面得到的各有关计算公式，均是指在平辊上轧制矩形（或方形）断面轧件而言，即适用于平均压缩时的变形条件。当存在有不均匀压缩时，各式中的有关参量必须采用等效值——平均工作直径与平均压下量。

5.1.4.1　平均工作直径

轧辊与轧件相接触处的直径称为工作直径，用 D_k 表示。如图 5-2 所示，轧制矩形或方形断面轧件时，其工作直径 D_k 为：

$$D_k = D - h \quad \text{或} \quad D_k = D' - (h - s) \qquad (5-5)$$

式中　D_k——工作直径；

　　　D——假想直径；

　　　s——辊缝；

　　　h——孔型高度。

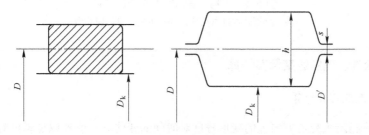

图 5-2　在平辊或矩形断面孔型中轧制

通常用平均高度法近似确定平均工作辊径
$\overline{D_k}$，即把断面较为复杂的孔型的横断面积 F 除
以该孔型的宽度 B_h 得该孔型的平均高度 $\overline{h}$，如
图 5-3 中的对应的轧辊平均工作辊径为：

$$\overline{D_k} = D - \overline{h} = D - \frac{F}{B_h}$$

或　　　　$$\overline{D_k} = D' - \left(\frac{F}{B_h} - s\right) \qquad (5\text{-}6)$$

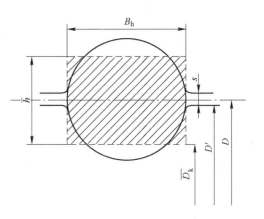

式中　D'——辊环直径；

$\overline{h}$——非矩形断面孔型的平均高度；

B_h——非矩形断面孔型宽度；

F——非矩形断面孔型的面积。

图 5-3　在非矩形断面孔型中轧制时
平均工作辊径计算示意图

5.1.4.2　平均压下量

轧制前与轧制后轧件的平均高度差为平均压下量。轧件的平均高度为与轧件断面积和宽度
均与矩形相等的高度。如图 5-4 所示的不均匀压缩时的平均压下量为：

$$\Delta\overline{h} = \overline{H} - \overline{h} = \frac{F_0}{B_0} - \frac{F}{B_h} \qquad (5\text{-}7)$$

式中　F_0、B_0——非矩形断面原料的断面积和原料的宽度；

F、B_h——轧制后非矩形断面的面积和轧件的宽度。

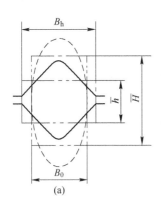
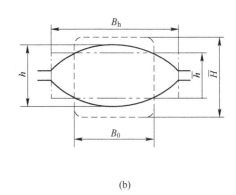

图 5-4　不均匀压缩时的平均压下量
（a）椭圆轧件进方孔型；（b）方轧件进椭圆孔型

5.1.5　变形速度、轧制速度及其计算

5.1.5.1　变形速度及其计算

变形速度是指最大变形方向上的变形程度对时间的变化率，或者说是单位时间内的单位移
位体积，其定义表达式为：

$$\dot{\varepsilon} = \frac{\mathrm{d}\varepsilon}{\mathrm{d}t}s^{-1} \tag{5-8}$$

计算轧制时的平均变形速度的公式很多，常用下式进行计算，即：

$$\bar{\dot{\varepsilon}} = \frac{2v\sqrt{\dfrac{\Delta h}{R}}}{H+h} \tag{5-9}$$

式中　R——轧辊半径；

　　　v——轧辊圆周速度。

5.1.5.2　轧制速度及其计算

轧制速度是指轧辊的线速度。在轧制过程中是指与金属接触处的轧辊圆周速度，它不考虑轧辊与轧件之间的相对滑动。它取决于轧辊的转数与轧辊的平均工作直径，即：

$$v = \frac{\pi n}{60}\overline{D_{\mathrm{k}}} \tag{5-10}$$

式中　v——轧制速度，m/s；

　　　$\overline{D_{\mathrm{k}}}$——轧辊平均工作直径，mm；

　　　n——每分钟轧辊转数，rad/mm。

5.2　实现轧制过程的条件

5.2.1　初始咬入条件

所谓咬入，是指轧辊利用摩擦力把轧件拖入辊缝的现象。在实际生产中，咬入是否顺利，对轧钢的正常操作和产量有直接影响，因此必须了解咬入的实质。

对轧件咬入时的作用力进行分析如图 5-5 所示。径向力 N 有阻止轧件继续运动的作用，切向摩擦力 T 则有将轧件拉入轧辊辊缝的作用。

为判断轧件能否被轧辊咬入，应将轧辊对轧件的作用力和摩擦力做进一步分析。如图 5-6a 所示，作用力 N 与摩擦力 T 分解为垂直分力 N_y、T_y 和水平分力 N_x、T_x。垂直分力 N_y、T_y 对轧

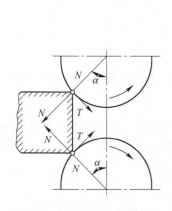

图 5-5　轧辊对轧件的作用力

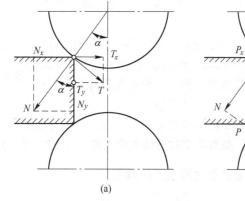

图 5-6　作用力与摩擦力的分解

（a）正压力 N 与摩擦力 T 的分解；（b）正压力 N 与摩擦力 T 的合成

件起压缩作用，使轧件产生塑性变形；N_x 与轧件运动方向相反，阻止轧件咬入，称为推出力；T_x 与轧件运动方向一致，力图将轧件拉入辊缝，称为拽入力。显然 N_x 和 T_x 之间的关系是轧件能否咬入的关键，两者可能有以下三种情况：

由图 5-6 可得到：

$$T_x = T\cos\alpha = fN\cos\alpha$$

$$N_x = N\sin\alpha$$

（1）当 $T_x > N_x$ 时：

$$fN\cos\alpha > N\sin\alpha$$

$$f > \tan\alpha$$

$$\tan\beta > \tan\alpha$$

$$\beta > \alpha$$

这就是轧件的咬入条件。

（2）当 $T_x < N_x$ 时，同样可推得 $\beta < \alpha$，轧件不能咬入轧机。

（3）当 $T_x = N_x$ 时，同样可推得 $\beta = \alpha$ 是轧件咬入的临界条件。

由此可得出结论：咬入角 α 小于摩擦角 β 是咬入的必要条件；咬入角 α 等于摩擦角 β 是咬入的极限条件，即最大咬入角等于摩擦角。通常将咬入条件定为：

$$\alpha \leqslant \beta \tag{5-11}$$

5.2.2 建立稳定轧制状态后的轧制条件

轧件完全充填辊缝后进入稳定轧制状态。如图 5-7 所示，此时径向力的作用点位于整个咬入弧的中心，剩余摩擦力达到最大值。继续进行轧制的条件仍为 $T_x \geqslant N_x$，带入摩擦条件进行整理后得：

$$\beta \geqslant \frac{\alpha}{2} \text{ 或 } \alpha \leqslant 2\beta \tag{5-12}$$

上式是继续进行轧制的条件。这说明在稳定轧制条件建立后，可强制增大压下量，使最大咬入角 $\alpha \leqslant 2\beta$ 时，轧制仍可继续进行。这样，就可利用剩余摩擦力来提高轧机的生产率。

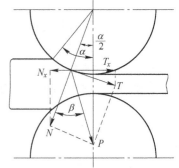

图 5-7 稳定轧制阶段 α 与 β 的关系

大量实验研究还证明，在热轧情况下，稳态轧制时由于温度和氧化铁皮的影响，使稳定轧制摩擦系数明显小于开始咬入时的摩擦系数，所以最大咬入角约为 1.5 ~ 1.7 倍摩擦角，即 $\alpha = (1.5 \sim 1.7)\beta$。

在冷轧时，可近似地认为摩擦系数无变化。但由于轧件被咬入后，合力作用点向出口移动，所以冷轧情况下，稳态轧制时的最大咬入角 $\alpha = (2 \sim 2.4)\beta$。

5.2.3 影响咬入的因素及改善咬入的措施

5.2.3.1 影响咬入的因素

影响轧机咬入的因素有：

（1）轧辊直径 D、压下量 Δh。当压下量不变时，随着轧辊直径的增大，咬入角 α 将减少，这有利于咬入；当轧辊直径 D 不变时，随着压下量的减少，咬入角 α 也减少，这也有利于咬入。

（2）作用在水平方向上的外力。凡顺轧制方向的水平外力，一般都有利于咬入。在实际生产中，这些外力包括作用在轧件上的推力、轧件运送时的惯性力及带钢轧制时的前张力等。凡是逆轧制方向作用在轧件的外力，都不利于轧件的咬入。

（3）轧制速度。提高轧辊的圆周速度，则不利于轧件被咬入。降低轧制速度，则有利于轧件被咬入。一方面是提高了轧制速度，使轧辊与轧件间的摩擦系数 f 值下降；另一方面的原因是由于轧辊速度较大，相对于轧件来说，轧件的惯性滞后作用将妨碍轧件被咬入。

（4）轧辊表面状态。轧辊表面越粗糙，则摩擦系数越大，因而越有利于轧件咬入。

（5）轧件的形状对轧件咬入。轧制钢锭时，一般多以小头先进入轧辊，这正是便于从咬入考虑的。在中小型轧制中，坯料端切成楔形，使得轧件容易被咬入，这种方法是利用减小开始时的咬入角来实现的。

（6）孔型形状对咬入。型钢轧机的孔型有较小的孔型侧壁斜度时，对轧件的咬入是有利的。这是轧件宽度大于孔型底部宽度，孔型侧壁对轧件起到夹持作用，使咬入变得容易。随侧壁斜度增大，孔型的夹持作用减小，轧件的咬入变得困难。

5.2.3.2　改善咬入的措施

改善咬入的措施是增大摩擦角 β（即增大摩擦系数 f）和减小咬入角 α。

（1）提高摩擦系数的措施。采用轧辊刻痕、堆焊或用多边形轧辊的方法来增大摩擦系数；合理使用润滑剂增加咬入瞬间的摩擦系数，而稳定轧制阶段的摩擦系数并不增加；清除炉尘和氧化铁皮，提高轧辊与轧件的摩擦系数；在轧件上撒一些沙子或冷氧化铁皮可改善咬入；当轧件温度过高，引起咬入困难时，可将轧件在辊道上搁置一段时间，使钢温适当降低后再喂入轧机；增大孔型侧壁对轧件的夹持力可改善轧件的咬入；降低轧件咬入时的轧制速度，增大摩擦系数，即采用低速咬入，高速稳定轧制。

（2）降低咬入角的基本措施。使用合理形状的连铸坯，可以把轧件前端制成楔形或锥形；强迫咬入，用外力将轧件顶入轧辊中，由于外力的作用，轧件前端压扁，合力作用点内移，从而改善了咬入条件；减少本道次的压下量可改善咬入条件，例如，减少来料厚度或使得本道次辊缝增大。

上述改善咬入的方法在生产实践中，往往几种方法可以同时使用。

5.3　轧制时金属的横变形——宽展

5.3.1　宽展的种类

金属在轧制过程中，轧件在高度方向上被压缩的金属体积将流向纵向和横向。流向纵向的金属使轧件产生延伸，增加轧件的长度；流向横向的金属使轧件产生横向变形，称之为横变形。通常把轧制前、后轧件横向尺寸的绝对差值，称为绝对宽展，简称为宽展，以 Δb 表示。即：

$$\Delta b = b - B \tag{5-13}$$

式中　B，b——分别为轧前与轧后轧件的宽度。

在不同的轧制条件下，坯料在轧制过程中的宽展形式是不同的。根据金属沿横向流动的自由程度，宽展可分为：自由宽展、限制宽展和强迫宽展。

（1）自由宽展。轧件在轧制过程中，金属高度受到压缩而可以自由横向变形的宽展值，称为自由宽展。在这种情况下，金属流动除来自轧辊的摩擦阻力外，不受任何其他的阻碍和限制。在平辊上或者是沿宽度上有很大富余的扁平孔型内轧制时属于这种情况，如图 5-8 所示。

（2）限制宽展。坯料在轧制过程中，金属流动除来自轧辊的摩擦阻力外，还受到孔型侧壁的限制作用而形成的宽展值，称为限制宽展，如图 5-9 所示。

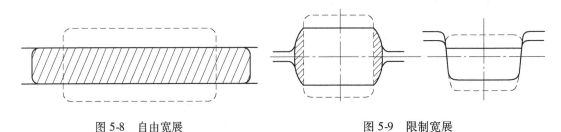

图 5-8   自由宽展   图 5-9   限制宽展

（3）强迫宽展。坯料在轧制过程中，被压下的金属体积受轧辊凸峰的切展而强制金属横向流动，使轧件的宽度增加，这种变形叫做强制宽展，如图 5-10 所示。

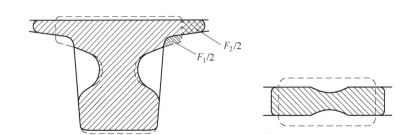

图 5-10   强迫宽展

5.3.2   影响宽展的因素

影响宽展的因素有：

（1）相对压下量 $\Delta h/H$。压下量是形成宽展的源泉，是影响宽展的主要因素之一，没有压下量就无从谈及宽展，因此，相对压下量增加，宽展增加。

（2）轧辊直径。由实验可知，其他条件不变时，随轧辊直径增大，宽展量增大。所以，为了得到大的延伸，一般采用小辊径轧制。

（3）轧件宽度。轧制时可将接触表面金属流动分成四个区域：即前、后滑区和左、右宽展区。由于轧制时一般总是变形区的长度小于其宽度，如图 5-11 所示。可以发现，轧件宽度 B 增加，宽展减小，当轧件宽度很大时，宽展趋近于零，即出现平面变形状况。

（4）摩擦系数。实验证明，当其他条件相同时，随摩擦系数的增加，宽展也增加。轧辊表面粗糙时，

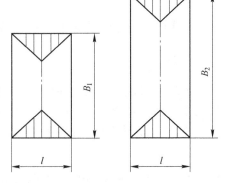

图 5-11   变形区宽展不同时，宽展区
与延伸区的变化图示

可使摩擦系数 f 增加，从而使宽展增加。

钢轧辊的摩擦系数比铸铁轧辊要大，因而在钢轧辊上轧制时的宽展比在铸铁轧辊上轧制的要大。

轧制温度对宽展影响主要表现为金属表面的氧化铁皮对宽展有很大影响。在低温阶段，氧化铁皮使摩擦系数增大，从而轧件的宽展也增加。而在高温阶段（大约在 1050℃ 以上），由于氧化铁皮熔化，开始起润滑作用，摩擦系数降低，因而随温度升高宽展急剧下降。

在所有的压下量条件下，轧制速度在 $1 \sim 2 \text{m/s}$ 范围内，宽展量有最大值；当轧制速度提高时，宽展降低；轧制速度提高到一定程度后，宽展保持恒定。这与轧制速度对摩擦系数的影响规律是一致的。

金属性质对宽展的影响，主要是通过化学成分改变金属氧化铁皮的形成和性质，使摩擦系数变化，从而增大或减小宽展的。

（5）轧制道次。实验证明，在总压下量相同的条件下，轧制道次越多，总的宽展量越小。因此，不能按照钢坯和成品的厚度计算宽展，必须逐道计算，否则会造成错误。

（6）张力对宽展。由于张力的作用，金属容易从纵向流出变形区，从而使流向横向的金属减少，所以，施加前、后张力使宽展减小。同时实验证明，后张力对宽展有很大影响，而前张力对宽展影响很小。

（7）外端对宽展。在塑性变形的瞬间，位于变形区以外没有产生塑性变形的金属体积称为外端。外端的存在限制了变形区金属的横向流动，所以使宽展减小。

5.3.3 计算宽展的公式

5.3.3.1 若兹公式

德国学者若兹根据实际经验提出如下宽展计算公式：

$$\Delta b = \beta \Delta h \tag{5-14}$$

式中 β——宽展系数，其值为 0.35 ~ 0.48。

此公式只考虑了压下量的影响，其他因素的影响都包括在宽展系数中。冷轧时：$\beta = 0.35$（硬钢）；热轧时：$\beta = 0.48$（软钢）。β 值还可以根据现场经验数据选取，在 1100 ~ 1150℃ 热轧低碳钢时，$\beta = 0.31 \sim 0.35$；热轧高碳钢或合金钢时，$\beta = 0.45$。

5.3.3.2 巴赫契诺夫公式

苏联学者巴赫契诺夫根据金属压缩后往横向和高向移位体积之比与其相应变形功之间的比值相等这个条件，提出的宽展计算公式为：

$$\Delta b = 1.15 \frac{\Delta h}{2H} \left(\sqrt{R \Delta h} - \frac{\Delta h}{2f} \right) \tag{5-15}$$

该公式考虑了压下量、变形区长度和摩擦系数的影响。适用于计算平辊轧制和箱形孔型中的自由宽展。式（5-15）中轧制时的摩擦系数用艾克隆德公式 $f = K_1 K_2 K_3 (1.05 - 0.0005t)$ 计算，式中 t 为轧制温度。

5.3.3.3 艾克隆德公式

艾克隆德认为宽展取决于压下量及接触面上纵横阻力的大小，并由此出发得出直接计算轧

件轧后宽度的公式:

$$b = \sqrt{4m^2(H+h)^2\left(\frac{l}{B}\right)^2 + B^2 + 4ml(3h-h)} - 2m(H+h)\frac{l}{B} \qquad (5\text{-}16)$$

式中, $m = \dfrac{1.6fl - 1.2\Delta h}{H + h}$, $l = \sqrt{R\Delta h}$。

摩擦系数由公式 $f = K_1 K_2 K_3 (1.05 - 0.0005t)$ 计算。

艾克隆德公式考虑的因素比较全面, 实用范围较大, 计算结果比较符合实际情况, 但计算较为复杂。

5.4 轧制过程中的总变形——前滑与后滑

5.4.1 前滑、后滑的定义及表示方法

在轧制过程中, 轧件出口速度 v_h 大于轧辊在该处的线速度 v, 这种现象称为前滑。前滑值可以表示为:

$$S_h = \frac{v_h - v}{v} \times 100\% \qquad (5\text{-}17)$$

式中 S_h——前滑值;

v——轧辊线速度。

而轧件进入轧辊的速度 v_H 小于轧辊在该处的线速度的水平分量 $v\cos\alpha$ 的现象称为后滑。后滑值可以表示为:

$$S_H = \frac{v\cos\alpha - v_H}{v\cos\alpha} \times 100\% \qquad (5\text{-}18)$$

式中, S_H 为后滑值, 其余符合同前。

在变形区内存在一层断面, 其金属流动速度与该点轧辊线速度的水平分量相等, 这层断面称为中性面。中性面所对应的圆心角称为中性角用 γ 表示。中性面到变形区入口断面所包含的金属体积称为后滑区; 而中性面到变形区出口断面所包含的金属体积称为前滑区。

5.4.2 前滑的计算公式

式 (5-17) 是前滑的定义表达式, 它没有反映出轧制参数与前滑值的关系, 因此无法在已知轧制参数的条件下计算前滑值。忽略轧件的宽度, 并由秒流量相等条件, 可得出:

$$S_h = \frac{(D\cos\gamma - h)(1 - \cos\gamma)}{h} \qquad (5\text{-}19)$$

式中, $\gamma = \dfrac{\alpha}{2}\left(1 - \dfrac{\alpha}{2f}\right)$。

式 (5-19) 即为芬克 (Fink) 前滑公式, 可以发现前滑与中性角呈抛物线关系; 前滑与辊径呈直线关系; 前滑与轧件轧出厚度呈双曲线关系。

当中性角 γ 很小时, 则式 (5-19) 可简化为:

$$S_h = \frac{\gamma^2}{2}\left(\frac{D}{h} - 1\right) \qquad (5\text{-}20)$$

此式即为艾克隆德 (Ekelund) 前滑公式。因为 D/h 远远大于1, 故上式括号中的1可以忽

略不计，则该式变为：

$$S_h = \frac{R}{h}\gamma^2 \tag{5-21}$$

此即德雷斯登（Dresden）前滑公式。此式所反映的函数关系与式（5-19）是一致的。这些都是在不考虑宽展时求前滑的近似公式。当存在宽展时，实际所得的前滑值将小于上述公式所算得的结果。考虑宽展时的前滑值可按柯洛廖夫公式计算：即：

$$S_h = \frac{R}{h}\gamma^2 \left(1 - \frac{R\gamma}{B_h}\right) \tag{5-22}$$

在一般生产条件下，前滑值在2%～10%之间波动，但某些特殊情况也有超出此范围的。

5.4.3 前滑的影响因素

前滑与后滑的本质是一样的，影响前滑的因素也影响后滑，因此本节只讨论影响前滑的因素。尽管影响前滑的因素很多，如果能抓住基本的影响因素，并揭示出其影响的物理实质，则其规律是容易掌握的。下面对各主要影响因素进行讨论：

（1）轧辊直径。实验表明，前滑随轧辊直径增大而增大；在轧辊直径小于400mm的范围内，轧辊直径对前滑的影响很大；但当 $D > 400mm$ 时，随辊径增加前滑增加的速度减慢。

（2）摩擦系数。实验表明，在其他条件相同时，摩擦系数 f 越大，前滑值越大。

（3）相对压下量。实验证明，前滑随相对压下量增大而增大，而且当 $\Delta h =$ 常数时，前滑增加更为显著。形成以上现象的原因是因为相对压下量增加，即高向移位体积增加，分配到宽展方向和纵向的移位体积均应加大，而纵向延伸由前滑、后滑组成，此时前滑值和后滑值均增加是无疑义的。

（4）轧件厚度。实验表明，当轧后厚度 h 减小时，前滑增大。

（5）轧件宽度。实验表明，轧件宽度小于40mm时，随宽度增加前滑值也增；但轧件宽度大于40mm时，宽度增加时，其前滑值则为一定值。

（6）张力对前滑的影响。实验证明，前张力增加时，使前滑增加；后张力增加时，使前滑减小。

5.5 轧制压力的计算

5.5.1 轧制压力的概念

轧制过程中，通常金属给轧辊的摩擦力与正压力的垂直分量之和称为轧制压力或轧制力。轧制压力是解决轧钢设备的强度校核，主电动机容量校核，制定合理的轧制工艺规程或实现轧制生产过程自动化等方面问题时必不可少的基本参数。

轧制压力定义为单位正压力与单位摩擦力在垂直方向的投影之和。考虑到轧制时的单位正压力远大于单位摩擦力，因此忽略摩擦力的影响，轧制压力可以表示为：

$$P = \bar{p}F \tag{5-23}$$

式中　$\bar{p}$——金属对轧辊的（垂直）平均单位压力；

　　　F——轧件与轧辊接触面积的水平投影，简称接触面积。

由此可知，决定轧制时轧制力的基本因素：一是平均单位压力 $\bar{p}$，二是轧件与轧辊的接触

面积 F。

5.5.2 接触面积 F 的确定

接触面积 F 不是轧件与轧辊实际接触面积,而是其水平投影面积,轧制条件不同确定的方法不同。

5.5.2.1 在平辊上轧制矩形断面轧件时的接触面积

上下工作辊径相同时,

$$F = \overline{B}l = \frac{B + b}{2} \sqrt{R\Delta h} \tag{5-24}$$

上下工作辊径不同时,

$$F = \overline{B}l = \frac{B + b}{2} \sqrt{\frac{2R_1 R_2}{R_1 + R_2} \Delta h} \tag{5-25}$$

式中　$\overline{B}$——平均宽度;

　　　l——变形区长度;

　　　R_1,R_2——上下轧辊工作半径。

在冷轧板带和热轧薄板时,由于轧辊承受的高压作用,轧辊产生局部的压缩变形,此变形可能很大,尤其是在冷轧板带时更为显著。轧辊的弹性压缩变形一般称为轧辊的弹性压扁,轧辊弹性压扁的结果使接触弧增加。

若忽略轧件的弹性变形,根据两个圆柱体弹性压扁的公式推得:

$$l' = \sqrt{R\Delta h + (c\overline{p}R)} + c\overline{p}R$$

式中　c——系数,$c = \dfrac{8(1 - \nu^2)}{\pi E}$,对钢轧辊,弹性模数 $E = 2.156 \times 10^5 \mathrm{MPa}$,泊松系数 $\nu = 0.3$,

　　　　则 $c = 1.075 \times 10^{-5} \mathrm{mm^2/N}$;

　　　$\overline{p}$——平均单位压力,MPa;

　　　R——轧辊半径,mm。

此时的接触面积:

$$F = Bl' \tag{5-26}$$

5.5.2.2 在孔型中轧制时接触面积的确定

在孔型中轧制时,由于轧辊上刻有孔型,轧件进入变形区和轧辊接触是不同时的,压下也是不均匀的。在这种情况下,可用近似公式来确定。同样可以利用式(5-24)来计算,但是这时所取压下量 Δh 和轧辊半径 R 应为平均值 $\Delta\overline{h}$ 和 $\overline{R}$。如椭圆轧件进圆孔型时:

$$\Delta\overline{h} = 0.85H - 0.79h$$

5.5.3 计算平均单位压力的公式

5.5.3.1 采利柯夫公式

平均单位压力决定于被轧金属的变形抗力和变形区的应力状态:

$$\overline{p} = mn_\sigma \sigma_\varphi \tag{5-27}$$

式中　m——考虑中间主应力的影响系数,在 1～1.15 范围内变化。若忽略宽展,认为轧件产生平面变形，则 $m = 1.15$；

n_σ——应力状态系数；

σ_φ——被轧金属的真实变形抗力。

应力状态系数决定于被轧金属在变形区内的应力状态。影响应力状态的因素有外摩擦、外端、张力等，因此应力状态系数可写成：

$$n_\sigma = n'_\sigma n''_\sigma n'''_\sigma \tag{5-28}$$

式中 n'_σ——考虑外摩擦影响的系数；

n''_σ——考虑外端影响的系数；

n'''_σ——考虑张力影响的系数。

被轧金属的真实变形抗力是指在一定变形温度、变形速度和变形程度下单向应力状态时的瞬时屈服极限。不同金属的真实变形抗力可由实验资料确定。平面变形条件下的变形抗力称平面变形抗力，用 K 表示。

$$K = 1.15\sigma_\varphi \tag{5-29}$$

式中 σ_φ——单向应力状态下金属的变形抗力。

此时的平均单位压力计算公式为：

$$\bar{p} = n_\sigma K \tag{5-30}$$

要算出平均单位压力，就要准确的定出应力状态系数。

（1）外摩擦影响系数 n'_σ 的确定：

$$n'_\sigma = \frac{2(1-\varepsilon)}{\varepsilon(\delta-1)}\left(\frac{h_r}{h}\right)\left[\left(\frac{h_r}{h}\right)-1\right] \tag{5-31}$$

式中 ε——本道次变形程度，$\varepsilon = \dfrac{\Delta h}{H}$；

δ——系数，$\delta = \dfrac{2fl}{\Delta h}$，$l = \sqrt{R\Delta h}$。

$\dfrac{h_r}{h}$——ε、δ 的复杂函数。

为简化计算，将由式（5-31）表示的 n'_σ 与 δ、ε 的函数关系作成曲线，如图5-12所示。从图中可以看出，当 ε、δ 增加时，平均单位压力急剧增大。

（2）外端影响系数 n''_σ 的确定。外端影响系数 n''_σ 的确定是比较困难的，因为外端对单位压力的影响是很复杂的。在一般轧制板带的情况下，外端影响可忽略不计。实验研究表明，当变形区 $l/\bar{h} > 1$ 时，n''_σ 接近于1，如在 $l/\bar{h} = 1.5$ 时，n''_σ 不超过1.04，而在 $l/\bar{h} = 5$ 时，n''_σ 不超过1.005。因此，在轧板带时，计算平均单位压力时可取 $n''_\sigma = 1$，即不考虑外端影响。

实验研究表明，对于轧制厚轧件，由于外端存在使轧件的表面变形引起的附加应力而使单位压力增大，故对于厚轧件当 $0.5 < l/\bar{h} < 1$ 时，可用经验公式计算 n''_σ 值，即：

$$n''_\sigma = \left(\frac{l}{\bar{h}}\right)^{-0.4} \tag{5-32}$$

（3）张力影响系数 n'''_σ 的确定。当轧件前、后张力较大时，如冷轧带钢，必须考虑张力对单位压力的影响。张力影响系数可用下式计算：

$$n'''_\sigma = 1 - \frac{\sigma}{2K}\left(\frac{q_H}{\sigma-1} + \frac{q_h}{\sigma-1}\right) \tag{5-33}$$

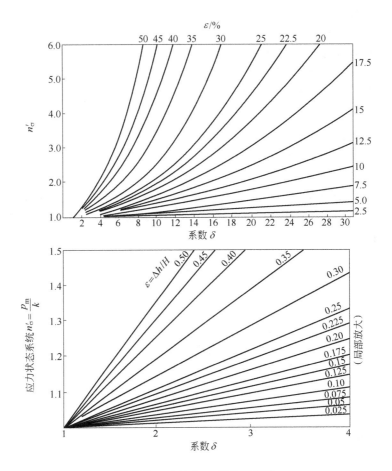

图 5-12　n'_σ 与 δ、ε 的关系曲线

在 $\sigma = \dfrac{2f}{\Delta h} \geqslant 10$ 时，上式可近似认为：

$$n'''_\sigma \approx 1 - \frac{q_H + q_h}{2K} \tag{5-34}$$

q_h，q_H 分别为作用在轧件上的前、后张应力，即：

$$q_h = \frac{Q_h}{bh}; \quad q_H = \frac{Q_H}{BH}$$

式中 Q_h，Q_H——作用在轧件上的前、后张力；

   B，H——轧件轧制前的宽度和厚度；

   b，h——轧件轧后的宽度和厚度；

    K——平面变形抗力。

当轧件无纵向外力作用时，$n'''_\sigma = 1$，如纵向外力为推力时，Q_h、Q_H 取负值。

采利柯夫公式应用范围较广泛，可用于热轧，也可用于冷轧；可用于薄件轧制，也可用于厚件轧制。

5.5.3.2 斯通公式

斯通在研究冷轧薄板的平均单位压力时，考虑到轧辊直径与轧件厚度之比值很大，而且轧制单位压力很大，轧辊发生显著的弹性压扁现象，轧辊与轧件实际接触弧长度增大，因而可以近似将冷轧薄板看成轧件厚度为 $\bar{h}$ 的平行平板压缩。

直接给出计算平均单位压力的斯通公式：

$$\bar{p} = (\bar{K} - \bar{q})\left(\frac{e^{\frac{f\bar{p}}{\bar{h}}} - 1}{\frac{fl'}{\bar{h}}}\right) \tag{5-35}$$

则应力状态系数 n'_σ 为：

$$n'_\sigma = \frac{e^{\frac{f\bar{p}}{\bar{h}}} - 1}{\frac{fl'}{\bar{h}}} = \frac{e^x - 1}{x} \tag{5-36}$$

式中　$x = \dfrac{fl'}{\bar{h}}$，mm；

　　　l'——考虑弹性压扁后的变形区长度，mm；

　　　$\bar{K}$——平面变形抗力的平均值，$\bar{K} = 1.15\bar{\sigma}_\varphi$，MPa；

　　　$\bar{p}$——平均单位压力，MPa；

　　　$\bar{\sigma}_\varphi$——根据积累压下率的平均值 $\bar{\varepsilon}$ 在有关手册的加工硬化曲线中查出。

下面给出图解法计算 x 的公式：

$$x^2 = (e^x - 1)y + z^2 \tag{5-37}$$

式中，$y = 2a\dfrac{f}{\bar{h}}(\bar{K} - \bar{q})$，$z = \dfrac{fl}{\bar{h}}$，$a = cR$。

为了计算方便，将式（5-37）中的 x 与 y、z 的关系作成曲线图 5-13。其计算步骤如下：

（1）由已知条件计算出 $\bar{h}$、$\bar{q}$、l'、f，再由该道次积累压下率的平均值 $\bar{\varepsilon}$ 由加工硬化曲线查出平均变形抗力 $\bar{\sigma}_\varphi$，并由 $\bar{K} = 1.15\bar{\sigma}_\varphi$ 算出平面变形抗力的平均值 $\bar{K}$；

（2）计算出 y 和 z^2 的值，并在图 5-13 上将此两点连成一直线，与曲线之交点即所求 x 的值；

（3）由 $x = \dfrac{fl'}{\bar{h}}$ 算出弹性压扁后的接触弧长 l'，并计算出 $n'_\sigma = \dfrac{e^x - 1}{x}$ 的值；

（4）由公式（5-35）算出平均单位压力 $\bar{p}$；

（5）由 $P = \bar{p}Bl'$ 计算轧制压力。

5.5.3.3 西姆斯公式

西姆斯公式普遍用于热轧板带。直接给出计算平均单位压力的西姆斯公式：

$$\bar{p} = n'_\sigma K \tag{5-38}$$

$$n'_\sigma = \sqrt{\frac{1-\varepsilon}{\varepsilon}}\left(\frac{1}{2}\sqrt{\frac{R}{h}}\ln\frac{1}{1-\varepsilon} - \sqrt{\frac{R}{h}}\ln\frac{h_\gamma}{h} + \frac{\pi}{2}\arctan\sqrt{\frac{\varepsilon}{1-\varepsilon}}\right) - \frac{\pi}{4}$$

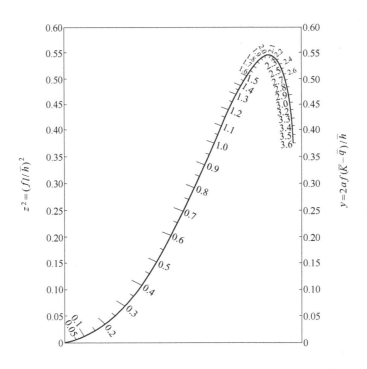

图 5-13　确定 $x = \dfrac{fl'}{h}$ 的图表

由西姆斯公式（5-38）可知，应力状态系数 n'_σ 仅决定于相对压下量 ε 及比值 R/h。为了便于应用，将公式计算结果作成曲线，如图 5-14 所示。根据 R/h 和 ε 的值便可查出 n'_σ 值，从而就可求出平均单位压力和总压力。

另外，由于西姆斯公式比较复杂，因此很多学者在此基础上发表了西姆斯公式的简化形式，其中有以下三个常见公式：

（1）志田茂公式：

$$n'_\sigma = 0.8 + (0.45\varepsilon + 0.04)\left(\sqrt{\dfrac{R}{H}} - 0.5\right)$$

（2）美坂佳助公式：

$$n'_\sigma = \dfrac{\pi}{4} + 0.25\dfrac{l}{h}$$

（3）克林特里公式：

$$n'_\sigma = 0.75 + 0.27\dfrac{l}{h}$$

5.5.3.4　艾克隆德公式

艾克隆德公式是用于计算热轧时平均单位压力的半经验公式，该公式的形式为：

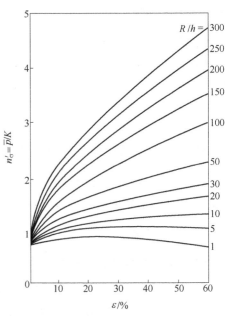

图 5-14　n'_σ 与 ε、R/h 的关系

$$\bar{p} = (1 + m)(K + \eta \bar{\varepsilon}) \tag{5-39}$$

式中　m——外摩擦的影响系数；

　　　K——平面变形抗力，MPa；

　　　η——金属的黏度，N·s/mm^2；

　　　$\bar{\varepsilon}$——轧制时的平均变形速度，s^{-1}。

式中，乘积 $\eta \bar{\varepsilon}$ 考虑了轧制速度对变形抗力的影响。公式中的各项分别用如下公式计算：

$$m = \frac{1.6f\sqrt{R\Delta h} - 1.2\Delta h}{H + h} \tag{5-40}$$

艾克隆德利用实验数据得到如下无摩擦平面压缩变形抗力的计算公式：

$$K = (137 - 0.098t)(1.4 + w_C + w_{Mn} + 0.3w_{Cr})\text{MPa} \tag{5-41}$$

式（5-40）适用于 $t = 800℃$，$w_{Mn} \leq 1\%$，$w_{Cr} < 2\% \sim 3\%$ 的情况。

式中　w_C、w_{Mn}、w_{Cr}——钢中碳、锰、铬的质量分数，%；

　　　t——轧制温度，℃。

$$\eta = 0.01(137 - 0.098t)c' \quad \text{N·s/mm}^2 \tag{5-42}$$

式中，系数 c' 为轧制速度对 η 的影响系数，其数值如表 5-1 所示。

表 5-1　系数 c' 与轧制速度的关系

轧制速度 v/m·s^{-1}	<6	6~10	10~15	15~20
系数 c'	1	0.8	0.65	0.6

$$\bar{\varepsilon} = \frac{2v\sqrt{\dfrac{\Delta h}{R}}}{H + h}s^{-1} \tag{5-43}$$

该公式用于计算热轧低碳钢钢坯及型钢的轧制压力可得到比较正确的结果，但对轧制钢板和异型钢材则不宜使用。

5.5.4　影响轧制压力的因素

轧制力的大小主要由轧制时的平均单位压力和接触面积来决定。因此，各种因素对轧制力的影响可通过对这两个方面的影响来分析。值得注意的是，实际的轧制变形是极为复杂的，各种对轧制力的影响因素往往是同时对这两个方面均有影响。

（1）轧件材质。金属材质不同，变形抗力也不同。含碳量高或合金成分高的材料，因其变形抗力大，轧制时平均单位压力也大，轧制压力也就大。

（2）轧制温度。轧制温度对碳素钢轧制压力的影响不是一条曲线所能表达清楚的。轧制温度高，一般来说轧制压力小，但在整个温度区域中，200~400℃时轧制压力随温度升高而下降，400~600℃时轧制压力随温度升高而升高，600~1300℃时轧制压力随温度升高而下降。

（3）变形速度。根据一些实验曲线，如图 5-15 所示可以得出，低碳钢在 400℃ 以下冷轧时，变形速度对抗拉强度影响不大，而在热轧时却影响极大，型钢热轧时变形速度一般在 10~100s^{-1} 之间，与静载变形（变形速度为 10^{-4}s^{-1}）相比，抗拉强度高出 5~7 倍。因此，热轧时，随轧制速度增加变形抗力有所增加，平均单位压力将增加，故轧制压力增加。

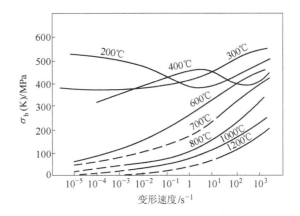

图 5-15   在不同温度下变形速度对低碳钢强度极限的影响

（4）外摩擦。轧辊与轧件间的摩擦力越大，轧制时金属流动阻力越大，平均单位压力越大，需要的轧制压力也越大。在表面光滑的轧辊上轧制比表面粗糙的轧辊上轧制时所需要的轧制压力小。

（5）轧辊直径。轧辊直径对轧制压力的影响通过两方面起作用。一方面轧辊直径增大，变形区长度增长，接触面积增大，导致轧制压力增大。另一方面由于变形区长度增大，金属流动摩擦阻力增大，在纵向上的压应力增强，使得三相压应力状态增强，变形抗力增大，造成平均单位压力增大，所以轧制压力也越大。

（6）轧件宽度。轧件越宽对轧制压力的影响也越大。轧件越宽，接触面积越大，轧制压力增大；轧件宽度对单位压力的影响一般是宽度增大，平均单位压力增大，但当宽度增大到一定程度以后，平均单位压力不再受轧件宽度影响。

（7）压下率。压下率愈大，轧辊与轧件接触面积愈大，轧制压力增大；同时随着压下量的增加，变形抗力增大，造成平均单位压力也增大，轧制压力增大。

（8）前后张力。轧制时对轧件施加前张力或后张力，均使变形抗力降低。若同时施加前、后张力，变形抗力将降低更多，前、后张力的影响是通过减小轧制时纵向主应力，从而减弱三相压应力状态，使变形抗力减小。

5.6   轧制力矩及主电动机功率

欲确定主电动机功率，必须首先确定传动轧辊的力矩。轧制过程中，在主电动机轴上，主电动机所输出的力矩为：

$$M_{\text{电}} = \frac{M_z}{i} + M_f + M_k + M_d \tag{5-44}$$

式中 M_z——轧制力矩，为克服轧件的变形抗力及轧件与辊面间的摩擦所需的力矩；

   M_f——附加摩擦力矩，由两部分所组成，即 $M_f = M_{f1} + M_{f2} + M_{f3}$；

   M_{f1}——在轧制压力作用下，发生于辊颈轴承中的附加摩擦力矩；

M_{f2}, M_{f3}——轧制时由于机械效率的影响，在机列中所损失的力矩；

   M_k——空转力矩，轧机空转时间内的摩擦损失；

   M_d——动力矩，克服轧辊及机列不均匀转动时的惯性力所需的力矩，对不带飞轮或轧制时不进行调速的轧机，$M_d = 0$。

5.6.1 静力矩与轧机效率

5.6.1.1 静力矩

将主电动机轴上的轧制力矩、附加摩擦力矩与空转力矩三项之和称为静力矩 M_j。M_k 和 M_f 为已归并到主电动机轴上的力矩。M_z 则为轧辊轴线上的力矩，若换算到电动机轴上，需除以减速比 i，即：

$$M_j = \frac{M_z}{i} + M_f + M_k \tag{5-45}$$

5.6.1.2 轧机效率

静力矩是任何轧机工作所不可缺少的，它是轧辊做匀速转动时所需的力矩。上述三项力矩中，仅有轧制力矩直接用于使金属产生塑性变形，可认为是有用的力矩，而附加摩擦力矩和空转力矩皆为伴随轧制过程而发生的不可避免的损失。故轧制力矩（换算到主电动机轴上的）与静力矩之比，称为轧机效率，即：

$$\eta = \frac{\dfrac{M_z}{i}}{\dfrac{M_z}{i} + M_f + M_k} \tag{5-46}$$

对不同类型的轧机，上述效率波动于很宽的范围，这主要以轧制方式、设备结构、轴承结构形式等设备条件而定，通常约为 $\eta = 0.5 \sim 0.95$。

对轧辊而言，轧制力矩与发生于轧辊轴承中的附加摩擦力矩之和称为辊颈上的扭矩，即为：

$$M_z + M_{f1} \tag{5-47}$$

5.6.2 主电动机传动轧辊所需力矩及功率

5.6.2.1 轧制力矩

（1）按金属对轧辊的作用力计算轧制力矩。简单轧制条件下，轧制压力 P 的作用方向，如图 5-16 所示，故为使金属变形，轧辊轴线上的轧制力矩应为：

$$M_z = 2Pa \quad \text{或} \quad M_z = PD\sin\varphi \tag{5-48}$$

式中　a——轧制力 P 与轧辊中心连线 O_1O_2 间距离，即轧制力臂；

　　　φ——轧制压力作用点与连线 O_1O_2 所夹的圆心角。

如换算到主电动机轴上，则需除以减速比 i。

上述圆心角 φ 与咬入角 α 的比值，称为轧制力作用位置系数 ψ，为简化轧制力臂的计算，通常近似认为：

$$\psi = \frac{\varphi}{\alpha} \approx \frac{a}{l}$$

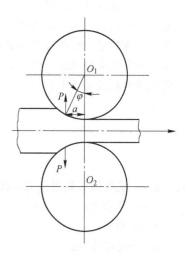

图 5-16　简单轧制时作用于
轧辊上力的方向

故 $$\alpha = \varphi l = \varphi \sqrt{R\Delta h} \qquad (5-49)$$

将式（5-49）代入到式（5-48）中得到计算轧制力矩的公式为：

$$M_z = 2P \sqrt{R\Delta h} \qquad (5-50)$$

轧制压力作用位置系数 ψ 值，见表5-2和表5-3。

表5-2　热轧时的力臂位置系数

轧制条件	位置系数 ψ	轧制条件	位置系数 ψ
轧制条件	0.5	在闭口孔型中轧制	0.7
热轧薄板	0.42 ~ 0.45	在连续式板带材轧机第一机架轧机上	0.48
热轧方断面	0.5	在连续式板带材轧机最后一架轧机上	0.39
热轧圆断面	0.6		

表5-3　冷轧时的力臂位置系数的取值

轧件材质	厚度 H/mm	轧辊表面状态	位置系数 ψ
碳钢[（c）]：0.2%	2.54	磨光表面	0.40
0.2%	2.54	普通表面	0.32
0.2%	2.54	普通光表面无润滑	0.33
0.11%	1.88	磨光表面	0.36
0.07%	1.65	磨光表面	0.35
高强度钢	2.54	磨光表面	0.40
高强度钢	1.27	普通表面	0.40
高强度钢	1.9	普通表面	0.32
高强度钢	2.54	普通表面	0.33

（2）按能耗曲线确定轧制力矩。在许多情况下按轧制时的能耗曲线确定轧制力矩是比较方便的，由于在这方面积累了许多试验资料，如果轧制条件相同时，计算结果比较可靠。

在一定的轧机上由一定规格的坯料轧制产品时，随着轧制道次的增加轧件的延伸系数增大。根据实测数据，按轧材在各道次后得到的总延伸系数和1t轧件由该道次轧出后累计消耗的轧制能量所建立的曲线，称为能耗曲线。

轧制所消耗的功 $A(\mathrm{kW \cdot h})$ 与轧制力矩 M_z 之间的关系为

$$M_z = \frac{A}{\theta} = \frac{A}{\omega t} = \frac{AR}{vt} \qquad (5-51)$$

$$\theta = \omega t = \frac{v}{R}t \qquad (5-52)$$

式中　θ——轧件通过轧辊期间轧辊的转角；

ω——角速度；

t——时间；

R——轧辊半径；

v——轧辊圆周速度。

轧制时的能量消耗一般是按电动机负荷测量的，轧制能耗包括轧辊轴承及传动机构中的附加摩擦损耗。因此，按能量消耗确定的力矩是轧制力矩 M_z 和附加摩擦力矩 M_f 的总和。

由于能耗曲线是在一定轧机、一定温度和一定速度条件下，对一定规格的产品和钢种测得的。因此，在实际计算时，必须根据具体的轧制条件选取合适的曲线。

5.6.2.2 附加摩擦力矩

当主机列仅有一架轧机时，每一道轧制过程中的各种附加摩擦力矩，按设备顺序将由以下五部分组成：

M_{f1}——产生于辊颈轴承中的附加摩擦力矩；

M_{f2}——产生于主连接轴中的附加摩擦力矩；

M_{f3}——产生于齿轮机座中的附加摩擦力矩；

M_{f4}——产生于减速箱中的附加摩擦力矩；

M_{f5}——产生于主电动机连接器中的附加摩擦力矩。

各种附加摩擦力矩的计算方法如下：

对于普通二辊式轧机，M_{f1} 为每一轧制道次中，主电动机所必须克服的发生于四个轧辊轴承中的附加摩擦力矩。其值为：

$$M_{f1} = Pdf \tag{5-53}$$

式中，摩擦系数 f 值见表5-4。

表 5-4 辊颈轴承中的摩擦系数

轴承的种类与工作条件	摩擦系数 f	轴承的种类与工作条件	摩擦系数 f
滚动轴承	0.05 ~ 0.01	青铜（冷轧）	0.04 ~ 0.08
滑动轴承：		特殊的封闭滑动轴承：	
塑性材料	0.005 ~ 0.01	液体摩擦轴承	0.003 ~ 0.005
青铜（热辊颈，沥青润滑）	0.07 ~ 0.1	半液体摩擦轴承	0.006 ~ 0.01

$M_{f2} + M_{f3} + M_{f4}$ 为传动系统中所损失的总附加摩擦力矩（忽略 M_{f5} 不计），可根据传动效率来确定。当已知传递到辊颈上的扭矩（M_z 和 M_{f1}）和各有关设备的传动效率时，主电动机轴上所付出之全部扭矩与辊颈所需克服的扭矩间的关系为：

$$M_z + M_{f1} + M_{f2} + M_{f3} + M_{f4} = \frac{M_z + M_n}{i} \times \frac{1}{\eta_1 \eta_2 \eta_3} \tag{5-54}$$

故传动系统中所损失的力矩为：

$$M_{f2} + M_{f3} + M_{f4} = \frac{M_z + M_n}{i} \times \left(\frac{1}{\eta_1 \eta_2 \eta_3} - 1 \right) \tag{5-55}$$

式中　η_1，η_2，η_3——连接轴、齿轮机座及减速机的传动效率。

5.6.2.3 空转力矩

机列中各回转部件轴承内的摩擦损失，换算到主电动机上的全部空转力矩应为：

$$M_k = \Sigma \frac{G_n f_n d_n}{2 i_n \eta_n'} \tag{5-56}$$

式中　G_n——机列中某轴承所支撑的重量；

　　　f_n——该轴承中的摩擦系数；

　　　d_n——该轴颈的直径；

　　　i_n——与主电动机间的减速比；

　　　η_n'——电动机到所计算部件间的传动效率。

这种计算非常复杂且无利于轧制力矩的计算，通常采用经验数据。根据实际资料统计，空转力矩约为电动机额定力矩的 3% ~ 6%，或为轧制力矩的 6% ~ 10%。

5.6.2.4　动力矩

动力矩只发生在某些轧辊不匀速转动的轧机上，如在每个轧制道次中进行调速的可逆轧机。动力矩可以表示为：

$$M_d = \frac{GD^2}{38.2} \cdot \frac{\mathrm{d}n}{\mathrm{d}t} \tag{5-57}$$

式中　D——回转体直径；

　　　G——回转体质量；

　$\mathrm{d}n/\mathrm{d}t$——回转体加速度；

应该指出，式中的回转体力矩 GD^2，应为所有回转体零件的力矩之和。

5.6.3　主电动机容量校核

5.6.3.1　轧制图表与静力矩图

为了选择或校核主电动机容量，必须绘制出表示主电动机负荷随时间变化的静力矩图，而绘制静力矩图时，往往需要借助于表示轧机工作状态的轧制图表。

图 5-17 所示的上半部分，表示一列两架轧机，经第一架轧 3 道，第二架轧 2 道，并且无交叉过钢的轧制图表。图示中的 t_1、t_2、$\cdots$、t_5 为道次的轧制时间，可通过计算确定，即为轧件轧后的长度 l 与平均轧制速度 v 的比值；t_1'、t_2'、$\cdots$、t_5' 为各道次轧后的间隙时间，其中 t_3' 为轧件横移时间，t_5' 为前后两轧件的间隔时间。对各种间隙时间，可以实行实测或近似计算。

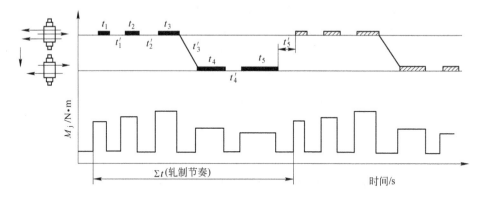

图 5-17　单根过钢时轧制图表与静力矩图（横列式轧机）

图 5-17 的下半部分，表示了轧制过程主电动机负荷时间变化的静力矩图；在轧制时间内，主电动机的反抗力矩为该道次的静力矩，即 $M_j = \frac{M_z}{i} + M_f + M_k$，在间隙时间内则只有 M_k。主电动机负荷变化是周而复始的一个循环，即轧件从进入轧辊到最后离开轧辊并送入下一轧件为止的过程，称为轧制节奏（或轧制周期）。

5.6.3.2　可逆式轧机的负荷图

在可逆轧机中，轧制过程是轧辊在低速咬入轧件，然后提高轧制速度进行轧制，之后又降低轧制速度，实现低速抛出。因此轧件通过轧辊的时间由三部分组成：加速期、稳定轧制期、减速期。

由于轧制速度在轧制过程中是变化的，所以负荷图必须考虑动力矩 M_d，此时负荷图是由静负荷与动负荷组成的，如图 5-18 所示。

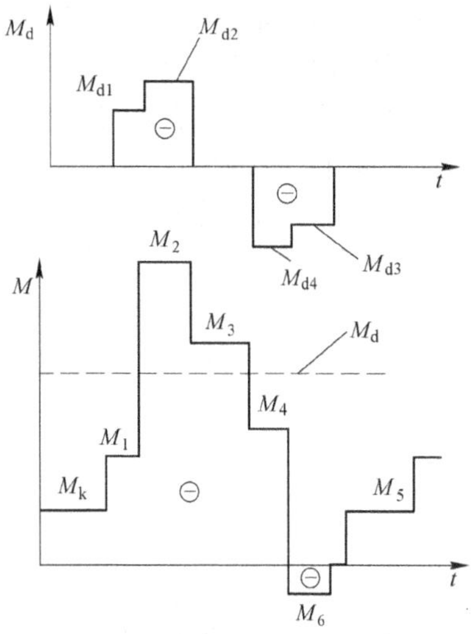

如果主电动机在加速器期的加速度用 a 表示，在减速期用 b 表示，则在整个期间内转动的总力矩为：

加速轧制期 $\quad M_2 = M_j + M_d = M_j + \dfrac{GD^2}{38.2}a \quad$ （5-58）

等速轧制期 $\quad M_3 = M_j = \dfrac{M_z}{i} + M_f + M_k \quad$ （5-59）

减速轧制期 $\quad M_4 = M_j - M_d = M_j - \dfrac{GD^2}{38.2}b \quad$ （5-60）

同样，可逆式轧机在空转时也分加速期、减速期和等速期。在空转时，各期间的总力矩为

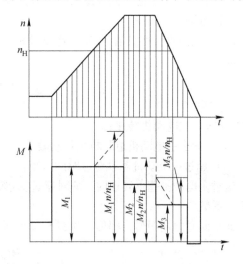

图 5-18 可逆式轧机的轧制速度与负荷图

空转加速期 $\qquad M_1 = M_k + M_d = M_k + \dfrac{GD^2}{38.2}a \qquad$ （5-61）

空转减速期 $\qquad M_5 = M_k - M_d = M_k - \dfrac{GD^2}{38.2}b \qquad$ （5-62）

空转等速期 $\qquad M_6 = M_k \qquad$ （5-63）

加速度 a 和 b 的数值取决于主电动机的特性及其控制线路。

另外，图 5-19 给出了当 $n < n_H$（主电动机额定转速）时的力矩图的绘制，图 5-20 给出了当 $n > n_H$（主电动机额定转速）时的力矩图的绘制。

5.6.3.3 主电动机容量选择与核算

为了保证主电动机的正常工作，在轧制时，主

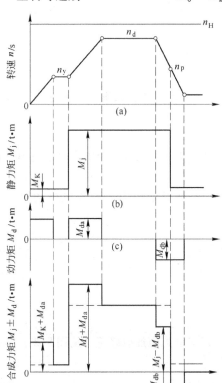

图 5-19 可调速轧机力矩图绘制规则

图 5-20 超过基本转速时的力矩修正图

电动机必须同时满足不过载、不过热两个要求。当一个轧制周期内主电动机的传动负荷确定后，就可对主电动机的功率进行校核。

如果是新设计的轧机，则对主电动机就不是校核，而是要根据等效力矩和所要求的主电动机转速来选择主电动机。

（1）主电动机容量校核：

1）发热校核。保证主电动机正常运转的条件之一是稳定运转时不过热，即主电动机的温升不超过允许温升。这就要控制主电动机在一个轧制周期内，反应主电动机发热状态的等效力矩（或称均方跟力矩）$M_{均}$ 不超过额定力矩。主电动机不过热的条件可表示为：

$$M_{均} \leqslant M_{H} \tag{5-64}$$

而
$$M_{均} = \sqrt{\frac{\sum M_i^2 t_i + \sum M_i'^2 t_i'}{\sum t_i + \sum t_i'}} \tag{5-65}$$

式中　$M_{均}$——等效力矩；

　　　M_{H}——主电动机的额定力矩；

　　　Σt_i——一个轧制周期内各段纯轧时间的总和；

　　　$\Sigma t_i'$——一个轧制周期内各段间歇时间的总和；

　　　M_i——各段轧制时间所对应的力矩；

　　　M_i'——各段间歇时间对应的力矩。

2）过载校核。主电动机允许在短暂时间内，在一定限度内超过额定负荷进行工作。即主电动机负荷力矩中的最大力矩不超过电动机额定力矩与过载系数的乘积，即电动机能正常工作。校核主电动机的过载条件为：

$$M_{max} \leqslant K_{G} M_{H}$$

式中　M_{H}——主电动机的额定力矩；

　　　K_{G}——主电动机的允许过载系数，直流电动机 $K_{G} = 2.0 \sim 2.5$；交流同步主电动机 $K_{G} = 2.5 \sim 3.0$；

　　　M_{max}——轧制周期内的最大力矩。

另外，主电动机达到允许最大力矩时，其允许持续时间在15s以内，否则主电动机温升将超过允许范围。

3）主电动机功率计算。对于新设计的轧机，需要根据等效应力矩计算主电动机的功率，即：

$$N = \frac{1.03 M_{均} \cdot n}{\eta} \quad kW \tag{5-66}$$

式中　n——主电动机转速；

　　　η——由主电动机道轧的传动效率。

（2）超过主电动机基本转速时的力矩：

超过主电动机基本转速时，应对超过基本转速部分对应的力矩加以修正，见图5-20，即乘以修正系数。

如果此时力矩图形为梯形，如图5-20所示，则等效力矩为：

$$M_k = \sqrt{\frac{M_1^2 + M_1 M + M^2}{3}} \tag{5-67}$$

式中　M_1——转速未超过基本转速时的力矩；

　　　M——转速超过基本转速时乘以修正系数后的力矩，即：

$$M = M_1 \frac{n}{n_H} \tag{5-68}$$

式中　n——超过基本转速时的转速；

　　　n_H——主电动机的基本转速。

校核主电动机的过载条件为：

$$\frac{n}{n_H} M_{max} \leqslant KM_H \tag{5-69}$$

5.7　连轧的基本理论

连轧是指轧件同时通过在两架以上顺序排列的机座进行的轧制（图5-21），各机座通过轧件而相互联系、相互影响、相互制约。从而使轧制的变形条件、运动学条件和力学条件具有一系列特点。

5.7.1　连轧基本规律

5.7.1.1　连轧关系与连轧常数

为保证连轧过程的正常运行，必须使通过连轧机组各个机座的金属秒流量保持相等，此即所谓连轧过程秒流量相等原则，即：

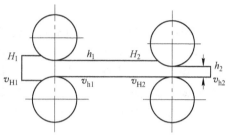

图 5-21　机架间速度关系

$$F_1 v_{h1} = F_2 v_{h2} = \cdots = F_n V_{hn} = 常数 \tag{5-70}$$

式中　F_1, F_2, $\cdots$, F_n——通过各机座的轧件断面积；

　　　v_{h1}, v_{h2}, $\cdots$, v_{hn}——通过各机座的轧件出口速度；

　　　h_1, h_2, $\cdots$, h_n——通过各机座的轧件轧出厚度。

如以轧辊速度 V 表示，则式（5-70）可写成：

$$F_1 V_1 (1 + S_{h1}) = F_2 V_2 (1 + S_{h2}) = \cdots = F_n V_n (1 + S_{hn}) \tag{5-71}$$

式中　V_1, V_2, $\cdots$, V_n——各机座的轧辊圆周速度；

　　　S_{h1}, S_{h2}, $\cdots$, S_{hn}——各机座轧件的前滑值。

在连轧机组末架速度已确定的情况下，为保持秒流量相等，其余各架的速度应按下式确定，即：

$$V_i = \frac{F_n V_n (1 + S_{hn})}{F_i (1 + S_{hi})} \quad (i = 1, 2, \cdots, n) \tag{5-72}$$

如果以轧辊转速表示，则公式（5-71）可写成：

$$F_1 D_1 n_1 (1 + S_{h1}) = F_2 D_2 n_2 (1 + S_{h2}) = \cdots = F_n D_n n_n (1 + S_{hn}) \tag{5-73}$$

式中　D_1, D_2, $\cdots$, D_n——各机座的轧辊工作直径；

　　　n_1, n_2, $\cdots$, n_n——各机座的轧辊转速。

在带钢连轧机上轧制带钢时，如忽略宽展，则有：

$$h_1 V_1 (1 + S_{h1}) = h_2 V_2 (1 + S_{h2}) = \cdots = h_n V_n (1 + S_{hn}) \tag{5-74}$$

秒流量相等的条件一旦破坏就会造成拉钢或堆钢，从而破坏了变形的平衡状态。拉钢可使轧件断面收缩，严重时造成轧件断裂；堆钢可造成轧件折叠，引起设备事故。

5.7.1.2　连轧的运动学条件

前一机架轧件的出辊速度等于后一机架的入辊速度，即：

$$V_{hi} = V_{Hi+1} \tag{5-75}$$

式中　　V_{hi}——第 i 架轧件的出辊速度；

　　　　V_{Hi+1}——第 $i+1$ 架轧件的入辊速度。

5.7.1.3　连轧的力学条件

前一机架轧件的出辊速度等于后一机架的入辊速度，即：

$$q_{hi} = q_{Hi+1} = q = 常数 \tag{5-76}$$

式(5-74) ~ 式(5-76)即为连轧过程处于平衡状态下的基本方程。应该指出，秒流量相等平衡状态并不等于张力不存在，带张力轧制仍可处于平衡状态，但由于张力作用，各架参数从无张力的平衡状态改变为有张力条件下的平衡状态。

当平衡状态破坏时，上述三式不再成立，秒流量不再维持相等，前机架轧件的出辊速度也不等于后机架的入辊速度，张力也不再保持为常数，但经过一过渡过程后，又进入新的平衡状态。

5.7.2　堆拉系数和堆拉率

5.7.2.1　前滑系数

由前滑定义表达式得：

$$S_h = \frac{v_h - v}{v} = \frac{v_h}{v} - 1$$

把式中轧件的出辊速度与轧辊线速度之比称为前滑系数，以 S_v 表示，即：

$$S_v = \frac{v_h}{v} \tag{5-77}$$

对连轧机组来说，就有：

$$S_{v1} = \frac{v_{h1}}{v_1}, \ S_{v2} = \frac{v_{h2}}{v_2}, \ \cdots, \ S_{vn} = \frac{v_{hn}}{v_n}$$

各架前滑值与前滑系数的关系为：

$$S_{h1} = S_{v1} - 1, \ S_{h2} = S_{v2} - 1, \ \cdots, \ S_{hn} = S_{vn} - 1$$

用前滑系数表示，连轧时的流量方程则为：

$$F_1 v_1 S_{v1} = F_2 v_2 S_{v2} = \cdots = F_n v_n S_{vn} \tag{5-78}$$

也可写成为：

$$F_1 D_1 v_1 S_{v1} = F_2 D_2 v_2 S_{v2} = \cdots = F_n D_n v_n S_{vn} \tag{5-79}$$

若令 $\qquad C_1 = F_1 D_1 n_1, \; C_2 = F_2 D_2 n_2, \; \cdots, \; C_n = F_n D_n n_n$

则有： $\qquad C_1 S_{v1} = C_2 S_{v2} = \cdots = C_n S_{vn}$ （5-80）

5.7.2.2 堆拉系数和堆拉率

在连轧时，实际上要保持理论上的秒流量相等是相当困难的。为了使轧制过程能够顺利进行，常有意识地采用堆钢或拉钢的操作技术。一般对线材在连续式轧机上机组与机组之间采用堆钢轧制，而机组内的机架与机架之间采用拉钢轧制。

（1）堆拉系数。堆拉系数是堆钢或拉钢的一种表示方式。如以 K_s 表示堆拉系数时：

$$\frac{C_1 S_{v1}}{C_2 S_{v2}} = K_{s1}, \; \frac{C_2 S_{v2}}{C_3 S_{v3}} = K_{s2}, \; \cdots, \; \frac{C_n S_{vn}}{C_{n+1} S_{vn+1}} = K_{sn} \qquad (5\text{-}81)$$

式中 $\quad K_{s1}, \; K_{s2}, \; \cdots, \; K_{sn}$——各架连轧时每两架间的堆拉系数。

当 K_s 值小于 1 时，表示为堆钢轧制。连轧时对于线材，机组与机组之间要根据活套大小，通过调节直流主电动机的转数，来控制适当的堆钢系数。

当 K_s 值大于 1 时，表示为拉钢轧制。对于线材连轧时，粗轧和中轧机组的机架与机架之间的拉钢系数一般控制在 1.02 ~ 1.04；精轧机组随轧机结构的形式不同一般控制在 1.005 ~ 1.020。

将式（5-81）移项得：

$$C_1 S_{v1} = K_{s1} C_2 S_{v2}, \; C_2 S_{v2} = K_{s2} C_3 S_{v3}, \; \cdots, \; C_n S_{vn} = K_{sn} C_{n+1} S_{vn+1} \qquad (5\text{-}82)$$

由上面式子得出考虑堆钢或拉钢后的连轧关系式为：

$$C_1 S_{v1} = K_{s1} C_2 S_{v2} = K_{s1} K_{s2} C_3 S_{v3} = \cdots = K_{s1} K_{s2} \cdots K_{sn} C_{n+1} S_{vn+1} \qquad (5\text{-}83)$$

（2）堆拉率。堆拉率是堆钢或拉钢的另一表达方法，也是经常采用的方法。以 ε 表示堆拉率时：

$$\varepsilon_1 = \frac{C_1 S_{v1} - C_2 S_{v2}}{C_2 S_{v2}} \times 100$$

$$\varepsilon_2 = \frac{C_2 S_{v2} - C_3 S_{v3}}{C_3 S_{v3}} \times 100$$

$$\cdots$$

$$\varepsilon_n = \frac{C_n S_{vn} - C_{n+1} S_{vn+1}}{C_{n+1} S_{vn+1}} \times 100$$

当 ε 为正值时表示拉钢轧制，当 ε 为负值时表示堆钢轧制。

6 轧钢机械设备

6.1 概述

轧钢机械设备主要指完成由原料到成品整个轧钢工艺过程中使用的机械设备,一般包括轧钢机及一系列辅助设备组成的若干个机组。根据各种机械设备不同的用途,可以分为主要设备和辅助设备两大类。主要设备是使轧件在轧辊中实现塑性变形的机械,通常指轧钢机。辅助设备是用来完成其他辅助工序的机械,如剪切机、矫直机、辊道、卷取机、锯机等。

6.1.1 轧钢机的分类

6.1.1.1 按用途分类

轧钢机按用途分类,如表 6-1 所示。

表 6-1 轧钢机按用途分类

轧钢机类型		轧钢机的标称
开坯机	板坯轧机	用轧辊名义直径或齿轮座齿轮节圆直径或齿轮座齿轮的中心距来标称
	钢坯轧机	
型钢轧机	轨梁轧机	用轧辊名义直径或齿轮座齿轮节圆直径或齿轮座齿轮的中心距来标称。例如,650 型钢轧机,即指齿轮座齿轮的中心距为 650mm
	大型轧机	
	中型轧机	
	小型轧机	
	线材轧机	
热轧板带钢轧机	厚板轧机	用轧辊辊身长度来标称。例如,4100 中厚板轧机,即指轧辊辊身长度为 4100mm
	宽带钢轧机	
冷轧板带钢轧机	成卷生产宽带钢冷轧机	用轧辊辊身长度来标称。例如,1450 冷轧带钢轧机,即指轧辊辊身长度为 1450mm
	成卷生产窄带钢冷轧机	
	箔带轧机	
热轧无缝钢管轧机		按所轧钢管的最大外径来标称
冷轧钢管轧机		按所轧钢管的最大外径来标称

轧钢机的标称可由六个部分构成,即轧机所生产的产品品种规格、轧辊的辊身主要尺寸、轧辊的辊数及其在机座中的配置形式、车间轧机的台数、车间各轧机的布置形式及轧机的工作制度。如 2032×2 四辊万能可逆/2032×6 四辊热连轧带钢轧机;800 二辊可逆/760×2 三辊/650 二辊两列横列式大型型钢轧机。

6.1.1.2 按轧辊在机架中的布置分类

(1)具有水平轧辊的轧机。这类轧机有二辊、四辊、五辊、六辊及多辊。

(2)具有垂直轧辊的轧机。此类轧机应用在不希望翻钢的场合,在连续式型钢与钢坯轧机上，对轧件在水平方向进行侧压；当轧制宽带钢时，将侧边轧平；板坯热轧前的除鳞。

（3）具有水平辊及立辊的轧机。立辊的作用是从水平方向压缩轧件侧边。这类轧机应用在将钢锭轧成板坯的板坯轧机上，以及轧制宽带钢的万能轧机和轧制钢梁的轧机上。

（4）轧辊倾斜布置的轧机。轧辊倾斜布置的轧机用于横向螺旋轧制。主要应用在钢管生产中，如用于钢管穿孔机上。

6.1.1.3　按轧钢机的布置形式分类

轧钢机的布置形式是依据生产产品及轧制工艺要求来确定的，机座排列的顺序和数量的多少，构成了不同车间布局的特点，如图 6-1 所示。

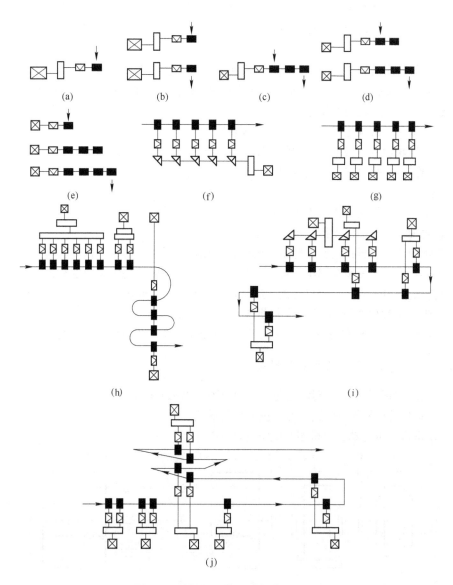

图 6-1　轧钢机工作机座的布置形式

（a）单机座；（b）纵列式；（c）一阶横列式；（d）二阶横列式；（e）三阶横列式；（f）集体驱动连续式；
（g）单独驱动连续式；（h）半连续式；（i）串列往复式；（j）布棋式

6.1.2　轧钢机主机列

6.1.2.1　轧钢机主机列的组成

轧钢机的主机列由主电动机（原动部分）、传动装置（传动部分）和工作机座（执行部分）三个基本部分组成。

（1）主电动机是机组的驱动装置，供给执行部分的动力。

（2）传动装置是将主电动机的动力传递给执行机构，一般由齿轮座、减速机、飞轮、连接轴和联轴节等组成。

1）齿轮座：将动力传给轧辊，一般为圆柱形人字齿轮。由直径相同、数目与轧辊个数相等、上下排列在同一垂直平面内的圆柱人字齿轮组成的齿轮传动装置，用以对轧辊进行转速和力矩的分配。

2）减速机：用适当速比的减速机把电动机和轧辊连接起来。

3）飞轮：装在减速机的小齿轮轴上，轧辊空转时，飞轮加速；轧钢时，飞轮减速，放出能量。

4）连接轴：将齿轮座的扭矩传递给轧辊。

5）主联轴节：将减速机的扭矩传递给齿轮座。

6）电动机联轴节：将电动机的伸出轴与减速机的主动齿轮连接起来。

（3）工作机座是轧钢机的执行机构，包括轧辊、轧辊轴承、轧辊调整装置、机架、导卫装置、轨座等。

1）轧辊：它以轧制方式实现金属塑性变形的核心零部件。

2）轧辊轴承：它用以支撑轧辊、定位。

3）轧辊的调整装置：它调整轧辊间的位置并在调整后予以固定，以保证所要求的变形。

4）机架：它用于安装和固定轧辊、轧辊轴承，轧辊的调整装置及导卫装置。

5）轧辊的导卫装置：它用以正确、顺利地引导轧件进出轧辊。

6）轨座（俗称地脚板）：它用来将机架固定在基础上。

尽管不同用途的轧机有着不同的构造，但绝大多数轧机的工作机座均由以上六个部分构成。

6.1.2.2　轧钢机主机列的几种典型形式

人们习惯上都把反映轧辊转动的传动简图作为轧钢机的构造简图，并称它为轧钢机的主机列简图。下面介绍几种典型轧钢机的主机列简图形式。

（1）单电机、单传动、单机座轧钢机（图6-2）。

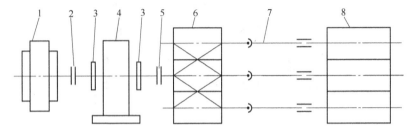

图 6-2　单电机、单传动、单机座轧钢机

1—主电动机；2—电动机联轴节；3—飞轮；4—主减速器；5—主联轴节；
6—人字齿轮机座；7—半万向接轴；8—轧辊

（2）单电机、单传动、多机座轧钢机（图6-3）。

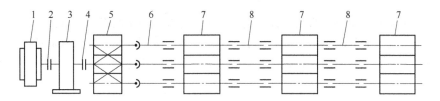

图6-3 单电机、单传动、多机座轧机

1—主电动机；2—电动机联轴节；3—主减速器；4—主联轴节；

5—人字齿轮机座；6—半万向接轴；7—轧辊；8—梅花接轴

（3）单电机、多传动、多机座轧钢机（图6-4）。

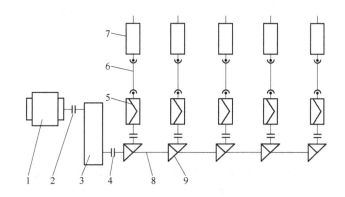

图6-4 单电机、多传动、多机座轧机

1—主电动机；2—电动机联轴节；3—主减速器；4—主联轴节；5—人字齿轮机座；

6—万向接轴；7—轧辊；8—中间轴；9—圆锥齿轮

（4）双电机、双传动、单机座轧钢机（图6-5）。

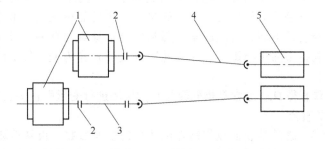

图6-5 双电机、双传动、单机座轧机

1—主电动机；2—电动机联轴节；3—中间轴；4—万向接轴；5—轧辊

6.2 轧辊

轧辊是用来直接完成轧制过程中金属塑性变形的主要部件。

6.2.1　轧辊的组成

轧辊一般由辊身、辊颈和辊头三部分组成。辊身是轧辊的中间部分，直接与轧件接触，并使其产生塑性变形，是轧辊的工作部分。辊颈是轧辊的支撑部分，轧辊依靠辊身两侧的辊颈支撑在轧辊轴承上。辊头是轧辊与连接轴相接的部分，辊头有梅花形、扁头形和带双键形，如图6-6所示。

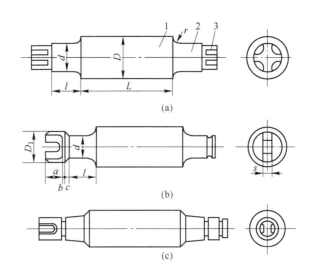

图 6-6　轧辊的结构
（a）梅花形的辊头；（b）扁头形的辊头；（c）带双键形的辊头
1—辊身；2—辊颈；3—辊头

6.2.2　轧辊的尺寸参数

（1）轧辊名义直径（公称直径）D。通常是指轧钢机人字齿轮的节圆直径或齿轮座的中心距。对轧辊由两个单独电动机驱动的轧机而言，公称直径按最末道次的轧辊中心距计算。型钢轧机以轧辊的名义直径作为轧机标称的组成部分。因为型钢品种规格与轧辊辊身直径的大小成正比，辊身直径的数值即可反映该轧机所生产的品种规格。由于生产不同品种规格所对应的轧辊辊身直径不同，因此通常采用和轧辊辊身直径有一定对应关系而数值保持恒定不变的人字齿轮机座的中心距（人字齿轮节圆直径）作为型钢轧机的名义直径来表征轧机。

（2）轧辊的工作直径 D_g。通常是指轧辊与轧件接触进行变形而直接工作的直径。在有槽轧辊上是指槽底处的直径。

（3）辊身长度 L。通常是表征板带钢轧机特征的主要参数。板带钢轧机以（四辊或多辊轧机则指工作辊）辊身长度作为轧机标称的组成部分。这是因为辊身长度能直观的反映出轧机所能生产的最大板宽，而板宽也正反映了板带材的使用范围和生产板带材的难易程度。

（4）轧辊的重车率。在轧制过程中，轧辊辊面因工作磨损，需不止一次地重车或重磨。轧辊直径减小到一定程度后，即不能再使用。轧辊从开始使用直到报废，其全部重车量与轧辊名义直径的百分比称为重车率。

6.2.3　轧辊强度计算

6.2.3.1　平面轧辊的强度计算

A　平面轧辊的强度计算特点（图 6-7）

（1）轧制时板带位于轧辊正中，轧制力按均布载荷对待，轴承两侧的支反力相等。

（2）辊身直径沿辊身长度方向不变，故辊身危险断面必在辊身中央处。

（3）辊颈及辊头的危险断面在传动侧。

通常对辊身只计算弯曲，对辊颈则计算弯曲和扭转，对传动端辊头只计算扭转。

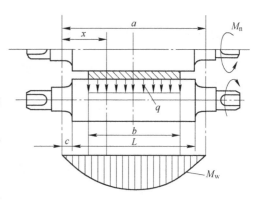

图 6-7　二辊钢板轧机轧辊受力简图

B　轧辊强度计算

（1）辊身的强度计算。假设轧辊承受的负荷均匀地作用在轧件宽度上，而轴承支反力的合力作用在压下螺丝的中心线上。这时平面轧辊的危险断面在轧辊辊身中央，则辊身危险断面上的弯曲力矩为：

$$M_{sh} = \frac{P}{2} \times \frac{a}{2} - \frac{P}{2} \times \frac{b}{4} = P\left(\frac{a}{4} - \frac{b}{8} \right) \tag{6-1}$$

在辊身危险断面处的弯曲应力 σ_{sh} 为：

$$\sigma_{sh} = \frac{M_{sh}}{W} = \frac{M_{sh}}{0.1D^3} \tag{6-2}$$

式中　P——轧件对轧辊的压力；

　　　a——压下螺丝中心线间的距离；

　　　b——钢板宽度。

（2）辊颈的强度计算。作用在辊颈上的弯曲力矩，由最大支反力来决定。在钢板轧辊上，辊颈的弯曲力矩为：

$$M_j = \frac{P}{2} \cdot c \tag{6-3}$$

在辊颈处的弯曲应力为：

$$\sigma_j = \frac{M_j}{0.1d^3} \tag{6-4}$$

在辊颈处扭转应力为

$$\tau_j = \frac{M_n}{0.2d^3} \tag{6-5}$$

式中　M_n——轧辊辊颈上的扭转力矩；

　　　d——轧辊辊颈直径。

轧辊辊颈的强度，应该按弯曲和扭转的共同作用下的合成应力进行验算，故计算的合成应力为：

钢轧辊根据第四强度理论计算合成应力 σ_h 为：

$$\sigma_{\text{h}} = \sqrt{\sigma_{\text{j}}^2 + 3\tau_{\text{j}}^2} \tag{6-6}$$

铸铁轧辊用摩尔理论（第二强度理论）计算合成应力 σ_{h} 为：

$$\sigma_{\text{h}} = 0.375\sigma_{\text{j}} + 0.625\sqrt{\sigma_{\text{j}}^2 + 4\tau_{\text{j}}^2} \tag{6-7}$$

（3）辊头（梅花头）的强度计算。梅花头上的最大应力产生在它的凹槽底部。按通常的梅花头形状，当 $d_2 = 0.66d_1$ 时，其扭转应力为：

$$\tau = \frac{M_{\text{n}}}{0.07d_1^3} \tag{6-8}$$

式中　d_1——梅花头的外径，通常取 $d_1 \approx d_2/0.66$；

　　　d_2——梅花头凹槽的内接圆直径；

　　　M_{n}——轧辊辊颈上的扭转力矩。

[例1]　二辊单机架薄板轧机，辊身直径 $D = 805\text{mm}$，辊身长度 $L = 1200\text{mm}$，辊颈长 $l = 600\text{mm}$，$d = 600\text{mm}$，钢板最大宽度 $b_{\max} = 1000\text{mm}$，轧制压力 $P = 15\text{MN}$，轧辊材质为球墨铸铁 $\sigma_{\text{b}} = 588\text{MPa}$，辊头为梅花型 $d_1 = 510\text{mm}$，传动端扭矩 $M_{\text{n}} = 0.91\text{MN} \cdot \text{m}$，对轧机的轧辊进行强度校核。

解：（1）辊身中央处的弯曲应力计算：

$$M_{\text{w}} = P\left(\frac{a}{4} - \frac{b}{8}\right) = 15 \times \left(\frac{0.6 + 1.2}{4} - \frac{1.0}{8}\right) = 4.9\text{MN} \cdot \text{m}$$

$$\sigma_{\text{w}} = \frac{M_{\text{W}}}{0.1 \times D^3} = \frac{4.9}{0.1 \times 0.805^3} = 93.9\text{MPa}$$

（2）辊颈处弯曲应力的计算及扭转应力的计算：

$$M_{\text{j}} = \frac{P}{2} \cdot c = \frac{15}{2} \times 0.3 = 2.3\text{MN} \cdot \text{m}$$

$$\sigma_{\text{j}} = \frac{M_{\text{j}}}{W} = \frac{2.3}{0.1 \times 0.6^3} = 106.5\text{MPa}$$

$$\tau_{\text{j}} = \frac{M_{\text{n}}}{0.2d^3} = \frac{0.91}{0.2 \times 0.6^3} = 21.0\text{MPa}$$

$$\sigma_{\text{h}} = 0.375\sigma_{\text{j}} + 0.625\sqrt{\sigma_{\text{j}}^2 + 4\tau_{\text{j}}^2}$$

$$= 0.375 \times 106.5 + 0.625\sqrt{106.5^2 + 4 \times 21^2} = 111.5\text{MPa}$$

（3）辊头处扭转应力的计算：

$$\tau_{\text{n}} = \frac{M_{\text{n}}}{0.07d_1^3} = \frac{0.91}{0.07 \times 0.51^3} = 98\text{MPa}$$

从计算可知 σ_{w}，σ_{h}，τ_{n} 都小于 $[\sigma] = \dfrac{588}{5} = 117.6\text{MPa}$，故辊身、辊颈、辊头的强度足够。

6.2.3.2　有槽轧辊的强度计算

A　型钢轧机轧辊强度计算特点（图6-8）

（1）由于每个孔型的横向尺寸只占轧辊长度中很小一部分，故作用在轧辊上的轧制力习惯上按集中载荷对待。

（2）由于采用多条轧制和交叉过钢的轧制工艺，一根轧辊上常有数个轧制力作用。

（3）每个孔型的开槽深度不同，即辊身各处的直径不同。

通常对辊身只计算弯曲，对辊颈则计算弯曲和扭转应力的合应力，对传动端辊头只计算扭转应力。

B　轧辊强度计算

（1）辊身强度计算。轧制力 P 所在（辊身）断面的弯曲力矩为：

$$M_{sh} = R_1 x = P\left(1 - \frac{x}{a}\right)x \qquad (6-9)$$

则（辊身）断面弯曲应力为：

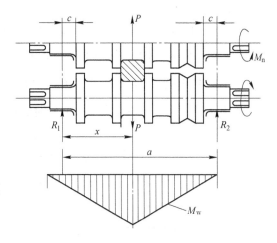

图 6-8　有槽轧辊的受力和弯曲力矩简图

$$\sigma_{sh} = \frac{M_{sh}}{0.1 D_g^3} \qquad (6-10)$$

式中　R_1——支反力；

　　　P——轧件对轧辊的压力；

　　　a——压下螺丝中心线间的距离；

　　　x——计算轧槽与压下螺丝中心线间距离；

　　　D_g——计算断面处的轧辊辊身的工作直径。

（2）辊颈强度计算。辊颈上的弯矩，由最大支反力决定，即：

$$M_j = Rc$$

式中　R——最大支反力；

　　　c——压下螺丝中心线至辊身边缘的距离，其值可近似地取辊颈长度 l 之半，即 $c = \dfrac{l}{2}$。

辊颈危险断面的弯曲应力 σ_j 与扭转应力 τ_j 的计算与平面轧辊相同。

（3）辊头（梅花头）强度计算。辊头危险断面的扭转应力计算与平面轧辊相同。

[例2]　某厂 $\phi 500 \times 2$ 二辊型钢轧机（图6-9），按轧制工艺，该辊两个道次同时走钢，$P_1 = 1220kN$，$P_2 = 1050kN$；轧辊尺寸如下图所示，$D_1 = 340mm$，$D_2 = 384mm$，已考虑重车率，轧辊辊颈直径 $d = 300mm$，轧辊辊颈长度 $l = 300mm$，轧辊梅花头外径 $d_1 = 280mm$；扭矩为 $128kN \cdot m$；轧辊材质为铸钢，其强度极限为 $[\sigma] = 120MPa$，$[\tau] = 35 \sim 40MPa$ 右端传动，试校

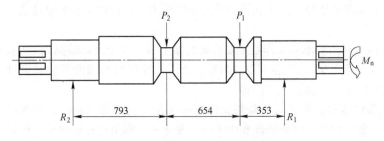

图 6-9　某型钢轧机轧辊受力示意图

核该轧辊强度。

解：（1）由静力学平衡方程求得轧辊辊颈处的支反力：

$$\Sigma M_2 = 0, R_1 \times (0.793 + 0.654 + 0.353) - P_2 \times (0.654 + 0.353) - P_1 \times 0.353 = 0$$

$$R_1 = 1443kN, R_2 = P_1 + P_2 - R_1 = 1220 + 1050 - 1443 = 827kN$$

（2）辊身强度计算，两个孔型处的弯曲应力分别为：

$$\sigma_1 = \frac{M_1}{W_1} = \frac{1.443 \times 0.353}{0.1 \times 0.34^3} = 129.6MPa$$

$$\sigma_2 = \frac{M_2}{W_2} = \frac{0.827 \times 0.793}{0.1 \times 0.384^3} = 115.82MPa$$

（3）计算辊颈的合应力（计算右端）：

$$\sigma_j = \frac{M_j}{0.1 \times d^3} = \frac{R_1 \times 0.3/2}{0.1 \times d^3} = \frac{1.443 \times 0.15}{0.1 \times 0.3^3} = 80.17MPa$$

$$\tau_j = \frac{M_n}{0.2 \times d^3} = \frac{0.128}{0.2 \times 0.3^3} = 23.7MPa$$

$$\sigma_h = \sqrt{\sigma_j^2 + 3\tau_j^2} = \sqrt{80.17^2 + 3 \times 23.7^2} = 90.07MPa$$

（4）辊头扭转应力的计算（计算右端）：

$$\tau_n = \frac{M_n}{0.07 \times d_1^3} = \frac{0.128}{0.07 \times 0.28^3} = 83.29MPa$$

由计算可知，辊身的 P_1 孔处弯曲应力值大于 $[\sigma] = 120MPa$，辊头处的扭转应力也大于 $[\tau] = 35 \sim 40MPa$，故此轧辊的危险断面在此处。

6.3 轧辊轴承

轧辊轴承是用来支撑轧辊，并承受由轧辊传来的轧制力，同时保持轧辊在机架中的正确位置。轧辊轴承应具有较小的摩擦系数，足够的强度和刚度，寿命长，便于换辊。

6.3.1 轧辊轴承的工作特点

（1）承受很高的单位压力。由于轧辊的辊身直径应保证强度，而轴承座外形尺寸不应大于辊身最小直径，辊颈长度又较短，所以辊颈上所承受的单位载荷大。

（2）承受的热许值即 pv 值大。pv 值比普通轴承大 $4 \sim 24$ 倍；pv 值是代表能量消耗的指标，即反映轴承发热情况的数值，由于轧辊轴承的单位压力高，且辊颈圆周速度也较大，这就造成了 pv 值很大。

（3）工作温度高。轴承的工作温度在普通机械上只有几十度，最高到 100℃ 左右，而轧辊轴承的工作温度可达 300℃，甚至可达 400℃。为了使轧辊轴承温度不致升得过高，可在辊颈上浇水或用强力的循环油达到人工冷却。

（4）工作条件恶劣。除了高负荷外，轧辊轴承在受到高温的同时，还需用水冷却，因而温度很不稳定，而且污水、氧化铁皮和尘土等容易落入，润滑也较困难等。所以如何选择轧辊轴承的形式和轴瓦材料是很重要的。

6.3.2 轧辊轴承的类型

轧辊轴承的主要类型是滚动轴承与滑动轴承。

6.3.2.1 滚动轴承

滚动轴承分为圆柱滚子轴承、圆锥滚子轴承、球面滚子轴承和滚针轴承等四类。轧辊上安装的滚动轴承主要是双列球面滚子轴承、四列圆锥滚子轴承及多列圆柱滚子轴承，在个别情况下的工作辊上安装滚针轴承。在使用圆柱滚子轴承时，既要安装球面垫又要安装止推轴承。在使用球面滚子轴承时，只安装止推轴承，不需安装球面垫。圆锥滚子轴承必须成对使用，不需安装球面垫和止推轴承。滚针轴承一般只需安装止推轴承。滚动轴承的刚性大，摩擦系数较小，但抗冲击性能差，外形尺寸较大，广泛应用于冷轧机及热轧机的四辊式轧机、薄板轧机、线材轧机、钢坯轧机、某些钢管轧机和其他轧机上。

6.3.2.2 滑动轴承

滑动轴承有半干摩擦（开式）与液体摩擦（闭式）两种。半干摩擦滑动轴承主要是开式酚醛夹布树脂轴承（夹布胶木轴承），它广泛用于各种型钢轧机、钢坯轧机。液体摩擦轴承按其油膜形成的条件，可分为动压油膜轴承、静压油膜轴承和静-动压油膜轴承。液体摩擦轴承的摩擦系数小，工作速度高，刚性较好，使用这种轴承的轧机能轧出高精度的轧件。这种轴承广泛用在现代化的冷、热带钢连轧机的支撑辊及其他高速轧机上。

（1）动压轴承。液体动压轴承是依靠运动，即利用液体的动力效应来建立液体摩擦条件。润滑油膜的形成可分成三个阶段。当辊颈开始转动时，辊颈与轴承直接接触，相应的摩擦属半干摩擦，辊颈开始向上、向右偏移（图6-10a、b）。当辊颈的转速增大，吸入辊轴颈轴承间的油量也增加，具有一定黏度的油被轴颈带入油楔，油膜的压力逐渐形成。转动中，动压力与轴承径向载荷相平衡（图6-10c），辊颈的中心向下、向左偏移并达到一个稳定的位置，这时轴承和轴之间建立了一层很薄的楔形油膜。当辊颈的转速继续增大，辊颈中心向轴承中心移动。理论上，当轴转速达到无穷大时，轴颈中心与轴承中心重合（图6-10d）。

（2）静压轴承。静压轴承的高压油膜是靠一套液压系统供给高压油产生静压力使辊颈悬浮在轴承中，因此，这种高压油膜的形成与辊颈的运动状态无关，无论是启动、制动、反转，甚至静止状态，都能保持液体摩擦条件。这是它区别于一般动压轴承的主要特点。

（3）静-动压轴承。静-动压轴承是把动压和静压轴承的优点结合起来，仅在低速、可逆运转或启动、制动的情况下，采使静压系统投入工作，而在高速稳定运转时，轴承则按动压制度工作。动压和静压制度是根据轧辊转速自动切换的。

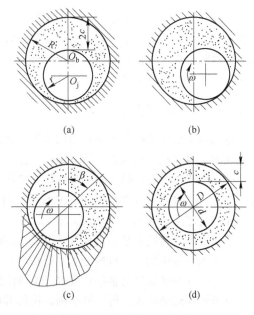

图 6-10　动压轴承工作原理

6.4　轧辊调整装置及上辊平衡装置

6.4.1　轧辊调整装置的作用

（1）调整轧辊水平位置（调整辊缝）以保证轧件按给定的压下量轧出所要求的断面尺寸。尤其在板坯轧机、万能轧机上，几乎每轧一道都需调整轧辊辊缝。

（2）调整轧辊与辊道水平面间的相互位置。在连轧机上，还要调整各机座间轧辊的相互位置，以保证轧线高度一致（调整下辊高度）。

（3）调整轧辊轴向位置，以保证有槽轧辊对准孔型。

（4）在板带轧机上要调整轧辊辊型，其目的是减小板带材的横向厚度差并控制板形。

6.4.2　轧辊调整装置的类型

轧辊调整装置按轧辊的移动方向可分为径向调整装置和轴向调整装置。按驱动方式可分手动调整装置、电动调整装置、液压调整装置。按所调整的轧辊对象可分为上辊调整装置、中辊调整装置、下辊调整装置、立辊调整装置和特殊轧机调整装置。上辊调整装置也称压下装置，它的用途最广，在各类轧机中均被安装，是轧辊调整装置的主要部分。中辊调整装置用在三辊轧机上，在中辊固定的轧机上，中辊用斜楔手动微调。下辊调整装置用在板带轧机和三辊型钢轧机上，当辊径发生变化时，为保证轧制线不变，来调整下辊的位置。立辊调整装置设置在立辊的两侧，用来调整立辊之间的距离。

6.4.3　轧辊的径向调整装置

轧辊的径向调整装置通常包括压下装置和平衡装置两部分，共同配合实现轧辊的径向调整功能。

6.4.3.1　手动压下装置

手动压下装置主要用在不经常调整辊缝的型钢轧机上，调整量小，调整次数少，调整工作是在正式轧钢之前完成的，对调整速度无特殊要求，属于慢速调整装置。常见的手动压下装置有斜楔调整方式、直接转动压下螺丝的调整方式、圆柱齿轮传动压下螺丝的调整方式、蜗轮蜗杆传动压下螺丝的调整方式。

6.4.3.2　电动压下装置

电动压下由电动机作为驱动力的来源，通过齿轮传动系统带动压下螺丝实现压下。通常包括电动机、减速机、制动器、压下螺丝、压下螺母、压下位置指示器、球面垫块和测压仪等部件。广泛用于中厚板轧机、冷热带钢轧机的压下装置。根据压下速度将电动压下装置分为快速压下装置（用在可逆式热轧机上）和板带轧机压下装置两大类。

A　快速压下装置

快速压下装置以满足较高的压下速度为目的，多用于板坯轧机、中厚板轧机及可逆式轧机。快速压下装置的传动机构分为平行传动和垂直传动两类。

平行传动是电动机的轴线以及传动轴的轴线与压下螺丝平行，采用圆柱齿轮带动压下螺丝，不需转换运动形式，传动效率高，使用寿命长。

垂直传动是电动机的轴线以及传动轴的轴线与压下螺丝垂直，为了把水平运动转换成垂直运动，采用蜗轮、蜗杆传动，传动效率低，工作寿命短。

　　B 板带轧机压下装置

　　冷、热轧板带轧机的电动压下速度在0.02～1mm/s范围内（有时压下速度也可达到3mm/s）。板带轧机压下装置具有轧辊辊缝调整量较小、调整精度高、"频繁的带钢压下"、响应速度快、轧辊平行度的调整要求严格等特点。

　　(1) 蜗轮副与圆柱齿轮联合传动。如图6-11所示，两个电动机3之间装设有电磁联轴节4，以便对压下螺丝单独调整。由于是带钢压下，压下螺丝的尾部是花键形式，以传递大扭矩。这种压下装置的特点是，传动效率高，广泛用于热轧板带轧机上。

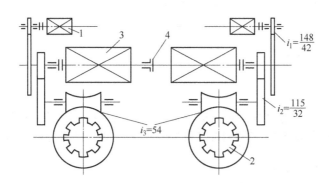

图 6-11 某板带钢轧机机座压下装置传动示意图
1—测速发电机；2—压下螺丝；3—电动机；4—电磁联轴节

　　(2) 二级蜗轮蜗杆传动。如图6-12所示，为了使结构紧凑并改善蜗轮箱的密封和防尘条件，两级蜗轮副装设在一个封闭箱体中。为便于对两个压下螺丝单独调整，两台双出轴直流电动机用电磁联轴节连接（断电时连接）。

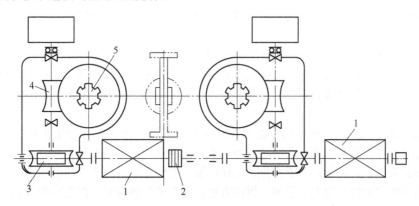

图 6-12 某板带钢轧机机座压下装置传动示意图
1—电动机；2—电磁联轴节；3—一级蜗轮副；4—二级蜗轮副；5—压下螺丝

　　这种压下装置的特点是传动比大，结构紧凑；缺点是传动效率低，蜗轮齿圈上消耗青铜较多。近年来多采用球面蜗轮副和平面蜗轮副代替普通蜗轮。

6.4.3.3 液压压下装置

　　现代板带钢轧机普遍采用AGC厚度自动控制系统，电动压下已不能满足新工艺的要求，为了提高产品的尺寸精度,在高速带钢轧机上广泛采用液压压下装置。

液压压下装置是用液压缸代替传统的压下螺丝、螺母来调整轧辊辊缝的。在此装置中,除液压缸以及与之配套的伺服阀和液压系统外,还包括检测仪表及运算控制系统。

液压压下装置具有快速响应性好,调整精度高,过载保护简单、可靠,机械传动效率高等特点;可以根据需要改变轧机的当量刚度,实现对轧机从"恒辊缝"到"恒压力"的控制。以适应各种轧制及操作情况。为了简化机械结构,液压压下装置采用标准液压元件,便于快速换辊,提高轧机作业率。

液压压下装置按照控制系统的反馈方式可分为机械反馈式和电液反馈式。液压压下装置的可靠性主要取决于液压元件和控制系统的可靠性。

根据液压缸在轧机上的布置位置不同,液压压下装置可分为压下式和压上式两种形式。

6.4.4　上轧辊的平衡装置

6.4.4.1　上轧辊平衡装置的作用

上轧辊平衡装置为了消除轴承座与压下螺丝之间、压下螺丝与螺母的螺纹之间的间隙,使上轴承座紧贴压下螺丝端部并消除螺纹之间的间隙。同时兼有抬升上辊的作用。

6.4.4.2　上轧辊平衡装置的分类

上辊平衡装置一般分为弹簧式平衡装置、重锤式平衡装置和液压式平衡装置三种形式。轧机的形式不同,对平衡装置的要求也不一样。

(1)弹簧式平衡装置。弹簧式平衡装置由四个弹簧和拉杆组成,弹簧放在机架盖上部,上辊的下瓦座通过拉杆吊挂在平衡弹簧上。弹簧的平衡力应是被平衡重量的 1.2 ~ 1.4 倍,可通过拉杆上的螺母调节。当上辊下降时,弹簧压缩,上升时则放松,因此,弹簧的平衡力是变化的,弹簧愈长,平衡力愈稳定。多用在上辊调整量不大于 50 ~ 100mm 的型钢轧机、线材轧机或其他简易轧机上。弹簧平衡装置简单可靠,价格便宜,但换辊时要人工拆装弹簧,费力、费时。

(2)重锤式平衡装置。平衡锤通常装在工作机座的下面,平衡力由杠杆和支杆传给上轧辊。调整平衡锤在杠杆上的位置,即可调整上轧辊的平衡力。广泛用在轧辊移动量很大的板坯轧机、厚板轧机。重锤平衡装置工作可靠,操作简单,调整行程大。但设备重量大,轧机的基础结构较复杂。

(3)液压式平衡装置。液压式平衡装置是用液压缸的推力来平衡上辊重量的,在液压系统中装设有蓄能器,油泵只用来周期性地补充液体的漏损,广泛用在四辊板带轧机上。液压平衡装置结构紧凑,使用方便,易于操作,动作灵敏,工作平稳,能改变油缸压力,而且可以使上辊不受压下螺丝的约束而上下移动,拆卸方便,缩短了换辊时间;但它的投资较大,需要有一套液压系统,维修也较复杂。

四辊轧机上的液压平衡装置有八缸和五缸两种形式。八缸式平衡装置是由四个安装在下工作辊轴承座中的液压缸支撑着上工作辊轴承座,用来平衡上工作辊及其轴承座和上支撑辊的重量,四个安装在下支撑辊轴承座中的直径较大的液压缸用来平衡上支撑辊轴承座及压下螺丝的重量。五缸式平衡装置只是支撑辊的平衡方式不同。

6.4.4.3　上轧辊平衡力的确定

通常,取平衡力为被平衡重量的 1.2 ~ 1.4 倍(过平衡系数 $K = 1.2 ~ 1.4$)。在采用弹簧平衡时，由于上轧辊的移动会引起弹簧平衡力的变化，过平衡系数在上述范围内可适当取得大些。

采用液压平衡时，油缸的工作压力可按下式计算：

$$p = K \frac{4G}{n\pi d^2} \tag{6-11}$$

式中　G——被平衡零件的总重量（重力），N；

　　　n——平衡液压缸的数量；

　　　d——液压缸柱塞直径，cm；

　　　K——过平衡系数，$K = 1.2 \sim 1.4$（考虑到液压缸的摩擦阻力，以取较大值为宜）。

6.4.5　压下螺丝和压下螺母

6.4.5.1　压下螺丝

压下螺丝一般由头部、本体和尾部三个部分组成。头部与上轧辊轴承座接触，承受来自辊颈的压力和上辊平衡装置的过平衡力。为了防止端部在旋转时磨损，并使上轧辊轴承具有自动调位能力，压下螺丝的端部一般都做成球面形状，并与球面铜垫接触形成止推轴承。压下螺丝止推端的球面有凸形和凹形两种。本体部分带有螺纹，它与压下螺母的内螺纹配合以传递运动和载荷。压下螺丝的螺纹有锯齿形和梯形两种。尾部是传动端，承受来自电动机的驱动力矩。尾部断面的形状主要有方形、花键形和圆柱形三种。

6.4.5.2　压下螺母

压下螺母是轧钢机机座中重量较大的易损零件。如 4200 厚板轧机的压下螺母重达 4.1t。螺母通常用贵重的高强度青铜或黄铜铸成。采用合理的结构，可以大量节省有色金属。

6.5　机架

机架用来安装轧辊、轧辊轴承、轧辊调整装置和导卫装置等工作机座中全部零件，并承受全部轧制力。机架是工作机座的重要部件，机架要承受轧制力，必须有足够的强度和刚度。

6.5.1　机架的类型

机架主要由左右牌坊、连接两块牌坊的连接梁、位于牌坊窗口内侧的滑板等零部件构成。根据轧机机架形式和工作要求，可分为闭式机架、开式机架、预应力机架三种，如图 6-13 所示。

闭式机架是一个整体框架，具有较高强度和刚度。闭式机架主要用于轧制力较大的板坯轧机和板带轧机等。对于板带轧机来说，为提高轧制精度，需要有较高的机架刚度；对于某些小型和线材轧机，也往往采用刚度较好的闭式机架，以获得较好的轧件质量。采用闭式机架的工作机座，在换辊时，轧辊是沿其轴线方向从机架窗口中抽出或装入。这种轧机一般都设有专

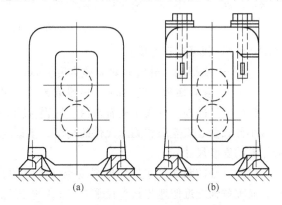

(a)　　　　　　　(b)

图 6-13　轧钢机机架

（a）闭式机架；（b）开式机架

用的换辊装置。

　　开式机架由机架本体和上盖两部分组成。它主要用在横列式型钢轧机上。其主要优点是换辊方便。因为，在横列式型钢轧机上如果采用闭式机架，由于受到相邻机座和联接轴的妨碍，沿轧辊轴线方向换辊是很困难的。采用开式机架，只要拆下上盖，就可以很方便地将轧辊从上面吊出或装入。开式机架主要缺点是刚度较差。影响开式机架刚度和换辊速度的主要关键是上盖的连接方式，常见的上盖连接方式有五种，如图6-14所示。

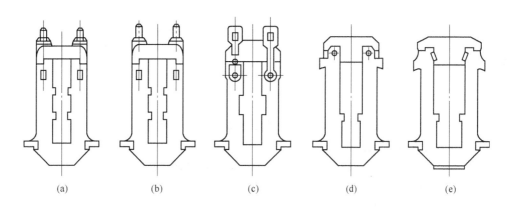

图 6-14　开式机架连接方式
(a) 螺栓连接；(b) 立销和斜楔连接；(c) 套环和斜楔连接；
(d) 横销和斜楔连接；(e) 斜楔连接

　　预应力机架是开式牌坊中的另一种典型形式。它是用液压螺母和拉杆将割分的上、下半牌坊联结而成的。这种牌坊由于液压螺母在未轧钢前对牌坊已施加1.2~1.5倍轧制力的预应力，因而在轧制时可减少牌坊的变形，提高轧件的精度。大多用于小型型钢轧机和线材轧机。

6.5.2　机架的主要结构参数

　　机架的主要结构参数是窗口宽度、高度和立柱断面尺寸。

　　在闭式机架中，机架窗口宽度应稍大于轧辊最大直径，以便于换辊。而开式机架窗口宽度主要决定于轧辊轴承座的宽度。四辊轧机机架窗口宽度一般为支撑辊直径的1.15~1.30倍。为换辊方便，换辊侧的机架窗口应比传动侧窗口宽5~10mm，亦可表示为：

$$B = B_z + 2s$$

式中　B——机架窗口宽度；

　　　B_z——支撑辊（轧辊）轴承座宽度，mm；

　　　s——窗口滑板厚度，mm，一般取$s = 20~40mm$。

　　机架窗口的高度取决于轧辊数目、轧辊直径、轴承座的高度、轧辊最大开口度、压下螺丝的最小伸长量、安全臼和测压元件的高度、垫板高度等因素。对于液压压下的轧机，则要考虑液压缸的安装尺寸。

　　机架立柱的断面尺寸是根据强度条件确定的。由于作用于轧辊辊颈和机架立柱上的力相同，而辊颈强度近似地与其直径平方（d^2）成正比，故机架立柱的断面积（F）与轧辊辊颈的直径平方（d^2）有关。机架立柱的断面形状有正方形断面、矩形断面、工字形断面、T字形断面等。

机架是轧机中最贵重和最重要的部件，必须具有较大的强度储备。机架的安全系数一般不低于10。

6.5.3 轨座与地脚螺栓

工作机座是通过地脚螺栓和轨座安装并固定在地基上的。

轨座又称地脚板，它要保证工作机座的安装尺寸精度，并承受工作机座的重量和倾翻力矩。轧钢机机架安装在轨座上，而轨座则固定在地基上。

地脚螺栓是用来把工作机座和轨座连接起来的零件。一般地脚螺栓直径可根据轧辊直径 D 选取。当轧辊直径 $D \leqslant 500\text{mm}$ 时，选取 $d = 0.1D + 10\text{mm}$。当轧辊直径 $D > 500\text{mm}$ 时，选取 $d = 0.08D + 10\text{mm}$。

6.6 切断设备

切断设备包括剪切机、锯机、火焰切割机、折断机等。

6.6.1 剪切机

剪切机是用于将轧件沿长度方向切头、切尾和剪切成定尺长度，以及沿轧件宽度方向切边和切成定尺宽度的设备。

通常按剪切机的剪刃形状、剪刃彼此位置以及轧件运动情况的不同，剪切机可分为平行刀片剪切机、斜刀片剪切、圆盘式剪切机和飞剪机。

6.6.1.1 平行刀片剪切机

如图 6-15a 所示，剪切机两个刀片彼此平行，用于横向热剪切方坯、板坯和其他方形及矩形断面的钢坯，故又称为钢坯剪切机。有时，也用两个成形刀片来冷剪管坯及小型圆钢等。

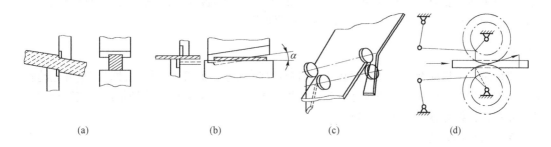

(a)   (b)   (c)   (d)

图 6-15 剪切机的类型
（a）平行刀片剪切机；（b）斜刀片剪切机；（c）圆盘剪；（d）飞剪机

根据剪切轧件时刀片的运动特点，平行刀片剪切机可分为上切式和下切式两大类。

（1）上切式。上切式平行刀片剪切机的工作特点是下刀固定不动，上刀则是上下运动的。剪切轧件的动作由上刀来完成，如图 6-16 所示。

（2）下切式。下切式平行刀片剪切机的工作特点是上、下刀都运动，但剪切轧件的动作由下刀来完成，剪切时上刀不运动，如图 6-17 所示。

平行刀片剪切机采用最大剪切力来标称。如 20MN 曲柄连杆上切式剪切机，1.6MN 偏心活动连杆上切式剪切机，20MN 浮动偏心轴剪切机，9MN 曲柄杠杆剪切机等。

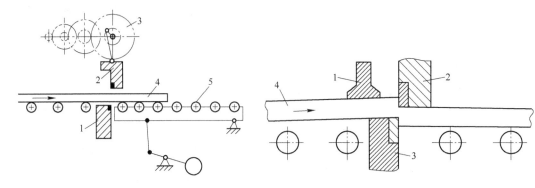

图 6-16　上切式平行刀片剪切机简图　　　　　　　图 6-17　下切式平行刀片剪切机简图
1—下刀；2—上刀；3—剪切机构传动系统；　　　　1—压板；2—上刀台；3—下刀台；4—轧件
　4—轧件；5—摆动台

6.6.1.2　斜刀片剪切机

如图 6-15b 所示，斜刀片剪切机两个刀片中有一个刀片相对于另一刀片是成某一角度倾斜布置的。一般是上刀片倾斜，其倾斜角为 $1° \sim 6°$，用来横向冷剪或热剪钢板、带钢、薄板坯，故又称为钢板切机。有时，也用来剪切成束的小型钢材。

轧件在斜刀片剪切机上剪切时，刀片与轧件接触区的长度不等于轧件整个断面宽度，而仅仅是一条斜线，由于刀片与轧件接触长度远远小于轧件宽度，所以，斜刀片剪切机剪切面积小，使剪切力得以减小。

6.6.1.3　圆盘式剪切机

如图 6-15c 所示，剪切机两个刀片均呈圆盘状。用来纵向剪切运动中的钢板（带钢）的边，或将钢板（带钢）剪成窄条，一般均布置在连续式钢板轧机的纵切机组的作业线上，广泛用于纵向剪切厚度小于 $20 \sim 30mm$ 的钢板及薄带钢。

6.6.1.4　飞剪机

飞剪机用来横向剪切运动着的轧件，如图 6-15d 所示。剪刃在剪切轧件时要随着运动着的轧件一起运动，即剪刃应该同时完成剪切与移动两个动作。可装设在横切机组、连续镀锌机组和连续镀锡机组等连续作业精整机组上。

A　飞剪机的类型

飞剪机可分为切头飞剪机和切定尺飞剪机两大类。目前应用较广泛的飞剪机有滚筒式飞剪机、曲柄回转杠杆式飞剪机、曲柄偏心式飞剪机、摆式飞剪机和曲柄摇杆式飞剪机等。

B　飞剪调长方程

根据工艺要求，飞剪机要将轧件剪切成规定长度。因此，对于定尺飞剪机，要求飞剪机的剪切长度能够调整。通常用送料辊或最后一架轧机的轧辊，将轧件送往飞剪进行剪切，如图6-18所示。若轧件运动速度 v_0 为常数，而飞剪每隔 t 时间剪切一次，则被切

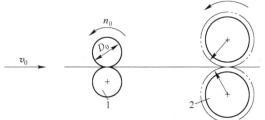

图 6-18　送料辊与飞剪机布置简略图
1—送料辊；2—飞剪机

下部分的长度 L 是两次剪切间隔时轧件所走过的距离，即 $L = v_0 t = f(t)$。此为飞剪机调长的基本方程。

a 启动工作制剪切长度的调整

启动工作制是剪切一次以后，剪刀停止在某一位置上，下次剪切时，飞剪重新启动，这种工作制度用于剪切轧件头、尾部或定尺较长而运动速度较低的轧件。

当轧件头部到达装设在飞剪机后的光电装置（图 6-19b）时，飞剪机便自动启动。轧件的定尺长度 L 按下式确定

$$L = L' + v_0 t_0$$

式中 L'——光电装置与飞剪机间的距离；

t_0——飞剪机由启动到剪切的时间。

当轧件定尺长度较短时，可能出现 $L < L' + v_0 t_0$ 时，光电装置就需要设置在飞剪机的前面（图 6-19a），轧件剪切长度 L 为：

$$L = v_0 t_0 - L'$$

b 连续工作制剪切长度的调整

当轧件运动速度较高或定尺长度短时，一般都采用连续工作制，其剪切长度基本公式可用下式表示：

$$L = v_0 t = v_0 \frac{60}{n} k$$

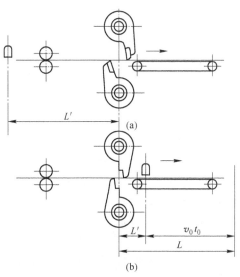

图 6-19 光电装置布置简略图
（a）光电装置设置在飞剪机前面；
（b）光电装置设置在飞剪机后面

式中 n——刀片每分钟的转数；

k——在相邻两次剪切时间内刀片所转的圈数，称为空切系数。如每转一周剪切一次时（即不空切）$k = 1$；每转二周剪切一次时（即空切一次）$k = 2$；依此类推。

由上式可知，当 v_0 为定值时，剪切长度可通过改变 n 或 k 来调节。至于如何调节，取决于各种飞剪机的结构特点。

6.6.2 锯机

锯机广泛用来切断异型断面轧件，以获得断面整齐的定尺产品。锯机可以分成热锯机、冷锯机、热飞锯机和冷飞锯机四类。锯机主要由锯片传动机构、锯片送进机构和调整定尺的锯机横移机构组成。

常用锯片直径 D 作为热锯机的主要系列标称，如 $\phi 1500 \text{mm}$、$\phi 1800 \text{mm}$、…热锯机。锯片直径 D 决定于被锯切轧件的断面尺寸。要保证锯切最大高度的轧件时，锯轴、上滑台和夹盘能在轧件上面自由通过。同时，为使被锯切断面能被完全锯断，锯片下缘应比辊道表面最少低 $40 \sim 80 \text{mm}$（新锯片可达 $100 \sim 150 \text{mm}$）。

初选锯片直径 D 时，可按被锯切的最大轧件高度用以下经验公式计算：

对于方钢 $D = 10A + 300$ （A——方钢边长）

对于圆钢 $D = 8d + 300$ （d——圆钢直径）

对于角钢 $D = 3B + 350$ （B——角钢对角线长度）

对于槽钢, 工字钢 $D = C + 400$ （C—钢材宽度）

根据计算的锯片直径值, 参考有关系列标准和资料加以最后确定。锯片直径的允许重磨量为 $5\% \sim 10\%$。

6.7 矫直设备

轧件在加热、轧制、精整、运输及各种加工过程中, 往往产生不同程度的弯曲、瓢曲、浪形、镰刀弯或歪扭等塑性变形或内部残余应力, 为了消除这些形状缺陷和残余应力, 获得平直的成品钢材, 轧件需要在矫直机上进行矫直。

6.7.1 矫直机的分类

矫直机可以分为压力矫直机、辊式矫直机、管棒材矫直机、拉伸矫直机和拉伸弯曲矫直机等几种类型。

（1）压力矫直机。如图 6-20 所示, 将轧件的弯曲部位支撑在工作台的两个支点之间, 用压头对准最弯部位进行反向压弯。压头撤回后工件的弯曲部位变直。这种矫直机用来矫直大型钢梁、钢轨、型材、棒料和管材, 主要缺点是生产率低且操作较繁重。

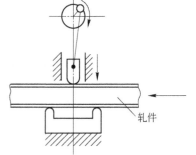

图 6-20 压力矫直机

（2）板、带材和型钢用的辊式矫直机。如图 6-21 所示, 在辊式矫直机上轧件多次通过交错排列的转动着的辊子, 利用多次反复弯曲而得到矫正, 辊式矫直机生产率高且易于实现机械化, 在型钢车间和板带材车间获得广泛应用。图 6-21a 中上排每个工作辊可单独调整的矫直机, 这种调整方式较灵活, 但由于结构配置上的原因, 它主要用于辊数较少、辊距较大的型钢矫直机。图 6-21b 是整排上工作辊平行调整的矫直机, 通常出、入口的两个上工作辊（也称导向辊）做成可以单独调整的, 以便于轧件的导入和改善矫正质量, 这种矫直机广泛用来矫正 4 ~12mm 以上的中厚板。图 6-21c 是整排上工作辊可以倾斜调整的矫直机, 这种调整方式使轧件的弯曲变形逐渐减小, 符合轧件矫正时的变形特点, 它广泛用于矫正 4mm 以下的薄板。图 6-21d 是上排工作辊可以局部倾斜调整（也称翼倾调整）的矫直机, 这种调整方式可增加轧件大变形弯曲的次数, 用来矫正薄板。

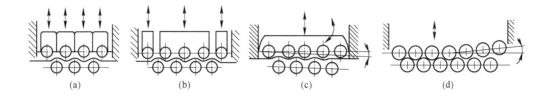

图 6-21 辊式矫直机

（a）上辊单独调整；（b）上辊整体平行调整；（c）上辊整体倾斜调整；（d）上辊局部倾斜调整

在辊式矫直机上, 第 1 辊至第 3 辊的矫直力是递增的, 第 3 辊矫直力为最大值。然后, 矫直力开始减小。但第 6 辊至第 $n-5$ 辊的矫正力是一个稳定值。从第 $n-5$ 辊后, 各辊矫直力又开始递减, 第 n 辊矫直力为最小值。

（3）管材、棒材矫直机。如图 6-21 所示, 管、棒材矫直原理也是利用多次反复弯曲轧件使之被矫直。

图 6-22a 是斜辊式矫直机，这种矫直机的工作辊具有类似双曲线的空间曲线的形状，两排工作辊轴线互相交叉，管棒材在矫正时边旋转边前进，从而获得以轴线对称的形状。图 6-22b 是"313"型辊式矫直机，这种矫直机的设备重量轻，易于调整和维修，用于矫正管、棒材时，效果很好。

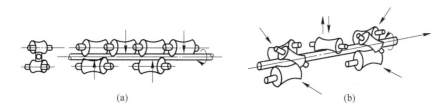

图 6-22 管材、棒材矫直机
（a）一般斜辊式；（b）"313"型

（4）拉伸矫直机。也称张力矫直机，主要用于矫正厚度小于 0.6mm 的薄钢板和有色金属板材，如图 6-23 所示。通常，辊式板带材矫直机只能有效地矫正轧件的纵向或横向弯曲（即二维形状缺陷）。至于板带材的中间瓢曲或边缘浪形（三维形状缺陷）则是由于板材沿长度方向各纤维变形量不等造成的。为了矫正这种缺陷，需要使轧件产生适当的塑性延伸，这时需采用拉伸矫正方法。拉伸矫正的主要特点是对轧件施加超过材料屈服极限的张力，使之产生弹塑性变形，从而将轧件矫平。图 6-23a 是矫正单张板材的钳式拉伸矫直机，这种设备生产率低且夹钳夹住的部分要切除，造成的金属损耗较大。图 6-23b 是连续拉伸机组，它由两个张力辊组组成，拉伸所需的张力由张力辊对带材的摩擦力产生，这种矫直机主要用于有色金属。

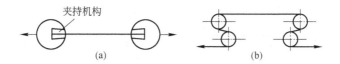

图 6-23 拉伸矫直机
（a）夹钳式；（b）连续拉伸机组

（5）拉伸弯曲矫直机组。如图 6-24 所示，拉伸弯曲的基本原理是当带材在小直径辊子上弯曲时，同时施加张力，使带材产生弹塑性延伸，从而矫平。这种矫直机组一般用在连续作业线上，可以矫正各种金属带材（包括高强度极薄带材）。拉伸弯曲机组也可在酸洗机组上进行机械破鳞，以提高酸洗速度。

（6）扭转矫直机。如图 6-25 所示，扭转矫直机对发生扭转变形的轧件施加外扭矩使其反向扭转而矫直，是用来消除轧件断面相对轴线发生扭转变形的一种矫直设备，主要用于矫直型材。

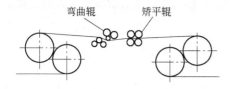

图 6-24 拉伸弯曲矫直机组

图 6-25 扭转矫直机

6.7.2　弯曲矫直理论

　　轧件的矫直就是使轧件承受一定方式和大小的外力,产生一定的弹塑性变形,当除去外力后,在内力作用下产生弹性恢复变形,从而得到正确的轧件形状。轧件的矫直过程,实质是弹塑性变形的过程。

　　轧件在外力矩 M 的作用下弯曲变形时,中性层以上的各层纵向纤维产生拉伸变形,中性层以下的各层纵向纤维产生压缩变形,如图 6-26 所示。

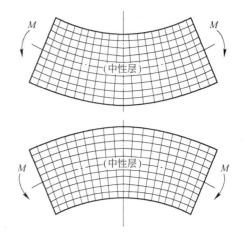

图 6-26　轧件弯曲变形示意图

　　图 6-27 所示为在弹塑性弯曲阶段,轧件的几种变形状态。由图 6-27 可看出,在弹塑性弯曲阶段,随着外力矩的增大,轧件可呈现三种弯曲变形状态:

　　(1) 弹性弯曲的极限状态。在外力矩作用下,轧件表面层应力达到了材料屈服限 (图 6-27a)。各层纤维都处于弹性变形状态,外力矩去除后,在弹性内力矩的作用下,各层纵向纤维的应变将全部弹性恢复。

　　(2) 弹塑性弯曲状态。外力矩继续增大,一部分纤维层产生塑性变形,外力矩越大,塑性变形区由表层向中性层扩展的深度也越大 (图 6-27b)。外力矩去除后,纵向纤维的变形有的只能部分地弹性恢复。

　　(3) 全塑性弯曲状态。对理想弹塑性材料,这是外力矩增大至使整个断面上各层纤维的应力都达到屈服极限时的假想状态 (图 6-27c)。此时,外力矩达到了最大值,外力矩消除后,各层纤维的变形只能部分地弹性恢复。

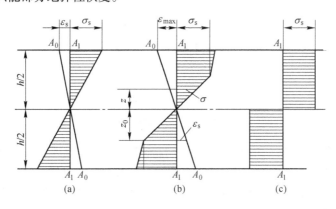

图 6-27　理想弹塑性材料应力分布图
(a) 弹性弯曲;(b) 弹塑性弯曲;(c) 全塑性弯曲

　　轧件弹塑性弯曲变形过程由两个阶段组成,在外力矩作用下的弯曲阶段和外力矩去除后的弹性恢复阶段。

6.7.3　轧件弹塑性弯曲过程的曲率

　　(1) 原始曲率 $\dfrac{1}{r_0}$。

如图 6-28a 所示，轧件初始状态下的曲率称为原始曲率，用 $\dfrac{1}{r_0}$ 表示，r_0 是轧件的原始曲率半径，曲率的方向用正、负号表示。$+\dfrac{1}{r_0}$ 弯曲凸度向上的曲率，$-\dfrac{1}{r_0}$ 弯曲凸度向下的曲率，$\dfrac{1}{r_0}=0$ 表示轧件原始状态是平直的。

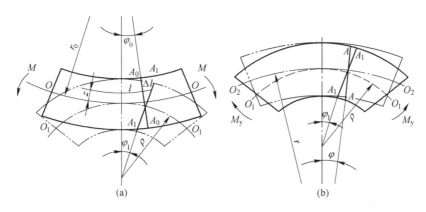

图 6-28 弹塑性弯曲时曲率的变化

（a）弯曲阶段；（b）弹复阶段

（2）反弯曲率 $\dfrac{1}{\rho}$。

如图 6-28a 所示，反弯曲率是在外力矩作用下，轧件被反向强制弯曲后所具有的曲率。反弯曲率的选择是决定轧件能否被矫直的关键。轧件矫直的实质就是选择适当的反弯曲率，以便使轧件在外负荷消除后，经过弹性恢复而变直。在压力矫直机和辊式矫直机上，反弯曲率是通过矫直机的压头或辊子的压下获得的。

（3）残余曲率 $\dfrac{1}{r}$。

如图 6-28b 所示，残余曲率是轧件弹复后的曲率，如果轧件被矫平，则 $\dfrac{1}{r_i}=0$。在连续弯曲过程中，这一残余曲率将是下一次反弯时的原始曲率。

（4）弹复曲率 $\dfrac{1}{\rho_y}$。

如图 6-28b 所示，弹复曲率是轧件弹复阶段的曲率变化量，它是反弯曲率与残余曲率之代数差，即 $\dfrac{1}{\rho_y}=\dfrac{1}{\rho_0}-\dfrac{1}{r_i}$，要使 $\dfrac{1}{r_i}=0$，须使 $\dfrac{1}{\rho_y}=\dfrac{1}{\rho_0}$，表明了一次性矫直轧件的基本原则。

（5）总变形曲率 $\dfrac{1}{r_c}$。

总变形曲率是轧件弯曲变形的曲率变化量，是原始曲率与反弯曲率的代数和，即 $\dfrac{1}{r_c}=\dfrac{1}{r_0}+\dfrac{1}{\rho}$。

6.8 卷取设备

卷取机是将超长轧件卷取成卷以便于储存和运输，可分为热带材卷取机、冷带材卷取机、小型线材卷取机等。卷取机是轧钢车间的重要辅助设备，在带材和线材生产中广泛应用。

6.8.1　热带钢卷取机

热带钢卷取机是热连轧机、炉卷轧机和行星轧机的配套设备，有多种形式：地上式、地下式、有卷筒式、无卷筒式等。由于地下式卷取机具有生产率高，便于卷取宽且厚的带钢，卷取速度快而钢卷密实等特点。所以现代热连轧生产线上主要采用地下式卷取机。

（1）地下式卷取机的设备配置。地下式卷取机布置在热带钢连轧机输出辊道后面，由于它位于辊道标高之下，所以被称为地下式卷取机。

在整个连轧机组中，卷取机的工作条件最为恶劣，也是最易出故障的环节之一。为保持连轧机组的生产节奏，一般依次布置三台以上的卷取机。两台交替使用，一台备用检修。为使带钢温度在卷取前冷却到金属相变点以下，卷取机与末架精轧机之间的距离一般要求保持在120～150m；在有些高生产率且产品厚度范围大的热连轧线上，要求距末架轧机60～70m处安装两台近距离卷取机，用来卷取冷却速度快的薄带钢，距末架轧机180～200m处安装2～3台远距离卷取机，用来卷取冷却慢的厚带钢，以保证带钢的质量。

地下式卷取机主要由张力辊及其前后导尺、导板装置、助卷辊及助卷导板、卷筒及卸卷装置等组成。此外，在卷取区域还需配置一些其他辅助设施，如机上过桥辊道、事故剪切机、带卷输出运输链、运输车、翻卷机、打捆机等。

（2）地下式卷取机的卷取工艺。下面以图6-29所示的三辊式地下卷取机为例说明卷取工

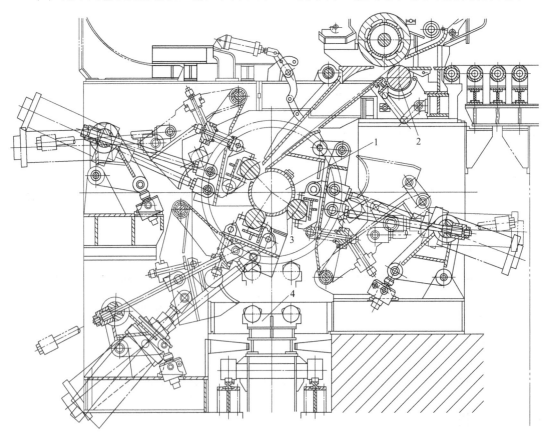

图 6-29　三辊式地下卷取机

1—卷筒；2—喂料辊；3—助卷辊；4—卸卷小车

艺过程。

　　1）准备状态。此时，上张力辊下压，助卷辊围抱卷筒。张力辊和助卷辊在各自的辊缝调整机构控制下，在上、下张力辊之间、助卷辊与卷筒之间都有与带钢厚度相适应的辊缝。带钢进入卷取机时，张力辊前导尺正确导向，借助导板装置，在张力辊和卷筒之间形成封闭路径，使带钢能顺利地卷上卷筒。

　　2）正常卷取。待带钢卷上3～5圈后，带钢在卷筒和轧机之间能建立稳定的张力。此时上张力辊放松，助卷辊全部打开（卷厚带钢时，第一个助卷辊要始终压住带钢），卷筒和轧机一起加速至最高速度，进入正常卷取状态。

　　3）收卷状态。带尾即将离开轧机时，卷取机进入收卷状态，轧机与卷取机同时降速，助卷辊合拢，压住外层带卷。当带钢脱离末架轧机时，张力辊压紧，传动电机处于发电状态，使带钢在张力辊与卷筒之间建立张力，避免带尾跑偏或钢卷外层松散。卸卷时助卷辊打开，卸卷小车上升托住带卷，待卷筒收缩后，可将钢卷移出。此后卷取机又恢复准备工作状态。

6.8.2　冷带钢卷取机

　　目前冷轧带钢的卷取绝大多数采用卷筒式卷取机，其设备配置比较简单，主要由卷筒及其传动系统、压紧辊、活动支撑和推卷、卸卷等装置组成。卷筒及其传动系统构成卷取机的核心部分，生产率高的卷取机往往还设有助卷器。

　　冷带钢卷取机采用较大张力卷取，卷筒多是悬臂的，承受很大的负荷，故应保证卷筒足够高的刚度和强度。为了卸卷方便，卷筒直径应能可靠地涨缩。带钢精整线往往要求带钢在运行时严格对中，使卷取的带卷边缘整齐，为此常采用自动纠偏控制装置。

　　常见的冷带钢卷取机有实心卷筒式、四棱锥式、八棱锥式、四斜楔式、弓形块式等结构。

　　对于冷轧带材卷取机，卷筒直径的选择一般以卷取过程中内层带材不产生塑性变形为设计原则。对热轧带材卷取机，则要求带材的头几圈产生一定程度的塑性变形，以便得到整齐密实的带卷。

　　卷筒筒身工作部分长度应等于或稍大于轧辊辊身长度，卷筒直径的胀缩量约为15～40mm，热轧情况取大值。

6.8.3　线材卷取机

　　线材卷取机的形式经历了两个变化阶段。20世纪60年代以前，线材卷取机的作用是单纯打卷以便于线材的收集和运输。

　　线材卷取机分为轴向送料的线材卷取机和径向送料的线材卷取机两大类。

6.9　辊　道

　　辊道是用来纵向运输轧件的主要设备。轧件进出加热炉，将加热好的坯料送往轧机进行反复轧制，以及轧后将轧件送到剪切机、矫直机等进行精整等工作，都是通过辊道来完成的。

6.9.1　辊道的类型

　　辊道按用途分类，可分为工作辊道、运输辊道、收集辊道、移动辊道、摆动辊道、炉内辊道等几大类。

　　工作辊道是靠近工作机座的辊道，直接布置在轧钢机工作机座的前后。

　　运输辊道是除工作辊道外，用来将轧件从原料场送到加热炉或从加热炉送到轧机，以及用以连接轧机的各个辅助设备的辊道都称为运输辊道。

收集辊道位于设备加工线的尾部，用于将轧成的半成品或成品收集起来，以便进行整理、打印、冷却、捆扎或其他加工工序。常装在剪切机的前后，其辊子斜放可自动收集轧件。

移动辊道可沿轧件运动方向移动，它常装设在剪切机后，移动辊道的目的是便于切头落入切头运输机上及时运走。

摆动辊道可使轧件上下摆动便于轧制或剪切。如在三辊式轧机上的升降台上的辊道以及安装在上切式剪切机后面摆动台上的辊道。

炉内辊道是用来装在钢板退火炉内作为炉底的辊道，它采用链传动，辊子是空心的，便于通水冷却。

6.9.2 辊子的形状和结构

根据传动方式，辊道可分为单独传动辊道和集体传动辊道。

6.9.2.1 辊子的形状

根据辊道的用途，辊子辊身的形状可分为以下五种：

（1）圆柱形辊子。这种辊子主要用在型钢轧机和钢板轧机上，在各类轧机上应用最广。

（2）阶梯形辊子。作为开坯机的前几个辊子，如机架辊，它们的直径随轧辊孔型深度不同而不同。

（3）锥形辊子。用于中厚板轧机的前、后工作辊道上，回转钢板。也用于转弯辊道等。

（4）多辊环辊子（或花辊）。通常相邻两辊的辊环互相交错排列，轧件上的氧化铁皮容易掉下，并能在辊距小于辊径时工作。运送短轧件平稳，常用于中厚板轧机的工作辊道、冷却辊道和热处理炉底辊道等。

（5）双锥形辊子。用于运送管坯和钢管。

6.9.2.2 辊子结构

辊子的结构和辊道的工作条件有关，辊子可分为实心辊和空心辊两种。辊子的制造有锻造、焊接和铸造三种方法。

（1）实心锻钢辊子。这种辊子价格最贵，一般仅用在负荷重、冲击负荷较大的辊道上。

（2）由厚壁钢管或铸钢制成的空心辊子。这种辊子一般用在中等或轻负荷的辊道上。空心辊子的轴端可以是锻造的，优点是重量轻、飞轮力矩小，特别适合于启动工作制的辊道。

（3）铸铁辊子。这种辊子价格便宜，一般用在轻负荷的辊道上，由于铸铁辊子不易擦坏轧件表面，故常用于成品轧件的输出辊道。

6.9.3 辊道的参数及其选择

辊道的主要参数是辊子的直径 D、辊身长度 l、辊距 t、辊道的速度 v 和辊道的总长度 L。

（1）辊子直径 D。辊子直径 D 的大小首先要保证辊身具有足够的强度，并考虑辊颈轴承及其他相关机构的几何尺寸。在此前提下，应尽量减小辊子的直径，来减小辊子的重量和飞轮力矩。降低电机功率的消耗。

（2）辊身长度 l。辊身长度 l 一般根据辊道用途来确定。主要工作辊道辊子的辊身长度，一般等于轧辊的辊身长度，但有时要取得稍长些。型钢轧机辅助工作辊道辊子的辊身长度要比轧辊辊身长度短，因为轧件只在最后几道轧制时，辅助辊道才运转。运输辊道辊子的辊身长度 l，决定于运输的轧件宽度 b。

（3）辊距 t。辊距 t 是表示两相邻辊子轴线间的距离，它的大小取决于轧件的长度和厚度。

1）在运输短轧件时，辊距不能大于最短轧件长度的一半，以保证轧件至少同时有两个辊子支撑，避免轧件撞击辊子或顶住打滑。

2）运输长而薄的轧件时，辊距的最大值要受到轧件在辊道上运动时，由轧件的自重作用而引起轧件弯曲造成卡钢事故的限制，这一点在成品输出辊道上尤为重要。为使轧件不产生附加弯曲，在这些辊道上一般取较小的辊距。

（4）辊道的速度 v。工作辊道的速度一般按轧制速度选取，当轧件薄而长时，轧机机后工作辊道的速度要比轧制速度大 5% ~ 10%，以免轧件向旁边移动和形成皱纹。运输辊道的速度按照生产率要求来确定，一般输入辊道的速度取为 1.5 ~ 2.5m/s，轧机输出辊道的速度要比轧制速度大 5% ~ 10%。

（5）辊道的总长度 L。辊道的总长度是根据生产工艺情况来决定的。

6.10 活套支撑器

活套支撑器又称活套挑或支浪器，是热连轧带钢轧机精轧机组中特有的辅助设备。活套支撑器装配在热连轧带钢轧机精轧机组的机座之间，如图 6-30 所示，直接和轧制力能参数发生紧密联系，因而具有特殊的地位与作用。

6.10.1 活套支撑器的作用

（1）支套。在活套支撑器的活套辊工作摆角范围内储存一定的活套量，随时吸收松弛了的带钢。以防止失张后造成的多层进钢断辊事故。

（2）恒张。在活套辊的工作摆角范围内，保持带钢恒定的小张力，减小张力波动对带钢厚度和宽度的影响。

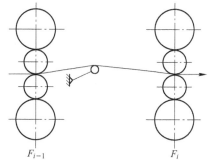

图 6-30 活套支撑器的功能

（3）纠偏缓冲与纠偏指令。在相邻两机座间的连轧常数被破坏时，借助活套支撑器的摆动适应套量的变化并保持张力的恒定，仅仅是纠偏的一个缓冲手段。然而活套支撑器在工作摆角范围内所能吸收的活套量变化不过几十毫米，企图指望单纯依靠活套支撑器的摆动来维持张力的恒定是完全不可能的。带速偏差所产生的活套量变化是靠轧机主传动调速来纠正的。活套支撑器一方面依靠其摆动起纠偏缓冲的作用，一方面则将轧件活套量的变化传递给轧机主电动机的控制系统，使轧机主电动机调速以维持连轧常数不变，将活套支撑器的活套辊拉回电气零位。

在轧制一根带钢的整个过程中，活套支撑器的运动可分为起套、正常连轧和落套三个阶段。

6.10.2 活套支撑器的类型

活套支撑器按其驱动的动力类别分为电动活套支撑器、气动活套支撑器和液压活套支撑器三类，如图 6-31 所示。

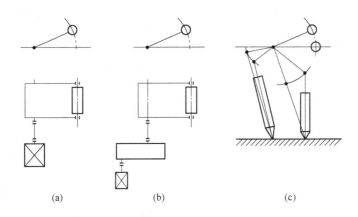

图 6-31　活套支撑器的结构型式

（a）直流电动机驱动；（b）经减速器电动机驱动；（c）气（液）压驱动

7 钢坯加热工艺与设备

7.1 热工基础知识

7.1.1 燃料

燃料指燃烧时能放出大量的热，且其热量能够被有效地利用在工业和其他方面的物质。燃料可分为固体燃料、液体燃料和气体燃料三种。目前，轧钢生产的加热炉大多使用气体燃料，因此，这里主要介绍气体燃料。

加热炉常用的气体燃料有天然气、高炉煤气、焦炉煤气、转炉煤气、发生炉煤气等，其成分与发热量见表 7-1。

表 7-1 各种气体燃料的成分及发热量

种类 \ 成分	干成分质量分数/%							$Q_{低}/kJ \cdot m^{-3}$
	CO	H_2	CH_4	C_mH_n	CO_2	O_2	N_2	
天然气	—	0~2	85~97	0.1~4	0.1~2	—	0.2~4	33500~46000
高炉煤气	21~33	2~3	0.3~0.5	—	10~19	—	55~58	3350~4200
焦炉煤气	6~8	55~60	24~28	2~4	2~4	0.4~0.8	4~7	16000~18800
转炉煤气	50~70	0.5~2.0	—	—	10~25	0.3~0.8	10~20.5	6280~10467
发生炉煤气	20~27	11~17	1.1~7	0.2~0.4	3~7	0.1~0.6	46~55	5020~5670

气体燃料的成分包括可燃成分和不可燃成分。例如 CO、H_2、CH_4、C_2H_4、C_mH_n 等属于可燃成分，它们在燃烧时能放出热量。而 CO_2、N_2、O_2、H_2O 等属于不可燃成分，它们在燃烧时不能放出热量，其含量不能过高。另外，H_2S 的燃烧产物 SO_2 有毒性，对人身和设备都有害，被视为有害成分，此外气体燃料中还含有少量灰尘。在燃料中，不可燃成分的增加会使可燃成分减少，从而使发热量有所降低。

燃料发热量的高低是衡量燃料质量和热能价值高低的重要指标，也是燃料的一个重要特性。在实际生产中知道燃料的发热量有助于正确地评价燃料质量的好坏，以便指导现场操作。

7.1.2 传热原理

传热是指物体相互之间或同一物体的两部分间热量传递过程。例如，将冷钢坯送入炽热的加热炉内，它就会被加热，钢坯的温度会逐渐升高。热量总是从高温向低温传递，温度差是传热的必要条件。传热是一种复杂的物理现象，根据其物理本质的不同，把传热过程分为传导、对流和辐射三种。

7.1.2.1 传导

传导传热是指物体内部两相邻质点通过热振动，将热量从高温部分传递给低温部分的现象。如炉墙的散热，钢坯由表面向内部的加热等。传导传热的快慢主要与材料的性质和温度差有关。材料性质即物体导热能力的大小用导热系数来表示，主要通过实验方法测得，气体、液体和固体三者比较来看，气体的导热系数最小，固体的导热系数最大。钢铁依其化学成分、热处理和组织状态的不同，其导热系数有很大差别。例如，经轧制的钢其导热性要比铸造的好，经退火的钢要比未经退火的钢导热性好，碳素钢的导热性要比合金钢好。

7.1.2.2　对流

对流传热发生在流体与固体表面之间，且传热过程中总伴随着传导传热存在，特别是当流体流经固体表面时，由于层流边界层的存在，在边界层内只有传导传热发生。这种对流与传导的综合作用也称"对流给热"或称"对流换热"。加热炉内的对流传热属于气体与固体之间的传热，这种传热是炽热的高温气体质点不断地撞击钢坯表面，将热量传给温度较低的钢坯的过程。如果将热钢坯置于一个温度比它低的环境中（例如钢坯出炉后停在输送辊道上待轧时），冷空气流经钢坯表面吸取钢坯的热量，这也是对流传热。影响对流给热的因素不仅仅有物体的温度差，还与流体的流动情况、流体流动的性质、流体的物理性质和固体表面形状、大小、位置有关。

7.1.2.3　辐射

热辐射能是电磁波的一种。物体的热能变为电磁波（辐射能）向四周传播，当辐射能落到其他物体上被吸收后又变为热能，这一过程称为辐射换热。辐射传热量的大小主要与辐射体的温度有关，也就是说，与辐射体之间的温度差有关。在炉膛内加热坯料时，如果提高炉墙的温度，则炉墙辐射给坯料的热量就会增加。因此，提高炉温对快速加热有决定性意义。其次，辐射传热量的大小还与辐射体的黑度有关。

在加热炉的炉膛内，热的交换过程是相当复杂的，往往是辐射、对流和传导同时存在。在炉内加热钢料时，钢料依靠各种方式得到热量，与炉底接触或钢料相互间接触由传导方式得到热量，与炉气接触由对流方式得到热量，高温炉墙和炉气通过辐射方式将热量传给钢料。当温度在800℃以下时，热量的传递主要依靠对流作用和传导作用；当温度在800～1000℃之间时，热量的传递主要以对流及辐射同时进行；当温度高于1000℃时，这时辐射传热是加热钢坯的主要方式，虽然这时同时存在辐射、对流和传导的综合作用，但炉内被加热钢坯所吸收的热量约有90%是来自辐射方式的。

7.1.3　耐火材料

砌筑加热炉广泛使用各种耐火材料和绝热材料。耐火材料的合理选择与正确使用是保证加热炉的砌筑质量，提高炉子的使用寿命，减少炉子热能损耗的前提。耐火材料的种类繁多，了解各种耐火材料的性能、使用要求及方法，是正确使用耐火材料的必要条件。

砌筑加热炉的耐火材料应满足在高温条件下使用时，不软化、不熔融，即具有一定的耐火度；在高温下具有一定的结构强度，能够承受规定的建筑荷重和工作中产生的应力；在高温下长期使用时，体积保持稳定，不会产生过大的膨胀应力和收缩裂缝；温度急剧变化时，不能崩裂破坏；对熔融金属、炉渣、氧化铁皮、炉衬等的侵蚀有一定的抵抗能力；具有较好的耐磨性及抗热震性能；外形整齐，尺寸精确，公差不超过要求。

加热炉及热处理炉常用的耐火砖有黏土、高铝砖、硅砖、镁砖和碳化硅质制品。选择耐火材料时，应根据具体的使用条件选用恰当的耐火材料。

7.2 钢坯加热常见缺陷

钢坯在加热过程中，如果加热炉内的温度和气氛控制不当，会出现钢的氧化、脱碳、过热、过烧以及加热温度不均匀等缺陷，严重地影响钢的加热质量，甚至造成大量废品和降低炉子的生产率。

7.2.1 钢的氧化

钢的氧化是由于高温炉内含有大量 O_2、CO_2、H_2O 等氧化性气氛使钢表面生成氧化铁皮。氧化铁皮覆盖在钢的表面，从外到内依次是 Fe_2O_3、Fe_3O_4、FeO 组成物。氧化铁皮会使后续轧制压入钢的表面产生麻点，损害表面质量，严重时会造成轧后废品。所以在轧制前必须采用机械法或高压水破鳞来清除氧化铁皮。

钢在炉内的氧化与加热温度、加热时间、炉气成分、钢的成分等因素有关，其中炉气成分、加热温度、钢的成分对氧化速度有较大的影响，而加热时间是影响钢烧损量的主要因素。

随着加热温度的升高，钢中铁的氧化速度加快，尤其是在1000℃以上时，氧化速度急剧上升，所以必须在保证加热质量的情况下，控制在较低的加热温度，同时缩短高温中的加热时间。

炉气中氧化性最强的是 SO_2，依次是 O_2、H_2O 和 CO_2 等，所以通过调整燃料成分、空气消耗系数、完全燃烧与否，使炉气保持在还原性或中性气氛范围。在实际生产中通过保证炉子微正压操作，防止吸入冷空气，而增加钢的氧化；在煤气燃烧的情况下，使用过剩空气量达最小，尽量减少燃料中的水分与硫含量；待轧时，要及时调整热负荷和炉压，降炉温，关闭闸门并使炉内气氛为弱还原性气氛。

7.2.2 钢的脱碳

钢在加热过程中，表面除了被氧化烧损外，还会造成表层内含碳量的减少，称为钢的脱碳。除电工硅钢要求脱碳外，其他钢种的脱碳都被认为是钢的缺陷。脱碳使钢的硬度、耐磨性、疲劳强度、冲击韧性、使用寿命等力学性能显著降低。对工具钢、滚珠轴承钢、弹簧钢、高碳钢等质量有很大的危害，甚至因脱碳超出规定而成为废品。

影响脱碳的主要因素是温度、时间、气氛，此外钢的化学成分对脱碳也有一定的影响。脱碳与氧化密切相关，所以减少钢的氧化的措施基本适用于减少脱碳。在操作上减少或防止脱碳的方式是应尽量采取较低的加热温度；应尽可能采用快速加热的方法，特别是易脱碳的钢应避免在高温下长时间加热；根据钢的成分要求、气体来源、经济性及要求等，选用合适的保护性气体加热。

7.2.3 钢的过热

如果钢加热温度过高，而且在高温下停留时间过长，钢内部的晶粒增长过大，晶粒之间的结合能力减弱，钢的力学性能显著降低。这种现象称为钢的过热。晶粒粗大是过热的主要特征。过热的钢在轧制时极易发生裂纹，特别是坯料的棱角、端头尤为显著。

产生过热的直接原因，一般为加热温度偏高和待轧保温时间过长引起的。因此，为了避免产生过热的缺陷，必须按钢种对加热温度和加热时间，尤其是高温下的加热时间，加以严格控制，并且应适当减少炉内的过剩空气量，当轧机发生故障长时间待轧时，必须将炉温降低。过热的钢可以通过退火处理恢复钢的力学性能。

7.2.4　钢的过烧

如果钢加热到比过热更高的温度时，加热时间又长，使钢的晶粒之间的边界上开始熔化，有氧渗入，并在晶粒间氧化，这样就失去了晶粒间的结合力，失去其本身的强度和可塑性，在钢轧制时或出炉受震动时，就会断为数段或裂成小块脱落，或者表面形成粗大的裂纹。这种现象称为钢的过烧。

过烧的钢无法挽救，只好报废，回炉重炼。生产中有局部过烧，这时可切掉过烧部分，其余部分可重新加热轧制。

7.2.5　表面烧化和粘钢

由于操作不慎，可能出现表面烧化现象，表面温度已经很高，使氧化铁皮熔化，表面烧化了的钢容易烧结，粘结严重的钢出炉后分不开，不能轧制，只能报废。因此，表面烧化的钢出炉时要格外小心，表面烧化过多，容易使皮下气孔暴露，从而使气孔内壁氧化，轧制后不能密合，因此产生发裂。

一般情况下，产生粘钢的原因有：加热温度过高使钢表面熔化，而后温度又降低；在一定的推钢压力条件下，高温长时间加热；氧化铁皮熔化后粘结。

当加热温度达到或超过氧化铁皮的熔化温度（1300~1350℃）时，氧化铁皮开始熔化，并流入钢料与钢料之间的缝隙中，当钢料从加热段进入均热段时，由于温度降低，氧化铁皮凝固，便产生了粘钢。此外，粘钢还与钢种及钢坯的表面状态有关。一般酸洗钢容易发生粘钢，易切钢不易发生粘钢。钢坯的剪口处容易发生粘钢。

发生粘钢后，如果粘的不多，应当采用快拉的方法把粘住的钢尽快拉开，但切不可用关闭烧嘴或减少风量的方法降温，因为降低温度使氧化铁皮凝固，反而使粘钢更为严重。一般情况下应当在处理完粘住的钢之后，再调整炉温。如果粘钢严重，尤其是两个以上的钢坯之间发生粘钢，需用一定重量的撬棍在粘钢处进行多次冲击，方能撬开。

防止表面烧化的措施，主要是控制加热温度不能过高，在高温下的时间不能过长，火焰不直接烧到钢上。

7.2.6　钢的加热温度不均匀

如果钢坯的各部分都同样地加热到规程规定的温度，那么钢的温度就均匀了。钢坯常见的加热温度不均匀主要表现在内外温度不均匀（坯料表面与中心）、上下表面温度不均匀、钢坯长度方向温度不均等。

对于中心与表面温差大的硬心钢，应适当降低加热速度或相应延长均热时间，以减小温差。钢的上下表面温差太大时，应及时提高上或下加热炉炉膛温度，或延长均热时间，以改变钢温的均匀性。但应注意并非所有的炉子都是这样，应根据具体情况采取相应措施。

避免钢在长度方向上加热温度不均匀的措施，是适当调整烧嘴的开启度，特别是采用轴向烧嘴的炉子，以保证在炉子宽度方向炉温分布均匀；同时还要注意调整炉膛压力，保证微正压操作，做好炉体密封，防止炉内吸入冷空气。

钢的加热温度不均不仅给轧制带来困难，而且对产品质量影响极大，因此生产中必须尽可能地减少加热的温度不均匀性。

7.2.7 加热裂纹

加热裂纹分为表面裂纹和内部裂纹两种，加热中的表面裂纹往往是由于原料表面缺陷（如皮下气泡、夹杂、裂纹等）消除不彻底造成的。原料的表面缺陷在加热时受温度应力的作用发展成为可见的表面裂纹，在轧制时则扩大成为产品表面的缺陷，此外过热也会产生表面裂纹，因此在实际生产中要对原料进行检查，并严格控制加热温度，消除原料中的表面缺陷。加热中的内部裂纹一般是加热速度过快或装炉温度过高引起的，一般高碳钢易出现这种情况。

7.3 钢坯加热工艺制度

钢坯加热工艺制度包括加热温度、加热速度、加热时间、加热制度的制定等。

7.3.1 加热温度

钢的加热温度是指钢坯在炉内加热完毕出炉时的表面温度。加热温度的选择主要是确保在轧制时钢坯有足够的塑性。根据铁碳合金相图、塑性图及再结晶图，即所谓"三图"定温的原则确定加热温度。同时，钢的加热温度与轧制时轧件的开轧温度和终轧温度紧密联系。轧件的开轧温度根据钢坯的出炉温度以保证必须的终轧温度为依据，而终轧温度主要考虑保证产品的组织与性能，保证产品的质量。例如在轧制亚共析钢时，一般终轧温度应高于 A_{r3} 线 50 ~ 100℃，以便在终轧以后，迅速冷却到相变温度，以获得细的晶粒组织。轧制过共析钢的终轧温度应高于 ES 线，因此过共析钢的终轧温度应比 SK 线高 100 ~ 150℃ 为宜。但随着控制轧制工艺的应用，使得轧制过程中的终轧温度的要求有所变化。

确定钢的加热温度不仅要根据钢种的性质，而且还要考虑到加工的要求，以获得最佳的塑性，最小的变形抗力，从而有利于提高轧制的产量、质量，降低能耗和设备磨损。

碳钢和低合金钢加热温度的选择主要是借助于铁碳合金相图。当钢处于单相奥氏体区其塑性最好，加热温度的理论上限应当是固相线 AE（1400 ~ 1530℃），实际上由于钢中偏析及非金属夹杂物的存在，加热还不到固相线温度就可能在晶界出现熔化而后氧化，晶粒间失去塑性，形成过烧。所以钢的加热温度上限一般低于固相线温度 100 ~ 150℃。碳钢的最高加热温度和理论过烧温度见表 7-2。加热温度的下限应高于 A_3 线 30 ~ 50℃。根据终轧温度再考虑到钢在出炉和加工过程中的热损失，便可确定钢的最低加热温度。终轧温度对钢的组织和性能影响很大，终轧温度越高，晶粒集聚长大的倾向越大，奥氏体的晶粒越粗大，钢的力学性能越低。所以终轧温度也不能太高，最好在 850℃ 左右，不要超过 900℃，也不要低于 700℃。

表 7-2 碳钢的最高加热温度和理论过烧温度

含碳量（质量分数）/%	最高加热温度/℃	理论过烧温度/℃
0.1	1350	1490
0.2	1320	1470
0.5	1250	1350
0.7	1180	1280
0.9	1120	1220
1.1	1080	1180
1.5	1050	1140

高合金钢的加热温度则必须考虑合金元素及生成碳化物的影响，要参考相图，根据塑性图、变形抗力曲线和金相组织来确定。

实际生产中，钢的加热温度还需结合轧制工艺的要求。如轧制薄钢带时比轧制厚钢带时的加热温度要高一些；坯料加工道次多加热温度高些，加工道次少加热温度低些等。这些都是轧制工艺特点决定的。

虽然钢坯的温度可以通过热检测仪器与计算机监测手段来检测，但是作为轧钢操作人员也应该熟练的掌握观察钢料的颜色来大致判断钢的温度。钢在加热 530℃ 以上时，会发出不同颜色的光线，其颜色与加热温度有关，各种颜色所表示的温度如表 7-3 所示。

表 7-3　钢料加热火色与温度关系

钢坯颜色	温度/℃	钢坯颜色	温度/℃
暗褐色	530～580	亮红色	830～880
棕红色	580～650	橘黄色	880～1050
暗红色	650～730	暗黄色	1050～1150
暗樱桃色	730～770	亮黄色	1150～1250
樱桃色	770～800	黄白色	1250～1300
亮樱桃色	800～830	浅黄白色	1300～1360

7.3.2　加热速度

钢的加热速度指钢在加热时单位时间内其表面温度升高的度数，单位为℃/h。有时也用加热单位厚度钢坯所需的时间（min/cm）或单位时间内加热钢坯的厚度（cm/min）来表示。

加热速度应根据某温度范围内金属的塑性和导热性来确定。一般坯料加热可分为两个时期，第一个时期是在低温带加热时期，这个时期由于金属导热性和塑性较差，容易造成金属内外层温差过大而导致热应力过大，很容易造成裂纹缺陷，甚至发生爆钢事故，特别是合金钢塑性和导热性更差，此时要慢速加热。但一般的碳钢和低合金钢在低温导热性和塑性较好，就没有必要采取过低的速度。另外有些钢种加热到相变温度时，将产生很大的组织应力，因此在该温度中要进行一段保温。第二个时期是指高温带加热时期，即当金属加热到 700～800℃ 以后，这时金属的导热性和塑性显著提高，可采取快速加热。如图 7-1 所示，坯料由装炉到出炉所采取的加热速度基本可分为两类，即变速加热和不变速加热。

7.3.3　加热时间

钢的加热时间是指钢坯在炉内加热至达到轧制所要求的温度时所必需的最少时间。钢的加热时间采用理论计算很复杂，并且准确性也不高。在生产实践中，一般连续式加热炉加热钢坯常采用经验公式：

$$\tau = KH$$

式中　τ ——加热时间，h；

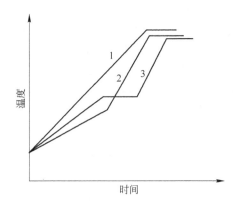

图 7-1　加热速度示意图
1—加热速度不变；2—低温带和高温带不同的
加热速度；3—考虑有相变时的不同加热速度

H——钢料厚度或圆钢直径，cm；

K——每厘米厚的钢料加热所需的时间，h/cm。对低碳钢 $K = 0.1 \sim 0.15$；对中碳钢和
  低中合金钢 $K = 0.15 \sim 0.2$；对高碳钢和高合金钢 $K = 0.2 \sim 0.3$；对高级工具钢
  $K = 0.3 \sim 0.4$。

7.3.4 加热制度

所谓加热制度是指在保证实现加热条件的要求下所采取的加热方法。具体地说，加热制度
包括温度制度和供热制度两个方面。

对连续式加热炉来说，温度制度是指炉内各段的温度分布。所谓供热制度，对连续加热炉
是指炉内各段的供热分配。从加热工艺的角度来看，温度制度是基本的，供热制度是保证实现
温度制度的条件，一般加热炉操作规程上规定的都是温度制度。

具体的温度制度不仅决定于钢种、钢坯的形状尺寸、装炉条件，而且依炉型而异。加热炉的
温度制度大体分为一段式加热制度、两段式加热制度、三段式及多段式加热制度，如图 7-2 所示。

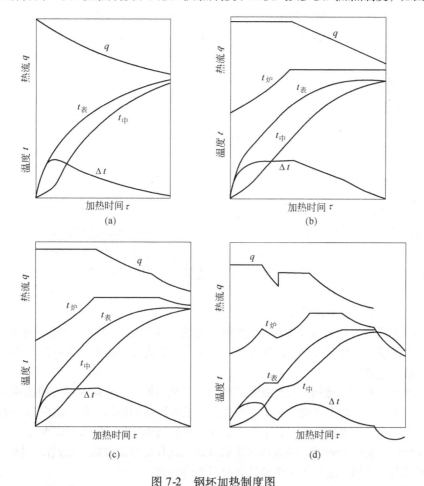

图 7-2 钢坯加热制度图

（a）一段式加热制度；（b）两段式加热制度；（c）三段式加热制度；（d）多段式加热制度

一段式加热制度是把钢料放在炉温基本上不变的炉内加热，在整个加热过程中，炉温基本
保持一定，而钢的表面和中心温度逐渐上升，达到所要求的温度。这种加热制度的温度与热流

的变化如图 7-2a 所示。一段式加热制度适用于一些断面尺寸不大，导热性好，塑性好的钢料，如钢板、薄板坯、薄壁钢管的加热，或是热装的钢料，不致产生危险的温度应力。

两段式加热制度是使钢料在两个不同的温度区域内加热，有时是由加热期和均热期组成，如图 7-2b 所示。有时是由预热期和加热期组成。这种加热制度适用于冷装或低温热装的低碳钢及热装的合金钢的加热。

三段式加热制度是把钢坯放在三个温度条件不同的区域内加热，依次是预热段、加热段、均热段，如图 7-2c 所示。三段式加热制度是比较完善的加热制度，钢料首先在低温区域进行预热，这时加热速度比较慢，温度应力小，不会造成危险。当钢温度超过 500~600℃ 以后，进入塑性范围，这时就可以快速加热，直到表面温度迅速升高到出炉所要求的温度。加热期结束时，钢坯断面上还有较大的温度差，需要进入均热期进行均热，此时钢的表面温度不再升高，而使中心温度逐渐上升，缩小断面上的温度差。该种加热制度既考虑了加热初期温度应力的危险，又考虑了中期快速加热和最后温度的均匀性，兼顾了产量和质量两方面，用于大断面坯料、高合金钢、高碳钢和中碳钢冷坯加热。

多段式加热制度用在某些钢料的热处理工艺中，由几个加热、均热、冷却期所组成，如图 7-2d 所示。热处理过程中经常为了相变的需要，必须改变加热速度，或在过程中增加均热保温的时间。

7.4　钢坯热送热装工艺

连铸坯热送热装工艺是把连铸机生产出的热铸坯切割成定尺后，在高温状态下，直接送到轧钢厂进行保温或者直接进入加热炉加热后轧制的一种生产工艺，是热轧生产节能降耗的一个重要举措。

7.4.1　热送热装的工艺条件

连铸坯热送热装分为热送装炉轧制和直接装炉轧制两种。热送装炉轧制是将高温无缺陷或经高温热清理后的铸坯，离线装入保温坑保温。根据生产计划再将连铸坯装入加热炉内加热，连铸坯入炉温度一般大于 400℃，然后再进行轧制。直接装炉轧制则是将高温无缺陷或经高温热清理后的铸坯，直接装入加热炉内进行加热，连铸坯入炉温度一般大于 700℃，然后再进行轧制。

采用热送热装的工艺条件及要求如下：

（1）稳定地供应合格质量连铸坯是应用热送热装技术的前提条件。如连铸坯质量不合格，那么轧制出来的便是废品。应用热送热装技术的条件，首先要抓炼钢、连铸技术的提高，保证供应合格质量的连铸坯。

（2）在炼钢、精炼、连铸、热轧的生产能力、周期时间、生产顺序等方面能相互配合和衔接。如上游某个工序小时生产能力大于下游就会形成热钢坯的积压，从而减少热装率或降低热装温度。在传统热轧带钢机中，工艺上对宽、窄带钢轧制顺序和时间有一定要求，而连铸机生产板坯宽度变化不能过于频繁，因而如在轧机组成上设有定宽压力机，做到使用同一宽度板坯能轧制出不同宽度带钢，这对采用热送热装技术十分有利。

（3）对生产管理水平提出更高的要求。一是在生产计划的编制方面，要尽量使适于热装连续大批量生产的货单集中安排，适当兼顾小批量、多品种、难轧材的特殊性；二是要建立一整套按连铸坯降温情况进行管理的计划体系，及时进行铸坯出连铸机后在各工序温度的检测记录、调配和管理；三是搞好设备计划维修，尽量减少计划外停机时间和事故。

（4）缩短铸轧的空间距离。即改变连铸机作为炼钢车间的一部分尽量靠近炼钢炉的传统做法，而将连铸机尽量靠近轧钢机布置，缩短热钢坯从铸机到轧钢加热炉的距离。

7.4.2 热送热装的特点

连铸坯热送热装技术是在轧钢采用的诸项新技术中的一项重大节能降耗技术，其主要特点是：

（1）运输时间短，速度快。连铸坯热送热装工艺的运输时间以小于10min为宜。由于热送热装火车不能保证一车一送，所以远距离的热送应以整炉大吨位汽车运输为宜。

（2）温降少。温降少是由运输速度快、运送时间短和采用保温设备来实现的，使铸坯温降少，入加热炉温度高。如武钢采用保温车输送、保温坑保温等措施。

（3）热装温度高。连铸坯热送热装工艺的核心必须保证入加热炉的温度要高，理想的最低温度应大于650℃，以700℃为宜。如日本日铁八幡厂，热装温度大于800℃。

（4）降低加热炉燃料消耗。钢坯入炉温度每提高100℃，可降低燃料消耗6%左右，相对于冷装工艺，采用一般热送热装工艺可节能30%，采用直接热送热装工艺可节能65%，采用直接轧制工艺可节能70%～80%。

（5）烧损量少，成材率高。500℃热装时，可减少烧损量0.5%～1.0%。

（6）生产周期短，生产率高。在传统热连轧带钢厂热轧产品生产周期可缩短80%，可降低板坯库存20%或更多，可提高加热炉生产率20%～30%。

（7）连铸坯采用保温技术。在连铸坯热装热送工艺中须采取保温措施，保温措施的要求是采用保温设备保温，且连铸坯要密集装车、密集码垛，使铸坯不至于温降太快。

（8）保证热送热装率。热送热装率是连铸坯热送热装工艺中重要的经济技术指标，热送率是指该台连铸机生产的热铸坯送到轧钢厂的数量与连铸机产量的比值；热装率是指入加热炉的热铸坯占入炉总原料量的比值。只有热送热装率高，才能充分体现该工艺的效果。

企业采用连铸坯热送热装后，不仅可降低能耗，提高成材率，也能大幅度地提高产量，这将为企业带来巨大的经济效益。随着钢铁工业技术的不断进步以及节能降耗力度的增大，连铸坯热送热装技术将不断成熟和完善，必将有更加广阔、更加美好的发展前景。

7.5 加热炉

加热炉可分为均热炉和各种形式的连续加热炉两大类。连续加热炉是轧钢车间应用最普遍的炉子。连续加热炉又分为推钢式加热炉、步进式加热炉、环形加热炉和感应加热炉等几类。

加热炉一般由炉膛、燃料系统、供风系统、排烟系统、冷却系统、余热利用装置等部分组成。炉膛是由炉墙、炉顶、炉底（包括基础）组成的一个空间，是钢坯进行加热的地方。下面重点介绍几种常见连续加热炉。

7.5.1 推钢式加热炉

推钢式连续加热炉中的钢坯在炉内是靠推钢机沿炉底滑道不断向前移运，钢料被加热到需要的温度，经出料口出炉，再沿辊道送往轧机，即端进端出方式。推钢式连续加热炉按温度制度又可分为两段式加热炉、三段式加热炉、多点供热式加热炉。

推钢式三段式加热炉（图7-3）采用预热期、加热期、均热期的三段温度制度。在炉子的结构上也相应地分预热段、加热段和均热段。一般有三个供热点，即上加热、下加热与均热段供热。断面尺寸大的钢坯多采用三段连续加热炉。

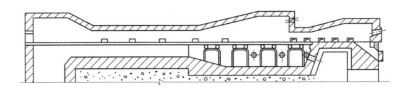

图 7-3　推钢式三段连续加热炉的炉型

加热炉的宽度、长度及炉子的生产能力计算如下：

（1）炉子宽度。主要根据坯料长度确定，其计算公式如下：

$$B = nl + (n+1)\delta$$

式中　l——坯料的长度，m；

　　　n——坯料排列数；

　　　δ——料间或料与炉墙的空隙距离，m，一般取 $0.2 \sim 0.3$ m。

（2）炉子长度。主要根据加热炉产量决定。炉子有效长度为：

$$L = \frac{Qb\tau}{60nG}$$

式中　Q——炉子的生产能力，kg/h；

　　　b——每根钢坯的宽度或两根钢坯的中心距，m；

　　　τ——加热时间，min；

　　　G——每根钢坯的质量，kg。

在推钢式连续加热炉中还要受加热炉允许的最大推钢长度的限制。一般工程上用推钢比 i 来确定，一般取 $i = 200 \sim 400$。

$$i = \frac{推钢长度}{钢料最小宽度}$$

（3）加热炉的生产能力计算。加热炉的生产能力是指加热炉的小时产量。

1）按加热时间进行计算：

$$Q = \frac{LnG}{bT}$$

式中　Q——加热炉小时产量，t/h；

　　　L——加热炉有效长度，m；

　　　b——加热钢料的断面宽度或两根钢料之间的中心距，m；

　　　n——加热炉内装料的排数；

　　　G——每根钢料的重量，t；

　　　T——加热时间，h。

2）按炉子生产率指标计算：

$$Q = \frac{PF}{1000} = \frac{PlL}{1000}$$

式中　Q——加热炉小时产量，t/h；

　　　P——有效炉底强度，kg/(m²·h)；

　　　l——钢料长度，m；

　　　L——加热炉有效长度，m。

7.5.2 步进式加热炉

步进式加热炉是各种机械化炉底炉中使用最广，发展最快的炉型，是取代推钢式加热炉的主要炉型。20世纪70年代以来，国内外新建的热轧车间，很多采用了步进式加热炉。

步进式加热炉与推钢式加热炉相比，其基本的特征是钢坯在炉底上的移动靠炉底可动的步进梁作矩形轨迹的往复运动，把放置在固定梁上的钢坯一步一步地由进料端送到出料端。移动梁的运动是可逆的，当轧机故障要停炉检修，或因其他情况需要将钢坯退出炉子时，移动梁可以逆向工作，把钢坯由装料端退出炉外。移动梁还可以只作升降运动，而没有前进或后退的动作，即在原地踏步，以此来延长钢坯的加热时间。

步进式加热炉从炉子的结构看，步进式加热炉分为上加热步进式炉、上下加热步进式炉、双步进梁步进式炉等。上加热步进式炉基本上没有水冷构件，所以热耗较低。这种炉子只能单面加热，一般用于较薄钢坯的加热。

上下加热的步进式加热炉如图7-4所示，相当于把推钢式炉的炉底水管改成了固定梁和移动梁。固定梁和移动梁都是用水冷立管支撑的。炉底是架空的，可以实现双面加热。这种炉型主要用于大型热连轧机钢坯的加热。

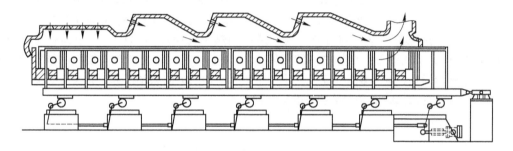

图7-4 上下加热的步进式加热炉

步进式炉的关键设备是移动梁的传动机构，目前广泛采用液压的传动机构。现代大型加热炉的移动梁及上面的钢坯重达数百吨，使用液压传动机构运行稳定，结构简单，运行速度的控制比较准确。

7.5.3 环形加热炉

环形加热炉是由可以转动的炉底部分及固定的炉墙和炉顶部分构成的环形隧道所组成，其外观结构如图7-5所示。环形加热炉是借炉底的旋转，使放置在炉底上的钢料由装料口移到出料口的一种炉型。炉子用侧进料、侧出料方式，并且用侧烧嘴加热。沿炉长分为预热段、加热段和均热段。

环形加热炉主要用于加热圆钢坯或其他异型钢坯，也可以加热方坯。这种炉型广泛应用于热轧无缝钢管生产车间。

7.5.4 感应加热炉

感应加热是靠感应线圈把电能传递给要加热的金属，然后电能在金属内部转变为热能。感应线圈与被加热金属并不直接接触，能量是通过电磁感应传递的。感应加热设备常用集肤效应、邻近效应、圆环效应三个效应来加热。

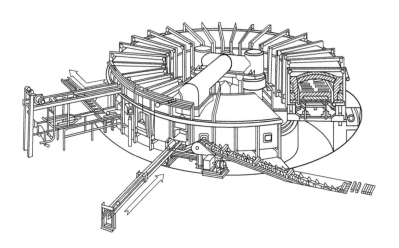

图 7-5　环形加热炉

感应加热是根据交流电的集肤效应来实现的，感应电流在金属物料截面上的分布不均匀的，表面电流密度最大，所以热量由表面层传导到钢坯芯部，出现外表面比中心温度高的特点，所以广泛用于工件的表面淬火热处理工艺。在轧钢车间多用于小断面钢坯的加热。

感应加热炉按电源频率不同可分为高频感应加热炉（10000Hz 以上）、中频感应加热炉（150 ~ 10000Hz）和工频感应加热炉（50 ~ 60Hz）。目前，在钢管生产车间常用中频感应加热炉来加热小断面管坯，其外观如图 7-6 所示。中频感应加热炉的频率越高，其透热金属的表面层越薄，通过改变加热频率来调整加热的均匀性。

图 7-6　中频感应加热炉外观图

中频感应加热炉具有加热速度快，氧化脱碳少；自动化程度高；加热均匀，温控精度高；低耗能、无污染；感应炉体的更换简便等特点。中频感应加热炉，在透热条件下，由室温加热到 1100℃ 的吨耗电量小于 360kW·h。

中频感应加热炉具有体积小、重量轻、效率高、热加工质量优及有利环境等优点，正迅速淘汰燃煤炉、燃气炉、燃油炉及普通电阻炉，是新一代的金属加热设备。

中频感应加热炉功率估算公式如下：

$$P = \frac{CGt}{0.24T\eta}$$

式中　P——中频感应加热炉功率，kW；

C——金属比热，其中钢铁比热系数是 0.17；

G——加热金属质量，kg；

t——加热温度，℃；

T——轧制节奏时间（工作节拍），s；

η——设备综合热效率，一般可取 0.5 ~ 0.7。

[**例 1**]　某轴承钢管生产车间采用钢种为 GCr15 的 $\phi50mm \times 1200mm$ 实心圆管坯加热后穿孔，轧制节奏时间为 24s，穿孔温度（开轧温度）为 1080℃。试计算需要多大功率中频感应加热炉？

解：已知钢的比热系数 C 为 0.17，加热温度 t 为 1080℃，轧制节奏时间 T 为 24s，设备综合热效率 η 取 0.65。一根 $\phi50mm \times 1200mm$ 圆管坯的质量为：

$$G = \rho V = \rho \times \frac{\pi D^2}{4} \times L = 7.85 \times 10^3 \times \frac{3.14 \times 0.05^2}{4} \times 1.2 = 18.49 kg$$

则中频感应加热炉功率为：

$$P = \frac{CGt}{0.24T\eta} = \frac{0.17 \times 18.49 \times 1080}{0.24 \times 24 \times 0.65} = 906.72 kW$$

根据以上计算，可以配置额定功率为 1000kW 的中频感应加热炉。

8 轧钢工艺与控制

8.1 板带钢轧制工艺及控制

8.1.1 板带钢产品及技术条件

板带钢产品的外形为扁平断面，呈矩形，宽厚比大，单位体积的表面积也很大。从板带材的使用情况来看：

（1）表面积大，故包容覆盖能力强，在化工、容器、建筑、金属制品、金属结构等方面都得到广泛应用；

（2）可任意剪裁、弯曲、冲压、焊接，制成各种制品构件，使用灵活方便，在汽车、航空、造船及拖拉机制造等部门占有极其重要的地位；

（3）可弯曲、焊接成各类复杂断面的型钢、钢管、大型工字钢等结构件，故称为"万能钢材"。

从板带钢的生产来看：

（1）板带材是用平辊轧出，故改变产品规格较简单容易，调整操作方便，易于实现全面计算机控制的自动化生产；

（2）带钢的形状简单，可成卷生产，且在国民经济中用量最大，故必须且能够实现高速度的连轧生产；

（3）由于宽厚比和表面积都很大，故生产中轧制压力很大，可达数百万至数千万牛顿，不仅使轧机设备复杂庞大，而且使产品厚、宽尺寸精度和板形控制技术及表面质量控制技术变得十分困难和复杂。

板带钢产品分类时，一般将单张供应的称为钢板，成卷供应的称为带钢。

按产品尺寸规格一般可分为中厚板（包括中板和特厚板）、薄板和极薄带材（箔材）三类；

中厚板：中板：3.0～20mm；

厚板：20～60mm；

特厚板：大于60mm以上，最后可达500mm。

薄板：3.0～0.2mm（常规热轧薄板至1.2mm，超薄带钢生产到0.8mm）。

极薄带材（箔材）：小于0.2mm，目前箔材最薄可达0.001mm。

板带钢按用途又可分为造船板、锅炉板、桥梁板、压力容器板、汽车板、镀层板（镀锡、镀锌板等）、电工钢板、屋面板、深冲板、焊管坯、复合板及不锈、耐酸耐热等特殊用途钢板等。

板带钢产品的技术要求根据板带材用途的不同，对其提出的技术要求也各不一样。基于其相似的外形特点和使用条件，其技术要求仍有共同方面，归纳起来为"尺寸精确板形好，表面光洁性能高"。具体表现为：

（1）尺寸精度要求高。尺寸精度主要是厚度精度，因为它不仅影响到使用性能及连续自动冲压后步工序，而且在生产中难度最大，厚度偏差对节约金属影响很大。板带钢由于 B/H 很大，厚度一般很小，厚度的微小变化势必引起其使用性能和金属消耗的巨大波动。故在板带钢生产中一般都应力争高精度轧制，力争按负公差轧制（在负偏差范围内轧制，实质上就是对轧制精确度的要求提高了一倍，这样自然要节约大量金属，并且还能使金属结构的质量减轻）。在宽度及长度要求上保证正偏差。

（2）板形要好。板形要平坦，无浪形瓢曲，才好使用。对普通中厚板，其每米长度上的瓢曲度不得大于 15mm，优质板不大于 10mm，对普通薄板原则上不大于 20mm。板带钢既宽且薄，对不均匀变形的敏感性特别大，所以要保持良好的板形就很不容易。板带愈薄，其不均匀变形的敏感性愈大，保持良好板形的困难也就愈大。

显然，板形的不良来源于变形的不均，而变形的不均又往往导致厚度的不均，因此板形的好坏往往与厚度精度也有着直接的关系。

（3）表面质量要好。板带钢是单位体积的表面积最大的一种钢材，又多用作外围构件，故必须保证表面的质量。无论是厚板或薄板表面皆不得有气泡、结疤、拉裂、刮伤、折叠、裂缝、夹杂和压入氧化铁皮，因为这些缺陷不仅损害板制件的外观，而且往往破坏性能或成为产生破裂和锈蚀的策源地，成为应力集中的薄弱环节。例如，硅钢片表面的氧化铁皮和表面的粗糙度就直接破坏磁性，深冲钢板表面的氧化铁皮会使冲压件表面粗糙甚至开裂，并使冲压工具迅速磨损，至于对不锈钢板等特殊用途的板带，还可提出特殊的技术要求。

（4）性能要好。板带钢的性能要求主要包括力学性能、工艺性能和某些钢板的特殊物理或化学性能，一般结构钢板只要求具备较好的工艺性能，例如，冷弯和焊接性能等，而对力学性能的要求不很严格；对甲类钢钢板，则要保证性能，要求有一定的强度和塑性。对于重要用途的结构钢板，则要求有较好的综合性能，即除了要有良好的工艺性能，甚至要求一定的强度和塑性以外，还要求保证一定的化学成分，保证良好的焊接性能、常温或低温的冲击韧性，或一定的冲压性能、一定的晶粒组织及各向组织的均匀性等。

除了上述各种结构钢板以外，还有各种特殊用途的钢板，如高温合金板、不锈钢板、硅钢片、复合板等，它们或要求特殊的高温性能、低温性能、耐酸、耐碱、耐腐蚀性能，或要求一定的物理性能（如磁性）等。

8.1.2 中厚板生产

中厚钢板是一个国家国民经济发展所依赖的重要钢铁材料，是工业化进程和发展过程中不可缺少的钢铁品种。世界钢铁工业的发展历程表明，中厚板生产水平及材料所具有的水平是国家钢铁工业及钢铁材料水平的一个重要标志。中厚板是国民经济发展的主要材料，号称万能钢材，弯曲后当作型材，卷起来做管材，能焊接成各种形状。中厚板主要用做机械结构、建筑、车辆、压力容器、桥梁、造船、输送管道用钢。

按国家标准 GB 709—2006 规定，单轧钢板的规格范围为：

厚度：3 ~ 400mm；

宽度：600 ~ 4800mm；

长度：2000 ~ 20000mm。

厚度小于 30mm 的钢板，厚度间隔可为 0.5mm；厚度大于 30mm 的钢板，厚度间隔为 1mm。宽度间隔可为 10mm 或 50mm 的倍数；长度间隔可为 50mm 或 100mm 的倍数。

中厚板生产中常用的有三种轧机：二辊可逆式轧机、四辊可逆式轧机和万能式轧机。为了提高钢板的质量，现代中厚板轧机必须具有完善的控制轧制、自动厚度控制和板形控制的能力，并希望轧机的弹性尽可能的小。而轧机的弹跳值中牌坊的拉伸弹性变形、轧辊的挠度和轧辊的弹性压扁三项占了70%。为了尽可能地减少轧辊的挠度，中厚板的发展趋势是：二辊可逆式轧机已趋于淘汰，而四辊可逆式轧机应用最为广泛。

中厚板生产的工艺流程包括：

（1）板坯的准备。板坯上料是根据轧制计划表中所规定的顺序，由起重机吊到上料辊道上，由上料人员负责根据计划核对板坯，并通过相应的指令完成对板坯的识别。

（2）板坯的加热。板坯有原料输送辊道输送到炉后，由推钢机推进加热炉。原料加热的目的是使原料在轧制时有好的塑性和低的变形抗力。中厚板生产常用的加热炉有三种：连续式加热炉、室式加热炉和均热炉。

（3）除鳞。由加热炉出来的坯料，通过输送辊道送入除鳞箱进行除鳞。除鳞是将坯料在加热时产生的氧化铁皮在高压水的作用下去除干净，以免压入钢板表面造成表面的缺陷。

（4）粗轧。板坯经过可逆式粗轧机进行反复轧制。粗轧阶段的主要任务是将板坯展宽到所需的宽度和得到精轧机所需的中间坯的厚度，粗轧后中间坯的宽度和厚度由测宽仪和测厚仪来测得。粗轧阶段，在满足轧机的强度条件和咬入条件的情况下尽量采用大压下，以此来细化晶粒，提高产品的性能。

（5）中间坯水幕冷却。对于一些有特殊性能要求的板材，需要严格控制其精轧的开终轧温度，此时需要用水幕冷却对中间坯进行降温。

（6）精轧。中间坯经过高压水除二次氧化铁皮进入精轧机进行轧制。精轧机一般采用低速咬入，高速轧制，低速抛出的梯形速度制度。精轧机出口处设有测厚仪和测温仪，以便精确控制产品的质量。精轧阶段的主要任务是质量控制，包括厚度、板形、表面质量和性能控制。

（7）矫直。热矫直是使板形平直，保证板材表面质量不可缺少的工序。现代中厚板厂都采用四重式9～11辊式强力矫直机，矫直终了温度一般在600～750℃，矫直温度过高，矫直后钢板在冷床上冷却时可能发生翘曲，矫直温度过低，矫直效果不好，矫直后钢板表面的残余应力高，降低了钢板的性能。

（8）冷却。钢板轧后冷却可分为工艺冷却和自然冷却。工艺冷却即强制冷却，通过层流冷却、水幕式或汽雾的方式来降低钢板的温度。自然冷却时，钢板在冷床上，在空气中自然冷却。

（9）精整。精整工序包括钢板的表面质量检查、画线、切割、打印等。钢板的切割通过双边剪或圆盘剪切边，而切头尾与定尺可通过定尺剪来实现。

（10）热处理。大多数产品通过轧制或在线控制轧制与轧后控制冷却可以达到性能要求。如果对中厚板的性能有特殊要求或中厚板轧后的有关性能达不到用户要求时，通常需要将成品钢板装入辊底式常化炉进行处理以提高产品的综合性能等。

图8-1为某中厚板生产车间平面布置示意图。

8.1.3　热轧板带钢生产

自从1924年第一台带钢热连轧机投产以来，连轧带钢生产技术取得了很大的进步。现代化的带钢热连轧机以高产、优质、低耗、自动化程度高等特点，代表当今轧制技术的新发展与进步。20世纪90年代末又出现了薄板坯连铸连轧生产技术，使炼钢连铸与轧制技术融为一体，出现了短流程的生产模式，这使传统的冶金工艺流程面临新的挑战。新的生产工艺更为节能，

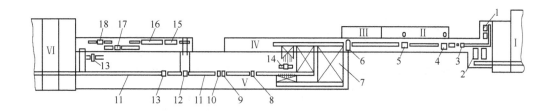

图 8-1 某中厚板厂生产工艺平面布置图

Ⅰ—板坯场；Ⅱ—主电室；Ⅲ—轧辊间；Ⅳ—轧钢跨；Ⅴ—精整跨；Ⅵ—成品库

1—室状炉；2—连续式炉；3—高压水除鳞；4—粗轧机；5—精轧机；6—热矫机；7—冷床；

8—切头剪；9—双边剪；10—纵剪；11—堆垛机；12—端剪；13—超声波探伤；

14—压力矫直机；15—淬火机；16—热处理炉；17—涂装机；18—喷丸机

更具成本优势，可生产出更薄的热带钢产品品种。

传统的热带钢生产工艺过程主要包括原料准备、加热、粗轧、剪切、精轧、冷却及卷取等。

（1）原料与加热。热轧带钢生产所用原料一般采用连铸板坯，经修磨或热装进入连续步进式加热炉，加热连铸板坯的尺寸较大，厚度多为 150 ~ 250mm，长度甚至达到 12000 ~ 15000mm。增大坯重可提高产量与成材率。目前热带钢单位宽度的板卷质量达到 30kg/mm 以上。

为提高加热强度，炉子采用多点（6 ~ 8）供热方式；为保证坯料加热质量而采用连续步进式加热炉。

（2）粗轧。粗轧前原料表面要进行高压水除鳞，以提高钢板表面质量，防止氧化铁皮压入。粗轧机组构成决定带钢热连轧机组的形式。半连续式热带轧机的粗轧机组由 1 ~ 2 架的可逆式轧机组成，与中厚板轧机构成相同；3/4 连续式热带轧机的粗轧机组是在半连续式热带轧机的粗轧机组上增加一组连轧机组（2 架）。目前新建的热带轧机多为半连续式布置。

粗轧机上除水平辊外，还设有立辊机架，构成万能轧机。立轧的目的是为了控制板坯的宽展及带钢宽度精度。

（3）精轧。精轧前设有转筒式飞剪与除鳞箱等设备，飞剪剪切带坯头部的目的是使带坯正确喂入精轧机组且冷头不易划伤轧辊表面；飞剪剪切带坯尾部的目的是使卷取后的带钢尾部不易出现飞边而妨碍在运输链上的运输。

精轧机组一般由 6 ~ 7 架连轧机架组成。轧制时各架之间形成连轧关系，带钢进入热输出辊道后与地下卷取机相连。

（4）控冷及卷取。带钢出精轧机组后，需要对带钢温度进行控制，以使带钢头部进入卷取机前相组织转变完成而进行卷取，以保证带钢的综合力学性能等。带钢温度控制多采用层流冷却装置实现精确控温。卷取机的卷取操作必须与热输出辊道及精轧机架同步运行，以保证高速稳定轧制与卷取。

卷取后的热轧带卷通过运输传送至中间库冷却，除供冷轧带钢厂作为原料外，通过精整作业线加工成商品板或卷。

图 8-2 为某热连轧带钢车间的工艺平面布置图。

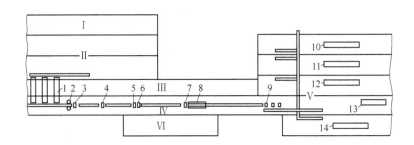

图8-2　某1700mm热带连轧车间平面布置图

Ⅰ—板坯修磨场；Ⅱ—板坯存放库；Ⅲ—主电室；Ⅳ—轧钢跨；Ⅴ—精整跨；Ⅵ—轧辊间磨削间
1—加热炉；2—大立辊轧机；3—R1 二辊轧机；4—R2 四辊可逆轧机；5—R3 四辊交流轧机；
6—R4 四辊直流轧机；7—飞剪；8—精轧机组；9—卷取机；
10～12—横切生产线；13—平整作业线；14—纵剪线

8.1.4　冷轧板带钢生产

冷轧板带钢生产是利用热轧带钢做原料，在室温条件下冷加工变形生产出尺寸更薄、尺寸精度更高的产品。与热轧带钢产品相比，冷带钢产品厚度更薄，尺寸精度板形质量更高，产品性能的均匀性因不受加工变形温度的影响而更好；冷带产品的高深冲性能与通过表面处理提高抗腐性能而具有更广泛的应用。

冷轧产品种类有：

（1）退火后加工成普通冷轧。

（2）有退火前处理装置的镀锌机组加工镀锌。

（3）基本不需要加工的面板。

（4）普通冷轧。

（5）镀锌。

（6）镀铝锌：采用连续熔融镀层工艺把55%的铝和43.4%的锌及1.6%的硅镀覆到钢板表面。

（7）电镀锡（马口铁）：采用弗罗斯坦式不溶性阳极电镀锡工艺加工。

（8）彩涂板。

（9）电工钢（矽钢片）。

冷轧板带产品的厚度为 0.1～3.0mm，宽度为 600～2000mm，表面光洁、平直，尺寸公差和力学性能应符合有关标准规定的要求。在工业发达国家，冷轧板带钢产量占钢材总产量的 30% 左右。产品品种有普通碳素钢板、合金和低合金钢板、不锈钢板、电工钢板、专用钢板及涂镀层钢板等（表8-1）。

冷轧带钢生产工艺流程主要包括酸洗、冷轧、退火、平整及精整等工序。

（1）酸洗。热轧带钢表面氧化物的去除过程称为除鳞。除鳞的方法有酸洗、碱洗及机械除鳞等。采用较多的是酸洗方法，碱洗常用于特殊钢种的除鳞。20 世纪 80 年代机械除鳞投产使用，适用于碳素钢及对 650MPa 级的低合金钢除鳞。酸洗过去用硫酸，现在多用盐酸。酸洗前先进行焊接并卷（有的先经连续初退火），酸洗后进行清洗、烘干和剪切、分卷。常用的酸洗方式有连续式酸洗（卧式、立式及浅槽酸洗）、推拉式酸洗。酸洗的速度达到 282m/min。酸洗后的酸残液均要进行回收再生处理。

表 8-1 冷轧带钢及薄板产品规格及用途

产品	厚度/mm	宽度/mm	主要用途
冷轧带钢卷及薄板	0.15~3	750~2000	汽车外壳、电冰箱、洗衣机、家具、建筑结构、冷弯型钢及各种容器
镀锌板	0.25~2.5	1000~2000	屋面板、容器、包装箱及油桶
镀锡板	0.10~0.55	508~1100	罐头盒、玩具、包装箱及容器
镀铝板	0.25~2.5	600~1250	建筑材料、炉用油箱、容器、汽车排气管耐热件及烤箱等
电工板	0.3~1.0	750~1000	各种变压器与电机等
有机涂层钢板	0.25~0.55	1000~1500	车辆与建筑装饰、家具、仪表外壳、电冰箱、洗衣机等
不锈钢板	0.15~3	750~1500	餐具、家具及车辆、建筑装饰等
其他（低合金结构钢板等）	0.5~3	750~500	各种结构件、容器、焊管原料等

（2）冷轧。除鳞后的板带坯在冷轧机上轧制到成品的厚度。一般不经中间退火。冷轧分单片轧制和成卷轧制（图 8-3）。单片轧制（图 8-3a 中的 1）时没有张力，轧制的产品较厚

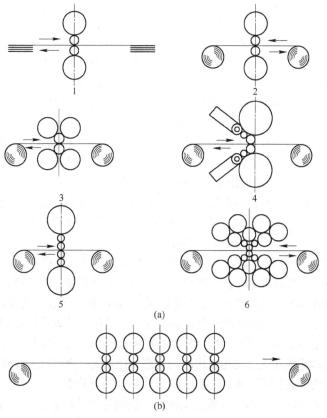

图 8-3 主要冷轧机型式及轧制方式

（a）单机架轧机轧制方式；（b）连轧机轧制方式

1—单片轧制；2—成卷轧制；3—六辊轧机；4—偏八辊轧机；5—HC 轧机；6—20 辊轧机

（大于 1mm），速度较低（小于 2m/s），仅用于轧制少量特殊用途的钢板。成卷轧制采用张力卷取和开卷装置，速度高（达 41.6m/s），道次压下率大，板形平直。成卷轧制分为单机架可逆式（图 8-3）和多机架连续式（图 8-3b）。冷轧总压下率一般为 60% ~ 90%。轧制中各机架（或道次）压下量分配根据轧机允许的轧制力、功率和速度，考虑到产量、质量等因素综合进行板带轧制规程设计。

最早冷轧板带的轧机是二辊式的，以后为了轧制更薄更硬的带钢，出现了工作辊径小而刚性较大的四辊、六辊、偏八辊、12 辊、20 辊及更多辊系组成的轧机（图 8-3a 中的 2 ~ 6）。冷轧机按机架数目与操作方式又可分为单机架可逆式及多机架连续式轧机。主要冷轧机型式及特点列于表 8-2。

表 8-2　冷轧机型式及特点

轧机型式	特　　点
二　辊	结构简单，两辊传动或下辊传动
四　辊	小工作辊径，支撑辊辊径，采用液压压下，轧辊平衡，弯辊装置分为支撑辊和工作辊传动两种方式
偏八辊	支撑辊传动，工作辊与支撑辊辊径比可达 1∶6
森吉米尔型多辊轧机	多列支撑辊，机架刚度大，工作辊直径可以很小
高性能板形控制轧机	支撑辊与工作辊之间有中间辊可轴向移动，改善板形与边部厚差

带钢冷轧机冷轧方式有单机架可逆式、多机架连续式及全连续式等 3 种。

1）单机架可逆式冷轧。包括在单机架的四辊轧机、偏八辊轧机（MKW）、HC 轧机（即 MS 轧机）及 20 辊轧机上往返轧制。适用于生产多品种小批量冷轧板带钢。四辊可逆式冷轧机应用最广，常用于轧制 0.2mm 以上的碳素钢或低合金钢。轧制硅钢、不锈钢、高合金钢等特殊钢时多采用偏八辊轧机、HC 轧机，或多辊轧机。

2）连续式冷轧。在 3 ~ 6 个机架组成的机组中连续轧制。机架数目越多，总压下率越大，产品厚度越薄；轧制速度越快，产量越大；适用于产量高、品种规格少的碳素钢汽车板以及镀锌、镀锡、涂层用的原板等。早期的连轧机有一台开卷机、一台卷取机和一台助卷器。近代的连轧机则装有两台开卷机、两台卷取机和两台助卷器及自动穿带装置，采用了快速换辊、液压压下、弯辊技术、移辊技术（如连续变凸度 CVC）和自动控制等技术。轧制速度高达 41.6m/s，卷重达到 45 ~ 60t，年产量达 100 万吨以上。

3）全连续式冷轧。出现于 20 世纪 20 年代。带钢卷在进入轧机前，前一卷尾同后一卷头焊接，采用活套储存足够的带钢，保证在焊接时轧机仍继续轧制。由计算机控制轧制过程，在动态中即可改变规格即动态变规格轧制。轧制后由飞剪切断，分卷，或者轧后继续连续退火、平整，再行切断、分卷。全连续轧机轧制时无需穿带和甩尾，节省了换卷间隙时间，消除了钢卷头尾厚度超出公差的废品，提高了板带轧制精度和收得率。全连续轧机年产量达 200 万吨以上。某冷轧厂采用的就是五机架全连续式冷轧工艺（图 8-4）。20 世纪 70 年代以后出现了酸洗与冷轧联合式生产线构成 CDCM 机组，更进一步提高产能与效率。

（3）退火。退火目的在于消除冷轧加工硬化，使钢板再结晶软化，具有良好的塑性。

（4）平整。以 0.5% ~ 4% 的压下率轻微冷轧。平整的目的是：1）防止带钢拉伸发生明显的屈服台阶并得到必要的力学性能；2）改善带钢的板形；3）达到要求的表面粗糙度。

（5）精整。一般冷轧板带平整后送剪切机组剪切。纵剪用于剪边或按需要的宽度分条；

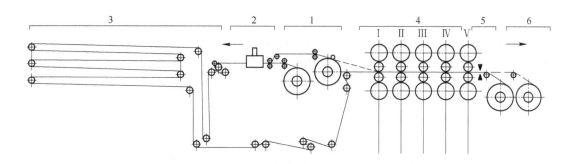

图 8-4　五机架全连续式冷轧带钢生产工艺
1—开卷；2—焊接；3—活套；4—冷连轧机；5—飞剪；6—卷取

横剪是将板带按需要的长度切成单张板。剪切后的成品板带经检验分类后（或在线自动化分选包装），涂防锈油包装出厂。

典型的冷轧板带钢生产工艺流程图如图 8-5 所示。

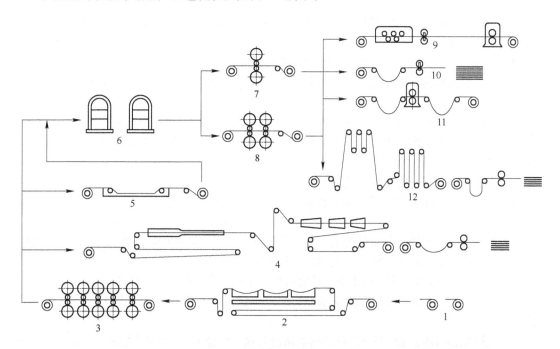

图 8-5　冷轧板带钢生产工艺流程
1—热轧带卷；2—连续酸洗；3—冷连轧；4—连续热镀锌；5—电解清洗；6—罩式退火炉；
7—单机架平整；8—双机架平整；9—重卷；10—横剪；11—纵剪；12—连续电镀锡

8.1.5　板带钢高精度轧制技术

板带钢高精度轧制技术包括板带钢轧制纵向与横向厚度精度上的控制。具体表现为板带钢厚度自动控制、板带钢宽度自动控制与板带钢板形控制。板带钢厚度自动控制与板带钢宽度自动控制原理相同，系统结构基本相同。

8.1.5.1 板带钢厚度自动控制（AGC）

板带钢轧制过程中，使厚度产生波动的原因比较复杂，从钢厂工艺流程上看，可以追溯到板坯（粗轧坯或连铸坯）的生产。对于带钢轧制工艺本身，产生厚度不均的原因大致有以下几个方面：

（1）待轧原料因素是带坯厚度不均和硬度波动（含水印），无论是热轧还是冷轧，待轧材料及其硬度因种种原因会发生避免不了的波动。

（2）生产工艺因素是轧制润滑液润滑性能不稳定，造成摩擦力发生变化；依据弹跳方程，凡是影响轧制压力、原始辊缝和油膜厚度的因素都将对实际轧出厚度产生影响，具体表现在：

1）温度变化的影响。温度变化对带钢厚度波动的影响实质就是轧件温度差对厚度波动的影响，温度波动主要是通过对金属变形抗力和摩擦系数的影响引起厚度差。

2）张力变化的影响。张力是通过影响应力的状态改变金属变形抗力，从而引起厚度发生变化。

3）速度变化的影响。主要通过变形区域中摩擦系数与支承辊油膜厚度的变化影响带钢轧出厚度。

4）辊缝变化的影响。轧制时轧机部件的热膨胀、轧辊磨损和轧辊偏心等使辊缝发生变化，直接影响成品厚度。

（3）轧制设备因素是轧辊偏心和加减过程中动态张力发生变化。

上述三方面因素反映到轧机上，使轧制过程中辊缝不断发生变化，带钢厚度也随之产生波动。

为了消除带钢厚度不均（控制在允许误差之内），人们利用厚度控制来克服或减轻各种干扰因素对成品厚度的影响。板带钢厚度自动控制 AGC 系统结构一般由检测系统、AGC 运算系统与调节系统组成。

AGC 系统自动调节一般有两种方法：

（1）电动压下调节：通过直流电动机传动压下螺丝调节上轧辊。

（2）液压压下（或液压推上）调节：由液压缸调节辊缝。

随着轧制速度和自动化程度的提高，为了更有效地控制带钢纵向厚度公差，提高成品带钢质量，液压压下已成为压下系统的发展方向。其主要优点：

1）惯性小、反应快、截止频率高，系统对外来干扰跟随性好，调节精度高。

2）由于系统响应快，因此对轧辊偏心引起的辊缝发生高频周期变化的干扰能进行有效清除。

3）可实现轧机刚度系数调节，可依据不同的轧制条件选择不同的刚度系数，获得更高的成品质量。

依据构成 AGC 系统两个基本环节即测量厚度偏差的方法和调节方式的不同，通常 AGC 可分为如下几种：

（1）厚度 AGC（h-AGC）亦称反馈 AGC，利用测厚仪直接测量轧制后带钢厚度偏差 Δh，调节轧机辊缝。

（2）压力 AGC（P-AGC），利用压力 P 间接测量带钢厚度偏差调节轧机辊缝。

（3）连轧 AGC（σ-AGC），冷连轧机用张力 σ 间接测量带钢厚度偏差，调节轧机辊缝。

（4）张力 AGC（T-AGC），利用测厚仪直接测量厚度偏差 Δh，调节轧辊速度 v 改变张力设定值。

（5）前馈或预控 AGC（H-AGC），测量轧制前带钢厚度偏差 Δh，调节轧机辊缝。

（6）各种补偿（如带钢头、尾补偿、油膜补偿、加减速补偿、轧辊偏心补偿）AGC 等。

8.1.5.2 板带钢板形控制

A 板形概念

板形包括带钢的横截面（垂直于轧制方向）几何外形和自然状态下沿轧制方向表观平坦性两个方面的内容。因此要定量描述板形就需要分别定义反映横截面几何外形（图 8-6）和平坦度的多个指标。

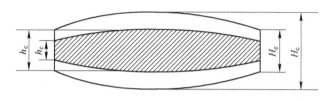

图 8-6 带钢横截面的几何外形

描述带钢横截面几何外形的指标有凸度、楔形度、边部减薄量和局部突起。

凸度指横截面中点厚度与两侧边部标志点平均厚度之差。

楔形度指横截面操作侧与传动侧边部标志点的厚度之差。

边部减薄量指横截面操作侧或传动侧的边部标志点厚度与边缘位置厚度之差。

局部突起量指横截面上局部范围内的厚度偏离名义厚度的大小。

带钢表观的平坦性或者说平坦程度，直观上指轧制方向上带钢的瓢曲程度（图 8-7）。假想带钢沿宽度方向由一系列纵向纤维条依次排列而构成。轧制时，带钢宽度上各处在厚度方向上的不均匀塑性压缩变形，将转变为在宽度方向上各纤维按一定分布的不均匀延伸，由于各纤维条之间的相互制约，由此形成了带钢内部的拉压应力。

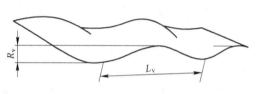

图 8-7 带钢表面的平坦程度

当压应力的大小满足了使带钢局部瓢曲失稳的条件时，带钢就会产生外观可见的浪形。带钢中不同的内应力分布将引起不同模式的瓢曲变形，由此可把带钢的平坦度缺陷分为边浪、中浪、边中复合浪、四分之一浪以及其他复杂浪形或局部浪形等。

板带钢板形形状好坏取决于轧制时轧辊辊缝形状的控制。

B 影响轧制时轧辊辊缝形状的因素

（1）轧辊的热膨胀。在轧制中沿辊身长度方向上，轧辊的受热和散热条件不同，一般是辊身中部较两侧的温度高，因而使轧辊呈凸形（辊缝中部尺寸小于边部尺寸）。

（2）轧辊的磨损。在轧制中工作辊与支撑辊均将逐渐磨损（后者磨损较轻），轧辊磨损使轧辊呈凹形（辊缝中部尺寸大于边部尺寸）。

（3）轧辊的弹性弯曲。轧制压力引起，中部较大，使轧辊呈凹形（辊缝中部尺寸大于边部尺寸）。

（4）轧辊的弹性压扁。轧辊的弹性压扁包括工作辊在变形区与轧件接触引起的弹性压扁及工作辊与支撑辊间的相互弹性压扁两部分。由于单位压力分布不均匀，压扁沿辊身长度分布是不均匀的，中部较大，使轧辊呈凹形（辊缝中部尺寸大于边部尺寸）。

（5）轧辊的原始辊型。为了补偿上述因素对辊缝形状的影响，一般将轧辊磨削成一定的形状。

　　C　板带钢板形控制方法与技术

（1）合理生产安排设定与合理的轧辊凸度。在一个换辊周期内，一般是按下述原则进行安排，即先轧薄规格，后轧厚规格；先轧宽规格，后轧窄规格；先轧软的，后轧硬的；先轧表面质量要求高的，后轧表面质量要求不高的；先轧比较成熟的品种，后轧难以轧的品种。这与轧制时轧辊凸度的磨损有关。

　　辊形设计的内容包括确定轧辊的总凸度值、总凸度值在一套轧辊上的分配以及确定辊面磨削曲线。

（2）合理制定轧制规程。轧制负荷的变化导致了辊缝凸度的变化，为了保证钢板板形良好，生产中必须首先对轧机各道次的负荷进行合理的分配。

（3）调温控制法。人为地改变辊温分布，以达到控制辊形的目的。对于采用水冷轧辊的钢板热轧机，如发现辊身温度过高，可适当增大轧辊中段或边部冷却水的流量以控制热辊形。辊形调节的反应很慢，且急冷急热容易损坏轧辊。对于高速轧机，不能很好地满足生产发展的要求。

（4）液压弯辊。液压弯辊的工作原理是通过向工作辊或支撑辊轴承座施加液压弯辊力，来瞬时改变轧辊的有效凸度或挠度，从而改变工作辊缝形状，达到改善板形的目的。

　　液压弯辊方法有：

　　正弯辊：弯辊力使轧辊弯曲方向与轧制力使轧辊弯曲方向相反，工作辊缝凸度减小，可以防止双边浪。

　　负弯辊：弯辊力使轧辊弯曲方向与轧制力使轧辊弯曲方向相同，工作辊缝凸度增大，可以防止中浪。

　　液压弯辊方法是一种滞后的板形控制手段，主要用来控制对称性的板形缺陷，是最常用、最基本的板形控制手段。

（5）HC 轧机。HC 轧机是上下辊可以轴向对称移动的轧机，它包括六辊 HC 轧机与四辊 HC 轧机。其控制原理是消除四辊轧机轧制带钢时，在板宽以外工作辊与支撑辊接触的有害接触区。

　　HC 轧机轧制板带钢时具有板形控制能力高于普通四辊轧机、边部减薄控制能力强、由于 HC 六辊轧机可以使用小辊径而有利于实现大压下量轧制及通过轧辊的周期横移可以分散工作辊的磨损及热凸度等优点。

（6）CVC 轧机。CVC 轧机是把一对轧辊（一般为工作辊）磨削成完全一样的花瓶状（S状），成对放置，凸度位置相差 180°，通过上下两个轧辊沿轴向反向移动，即可实现轧辊凸度的连续可变。移动方向不同，可得到凸形或凹形的辊缝（图 8-8）。

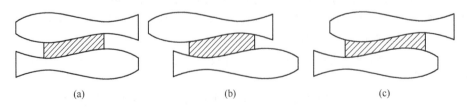

　　　　　　(a)　　　　　　　　　　　　(b)　　　　　　　　　　　　(c)

图 8-8　CVC 轧机辊型与轧辊轴向窜动

（a）矩形辊缝；（b）凸形辊缝，防止中浪；（c）凹形辊缝，消除双边浪

CVC 轧机的特点是当轧机工作辊横移时，辊缝凸度可连续由最小值变到最大值。调整控制板形的能力强。CVC 轧机的凸度调节范围大，在热轧和冷轧板带钢轧机中应用广泛，板形平直度大幅提升。

（7）PC 轧机。PC 轧机指上下辊交叉一定角度来改变辊缝形状的轧机。如图 8-9 所示的上下工作辊与支撑辊成对交叉。即将上工作辊和上支撑辊为一对，将下工作辊和下支撑辊为一对，两对辊之间进行很小角度的交叉。它最适用于轧制宽带钢。交叉角度越大，工作辊缝凸度越小。交叉角一般为 $0° \sim 1.5°$。

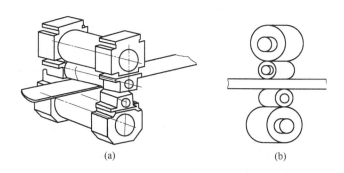

(a)　　　　　　　　(b)

图 8-9　PC 轧机示意图

（a）PC 轧机简图；（b）PC 轧机轧辊布置

PC 轧机具有凸度控制能力强（凸度控制范围为 $0 \sim 1.4mm$）、凸度控制的核心部分模型简单（最适合在线动态控制）及精轧机轧辊原始辊形磨削简单（不必研制多种辊形的轧辊）等特点。

8.1.6　板带钢轧制工艺制度的制订

板带钢轧制工艺制度主要包括压下制度、速度制度、温度制度、张力制度及辊形制度等，其中主要是压下制度（它必然涉及速度制度、温度制度与张力制度）和辊形制度，它实际决定着辊缝的大小与形状，这与轧制变形后轧件及产品的厚度精度、横断面形状及轧件板形好坏有密切联系。在充分发挥设备潜力、提高产量与保证产品质量，并且操作方便与设备安全运行的前提下，合理制订板带钢轧制工艺制度。

（1）压下制度。板带钢压下制度的制订包括轧制方式（对于可逆轧制条件下的中厚板生产）、轧制道次及道次压下量（率）。

中厚板生产时，对于轧制方式的选择，主要取决于原料的展宽轧制过程，目的是将原料的宽度展宽到成品所要求的宽度。这需要轧件在辊道上转钢操作。纵轧与横轧展宽的结合同时可以减小钢板的各相异性。

轧制道次的多少主要取决于设备的能力大小，在保证设备安全性的前提下，尽可能减少轧制道次，提高生产效率。

轧制道次的最大压下量确定的原则，在咬入条件通过的前提下，能够通过轧辊的抗弯抗扭强度及保证电机过载过热能力的限制。在分配各道次压下量（率）时，对于热轧过程的温度散失及冷轧过程的加工硬化，道次压下量（率）逐步减小，对于成品及接近成品的道次压下量（率）的分配问题，更多的是考虑产品的质量。

（2）速度制度。速度制度取决于轧机的传动特点。对于可逆轧机来说，速度制度包括三角形速度制度与梯形速度制度。速度图上涉及咬入、抛出及最大速度。在确定这些参数时要充分考虑轧制节奏时间最短。对于固定转向的连轧机来说，每架的速度制度涉及穿带、稳定轧制及抛尾速度。各机架的速度应符合连轧关系，维持秒流量恒定的原则。速度调节的范围应符合电机的调速能力。

（3）温度制度。温度制度只用热轧板带钢生产工艺制度的制订。对于热轧生产来说，根据产品的性能要求，在保证终轧温度的前提下，确定合理的开轧温度，轧制道次各温度的计算根据合适的温降数学模型进行计算，轧制温度参数是板带钢热轧控制轧制与控制冷却的重要参数。

（4）张力制度。张力制度只用于冷轧板带钢生产工艺制度的制订。道次间张力大小选择及开卷（卷取）机与轧机间的张力大小取决于轧件轧制时变形抗力的大小，在轧制过程中保证带钢宽度不会被拉缩甚至被拉断。对于可逆冷轧带钢生产，下一道次的开卷张力应小于上一道次的卷取张力以免带钢层间滑动而使带钢表面划伤。

（5）辊形制度。板带钢轧机轧辊的辊形制度是指轧辊辊身辊面凸度，在普通板带轧机上，由于轧制时轧辊的弹性弯曲与压扁，还有轧制时轧辊表面的不均匀热膨胀，从而引起承载辊缝变化使带钢出现板形缺陷。在轧辊的原始辊形上或在轧辊修磨时，人为的给予一定的凸度或凹度，以弥补轧制轧辊的辊缝变化。在确定轧辊的凸度或凹度大小时，应借助于有关弹性变形理论及板形控制理论求解。轧辊凸（凹）度值为轧辊辊身中部与边部辊径差，尽可能分配在一只轧辊上，轧辊辊形曲线尽量磨削成平滑曲线。

8.2　型钢生产工艺与孔型设计

8.2.1　型钢生产的一般问题

8.2.1.1　型钢的分类

型钢是经过塑性加工成形、具有一定断面形状和尺寸的直条实心钢材。型钢的范围比较广，产品品种规格众多，断面形状和尺寸的差异大。型钢广泛应用于国民经济的各个部门，如机械、金属结构、桥梁建筑、汽车、铁路车辆制造和造船等部门，在国民经济领域中占有不可缺少的地位。

　　A　型钢的分类

按生产方式分，型钢有热轧型钢、冷弯型钢、挤压型钢、锻压型钢、拔制型钢、焊接型钢及特殊轧制型钢等数类，后者包括火车车轮、轮箍、钢球、变断面阶梯轴、齿轮、钻头等。目前的型钢品种规格已达万余种。

热轧形钢生产具有规模大、效率高、能耗少和成本低等优点，故为型钢生产的主要方式。

按断面形状分，型钢品种可分为简单断面和复杂断面两类。简单断面型钢没有明显的凸凹分肢部分，外形比较简单，包括方、圆、扁及六角等。简单断面型钢又称为棒材。复杂断面（或异形）型钢有明显的凸凹分肢部分，成形比较困难，包括槽钢、工字钢及其他异形钢等。周期断面型钢的断面形状和尺寸呈周期性沿钢材纵轴方向变化，可用纵轧、斜轧、横轧或楔横轧方法生产。

按使用部门分，型钢有铁路用型钢（钢轨、鱼尾板、道岔用轨、车轮、轮箍）、汽车用型钢（轮箍、轮胎挡圈和锁圈）、造船用型钢（L形钢、球扁钢、Z字钢、船用窗框钢）、结构和建筑用型钢（H型钢、工字钢、槽钢、角钢、吊车钢轨、窗框和门框用钢、钢板桩等）、矿山用钢（U形钢、π型钢、槽帮钢、矿用工字钢、刮板钢）、机械制造用异形钢材等。

按型钢断面尺寸和单位长度的质量分有钢轨、钢梁、大型材、中小型材。

B 热轧型钢的表示方法、规格范围和用途

热轧型钢形状各异，其表示方法也各不相同。表8-3～表8-5分别列出了上述各类热轧型钢部分产品的断面形状、规格范围、表示方法和用途。

表 8-3 部分简单断面型钢

名 称		断面形状	表示方法	规格/mm（×mm）	交货状态	用 途
圆 钢			直 径	10～50 50～350	条（卷） 条	钢筋、螺栓、冲、锻零件、无缝管坯、轴
线 材			直 径	4.6～12.7	卷	钢筋、二次加工丝
方 钢			边 长	4～250	条（卷）	零 件
扁 钢			厚×宽	(3～60)× (10～240)	条（卷）	焊管坯、薄板坯
弹簧扁钢			厚×宽	(7～13)× (63～120)	条	车辆板簧
三角钢			边 长	9～30	条	零件、锉刀
弓形钢			宽×厚	(15～20)× (5～12)	条	零件、锉刀
椭圆钢			宽×高	(10～26)× (4～10)	条（卷）	零件、锉刀
六角钢			内接圆直径	7～80	条	螺帽、风铲、工具
角钢	等边	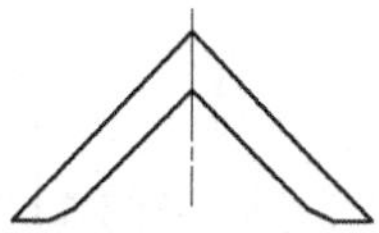	边长的1/10	2～250 （No2～No25）	条	建筑、造船、机械、车辆、结构件等
	不等边		长边长/短边长的1/10	25/16～250/165 （No2.5/1.6～ No25/16.5）	条	建筑、造船、结构件

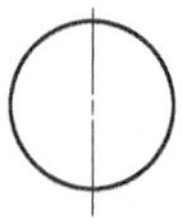

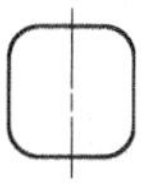

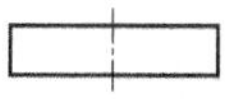

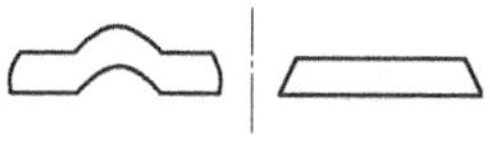

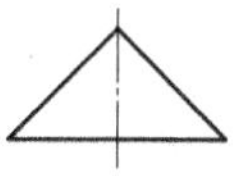

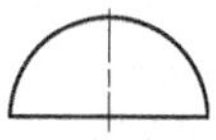

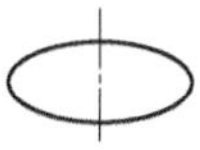

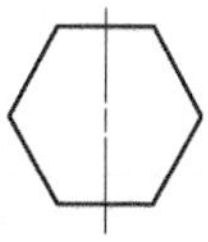

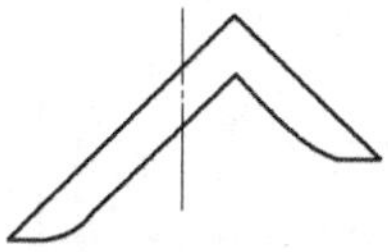

表 8-4　部分异形断面型材

名　称	断面形状	表示方法	规　格	用　途
工字钢		以腰高的 1/10 表示，如腰高为 200mm，则为 20 号	80～630mm（8～63 号）	建筑、造船、金属结构件
H 型钢		以腰高的 1/10 表示，如腰高为 200mm，则为 20 号	80～630mm（8～63 号）80～1200mm（8～120 号）	土建、桥梁、建筑、支护
槽钢		以腰高的 1/10 表示，如腰高为 200mm，则为 20 号	50～400mm（5～40 号）	建筑、车辆制造、金属结构件
钢轨		以每米单位质量表示，如 50kg/m	5～24kg/m38～75kg/m80～120kg/m	轻轨，矿山用；重轨，铁路用；起重机轨，吊车用
T 字钢		以腿宽表示，如腿宽 200mm，则表示为 T_{200}	20～400mm	结构件、铁路车辆
Z 字钢		以高度表示，如高 310mm，为 Z_{310}	60～310mm	结构件、铁路车辆
窗框钢			品种规格 20 余种	钢　窗
钢桩			槽形、Z 形、板形U 形	矿山、码头、海港、井下工程
球扁钢		宽×厚	(50×4)mm～(270×14)mm	造　船
履带钢				拖拉机、电铲等链板
鱼尾板		以对应的钢轨号表示		钢轨接头
轮辋钢		以对应的汽车号表示		汽车轮辋
其他小型异型钢				纺织、轻工、化工、船舶等

表 8-5　部分周期断面型材

名　称	形　状	轧　法	用　途
螺纹钢		二辊纵轧	建筑、地基、混凝土结构
犁铧钢		二辊纵轧	犁　铧
轴承座圈		二辊斜轧	轴承外座圈
变断面轴		三辊楔横轧	各种轴类
犁刀形钢		二辊纵轧	犁刀坯

8.2.1.2　型钢的轧制方法与特点

A　型钢轧制方法

热轧型钢具有生产规模大、效率高、能量消耗少和成本低等优点，是型钢生产的主要方式。其轧制方法有以下几种：

(1) 普通轧法。一般在二辊或三辊轧机上进行的轧制称为普通轧法。孔型由两个轧辊的轧槽所组成，能生产一般的简单断面、异形断面和纵轧周期断面型钢。当轧制异形断面产品时，不可避免地要用闭口轧槽，此时轧槽各部存在明显的辊径差（图 8-10），因此无法轧制凸缘内外侧平行的经济断面型钢；而且轧辊直径还限制着所轧型钢的凸缘高度，辊身长度限制着轧件宽度。辊径差和不均匀变形的存在，引起孔型内各部分金属的相对附加流动，

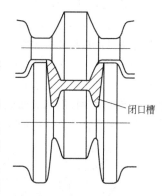

图 8-10　闭口槽和辊径差

从而增加轧制能耗，加速孔型磨损，且成品内部产生较大的残余应力，影响轧材质量。但这种轧法设备比较简单，故目前大多数型钢生产仍然采用这种方法。

(2) 多辊轧法。多辊轧法的特点是：孔型由 3 个以上轧辊的轧槽所组成，从而减少闭口槽的不利影响，辊径差也减少，可轧出凸缘内外侧平行的经济断面型钢，轧件凸缘高度可以增加，还能生产普通轧法不能生产的异形断面产品。这种轧法比普通轧法轧制精度高，且轧辊磨损、能量消耗、轧件内残余应力均减少。其中 H 型钢即属这一类。图 8-11 为采用多辊轧法轧制角、槽、T 字钢的示意图。

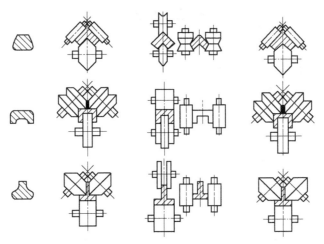

图 8-11　多辊轧制法示意图

（3）热弯轧法。这种轧法的特点是：它的前半部分孔型是将坯料热轧成扁带或接近成品断面的形状，然后在后续孔型中趁热弯曲成形，它可在一般轧机或顺列布置的水平-立式轧机上生产，并可得到用一般方法得不到的弯折断面型钢。热弯轧法的成形过程如图 8-12 所示。

（4）热轧纵剖法。它的特点是：将较难轧的非对称断面产品先设计成对称断面，或将小断面产品设计成并联形式的大断面产品，以提高轧机能力，然后在轧机上或冷却后用圆盘剪进行纵剖，如图 8-13 所示。这种方法可以提高轧机的生产能力。

（5）热轧-冷拔法。先在热轧机上轧制成形，但留有一定冷加工余量，然后经冷拔加工成材。这种方法可生产出力学性能和表面质量均高于一般热轧型钢的产品，可直接加工成机械零件。

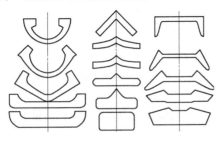

图 8-12　热弯型钢成形过程

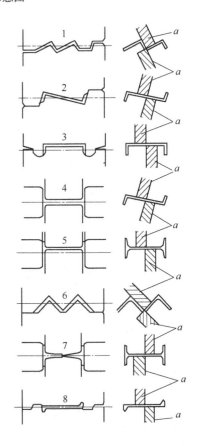

图 8-13　热轧纵剖法

a—圆盘剪

B　型钢生产特点

（1）产品的断面比较复杂。除方、圆、扁等简单断面产品外，大多数为异形断面产品，这就给轧制生产带来以下影响：

由于轧件形状断面多样，因此轧制型材，特别是异型材时，必然产生严重的不均匀变形，因而带来相应的不良后果。轧件各部的温度、变形程度、轧辊直径的不同,使型钢生产中的前滑、宽展、力能参数计算要比钢板生产中的困难得多。

此外,严重的不均匀变形,对轧制产品的质量、能耗、轧辊消耗、导卫设计与安装、孔型的调整、轧机的产量等都有不利影响,组织连轧生产、轧后产品的矫直也具有较大困难。

(2)产品品种多。除少数专业化型钢轧机外,大多数型钢轧机生产的品种规格繁杂而多样,因此造成坯料的品种规格多、轧辊储备量大、导卫装置数量多,使生产管理工作大为复杂。并且换辊次数频繁,轧机安装调整技术要求较高,从而大大影响轧机有效生产时间。因此对于多品种型钢车间来说,如何加强孔型和备件的共用性;如何加强管理;如何调配生产计划,实现快速换辊;如何使精整工艺流程合理,使各品种精整流线互不干扰,实现机械化代替繁重的体力劳动,这些都是型钢生产正在不断完善的地方。

(3)轧机结构和类别多。型钢品种、规格很多,尺寸相差很大,加上各自生产要求不同,使得型钢轧机类型很多,包括各种轧机类型和布置形式。

在轧机结构形式上有二辊式轧机、三辊式轧机、四辊万能孔型轧机、多辊孔型轧机、Y型轧机、45°轧机和悬臂式轧机等。轧机布置形式上有横列式轧机、顺列式轧机、棋盘式轧机、半连续式轧机和全连续式轧机等。

8.2.2 轨梁生产

在交通运输用型材中用量最大且对产品质量要求最好的当属重轨。而在结构用型材中H型钢这几年的发展也很快。而现代化的轨梁生产以其专业化和采用多辊轧制法使其轧制生产具有它们的特殊性,这里对其专门做一些介绍。

8.2.2.1 钢轨生产

钢轨作为铁路运行轨道的重要组成部分,与铁路具有同样悠久的历史。1840年就开始了钢轨的生产。

A 钢轨的规格和质量要求

钢轨是仅 Y 轴对称的异形断面钢材。其横截面可分为轨头、轨腰和轨底三部分。轨头是与车轮相接触的部分;轨底是接触轨枕的部分。世界各国对钢轨的技术条件有不同的要求,但钢轨的横截面的形状都是类似的,如图8-14所示。

钢轨的规格以每米长的质量来表示。普通钢轨的质量范围为 $5 \sim 78\text{kg/m}$,起重机轨质量可达 120kg/m。常用的规格有9、12、15、22、24、30、38、43、50、60、75kg/m。通常将 30kg/m 以下的钢轨称为轻轨,在此以上的钢轨称为重轨。轻轨主要用于森林、矿山、盐场等工矿内部的短途、轻载、低速专线铁路。重轨主要用于长途、重载、高速的干线铁路。也有部分钢轨用于工业结构件。

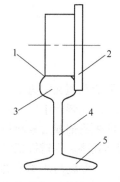

图8-14 钢轨受偏心载荷
1—踏面;2—车轮;3—轨头;
4—轨腰;5—轨底

B 重轨的生产工艺流程

由于钢轨需要强度、韧性和良好的焊接性能的配合,采用单一的强化方法已很难达到要求。为此,必须采用准确控制化学成分、钢质净化和钢轨中夹杂物变形处理、热处理、添加合金元素、控轧控冷等手段来改善钢轨的综合力学性能;并采用方坯连铸、万能轧制、复合矫直、超声波＋涡流探伤、激光测尺寸和平直度等技术，才能生产出性能优良、尺寸精度高的高速铁路钢轨。

由于使用性能的要求，重轨生产工艺比一般的型钢更复杂，要求进行轧后冷却、矫直、轨端加工、热处理和探伤等工序。图 8-15 为重轨生产的工艺流程。

加热炉加热→除鳞→轧制→热锯→打印→在线冷却→缓冷→辊矫直→检查→

探伤 $\begin{cases} →端头加工→检查→取样检验→轨端淬火→检查→端头淬火轨 \\ →全长淬火→淬火检查→压力矫直→检查弯曲→取样→全长淬火轨 \end{cases}$

图 8-15　重轨生产的工艺流程

C　重轨的轧制

重轨的轧制方法分为两辊孔型轧制法和万能孔型轧制法。

两辊孔型轧制法又分为直轧法和斜轧法两种。一般在二辊或三辊轧机上采用箱形→帽形→轨形孔型系统进行轧制。轧机形式和孔型系统如图 8-16 所示。

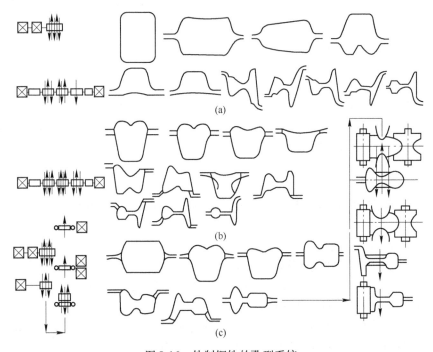

图 8-16　轧制钢轨的孔型系统
（a）斜轧孔型系统；（b）直轧孔型系统；（c）万能孔型系统

万能孔型轧制法是利用万能轧机轧制重轨。其万能轧机由主-辅机架组成。主机为一对平辊和一对立辊所组成，其轧辊轴线在同一垂直平面上，实现上下、左右同时压缩轧件。在四辊组成的主机前或后紧跟一架二辊水平轧机，作为辅助成形机架，称为辅机。辅机只轧轨头和轨底而不轧腰。主辅机架均为可逆式，在轧制中形成连轧关系。

D　重轨的冷却和热处理

（1）冷却。重轨的轧后冷却分为自然空冷和缓冷两种方式。当炼钢厂采用无氢冶炼方法时，重轨轧后直接在冷床上冷却，而在其他情况下，为去除钢轨中的氢，防止冷却过程氢析出而造成的白点缺陷，将重轨放在缓冷坑中冷却，或在保温炉中进行保温，以使氢从重轨中缓慢析出。

采用自然空冷时, 为使轧件冷却均匀, 防止由于重轨头、底温度不均产生收缩弯曲, 影响矫直质量, 重轨在上冷床时要求侧卧, 使相邻重轨头、底相接, 冷却至200℃以下时, 方可吊下冷床进行矫直。矫直温度要求低于100℃。

采用缓冷工艺时, 重轨在冷床上冷却至磁性转变点温度以下, 便由侧卧翻正, 用磁力吊车成排吊往缓冷坑。重轨入坑温度一般为550~600℃, 每排重轨间用隔铁隔开, 以保证缓冷均匀, 有的车间在缓冷坑内还设置辅助煤气烧嘴, 以补充热量维持应保持的温度。重轨装满缓冷坑后立即加盖盖好, 缓冷时间一般为5~6h, 待坑温降至300℃左右揭盖, 然后在坑内仍停留1.5h, 以减少可能产生的温度应力, 重轨出坑后在100℃温度以下进行矫直。

(2) 冷却钢轨全长淬火工艺。钢轨全长淬火的目的在于提高整根重轨头部的强度、韧性和耐磨性, 以适应高速重载列车运行线路和弯道、隧道等特殊地段的要求。经过钢轨全长淬火的重轨, 其使用寿命比未经处理的重轨提高两倍以上。

钢轨全长淬火按淬火工艺不同, 可分为轧后余热淬火和重新加热淬火两类。轧后余热淬火的设备置于轧制线上, 并利用终轧后的温度对重轨进行淬火, 所以也称为轨头在线热处理。钢轨在线余热热处理较离线热处理具有以下特点: 与轧制节奏相匹配, 生产效率高, 不用再加热, 节省能源, 简化工艺, 成本低并且占地面积小。轨头硬化层深和对轨腰、轨底适当的冷却而强化, 并且使钢轨收缩、膨胀及相变应力在淬火过程中得到均衡, 因而钢轨中残余应力较小。

E 重轨矫直

重轨的断面特点, 导致各部温降不同而造成冷缩的差异, 另外冷却时由奥氏体转变为珠光体时钢轨体积增大, 造成重轨在冷却时多次的反复弯曲, 而高速铁路重轨对弯曲度要求很严, 为达到其平直度要求, 矫直工艺是先采用先进的变辊距辊式矫直机及复合矫直, 可矫直钢轨的立弯和旁弯, 矫直温度应低于50℃, 为防止轨内产生较大残余应力, 只允许矫一次。而钢轨的局部弯曲和轨端弯曲采用双向液压压力矫进行补充矫直。

8.2.2.2 H型钢生产

A H型钢的断面特点和用途

H型钢是断面形状类似于大写拉丁字母H的一种经济断面型材, 它又被称为万能钢梁、宽边(缘)工字钢或平行边(翼缘)工字钢。H型钢的断面形状与普通工字钢的区别如图8-17所示。由其形状特点决定, H型钢的截面模数、惯性矩及相应的强度均明显优于同样单重的普通工字钢。H型钢用在不同要求的金属结构中, 不论承受弯曲力矩、压力负荷还是偏心负荷都显示出它的优越性能, 比普通工字钢具有更大的承载能力, 并且由于它的边宽、腰薄、规格多、使用灵活, 故节约金属10%~40%。由于其边部内侧与外侧平行, 边端呈直角, 便于拼装组合成各种构件, 从而可节约焊接和铆接工作量达25%左右, 因而能大大加快工程的建设速度, 缩短工期。

B H型钢机组和生产方法

H型钢可用焊接、轧制两种方法生产。焊接H型钢具有金属消耗大、生产的经济效益低、不易保证产品性能均匀等缺点。因此, H型钢生产多以轧制方式

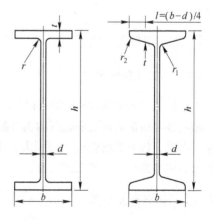

图8-17 H型钢和普通工字钢的区别

为主。H 型钢的断面特点决定了其无法在两辊孔型中轧制，而必须在万能孔型中轧制。使用万能孔型轧制，H 型钢的腰部在上下水平辊之间进行轧制，边部则在水平辊侧面和立辊之间同时轧制成形。由于仅有万能孔型尚不能对边端施加压下，这样就需要在万能机架后设置轧边端机，俗称轧边机，以便加工边端并控制边宽。在实际轧制生产中，可以将万能轧机和轧边端机组成一组可逆连轧机，使轧件往复轧制若干次，如图 8-18a 所示。或者是将几架万能轧机和 1 ~ 2 架轧边端机组成一组连轧机组，每道次施加相应的压下量，将坯料轧成所需规格形状和尺寸的产品。

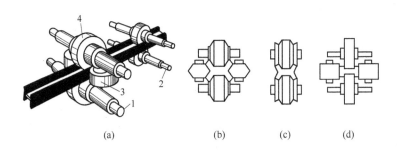

图 8-18   用万能轧机轧制 H 型钢
（a）万能轧边端可逆连轧；（b）万能粗轧孔；（c）轧边端孔；（d）万能成品孔
1，4—水平辊；2—轧边端辊；3—立辊

在轧件边部，由于水平辊侧面与轧件之间有滑动，故轧辊磨损比较大。为了保证轧辊重车后的轧辊能恢复原来的形状，除万能成品孔型外，上下水平辊的侧面及其相对应的立辊表面都有 3° ~ 10° 的倾角。成品万能孔型，又称万能精轧孔，其水平辊侧面与水平辊轴线垂直或有很小的倾角，一般在 0° ~ 0.3°，立辊呈圆柱状，如图 8-18b，c，d 所示。

C   H 型钢的冷却

H 型钢腰与腿的厚度比一般为 1.5 : 2.0，腿厚腰薄，加上轧制时冷却水的影响，轧后腰部温度低于腿部。如何防止因轧件各部分温度不均而造成的残余应力，使轧件冷却后造成扭曲甚至裂纹，一直是 H 型钢冷却过程中必须注意的问题。因此采用在成品轧机出口两侧向轧件腿部喷水，同时采用链式冷床立冷。立冷比平冷腿部散热条件好，利于使轧件各部温度均匀。轧件上冷床是采用逐渐倾斜的步进式机构，在冷床入口侧设置翻钢机，使 H 型钢由平放变为立放。

8.2.3   大、中型型钢生产

8.2.3.1   工艺过程概述

大型轧机的名义直径在 650mm 以上，而名义直径在 350 ~ 650mm 之间的轧机称为中型轧机。然而各类型钢轧机及所轧制的钢材品种和规格却很难完全分开，在其间经常有交叉和重复现象。因此，各类型钢轧机（特别大、中型）之间许多产品的工艺是很相近的，如图 8-19 所示为大、中型型钢的生产工艺流程。

8.2.3.2   轧机布置形式

作为大型和中型轧机，起初主要的布置方式有横列式、纵列式和棋盘式等，近几年又出现

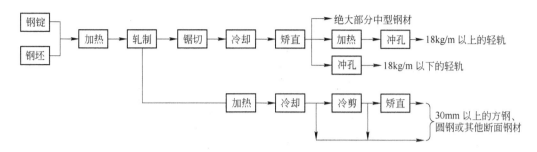

图 8-19 大、中型型钢的生产工艺流程

了半连续式和全连续式，各种轧机布置形式的优缺点和适用范围见表 8-6。

表 8-6 常见大、中型轧机布置形式的优缺点和适用范围

名 称	优 点	缺 点	适用范围
横列式	设备简单，投资少，建厂快。生产灵活性强，产品范围广，操作容易	轧制速度慢，产量低，劳动生产率不高	属于老式轧机布置形式，常布置成一列式和二列式
纵 列	间歇时间短，速度快，生产效率高，需要辅助设备少	厂房长度长，设备多	只适用于生产大、中型型钢，并向着越野式发展
越野式	比纵列式布置紧凑，生产效率高	车间需横移轨道，横移轧件操作使轧制间歇时间延长	用于生产大、中型型钢
棋盘式	轧机布置紧凑，头部和尾部在不同道次交替交换，有助于沿长度方向上温度均匀	不形成连轧，轧制速度比不上连续式	适用于生产中、小规格的型材
半连续式	便于调整轧机	不形成连轧，轧制速度比不上连续式	适用于轧制断面形状比较复杂的型钢
全连续式	轧制速度快，机械自动化程度高，生产效率高	调整比较困难，改变规格时比较复杂	适用于轧制断面形状比较复杂的型钢

（1）横列式轧机。大型和中型轧机中横列式比较多见，目前我国大型或中型轧机基本属于这一类，与轨梁轧机相似，主要是一列式和二列式两种基本类型。

1）一列式。一列式大（中）型轧机的布置形式如图 8-20 所示，这种轧机多由 3~4 架三辊式轧机组成。通常三架式用同一主电机传动，四架式则由两台电动机分组传动。无论在轧制道次安排、主电机总功率及轧制速度等方面，后者都较前者优越。这种布置方式多用于中、小型企业，通常使用交流电动机通过减速机传动。

2）二列式。作为二列式大型轧机，粗轧可采用二辊可逆式开坯轧机，与一列式轧机相比，可提高产量，扩大轧制品种，增加轧制灵活性。二列式轧机有两种组合方式，即三架三辊式轧机以及两架三辊式轧机和一架二辊式轧机，前者由同一台电动机传动，后者分两组传动，后一种方式较前者更为优越。

无论是大型轧机还是中型轧机，大部分作为开坯机使用，也可兼用于生产一些简单断面的型钢。

中型的二列式轧机中，粗轧可以采用 1~2 架三辊式开坯机，精轧机则为 4 架三辊式轧机

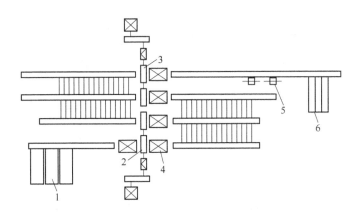

图 8-20　一列式大（中）型轧机的布置形式

1—加热炉；2—粗轧机组；3—精轧机组；4—升降台；5—热锯；6—冷床

分为两组传动，主电机可以采用交流电动机，如用于轧制合金钢，则采用直流电动机更为合理。

　　以中型轧机为例，随着原料及设备条件的不同，各企业间中型横列式轧钢生产工艺流程不尽相同。

　　（2）多机座非连续式轧机。由于横列式轧机存在着产量低和机械化程度低等一系列问题，而用连续式轧机轧制大、中型端面型钢（特别是异型型钢）时，在技术上还存在一系列未能解决的问题。因此，一般采用多机座非连续式轧机进行大、中型型钢的生产，其中比较典型的机组形式有纵列式（包括越野式）和棋盘式轧机。

　　1）越野式轧机。如图 8-21 所示为 500（指精轧机尺寸）越野式大型轧机的布置形式，其常用的道次为 7~9 道，轧制 7 道时可以不经过 5 和 6 两架轧机。

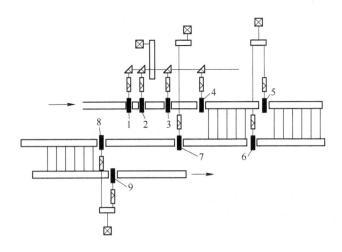

图 8-21　500 越野式大型轧机的布置形式

1~4—600 轧机；5~9—500 轧机

　　2）棋盘式轧机。如图 8-22 所示为 300 棋盘式轧机的布置形式，其中前四架轧机中每两架组成一组连轧（在第 3 与第 4 架间进行翻钢），专用于减小钢坯端面，第 6 架轧制后将轧件送

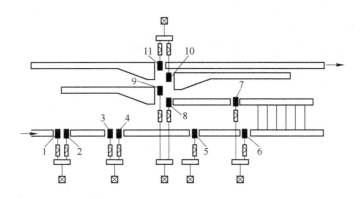

图 8-22 300 棋盘式轧机的布置形式

1 ~ 4—450 轧机；5 ~ 7—400 轧机；8 ~ 11—350 轧机

至第 7 架，而第 8 ~ 11 架轧机成棋盘式布置，每道轧制后用斜辊道将轧件移送至下一架轧机。

（3）连续式轧机。长期以来，用连续式轧机生产型钢发展较缓慢，特别是大、中型以上的轧机更是如此。20 世纪 60 年代以后开始出现半连续式和连续式大、中型轧机，其中连续式轧机多采用水平辊和立辊交替排列的复合机组，另外也出现了万能式轧机。

8.2.4 孔型设计基础知识

8.2.4.1 孔型设计的内容与要求

型钢品种及规格达几千种，其中绝大部分都是用辊轧法生产出来的。将钢锭或钢坯在带槽轧辊上经过若干道次的变形，以获得所需的断面形状、尺寸和性能的产品，而为此所进行的设计和计算工作称为孔型设计。因此，必须在轧辊上按照需要刻出不同形状凸出的棱楔或凹入的沟槽，这种位于一个轧辊上的棱槽称为孔型，如图 8-23 所示。孔型通常由两个（或三个）轧辊的轧槽组合而成。每个轧辊上车出的轧槽的形状和尺寸决定了轧制后轧件的形状和尺寸。

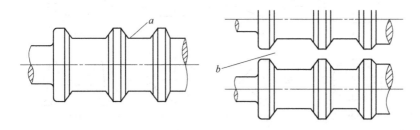

图 8-23 轧槽与孔型示意图

a—轧槽；b—孔型

A 孔型设计的内容

（1）断面孔型设计。根据已定坯料和成品的断面形状、尺寸大小和性能要求，确定轧制连续的变形过程，所需道次和各道次的变形量，以及为完成此变形过程所采用的各道次的孔型形状和各部分尺寸。

（2）轧辊孔型设计。根据断面孔型设计的结果，确定孔型在每个机架上的配置方式、孔型在机架上的分布及其在轧辊上的位置和状态，以保证正常的轧制及轧辊有较高的强度，使轧制节奏最短，从而获得较高的轧机产量和良好的成品质量。

（3）轧辊导卫装置（即正确引导轧件顺利进出孔型的装置）及辅助工具设计。根据轧机特性和产品断面形状的特点，设计出相应的导卫装置。导卫或诱导装置应保证轧件能按照要求进出孔型，或使轧件出槽后发生一定变形，或使轧件得以矫正或翻钢一定角度等。其他工具如检查板样等有时也由孔型设计者完成。

　　B　孔型设计的要求

孔型设计合理与否将给轧钢生产带来重要影响，它直接影响到成品质量、轧机生产能力、成品成本和劳动条件等。因此，一套完善、正确的孔型设计应该力争做到：

（1）成品质量要好。包括产品断面几何形状正确，尺寸公差合格，表面光洁无缺陷（如没有耳子、折叠、裂纹、麻点等），力学性能良好等。

（2）轧机产量高。应使轧机生产具有最短的轧制节奏和较高的轧机作业率。

（3）生产成本低。应确保金属消耗、轧辊及工具消耗、轧制能耗最小，并使轧机其他各项技术经济指标有较高的水平。

（4）轧机操作简便。应考虑轧制过程易于实现机械化和自动化，使轧机在孔型中变形稳定，便于调整，改善劳动条件，减轻体力劳动等。

（5）适合车间条件。应使设计出来的孔型符合该车间的工艺与设备条件，使孔型具有实际的可用性。

为达到上述要求，孔型设计工作者除要很好地掌握金属在孔型内的变形规律外，还应深入生产实际，与工人结合，与实际结合，比较充分地了解和掌握车间的工艺和设备条件以及他们的特性，只有这样才能设计出正确、合理的孔型。

8.2.4.2　孔型的分类

（1）按形状分类。按形状不同，孔型可分为简单断面孔型和复杂断面孔型，几种常见的简单断面孔型和异型断面孔型，如图 8-24 所示。

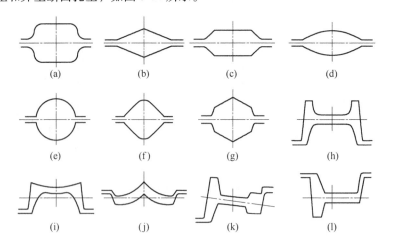

图 8-24　孔型按形状分类

（a）箱形孔型；（b）菱形孔型；（c）六角形孔型；（d）椭圆形孔型；（e）圆孔型；
（f）方孔型；（g）六边形孔型；（h）工字形孔型；（i）槽形孔型；
（j）角形孔型；（k）轨形孔型；（l）丁字形孔型

（2）按配置方式分类（图 8-25）：

1）开口孔型。辊缝在孔型周边之内称为开口孔型。

2）闭口孔型。辊缝在孔型周边之外。

3）半闭口孔型。通常称为控制孔，辊缝常靠近孔型的底部。

4）对角开口孔型。辊缝位于孔型的对角线。

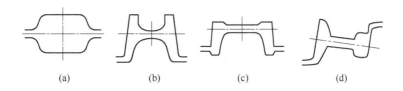

(a)   (b)   (c)   (d)

图 8-25 孔型配置方式

（a）开口孔型；（b）闭口孔型；（c）半闭口孔型；（d）对角开口孔型

（3）按用途分类（图 8-26）：

1）开坯孔（延伸、压缩孔）。减小被轧金属的截面积，形状不发生很大变化，为后面的孔型提供合适的轧件尺寸。

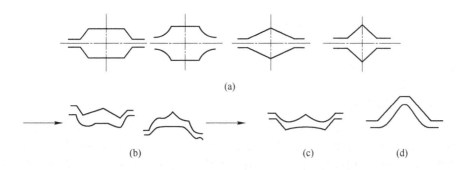

(a)

(b)   (c)   (d)

图 8-26 角钢孔型按用途分类

（a）延伸孔型；（b）毛轧孔型；（c）成品前孔；（d）成品孔

2）粗轧或毛轧孔。在继续减小轧件截面积的同时，对轧件进行粗加工，使之逐渐接近成品形状和尺寸。

3）成品前孔。成品孔前面的一个孔型，为在成品孔型中轧出符合要求的成品（包括形状和尺寸）做好准备。

4）成品孔。轧出成品的最后一个孔型，但是成品孔型的尺寸不等于成品断面尺寸。因为成品孔型尺寸不仅要考虑成品断面尺寸要求，还要考虑成品断面尺寸要求，考虑金属热膨胀、轧辊磨损以及断面尺寸公差的影响。

8.2.4.3 孔型各部分的名称与作用

A 辊缝

辊环间距称为辊缝（S），如图 8-27 所示。在轧制过程中，在轧制压力的作用下，工作机架和其他

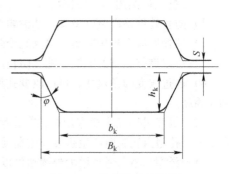

图 8-27 箱形孔型的结构

零部件会发生弹性变形，这种弹性变形的总和构成了轧辊的所谓"弹跳"。辊缝的作用在于补偿轧机的弹跳和轧机的调整，具体体现在以下几点：

（1）在轧制过程中由于孔型磨损而使孔型高度增加，为保持孔型原有高度，可通过减小辊缝的办法来实现。

（2）在不影响轧件断面形状和稳定性的条件下，留有足够大的辊缝，可通过调整辊缝的办法，从同一孔型中轧制出不同断面尺寸的轧件。

（3）辊缝可以减小轧槽切入深度，提高轧辊强度，增加轧辊车削次数，延长轧辊使用寿命。

（4）用调整辊缝的办法在一定范围内能适应轧件温度变化，同时解决因孔型设计考虑不周而带来的问题。

确定辊缝值的关系式如下：

成品孔型：$S = 0.01D$；毛坯孔型：$S = 0.02D$；开坯孔型；$S = 0.03D$；D 为轧辊直径，mm。

B 孔型侧壁斜度

一般孔型侧壁均不垂直于轧辊轴线，而是有一些倾斜。孔型侧壁倾斜的程度称为斜度（图8-27），其表示方法如下：

$$\tan\varphi = \frac{B_k - b_k}{2h_k} \times 100\% \tag{8-1}$$

式中 B_k——孔型槽口宽度，mm；

b_k——孔型槽底宽度，mm；

h_k——孔型切槽深度，mm。

孔型侧壁斜度具有以下作用：轧件易于正确地进入孔型，同时也有利于轧件脱槽；孔型无侧壁斜度时，当孔型侧壁使用一定时间磨损后，车削轧辊时无法恢复轧槽原有的宽度；减少轧辊再车削量，延长轧辊使用寿命；使孔型具有公用性；当轧制异形钢材时，提高孔型侧壁斜度可以增大变形量，减少轧制道次和能耗。

孔形侧壁斜度固然有上述重要的作用，但斜度过大也会使轧件断面形状"走样"。因为侧壁斜度小有利于夹持轧件，其侧面加工良好，断面形状比较规整。

C 孔型的圆角

孔型的角部一般都做成圆弧形，称为圆角。位于槽口的圆角称为外圆角；位于槽底的圆角称为内圆角。由于孔型形状和圆角的位置不同，其所起的作用也不尽相同。

（1）孔型内圆角的主要作用有：

1）防止轧件角部急剧冷却，减少角部产生裂纹的机会。

2）使槽底应力集中减弱，提高轧辊强度。

3）可以调整孔型的宽展余地，防止产生耳子（如菱形轧件翻钢进入方孔轧制时）。

4）通过改变圆角尺寸，可以改变孔型的实际面积和尺寸，以调整轧件在孔型中的变形量和充满度。

（2）孔型外圆角主要作用有：在孔型充满不太大的情况下，能形成钝而厚的耳子，避免在下一个孔型内轧制时产生折叠。避免受到辊环的切割而产生刮铁丝的现象。

对于异型孔型，适当增大外圆角可以改善轧辊的应力集中，有利于提高轧辊强度。

D 锁口

若在同一孔型中轧制厚度或高度差异较大时，其所用的锁口长度应适当增加，以便防止轧制较厚和较高轧件时金属有可能挤入辊缝内，如图8-28所示。值得注意的是，采用锁口的孔型，其相邻孔型的锁口位置是相互交替的，以保证轧件形状正确。

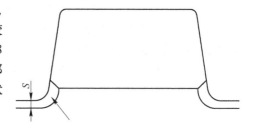

图 8-28 孔型的锁口

8.2.4.4 孔型在轧辊上的配置

孔型在轧辊上配置的任务是：把已设计好的断面按照一定的规律放置到已定轧机的轧辊上。其主要内容有两个方面，一是在轧制面垂直方向上的配置；二是在轧辊辊身长度方向上的配置。

A 孔型在轧制面垂直方向上的配置

孔型在轧制面垂直方向上的配置涉及许多与此有关的基本概念，而这些基本概念正是配辊的基础。下面对这些基本概念做简要叙述。

（1）轧机尺寸：

1）名义直径。型钢轧机的大小一般采用传动轧辊齿轮座中齿轮的中心距或其节圆直径 D_0 的大小来表示。因为它是不变的，D_0 称为轧机的名义直径。

2）原始直径。在配置孔型或绘制轧辊图时，是以新辊直径 D 为依据的。通常把这种包括辊缝在内的直径称为轧辊的原始直径，它是配辊开始时的基准直径，轧机尺寸与轧辊直径如图8-29 所示。

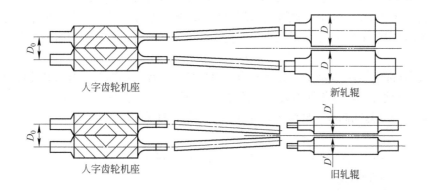

图 8-29 轧机尺寸与轧辊直径

如用 K 表示轧辊的重车率，则：

$$\frac{D - D'}{D_0} = K \times 100\% \qquad (8\text{-}2)$$

式中　D——新辊最大直径；

　　D'——轧辊使用到报废时的旧轧辊直径。

D 与 D' 可以用下面两个式子计算：

$$D = (1 + K/2) D_0$$

$$D' = (1 - K/2) D_0$$

开坯轧机和型钢轧机的重车率范围为8%~12%，一般可取10%。

（2）压力。在开坯和型钢生产中，经常有目的地使上、下轧辊直径不等。这种上、下轧辊工作直径的差值称为压力，以 m 表示。若上轧槽轧辊的工作直径大于下轧槽轧辊的工作直径，轧件离开轧辊后将向下弯曲，如图8-30a所示，称为上压力；反之，如下轧槽轧辊的工作直径大于上轧槽轧辊的工作直径，则轧件离开轧辊后将向上弯曲，称为下压力，如图8-30b所示。

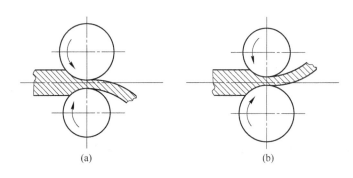

图 8-30　上压力与下压力轧制
（a）上压力；（b）下压力

在生产中为了安全，要求轧件顺利、平直地脱槽。在向轧辊上配置孔型时，设置一定的压力值，避免轧件任意弯曲，而使轧件固定地向一个方向弯曲，以控制轧件的走向，这就是为什么要采用压力的原因。

通常在型钢轧机上采用上压力并安装下卫板，以使轧件能贴着下卫板自孔型中平直地轧出。在轧制槽钢等异形钢材时，原则上当闭口腿的轧槽车削在下轧辊时，则采用上压力；闭口腿的轧槽车削在上辊时，则采用下压力，以使轧件能顺利地脱离闭口轧槽而不至于产生缠辊的危险。

压力大小与孔型的用途有关。如上压力一般按轧辊直径大小选取，对箱型孔可取不大于辊径的3%；对其他开坯延伸孔取不大于辊径的1%；对成品孔应尽量取小值，甚至可为零。

（3）轧辊中线与轧制线。轧辊中线与轧制线如图8-31所示。

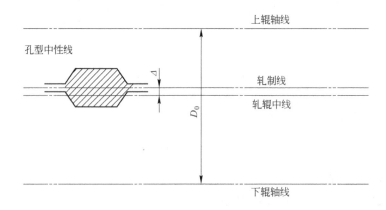

图 8-31　轧辊中线与轧制线

1）轧辊中线。等分上、下两个轧辊轴线之间距离的等分线称为轧辊中线，亦称为轧辊平分线，如图8-31所示。

2）轧制线。配置孔型的基准线时应使孔型中线与轧制线重合。显然，当采用零压力时，即上、下轧辊工作直径相同时，轧制线与轧辊中线重合；若采用上压力时，则轧制线在轧辊中线的下方某一位置；当采用下压力时，则轧制线在轧辊中线的上方某一位置。无压力时，轧制线、轧辊中线及孔型中性线是重合的。

（4）孔型中性线。上、下轧辊作用在轧件上的力对某一水平直线的力矩相等，此条水平直线称为孔型中性线。确定孔型中性线的目的是为了配置轧辊孔型。因为配辊时孔型中性线必须与轧制线重合，从而使上、下轧辊对轧件作用的力矩相等，使轧件出孔时能保持平直。

孔型中性线的确定由于孔型不同而有许多方法，对于轧制前、后轧件断面形状上下均为对称的，其孔型中性线就是它们的水平对称轴线，如箱型孔、菱形孔、椭圆孔、圆孔和方孔等；对非对称形状的轧件，如槽钢孔型等，应根据上、下轧辊对其作用的力矩相等，并使轧件平直出孔的原则确定。由于影响上、下轧辊作用于轧件的力矩相等的因素较多，因而这类孔型中性线的确定比较复杂。通常采用简化的方法来确定这类孔型中性线，如图8-32所示。

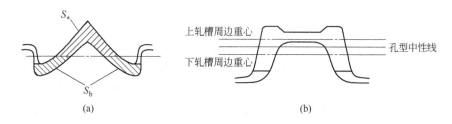

图 8-32　确定孔型中性线的简化方法
（a）面积相等法；（b）周边重心法

1）重心法。重心法是指将通过孔型几何形状面积重心的水平线作为孔型中性线。

2）面积相等法。面积相等法是指将孔型面积等分为上、下两部分的那条水平线，作为孔型中性线，如图8-32a所示。中性线之上的部分孔型面积与中性线之下的部分孔型面积相等。

3）轮廓线重心法。轮廓线重心法也称为周边重心法，如图8-32b所示。这种求法认为，孔型中性线是与两个轧辊上的轮廓（即轧槽）的两个重心等距离的水平线。

（5）孔型配置的方法与步骤：

1）按轧辊原始辊径确定上、下轧辊的轴线。

2）确定上、下轧辊的轴线间距的等分线，即轧辊中线。

3）在距轧辊中线 Δ（$\Delta = m/4$）处画出轧制线。

按照上述方法确定孔型中性线，使孔型中性线与轧制线重合，以此为标准按照已设计出的孔型确定孔型各处的轧辊直径，画出轧辊图，并注明孔型各部分尺寸并进行校核，检查各部分尺寸是否正确。

B　孔型在辊身长度方向上的配置

在轧辊辊身长度方向上配置孔型的原则是：有利于轧机产量的提高和产品质量的保证；操作方便，便于实现机械化和自动化；有助于轧辊的充分利用，减少轧辊的消耗和储备等。配置孔型要考虑的因素有：

（1）成品孔和成品前孔应尽量争取单独配置，即不配置在同一架轧机的同一轧线上，以便实现单独调整，保证成品质量。

（2）分配到各架轧机上的轧制道次应力争使各架轧机轧制时间符合均衡，以便获得较短的轧制节奏,有利于提高轧机的产量。

(3) 根据各个孔型磨损对成品质量影响程度的不同,在轧辊上孔型配置数目也不相同。成品孔应尽可能多配,成品前孔和再前孔根据条件和可能也多配一些。

(4) 轧辊相邻孔型间的凸台称为辊环,在轧辊长度方向上要给辊环留有足够的宽度,以保证辊环强度,满足安装导卫装置和进行调整的要求。在满足了上述要求的条件下辊环宽度可适当减少,以便能安排一些孔型数目。铸铁辊环的宽度一般可考虑等于轧槽深度,而钢制辊环可以小一些。轧辊两端的辊环宽度对于大、中型轧机可取 100mm 以上,而对小型轧机一般在 50 ~ 100mm 的范围内选取。

8.3 棒线材生产工艺

8.3.1 普碳棒材生产

8.3.1.1 生产工艺与轧机类型

为了获得最好的投资回报率和投入产出率,面对当今剧烈的市场竞争,钢铁生产最重要的目标是:高产量、高效率、低成本、高质量、高的灵活性。为了实现上述目标,近年来全连续小型连轧机的发展趋势是建造单一品种的轧机,采用更专业化的生产工艺。当今流行的普碳钢型、棒材连轧机的类型主要有三种类型:第一种是通用的高速轧制的钢筋轧机;第二种是四切分的高产量的钢筋轧机;第三种是生产从小型到中型型钢、扁钢、工字钢和棒材的多品种棒材轧机。

这里主要介绍通用的高速轧制的钢筋轧机,这种类型的轧机是当今生产圆钢和带肋钢筋的专业化轧机典型形式,它以 150mm × 150mm × (10000 ~ 12000) mm 的连铸坯生产 ϕ12 ~ 40mm 圆钢、ϕ12 ~ 52mm 带肋钢筋;设计年产量为 40 ~ 60 万吨;钢种为市场大量需要的低中高碳钢、低合金钢;一般最高轧制速度为 18m/s,近年随着倍尺飞剪控制系统和高速上冷床系统的开发完善,克服了以往飞剪和制动上冷床对精轧速度的限制(使其只能在 15 ~ 18m/s),从而使其精轧速度可以高达 40m/s。而且在轧制小规格带肋钢筋时,还可以采用切分轧制工艺,从而使其机组的年产量可以达到 100 万吨的规模,充分体现了专业化、规模化生产的特点。图 8-33 为高速轧制的圆钢和钢筋轧机典型布置图。

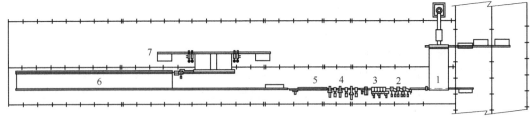

图 8-33 高速轧制的圆钢和钢筋轧机平面布置简图
1—步进式加热炉;2—粗轧机机组;3—中轧机组;4—精轧机组;5—水冷装置;
6—步进式冷床;7—精整设备:冷定尺剪、自动计数装置、打捆机

一座步进梁式加热炉和 18 架轧机组成轧制线,为保证产品的表面质量,在加热炉和粗轧机之间设有高压水除鳞装置,以 20MPa 高压水去除坯料表面的氧化铁皮。18 架轧机,其中粗轧机组 6 架,平/立布置;中轧机组 6 架,平/立布置;精轧机组 6 架,平/立布置,(其中 14、16、18 机架为平/立可转换机架),全线实现无扭转轧制。中轧和精轧机为高刚度短应力轧机。

在 6 架、12 架、18 架后设有飞剪，前两个飞剪用于切头、切尾和事故碎断，后一个为倍尺剪切。轧线设有 7 个活套，精密的高刚度轧机和微张力、无张力控制系统，保证轧件尺寸的精度。在线钢筋淬火-回火装置可以低成本生产高强度钢筋。冷床高速上料系统，保证了精轧机的高速轧制最高可达 40m/s。带高速下料的齿条式冷床、棒材的最佳剪切和短尺收集系统、冷剪设备、棒材计数装置和棒材自动打捆机等精整设备保证了整条生产线的高速、连续化生产。

8.3.1.2　棒材穿水冷却工艺原理

钢筋的控制冷却又称为钢筋轧后余热处理或轧后余热淬火。该工艺是利用钢筋中轧后在奥氏体状态下直接进行表层淬火，随后由其心部传出余热使表面进行回火，以提高强度、塑性，改善韧性，使钢筋得到良好的综合性能。这种工艺简单，节约能耗，改善操作环境，钢筋外形美观，条形平直，收到较大的经济效果，在国内外得到了广泛的应用。

钢筋的综合性能，如屈服强度、反弯、焊接性能、疲劳强度、冲击韧性等，决定于钢的化学成分、变形条件、终轧温度、钢筋直径、冷却条件、冷却速度和自回火温度等因素。

钢筋轧后余热处理原理如图 8-34 所示。

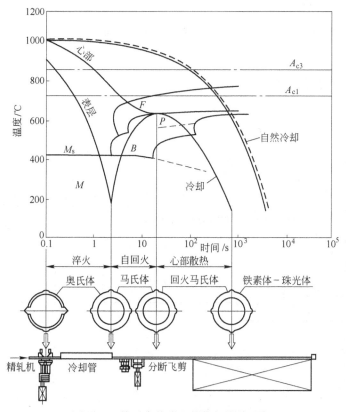

图 8-34　轧后余热处理螺纹钢在线冷却

钢筋轧后余热处理过程可分为三个阶段。

第一阶段为表面淬火阶段（急冷段），钢筋离开精轧机在终轧温度下，尽快地进入高效冷却装置，进行快速冷却。其冷却速度必须大于使表面达到一定深度淬火马氏体的临界速度。钢筋表面温度低于马氏体开始转变温度（M_s 点），发生奥氏体向马氏体转变。该阶段结束时，心部温度仍很高，处于奥氏体状态，表层则为马氏体和残余奥氏体组织。表面马氏体层的深度取决于强烈冷却持续时间。

第二阶段为自回火阶段，钢筋通过快速冷却装置后，在空气中冷却。此时钢筋各截面内外温度梯度很大，心部热量向外层扩散，传至表面的淬火层，使已形成的马氏体进行自回火，根据自回火温度不同，可以转变为回火马氏体或回火索氏体。而表层的残余奥氏体转变为马氏体。同时邻近表面的奥氏体根据钢的成分和冷却条件不同而转变为贝氏体、屈氏体或索氏体组织，而心部仍处于奥氏体状态。该阶段的持续时间随着钢筋直径和第一阶段冷却条件而变化。通常心部奥氏体已经开始转变为铁素体。

第三阶段为心部转变阶段，钢筋在冷床上空冷一定时间后，断面上的热量重新分布，温度趋于一致，同时降温。此时心部由奥氏体转变为铁素体和珠光体或铁素体、索氏体和贝氏体。心部产生的组织类型取决于钢的化学成分、钢筋直径、终轧温度和第一阶段的冷却效果和持续时间。

轧后余热处理对性能的影响，可以独立控制的因素只有三个，即终轧温度、冷却时间和冷却速度。决定钢筋力学性能特别是抗拉强度的因素是：马氏体环所占的体积大小、马氏体的抗拉强度及中心部分的抗拉强度。这些参数和水冷参数及回火温度有关。

8.3.2　高速无扭线材生产

8.3.2.1　精轧机组为悬臂式 45° 无扭轧机的现代化线材车间

A　车间平面布置

现代化车间平面布置如图 8-35 所示。

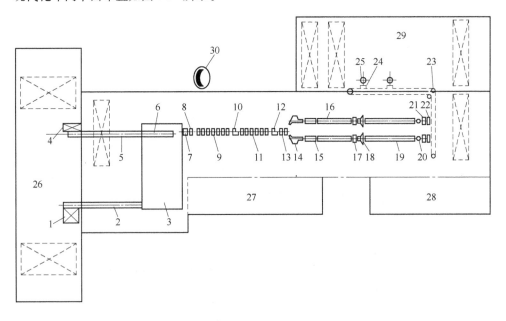

图 8-35　现代化线材车间平面布置

1—上料台架；2—上料辊道；3—步进式加热炉；4—返回料收集箱；5—返回输送辊道；6—炉内辊道；
7—分钢机；8—夹钢机；9—φ450mm 粗轧机组；10、12—回转式飞剪；11—φ300mm 中轧机组；
13—φ300mm 二中轧机组；14—侧围盘；15—无扭精轧机组；16—水冷系统；17—切头、尾剪；
18—成圈器；19—输送链；20—集卷器；21—打捆机；22—挂卷机；
23—钩式运输机；24—卸卷机；25—收卷机；26—钢坯库；
27—主电室；28—辅助间；29—成品库；30—铁皮沉淀池

B 生产工艺

车间年产量在100万吨以上，该车间共有68架轧机。粗轧机组由7架水平轧机组成，精轧机组由四组各10架悬臂式45°高速无扭轧机组成。

产品种类及规格：普通碳素钢、优质碳素钢、合金结构钢和特殊性能钢；$\phi 5.5 \sim 13.0mm$的线材。

（1）原料的准备与加热。原料规格：$113mm \times 113mm \times 17000mm$的方坯，质量为1640kg；$125mm \times 125mm \times 17000mm$的方坯，质量为2000～3000kg。将原料用吊车吊到链条托运机上，再横移到装料用的带辊道的工作台上，横向装入炉内。加热炉采用一座三段式步进式炉，侧装侧出料，该炉有效长度为22m，宽为18m，加热能力为150t/h。

钢坯主要检查表面质量。碳素结构钢的检查多为人工目检；合金钢钢坯或特种钢坯多在表面除鳞后用涡流探伤检查。经检查合格后的钢坯投入生产，不合格的剔废。

（2）轧制。粗轧机由一组7架二辊水平轧机组成，四线轧制。轧辊的平衡采用液压装置，轧辊的轴承采用油膜轴承，换辊方式为整体吊换。该机组前四架为$\phi 500mm$的轧机，分别由两台400kW和两台500kW的直流电动机驱动。后三架为$\phi 460mm$的轧机，分别由一台600kW和两台800kW的直流电动机驱动。

中轧机组由四架两辊水平轧机组成，四线轧制。机架形式与粗轧机组相同。中轧机组后设置有侧活套，以便进行无张力轧制，保证良好的轧件表面形状和尺寸精度。在中轧机组前还设有回转式切头剪。

预精轧机组为平辊-立辊机组，共四组，每组由四架轧机组成。

精轧机组由四组各10架摩根型45°（悬臂式）高速无扭轧机组成。每组前两架轧机轧辊的尺寸为$\phi 200mm \times 56mm$，后八架轧机轧辊的尺寸为$\phi 150mm \times 62mm$。每组轧机由两台1000kW的直流电动机驱动，成品线速度可达102m/s。

在高速线材生产中，碳素钢钢坯在轧制前无需设置氧化铁皮清除工序和设施，亦不会因此而产生产品表面质量问题，只有生产合金钢等有特殊要求的产品时，才需要设置高压水除鳞设施。

高速无扭线材精轧机组采用微张力轧制，在轧件头部及尾部失张段将出现断面尺寸大于公称断面尺寸偏差的现象。通常要将这一超偏差段切除后再交货。

（3）精整。轧后采用斯太尔摩法控制冷却，精整全部实现自动化、连续化。在生产过程中采用连续测径和自动控制；粗轧、中轧实行速度控制；精轧实行程序控制；粗轧、中轧机组机架间采用张力自动调节装置（CFTC）。由计算机对加热、剪切、冷却、精整等各环节实行最佳控制和综合管理。

由于高速线材轧机所生产的线材多是大盘重产品，又经过控制冷却和外形精整，必须实行压紧捆扎。高速线材盘重较大，故均采用单盘称重的方式，在现代化自动生产线上多采用电子秤称重，自动记录、累计并打出标牌。标牌由人工绑挂在盘卷上，作为出场标记和供生产统计用。

8.3.2.2 高速线材轧机生产的工艺特点

A 高速度轧制

高速无扭精轧工艺是现代线材生产的核心技术之一，只有精轧高速度才能有高生产率，才能解决大盘重线材轧制过程中温度下降太快的问题。精轧的高速度要求轧制过程中轧件无扭转，否则轧制事故频发，轧制根本无法进行。因此，高速无扭精轧是现代高速线材轧机的一个基本特点。

实现高速首先是设备，精轧机、夹送辊、吐丝机要能适应高速运转。在工艺上保证高速的主要条件是原料质量、轧件精度和轧件温度。高精度、高质量的轧机是保证不产生轧制事故的最根本条件。高速线材轧机的精轧机组是最具特色的关键设备，它的水平决定整套线材轧机的水平。

摩根轧机是最早的高速轧机的机型之一，由于设计合理，摩根轧机几乎最集中体现了"高速"对轧机的要求，即无扭、无接轴、小辊径、振动小（摩根机组轧钢时最大振幅为0.025~0.051mm）。这种轧机由美国摩根公司研制而成，一般由10架轧机组成。机组结构紧凑，小巧玲珑，加工精度高，轧制速度快。轧辊为悬臂式、小辊径（前2~4架为ϕ210mm，后6~8架为ϕ152mm的碳化钨辊环）。其前7架各配有两个孔型，而后3架则配有4个孔型，以充分处用辊环宽度。在传动系统中，由螺旋锥齿轮变速，然后通过一对变速的圆柱斜齿轮将运动传递给悬臂辊。图8-36所示为45°精轧机组传动示意图。

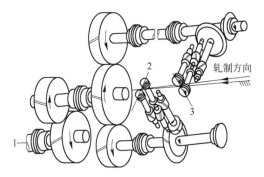

图8-36　45°精轧机组传动示意图
1—电动机中心线；2—机架8；3—机架1

这种机型虽然存在螺旋齿轮规格多、备件多、难以加工的缺点，但它具有设计合理、加工精度高、运行平稳、轧制速度高等优点，因此，目前在高速精轧机型中占有绝对的优势。

B　控轧及轧后控制冷却

高速度轧制必须实行控轧。虽然在高速线材轧机精轧以前设置的都是低速轧机，但当轧制速度低于10m/s，轧件温度就不再下降，超过10m/s时，轧件温度升高。高速线材轧机多道次逐次升温给生产工艺造成了重大影响。当轧制速度超过75m/s时，由于成品温度高，水冷段事故增多。轧制速度过快还会使水冷段的冷却达不到控冷要求。所以在精轧前应增加水冷箱，甚至全线水冷，实行控轧，降低开轧温度以实现低温轧制。低温轧制目前实行的不多，主要受原轧机强度和电机能力的限制。

由于高速线材轧机以高速连续的方式生产大盘重的线材产品，终轧温度比普通线材轧机高，若选用传统的成盘自然冷却方法将使产品质量恶化。为避免传统成盘自然冷却造成的二次氧化严重，轧后线材的力学性能低，并严重不均匀的问题，高速线材生产采用轧后控制冷却工艺。

按照控制冷却原理与工艺要求，线材控制冷却的基本方法是：首先让轧制后的线材在导管（或水箱）内用高压水快速冷却，再用吐丝机把线材吐成环状，以散卷形式分布到运输辊道（链）上，使其按要求的冷却速度均匀风冷，最后以较快的冷却速度冷却到可集卷的温度进行集卷、运输和打捆等。

因此工艺上对线材控制冷却提出的基本要求是：能够严格控制轧件冷却过程中各阶段的冷却速度和相变温度，使线材既能保证性能要求，又能尽量减少氧化损耗。

各钢种的成分不同，他们的转变温度、转变时间和组织特性各不相同。即使是同一钢种，只要最终用途不同，所要求的组织和性能也不尽相同。因此，对他们的工艺要求取决于钢种、成分和最终用途。

从各种控制冷却工艺的布置和设备特点来看，不外乎两种类型：一类是采用水冷加运输机散卷风（空）冷，这种类型中较典型的工艺有美国的斯太尔摩冷却工艺、英国的阿希洛冷却工艺、德国的施罗曼冷却工艺等；另一种是水冷后不用散卷风（空）冷，而采用其他介质或用其他布圈方式冷却，如沸水冷却法（又称 ED 法）、塔式冷却法（又称 DP 法）、流态层冷却法等。下面重点介绍第一类工艺的特点及布置。

（1）斯太尔摩冷却法。斯太尔摩冷却法将轧出的线材（1000℃左右）通过水冷套管快速冷却至相变温度（785℃左右），然后经过导向装置引入吐丝机，使成圈的线材散落在连续运转的运输机上进行散卷冷却。根据钢种和最终用途不同，通过控制鼓风机的送风量和运送速度来控制线材的冷却速度。对不同钢种可进行强迫风冷、自然风冷、加罩缓冷或供热球化退火，以控制线材的组织和性能。冷却后的线材经过线材集卷器收集成卷，最后进行检查和打捆。斯太尔摩冷却线工艺布置如图 8-37 所示。

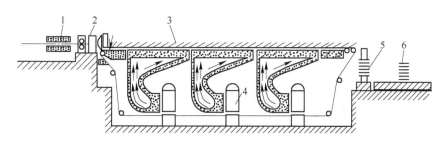

图 8-37 斯太尔摩冷却线工艺布置
1—水冷套管；2—吐丝机；3—运输机；4—鼓风机；5—集卷机；6—盘条

（2）施罗曼冷却法。与斯太尔摩冷却法不同，施罗曼冷却法强调在水冷带上控制冷却，而在运输机上自然空冷。其方法是：线材出精轧机后经环形喷嘴冷却器冷却至 620~650℃；然后，经卧式吐丝机成圈，并先垂直后水平放倒在运输链上，通过自由的空气对流冷却，而不附加鼓风，冷却速度为 2~9℃/s。为了适应不同的要求，通过改变在运输带上的冷却形式而发展了各种形式的施罗曼冷却法，如图 8-38 所示为五种施罗曼冷却工艺流程。其中 I 型适应于普通碳素结构钢；II 型适用于要求冷却速度较慢的钢种；III 型在运输带的上部加一个保温罩，适用于要求较长转变时间的特殊钢种；IV 型适用于要求低温收集的钢种；V 型适用于合金钢。

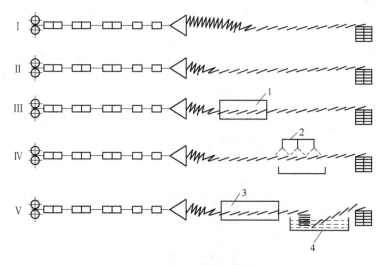

图 8-38 五种施罗曼冷却工艺流程
1—保温罩；2—冷却罩；3—连续式退火炉；4—水冷池

C　高质量控制

高速线材轧机的高速无扭精轧机是生产线材工艺最完备的轧机，他比以往任何轧机都要合理。高速线材轧机工艺灵活，控制手段齐全，适应线材品种、规格十分广泛，能生产各种高质量的线材。在车间设计的质量控制方面，需要各工序都具备生产高质量线材的能力，即：

（1）保证原料质量。要求原料段具有原料检测、检查、清理和修磨的手段，使投入的原料具有生产优质线材的条件。

（2）采用步进式加热炉，以保证灵活的加热制度。

（3）在单线生产时粗轧采用平辊-立辊机组，以尽量避免刮伤轧件。

（4）尽可能使用滚动导卫装置及硬面轧辊，以保证轧件的表面质量。

（5）要保证轧件精度，轧机机座的刚度和精度都必须达到相当高的水平。因为，生产线材的轧制压力不大，机件弹性变形量不大，所以线材轧机的精度比刚度更重要。

（6）轧机间的张力对轧件精度影响很大，应尽可能实现无张力或微张力轧制。在预精轧时必须实现无张力轧制，在中轧和粗轧时通常设置三个活套。

（7）采用椭圆-立椭圆、椭圆-圆孔型系统时，轧件变形均匀，孔型磨损均匀，轧机调整简便，所以在近几年粗轧和中轧也尽可能采用椭圆-圆孔型系统。

8.4　钢管成形理论及工艺

钢管是指两端开口并具有中空断面，而且其长度与断面周长之比较大的钢材。钢管占全部钢材总量的8%～15%左右，在国民经济中应用范围极为广泛。钢管包括焊管和无缝管，其产品主要用于石油工业、天然气输送、城市输气、电力和通讯管网、工程建筑和汽车、机械等制造业。钢管按断面形状分类如表8-7所示。钢管生产方法有热轧（包括挤压）、焊接和冷加工三大类，冷加工是钢管的二次加工。

表 8-7　钢管的分类

序　号	分类方法	类　别	说　明
1	按生产方式分类	无缝钢管	热轧管、冷轧管、冷拔管和挤压管等
		焊　管	直缝焊管和螺旋焊管等
2	按横断面形状分类	圆　管	
		异形管	矩形管、菱形管、椭圆管、六方管、八方管以及各种断面不对称管等
3	按纵断面形状分类	等断面管	
		变断面管	锥形管、阶梯形管和周期断面管等
4	按材质分类	普通碳素管	
		优质碳素结构管	
		合金结构管	
		合金钢管	
		轴承钢管	
		不锈钢管	
		双金属复合管	
		镀层和涂层管	

序 号	分类方法	类 别	说 明
5	按管端形状分类	光 管	
		车丝管	普通车丝管和特殊螺纹管
6	按 D/S 之比分类	特厚管	$D/S \leqslant 10$
		厚壁管	$10 \leqslant D/S \leqslant 20$
		薄壁管	$20 \leqslant D/S \leqslant 40$
		极薄壁管	$D/S \geqslant 40$
7	按用途分类	油井管	套管、油管及钻杆等
		管线管	
		锅炉管	
		机械结构管	
		液压支柱管	
		气瓶管	
		地质管	
		化工管	高压化肥管和石油裂化管等
		船舶用管	

8.4.1 热轧无缝钢管的生产工艺

热轧无缝钢管生产是将实心管坯穿孔并轧制成符合产品标准的钢管。其生产工艺流程包括管坯轧前准备、管坯加热、穿孔、轧管、定减径、钢管冷却、钢管切头尾、分段、矫直、探伤、人工检查、喷标打印、打捆包装等基本工序，主要有穿孔、轧管和均整、定减径（包括张力减径）三个变形工序。

8.4.1.1 管坯轧前准备

管坯有圆形、方形、多边形等断面形状。压力穿孔选用方形、带浪边的方形或多边形坯，斜轧穿孔则受变形条件限制，需选用圆形坯。

管坯质量是确保钢管成品质量和顺利生产的先决条件。管坯检查和表面缺陷清理一般在管坯生产部门按技术要求完成，轧管部门则按技术条件复验，如图 8-39 所示。管坯切断方法有剪断、折断、锯断和火焰切断等方法。

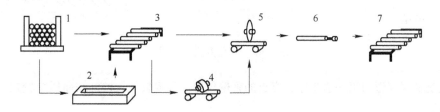

图 8-39 管坯准备工艺流程示意图

1—管坯库；2—去除氧化铁皮；3—检查；4—表面清理；5—改切；6—冷定心；7—检查

圆管坯定心是指在管坯前端面中心钻孔或冲孔，其目的是使顶头对中，防止穿偏，减小毛管前端的壁厚不均，并改善斜轧穿孔的二次咬入条件，使穿孔过程顺利进行。管坯定心包括冷定心和热定心两种方法，热定心法在管坯加热出炉之后，其效率高，得到广泛使用，而冷定心法仅用于高合金钢或重要用途钢管生产中。

8.4.1.2　管坯加热

管坯加热的目的是为了提高管坯塑性、降低变形抗力，有利于塑性变形和降低加工能耗；使碳化物溶解和非金属相的扩散，改善钢的组织性能。管坯加热要防止管坯表面氧化、脱碳、增碳、过热和过烧等缺陷。管坯加热需保证加热的温度准确、加热温度均匀、烧损少等基本要求。

管坯加热炉型式有环形炉、步进炉、斜底炉和感应炉等。现代热轧无缝钢管机组大多采用环形加热炉。步进式加热炉是高效加热炉之一，在加热长管坯和钢管再加热时常用。旧机组改造中可采用步进炉代替斜底炉。感应炉通过螺旋感应器的交变磁场使管坯产生涡电流而加热。集肤效应使感应电流集中于坯料表层，中部加热靠表层热量向内传导，多用于小管坯的加热。

管坯的加热制度关系到管坯高温塑性加工性能、终轧组织状态和力学性能、能耗等一系列重要指标，是重要工艺制度之一。其内容涉及加热温度、加热时间、加热速度、断面允许温差、炉内气氛、炉膛压力等工艺参数的确定，应综合考虑炉型、炉子生产率、金属的性质、坯料尺寸与形状等。

8.4.1.3　穿孔

管坯穿孔是将实心管坯穿制成空心毛管的工艺过程，是热轧无缝钢管生产中最重要的变形工序。常见的管坯穿孔方法有斜轧穿孔（二辊式穿孔、立式大导盘（狄塞尔）穿孔、锥形辊（菌式）穿孔和三辊式穿孔）、压力穿孔和推杆穿孔（PPM）等三种，如图 8-40 所示。另外还有直接采用离心浇注、连铸与电渣重熔等方法获得空心管坯，而省去穿孔工序。

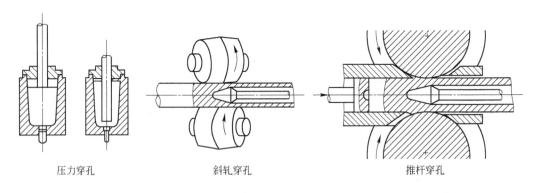

压力穿孔　　　　　　斜轧穿孔　　　　　　推杆穿孔

图 8-40　穿孔方法示意图

穿孔是金属变形的第一道工序，穿出的管壁较厚、长度较短、内外表面质量较差，穿出的管子叫毛管。

A　穿孔区的组成

斜轧穿孔毛管的变形区由轧辊、顶头、导板和轧件所构成，如图 8-41 所示。

由图可以看出，整个变形区的几何形状，大致可认为，在横截面上是个环形变形区，而在

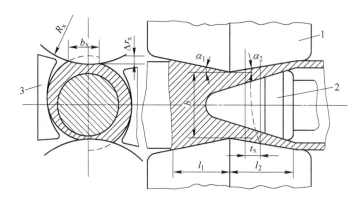

图 8-41 穿孔机的变形区
1—轧辊；2—顶头；3—导板

纵截面上是两个小底相接的锥体，中间插入一个锥形顶头。

变形区的形状决定着穿孔的变形过程，改变变形区形状（决定于工具设计和轧机调整），将导致穿孔变形过程的变化。穿孔的整个变形区大致可分为穿孔准备区、穿孔区、平整区和归圆区等四个区域，如图 8-42 所示。

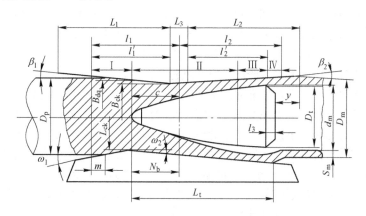

图 8-42 穿孔变形区中的四个区域
Ⅰ—穿孔准备区；Ⅱ—穿孔区；Ⅲ—平整区；Ⅳ—归圆区

Ⅰ区称为穿孔准备区（轧制实心圆管坯区），是指从管坯开始与轧辊接触起，在轧辊的摩擦力带动下螺旋前进，直至管坯前端与顶头鼻部接触之间的区域。Ⅰ区的主要作用是为穿孔做准备，并顺利地实现一、二次咬入。这个区的特点是，由于轧辊入口锥表面有锥度，沿穿孔方向（轴向）前进的管坯逐渐在直径上受到压缩，被压缩部分的金属一部分向横向流动，坯料断面由圆形变成椭圆形，一部分金属主要是表面层金属（表面变形）向轴向延伸，因此，在坯料前端要形成一个喇叭口状的凹陷。此凹陷（和定心孔）保证了顶头鼻部对准坯料中心，从而可减少前端的壁厚不均。

Ⅱ区称为穿孔区，是指轧件与顶头鼻部相接触至顶头穿孔锥后端（成壁结束）之间的区域。该区的主要作用是穿孔，即由实心坯变成空心的毛管。该区从金属与顶头相遇开始到顶头圆锥带为止，这个区的特点主要是压缩壁厚，由于轧辊表面与顶头间距离是逐渐减小的，因此，毛管壁厚被逐步压缩。壁厚上被压缩的金属，同样可以向横向（扩径）和纵向流动，但由于横向变形受到导板的阻止作用,纵向延伸变形是主要的。在穿孔机上穿孔毛管可以有很大的延伸系数,这是斜轧穿孔的特点。它的主要任务是进行管坯穿孔和毛管扩径、减壁、延伸。穿孔变形主要在此区域内完成。因而顶头鼻部和穿孔锥的工作条件最为恶劣。

Ⅲ区称为平整区(均整区、辗轧区),是指顶头平整段所对应的变形区部分。该区的主要作用是辗轧(均整)管壁,改善管壁的尺寸精度和内外表面质量。此区内轧辊出口锥母线与顶头平整段母线接近平行,压缩量很小,因此毛管管壁通过此区域起到平整毛管内外表面和均匀毛管壁厚的作用。

Ⅳ区为归圆区,是指毛管脱离顶头后直至与轧辊和导板脱离的区域。该区的作用是靠轧辊旋转加工把椭圆形毛管转圆。在轧辊和导板构成的孔型中毛管螺旋前进,通过管壁反复塑性弯曲,将椭圆断面加工成圆形。该区的长度很短,变形特点实际上是塑性弯曲变形,但是由于这个区域很短而且变形量也不大,一般不予考虑。

B　斜轧穿孔过程

斜轧穿孔过程是一个独特的、含有异步轧制性质的连轧过程。管坯被咬入后呈螺旋运动,一边旋转,一面前进,并在 $1/n$(n 为轧辊数目)转受轧辊加工一次。各断面的金属在轧辊和顶头之间的辊缝中经受多次压下变形,依次通过穿孔变形区的各部分,经受穿孔准备、二次咬入和穿孔、毛管减壁、平整内外表面和均匀壁厚以及归圆等轧制变形,从而达到所需形状和尺寸要求的毛管。

整个斜轧穿孔过程可分为头部不稳定阶段、中间稳定阶段和尾部不稳定阶段。从管坯与轧辊接触开始,到前端金属穿出变形区为止,为头部不稳定阶段,此时穿孔过程建立,而顶头的轴向阻力逐渐增加,使金属纵向流动阻力增大,横向变形(扩径)增加,加上无外区金属的约束,导致前端直径大。中间稳定阶段是穿孔过程的主要阶段,从管坯前端充满变形区到管坯尾端开始离开变形区为止,此阶段金属的热力学条件稳定,尺寸相应稳定。尾部不稳定阶段为管坯尾端开始离开变形区,直至完全离开轧辊,此时顶头逐渐穿出尾端,金属所受轴向阻力减小,延伸增大,直径减小。上述三个阶段导致毛管的头、中、尾尺寸不同,前端直径大、尾端直径小。为了使穿孔时能顺利咬入管坯和顺利抛出毛管,在进行工具设计和轧机调整时,要求保证:(1)管坯在穿孔准备区不与导板接触,或至少管坯先与轧辊接触形成一定的变形区长度(30~70mm)后再与导板接触,以保证二次咬入的实现;(2)毛管离开变形区的程序为先脱离顶头,再脱离导板,最后离开轧辊。

C　斜轧穿孔变形区几何参数和调整参数(图 8-42)

(1)轧制线。管坯-毛管中心运行轨迹为穿孔轧制线。实际上穿孔机顶杆的轴线即为轧制线,可通过定心辊来调整。

(2)轧机中心线。即穿孔机安装调整时固有的中心线。有的机组上为使穿孔过程稳定,以及便于下导板更换等因素,将轧制线调整得比机器中心线低 3~6mm,使管坯贴紧下导板。

(3)前进角 α(又称送进角)。二辊卧式斜轧穿孔机的前进角是指轧辊轴线与轧制线在包含轧制线的垂直平面上投影的夹角;二辊立式斜轧穿孔机的前进角是上述两线在水平面上投影的夹角。其他斜轧机按此概念类推。$\alpha = 6° \sim 14°$。前进角是斜轧中最积极的工艺参数。

(4)辗轧角 φ。二辊锥形辊斜轧穿孔机辗轧角是指轧制线和轧辊轴线二者在以通过辊轴中心到轧制线最短连线和轧制线在内的平面上投影的夹角。对卧式斜轧穿孔机而言,辗轧角指轧辊轴线和轧制线二者在包含轧制线的水平面上投影之间的夹角。对二辊立式斜轧穿孔机而言,辗轧角是指上述两线在过轧制线的垂直平面上的投影之间的夹角。

（5）轧辊间距 B_{ck}。指两轧辊的轧制带之间（孔喉处）的轧辊间距。

（6）导板间距 L_{ck}。指两导板过渡带工作面间距。

（7）穿孔机孔型椭圆度系数 ξ：

$$\xi = \frac{L_{ck}}{B_{ck}} \tag{8-3}$$

（8）管坯总直径压下量 ΔD_p 和总压缩率 ε：

$$\Delta D_p = D_p - B_{ck} \tag{8-4}$$

$$\varepsilon = \frac{\Delta D_p}{D_p} \times 100\% \tag{8-5}$$

（9）顶头前压下量 ΔD_{dq} 和顶头前压缩率 ε_{dq}：

$$\Delta D_{dq} = D_p - B_{dq} \tag{8-6}$$

$$B_{dq} = B_{ck} + 2(C - 0.5L_3)\tan\beta_1$$

$$\varepsilon_{dq} = \frac{\Delta D_{dq}}{D_p} \times 100\% \tag{8-7}$$

式中　B_{dq}——顶头前两轧辊辊面间距；

　　　C——顶头前伸量；

　　　L_3——轧辊轧制带宽度；

　　　β_1——轧辊入口锥角。

（10）顶头前伸量 C 和顶杆位置 y。顶头前伸量又称顶头位置，是指顶头鼻部伸出轧辊轧制带中线的距离。顶头鼻部伸出轧制带中线 C 值为正，而在轧制带中线之后则 C 值为负。顶杆位置 y 是指在轧制方向上，轧辊后端面与顶头后端面的间距。实际生产中通过调整 y 值来保证获得需要的顶头前伸量 C 值。

（11）毛管外扩径量 ΔD_k 和内扩径量 Δd_k：

$$\Delta D_k = D_m - D_p \tag{8-8}$$

$$\Delta d_k = d_m - D_t \tag{8-9}$$

式中　D_m——毛管外径，mm；

　　　D_p——管坯直径，mm；

　　　d_m——毛管内径，mm；

　　　D_t——穿孔机顶头直径，mm。

工具形状和其相互位置（B_{ck}、L_{ck}、α、C 或 y）决定着变形区的形状和大小。ε、ΔD_p、ΔD_{dq}、ε_{dq} 以及 Δd_k 和 ΔD_k 等是实现穿孔过程、计算穿孔机调整参数时所需的变形量。

8.4.1.4　轧管

轧管是将空心毛管轧成接近成品尺寸的荒管。常见的轧管方法如图 8-43 所示。

热轧钢管机组是以轧管机类型来分类。一个机组的具体名称以该机组生产钢管的最大规格和轧管机的类型来表示。如 $\phi140$ 连续式轧管机组表示机组生产的最大外径为 $\phi140\mathrm{mm}$，轧管机形式是连续式轧管机。而钢管热挤压机组则是采用挤压机的最大压力或产品范围来表示其型号，例如，3150 挤压钢管机组，即挤压机的最大压力为 3150t。

$$
常用的轧管方法
\begin{cases}
自动轧管机组 \\
连轧管机组
\begin{cases}
全浮动芯棒连轧管机（MM：Mandrel Mill） \\
限动芯棒连轧管机（MPM：Multi-stand Pipe Mill） \\
半限动芯棒连轧管机
\end{cases} \\
ACCU\text{-}ROLL 轧管机组（AR 轧管机） \\
三辊斜轧管机 \\
周期式轧管机（皮尔格轧管机） \\
狄塞尔轧管机 \\
顶管机（或 CPE 顶管机组） \\
三辊联合穿孔机 \\
钢管热挤压机
\end{cases}
$$

图 8-43　常用的轧管机分类

A　自动轧管机

自动轧管机是利用纵轧的方法，在椭圆孔型中对毛管进行轧制，其变形过程是在孔型和顶头构成的环形空间内完成的。其工作原理如图 8-44 所示。

自动轧管机组的轧制过程是穿孔后的毛管沿着斜算条滚落下来，自动轧管机的上工作辊及下回送辊落下。为了除氧化铁皮和起一定的润滑作用需要向毛管内抛撒工业食盐（氯化钠）。然后在推钢机的帮助下将毛管送入轧辊，上轧辊和下回送辊抬起，钢管被回送辊夹住快速送回轧管机前台。通常在自动轧管机上要轧制 2~3 道次。为了使壁厚均匀，减少外圆的椭圆度，在轧制第二道之前需要翻

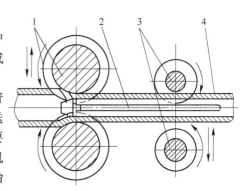

图 8-44　自动轧管机工作原理
1—轧辊；2—顶头；3—回送辊；4—钢管

钢 90°，然后撒盐和更换顶头，一般第二道顶头直径比第一道顶头直径大 1~2mm。最后降下上轧辊和下回送辊。做完了上述这些工作后，用推钢机再次将毛管送入自动轧管机轧制。经轧管机轧制后的钢管，自动返回到自动轧管机前台，翻上斜算条架送往均整机。

B　连轧管机

连轧管机是一种生产中、小口径无缝钢管的高效能轧机。它是将已穿孔的毛管套在一根芯棒上，依次通过 5~9 个连续布置的、相邻两机架间的轧辊轴线互相垂直的、机架间距较近的二辊或三辊式轧机，对钢管进行轧制。连轧管机的轧制过程为纵轧钢管，使其产生塑性变形的过程。连轧管机一般由 5~9 架孔型为圆形或椭圆形的二辊或三辊式轧机组成，如图 8-45 所示。

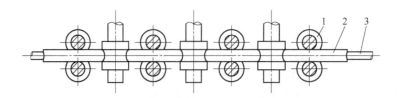

图 8-45　连续式轧管机轧管方法示意图
1—轧辊；2—钢管；3—芯棒

根据芯棒运动方式的不同可将连轧管机分为全浮动、限动和半限动芯棒连轧管机三种类型，即全浮动芯棒连轧管机（简称 MM，它是 Mandrel Mill 的缩写）、限动芯棒连轧管机（简称 MPM，它是 Multi-Stand Pipe Mill 的缩写）、半限动芯棒连轧管机（Neuval）。

C　周期式轧管机

周期式轧管机的工作过程是一个特殊的纵轧过程，它是利用变直径、变宽度的轧槽（孔型），配合稍有锥度的长芯棒，一般大头和小头直径差 $1\sim2mm$，对毛管进行辗轧加工，如图 8-46 所示。

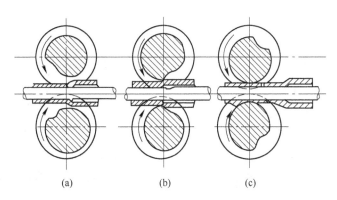

(a)　　　　　　(b)　　　　　　(c)

图 8-46　周期式轧管机工作过程示意图
（a）送进及翻转 90°；（b）咬入并开始轧制；（c）轧制进行阶段

当轧辊处于轧槽的非工作段时，孔型高度比毛管直径大 $1\sim2mm$，此时送料机将毛管送进一段（图 8-46a）。送进过程结束后轧制刚好转到轧槽孔型尺寸较小的工作段，此时轧件被咬入（图 8-46b）。轧辊继续转动，由于其直径逐渐增大，孔型高度相应减小，毛管被压缩产生减径和减壁变形（图 8-46c）。

在轧制过程中，随着轧辊的转动，毛管往与送进方向相反的方向退出，直到轧辊再次转到非工作段与毛管脱离接触时为止。第一个工作循环结束之后，喂料机除了将上一工作循环中得到延伸的那部分钢管送回外，还要把一段未加工过的毛管送进，送进量 $m=20\sim40mm$；在送进的同时将毛管翻转约 90°，然后重复上述工作循环。周期式轧辊机就是这样一段段地直至将整根毛管轧完为止。其总延伸系数可达 $10\sim16$。

D　三辊斜轧管机（阿塞尔轧管机）

三辊斜轧管机由三个主动轧辊和一根芯棒组成封闭孔型（图 8-47a），三个轧辊对称布置

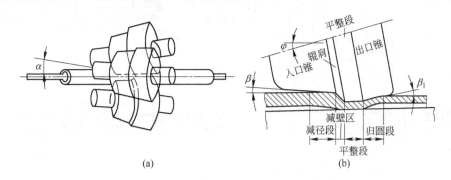

(a)　　　　　　　　　　　　　　(b)

图 8-47　三辊斜轧管机轧管方法示意图
（a）三辊轧管机工作原理图；（b）三辊轧管机的辊型和变形区

在以轧制线为形心的等边三角形的顶点上，轧辊轴线与轧制线成两个倾斜角度。以上辊为例，当轧制线与轧辊轴线在包含轧制线的垂直平面上的投影之间有一个夹角 φ（图 8-47b）时，此角称为辗轧角，两者在水平面上的投影之间有一夹角 α，此角称为送进角（图 8-47a）。

E   ACCU-ROLL 轧管机和狄塞尔轧管机

ACCU-ROLL（Accuracy-Rolling 高精度轧管机）轧管机组（图 8-48）是改进了的新型狄塞尔轧管机（图 8-49）。其主要特点是：水平布置的双支承的锥形轧辊、立式传动大导盘、限动芯棒控制斜轧。

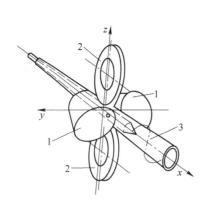

图 8-48   ACCU-ROLL 轧管机原理示意图
1—轧辊；2—导盘；3—轧件

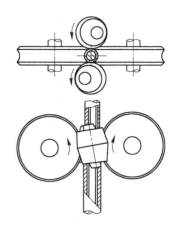

图 8-49   狄塞尔轧管方法示意图

F   顶管机组及 CPE 工艺

顶管机组顶管生产无缝钢管是一种比较古老的方法，它主要适用于生产中、小直径的碳素及合金钢管，直径为 ϕ57 ~ 219mm，壁厚为 2.5 ~ 15mm，长度为 8 ~ 15m。

顶管机组工艺：坯料准备→加热→水压机穿孔→再加热和延伸→顶管→均整和脱棒→定径或张力减径→冷却→矫直→精整→入库，如图 8-50 和图 8-51 所示。

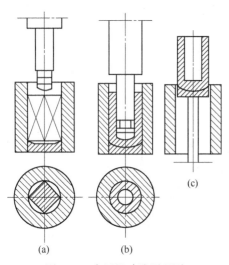

图 8-50   水压机冲孔原理图
（a）装料；（b）冲孔；（c）出料

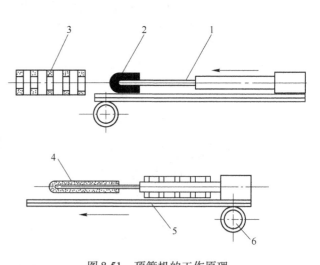

图 8-51   顶管机的工作原理
1—顶杆；2—杯状毛管；3—模具；4—钢管；5—齿条；6—齿轮

顶管工序的基本设备包括顶管机本体、顶推装置、毛管缩口装置和芯棒冷却循环润滑系统等。

顶管机的道次变形分配基本规律是头两架担负较小的变形，以防顶穿杯底；第三机架变形量最大；以后逐渐减小。平均道次延伸系数可达 1.20~1.28。

CPE 工艺（Cross-roll Piercing and Elongating）是用斜轧穿孔取代水压机穿孔和斜轧延伸与传统的顶管法相结合生产无缝钢管的工艺，图 8-52 为 CPE 工艺流程图。第一台工业设备 1984 年投产。

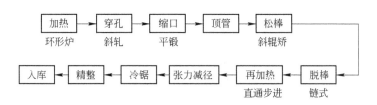

图 8-52　CPE 工艺流程图

G　三辊联合穿轧机

联合穿轧是指一台三辊斜轧机上用一个道次获得内外表面质量及尺寸精度均合格的热轧成品管，即在一个道次里完成通常生产热轧成品管所需要的穿孔、轧管、均整三道工序，如图 8-53 所示。

三辊联合穿轧机工艺特点为组合式的工具孔型，采用轧辊快速回退技术，快速轴向出管。

H　钢管热挤压机

用挤压法生产钢管，挤压冲头将金属挤过模孔和芯杆组成的封闭孔型，生产出各种横断面形状的管材。因为这种加工是在三向不等压应力状态下进行的，可以一次进行很大变形量，尤其适用于低塑性金属的加工，挤压过程如图 8-54 所示。

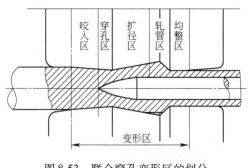

图 8-53　联合穿孔变形区的划分

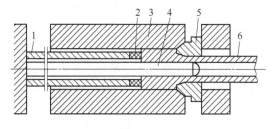

图 8-54　钢管挤压示意图
1—挤压杆；2—挤压垫；3—挤压筒；
4—芯棒；5—模子；6—钢管

8.4.1.5　钢管定径与减径

钢管定径、减径和张力减径均为无芯棒连轧空心管体的过程，是热轧无缝钢管生产中最后的热变形工序，也称作热精整。定径的主要任务是控制成品管的外径精度和真圆度，机架一般为 3~12 架。减径除了起定径作用外，还使管径减小，机架数一般为 9~24 架。直径小于 60mm 的钢管一般需经过减径加工。张力减径除有减径作用外，还通过机架间建立张力实现减壁，机架数一般为 12~24 架，最多达 28 架。目前常用的有二辊、三辊定径机和四辊式定减径机，如图 8-55 所示。二辊式前后相邻机架轧辊轴线互垂 90°，三辊式轧辊轴线互错 60°。减径机有微张力减径机和张力减径机两种基本形式。

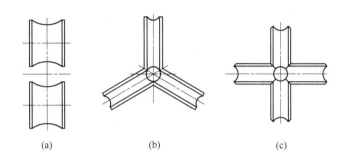

图 8-55　减径机按辊数分类

(a) 二辊式；(b) 三辊式；(c) 四辊式

A　钢管空心轧制时的变形

在定径、减径和张力减径过程中，钢管在直径压缩的同时，壁厚也发生变化(增壁或减壁)，因此掌握定、减径过程中的壁厚变化规律，对于正确制订定、减径工艺，保证产品壁厚精度是十分重要的。而壁厚变化与张力大小以及壁厚与外径之比值(S/D 值)、减径量 ΔD 等因素有关。

实际上，采用轧辊孔型进行的任何空心轧制所导致的管壁变化沿周向的分布都是不均匀的，如图 8-56 所示。

多机架二辊定、减机相邻机架孔型顶部和辊缝位置依次垂直交替配置，单机架定、减径过程所产生的壁厚不均匀变化值，将逐架累积。由此会使钢管内孔形状呈现如图 8-57a 所示的形状，这种缺陷称

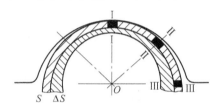

图 8-56　增壁量沿孔型宽度上的不均匀分布

为"内方"。同理，经多机架三辊定、减径，也会产生类似的壁厚不均，严重时出现"内六角"缺陷 (图 8-57b)。

为了改善定、减径横向壁厚不均，可以采用三辊定、减径机；在孔型调整时，使钢管产生适当扭转；采用微张力定、减径。张力促使金属的轴向延伸，有利于减小横向壁厚不均；控制单机减径量和总减径量；适当减小孔型椭圆度系数。

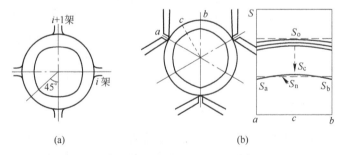

图 8-57　钢管内孔形状缺陷

(a) 内方缺陷；(b) 内六角缺陷

B　无张力定、减径时壁厚变化量的确定

无张力定、减径时，决定壁厚变化的主要因素是减径程度 D_c/D_1 和来料壁厚系数 $v_1 = S_1/D_1$（D_c 为成品管直径，S_1、D_1 为来料壁厚与外径，当来料为均整荒管时，则 $S_1 = S_j$，$D_1 = D_j$），同时和材料的性质有关（如钢种、温度和加工硬化程度等）。

图 8-58a 为无张力定、减径时有加工硬化时的管壁厚度变化曲线（碳钢和合金钢管）。由图可见壁厚变化的大致规律：$S_1/D_1 < 0.1$ 的薄壁管在任何减径量下都增壁；$S_1/D_1 > 0.35$ 时，任何情况均减壁；$S_1/D_1 = 0.1 \sim 0.35$ 范围内，视减径量的大小，可能增厚也可能减薄。实际生产中，S_1/D_1 一般较小，减径量不大的无张力减径均增壁，只有当厚壁管减径时才出现管壁不变或减壁。图 8-58b 表明小壁厚系数情况下，来料壁厚系数和减径量越大，增壁量越大。

实际生产中可用图 8-58a 来确定来料壁厚 S_1，先用 S_c/D_1 代替 S_1/D_1 值，由图得到 S_c/S_1 值，即可得到 S_1 值。为了得到比较精确的结果，再由先前求得的 S_1 来确定 S_1/D_1 值，重新由图求出比较精确的 S_1 值。

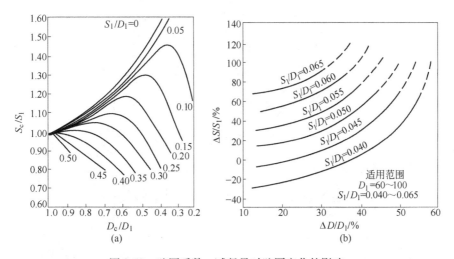

图 8-58　壁厚系数、减径量对壁厚变化的影响
（a）无张力定、减径时有加工硬化时的管壁厚度变化曲线；（b）小壁厚系数变化曲线

也可以采用经验公式确定无张力定、减径时的壁厚变化值，这些公式在工作条件相似时才有可靠性。对于碳钢和合金钢的经验公式为：

$S_c < 15mm$ 时　　　　　　　　　　$S_c = S_1 [1 - 0.004(D_1 - D_c)]$　　　　　　　　(8-10)

厚壁管时　　　　　　　　　　　　$S_c = S_1 - \dfrac{D_1 - D_c}{14.9}$　　　　　　　　　　(8-11)

另一个计算壁变化的经验式为：

$$\Delta S = \frac{2(D_1 - D_c)}{D_1} + 0.2S_1 - 0.8 \qquad (8-12)$$

C　张力减径时长度方向壁厚不均

张力减径时，由于钢管前、后端处于张力建立和消失的两个不稳定阶段，此时钢管所受张力较小，减壁效果不显著，造成钢管前、后端的管壁厚度比中间的略厚，使切头、切尾长度增加。

为了减小管端增厚长度，可以采用增加单机架减径率、减小机架间距、增加钢管长度等。

但这仅将增厚段长度减小到钢管全长的 8% ~ 14% ；采用管端厚控技术，即通过调整轧辊转速来增加钢管前后端不稳定状态轧制时的张力，使前后端所受总张力与稳定阶段的张力相近，这可使管端增厚长度减少 37% ~ 53% ，实现无头张减，但这种工艺还有较大的技术难度。

　　D　二辊式定、减径机及其轧辊孔型

　　二辊式定、减径机的轧辊轴线与地平面成 45° 角，相邻机架的轧辊轴线互相垂直，以使各架辊缝错开，保证钢管横断面圆周上各部分都得到良好加工。为使钢管能顺利进出各架孔型，各架装有入口和出口导管，如图 8-59 所示。二辊式定、减径机主传动形式有集体传动和单独传动两种。

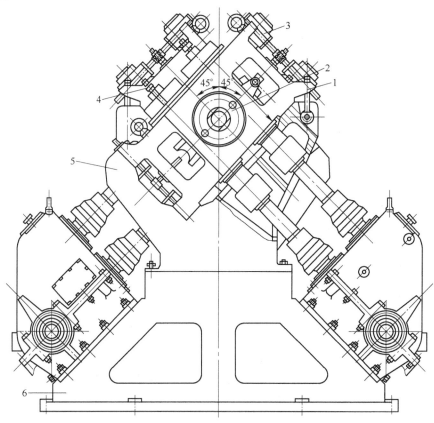

图 8-59　二辊式定、减径机的工作机座
1—机架；2—轧辊与轴承；3—轧辊径向调整机构；
4—轧辊轴向调整装置；5—机座；6—底座

　　为了便于二辊定、减径机咬入，增加单机架的减径量，以及便于轧辊加工和生产中的调整，采用图 8-60 所示的单半径椭圆孔型，而成品机架则采用圆孔型（$e = 0$）。一套定、减径机孔型可用于轧制相同外径不同壁厚的钢管，并按共用规格的薄壁管进行孔型设计。

　　E　三辊式张力减径机

　　目前广泛使用三辊式张力减径机，它可增加变形的均匀性，有利于提高壁厚精度；机架间距小，在理想直径相

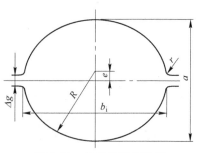

图 8-60　单半径椭圆孔型

同情况下比二辊式减小12%～14%，从而可显著降低切头、切尾的金属损耗；所有机架传动轴可单侧水平安装（图8-61），从而简化减径机的传动，方便更换机架；三辊式轧机孔型可采用组装后在专用机床上加工，不需进行调整。

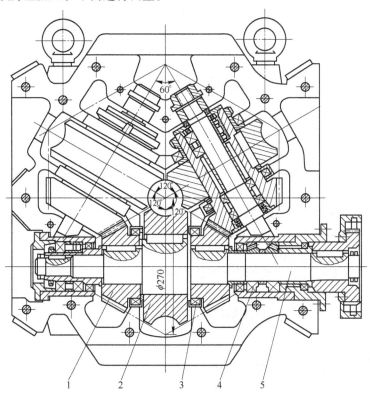

图8-61　三辊内传动结构
1—伞齿轮；2—轧辊；3—密封圈；4—轴承；5—主传动轴

目前采用的张力减径机主传动方式有单独传动（单独电气调速系统和液压差动调速系统）、多电机集中变速传动、混合传动系统。新建机组多采用集中变速（VGD，如某100机组24架张减机的双电机集中变速系统，如图8-62所示）和电气单独传动（EID，如某140机组28架张减机的单独电气传动系统）。

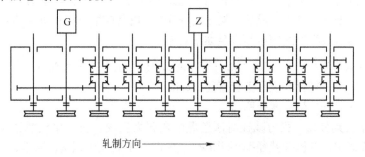

图8-62　双电机集中变速传动系统图

F　张力减径工艺

（1）张力系数 Z。大张力减径时可获得薄壁成品管，但张力系数过大会造成轧件打滑、咬入困难和产生拉断。因此 $Z_{max} \leqslant 1$。总减径率不大于 $50\% \sim 55\%$ 时，Z_{max} 主要受轧辊曳入能力限制；若 $\varepsilon_{D\Sigma} > 55\%$，$Z_{max}$ 值主要受钢管拉裂条件的限制。

为充分利用张力减壁和避免钢管拉断，张力减径时的 Z_{max} 在 $0.65 \sim 0.85$ 之间。

张力减径时，按机架间张力的变化分为始轧、中轧和终轧三部分。使张力升起到最大值的始轧机架数为 $2 \sim 4$ 架，而使张力下降至零的终轧机架数为 $4 \sim 6$ 架。分配张力系数时应考虑：1）为获得最大张力，多数机架应具有可能的最大值；2）为避免钢管拉裂，Z 值不得超过允许的最大值 Z_{max}；3）不管实际 Z 值多大，它在中间的一架或几架中达到峰值。图 8-63 是张力减径中各架张力系数通常的分配方案。

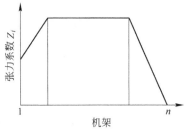

图 8-63　张力系数的分配

（2）减径率及其分配。张力减径时单机架的最大减径率根据钢管的品种来确定，它与壁厚系数、张力系数等有关，并受钢管断面稳定性限制。总减径率则根据管料和成品尺寸及其精度要求和机架数目来确定。张力减径时，由于存在张力，利于轴向流动，横向壁厚不均大为减少，可有效增加单机架减径率。其总减径率最大可达 90%（28 架），单机架减径率可达 12%（最高可达 17%）。为保证质量起见，单机减径率通常被限制在 $7\% \sim 9\%$ 范围内。

减径率的分配就是把总减径率合理地分配到各机架上。一般在机架数目既定的条件下，总减径率越大，单机架的减径率也越大。单机架的减径率的最大值多处于中间机架，而始轧和终轧机架均匀升、降。图 8-64 为典型的减径率分配方案。

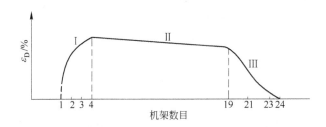

图 8-64　张力减径时各架减径率的分配

减径率分配原则：中间机架 ε_{Di} 逐渐下降或均匀分配，前者可使各架孔型磨损均匀，轧制负荷均衡；开始张力升起机架的减径率相当于无张力减径机的减径率，但小于正常机架；终轧机架逐渐减小，末架 $\varepsilon_{Dn} < 1\%$，成品前架 $\varepsilon_{Dn-1} < 3\%$，成品前架与正常机架的差值不大于 3%；各单机架减径率与总减径率之间必须满足如下关系：

$$(1 - \varepsilon_{D\Sigma}) = D_l/D_n = (1 - \varepsilon_{D1})(1 - \varepsilon_{D2})(1 - \varepsilon_{D3}) \cdots (1 - \varepsilon_{Dn-1})(1 - \varepsilon_{Dn}) \quad (8-13)$$

式中　　　D_l，D_n——来料和成品钢管直径，mm；

ε_{D1}，ε_{D2}，$\cdots$，ε_{Dn}——各架的减径率，%。

（3）减壁率及其分配。张力减径时减壁靠轴向张力实现，较大单机减径率是施加较大张力的前提。实践证明，单机架减径率小于 $4\% \sim 5\%$ 时，不能发生减壁。同理，要获得一定的总减壁率 $\varepsilon_{S\Sigma}$，需要有相应的总减径率 $\varepsilon_{D\Sigma}$，实践还证明，当 $\varepsilon_{D\Sigma} < 30\%$ 时，不能实现减壁。

单机架和总的壁厚变化率可按前述理论公式计算。在实际生产中为迅速找出壁厚变化率与减径率之间的关系，亦可按以下经验公式计算。单机架上两者关系为：

$$\varepsilon_{Si} = (0.33 \sim 0.35)\varepsilon_{Di} \quad (8-14)$$

总的减壁率 $\varepsilon_{S\Sigma}$ 和总的减径率 $\varepsilon_{D\Sigma}$ 的关系为：

$\varepsilon_{D\Sigma} \geqslant 50\%$ 时　$\varepsilon_{S\Sigma} = (\varepsilon_{D\Sigma} - 13\%) \times 0.55$

$\varepsilon_{D\Sigma} < 50\%$ 时　$\varepsilon_{S\Sigma} = (\varepsilon_{D\Sigma} - 16\%) \times 0.55$

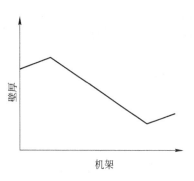

图 8-65　张力减径时壁厚沿机架顺序的变化示意图

分配各机架道次减壁率的原则是道次减壁率需与道次减径率相对应，再按张力升降平滑性加以调整。张力减径时沿机架顺序方向壁厚变化如图 8-65 所示。虽然张力系数在始轧和中轧机架升起和降落保持平滑，中间机架的张力系数也接近一致，但由于 ε_{Si} 与 ε_{Di} 并非完全成正比，而是一种较复杂的关系。因此，先按单机架减径率相对应分配减壁率，然后进行减壁率调整。在张力升起和降落机架，壁厚增加；中轧机架壁厚按直线关系减薄。

8.4.1.6　精整

精整包括钢管冷却、钢管切头尾、分段、矫直、探伤、人工检查、喷标打印、打捆包装等基本工序。

8.4.1.7　轧制表编制方法及步骤

在热轧无缝钢管的生产中，以成品管的钢种、规格为依据，从车间现有的设备、工具和坯料规格出发，合理分配各道次的变形量，计算出相应的毛管尺寸、坯料尺寸、工具的主要尺寸和轧制的主要调整参数等汇总成的表格称为轧制表。

轧制表中规定着轧制每种尺寸钢管所必需的一切数据，即：

（1）所轧制的钢管尺寸；

（2）原始的管坯尺寸；

（3）轧机间的变形量分配；

（4）轧制工具尺寸；

（5）每台轧机上所轧出的管子尺寸；

（6）轧机的调整数据；

（7）轧制工艺参数等。

编制轧制表的原则是：

（1）合理地分配各轧机的变形量，使得穿孔机、轧管机和减径机负担平衡；

（2）尽量用最少管坯尺寸种类和工具完成轧制计划。

（3）合理选择各轧机的变形系数，保证产品质量和生产能力。

（4）合理地选择管坯尺寸。管坯尺寸应根据毛管外径来选择，圆管坯直径应接近于毛管外径。

（5）了解制管材料的特性以及工艺过程和变形制度对管材力学性能、物理性能和工艺性能的影响，以便获得高性能的产品。

编制轧制表有两种方法：即计算法和根据现场实际测定。目前主要以实际经验数据为依据。计算法根据编制次序的不同，大致有三种：一种是按逆轧制道次方向计算，由定径向前推算到坯料尺寸，此法主要适用于新设计车间的典型产品；另一种是从轧管机（顶管机）出发向两头工序推算，此法主要适用于已投产车间的新产品设计。最后一种顺轧制方向编制。以逆轧制方向编制应用较广。不管哪种计算方法，思考方法与计算内容是相同的。

编制轧制表的步骤如下：根据成品钢管技术条件选定工艺过程并分配各道次的变形量；计算各轧机轧后钢管的尺寸，选定相适应的工具，确定调整参数，确定机组的速度制度；必要时校核各机架零件的强度、电机能力、机组生产率等。

斜轧穿孔机的延伸系数在 $1.3 \sim 5.7$ 范围内，压缩带处的压缩率为 $10\% \sim 17\%$，顶头前压缩率在 $4\% \sim 9\%$ 之间，合金钢取小值。轧管机的延伸系数，连轧管机的系数一般为 $4 \sim 10$；斜轧管机的延伸系数一般超过 3；顶管机的延伸系数可达 15。在一般定径机上，每架直径压缩率不大于 3.5%，斜轧定径机的直径压缩量取 $1 \sim 2mm$。

表 8-8 为由管坯到成品各工序变形过程中，各工序间参数的关系。

表 8-8　变形参数关系

轧机或工序名称		各轧机上轧后的钢管尺寸关系			所有顶头直径(δ)	延伸系数(μ)
		外径(D)	壁厚(S)	内径(d)		
定径机	最后一架	$D_d = (1 + \alpha t)D_c$	$S_d = S_c$	$d_d = D_d - 2S_d$	无	$\mu_d = \dfrac{(D_j - S_j)S_j}{(D_d - S_d)S_d}$
	第一架	$D'_d = D_d + \Delta D_d + (1 \sim 2)$	$S'_d = S_d$	$d'_d = D_g - 2S'_d$	无	
均整机		$D_j = D_d + K_j$	$S_j = S_d$	$d_j = D_j - 2S_j$	$\delta_j = d_g + \Delta K$	$\mu_j = \dfrac{(D_g - S_g)S_g}{(D_j - S_j)S_j}$
轧管机	第二道	$D_g = D_d = D_j - K_j$	$S_g = S_d$	$d_g = D_g - 2S_g$	$\delta''_g = d_g$	$\mu_g = \dfrac{(D_{ch} - S_{ch})S_{ch}}{(D_g - S_g)S_g}$
	第一道	$D'_g - D_g$	$S'_g = S_g + \dfrac{1}{2} \times (1 \sim 2)$	$d'_g = D_g - 2S'_g$	$\delta'_g = \delta''_g - (1 \sim 2)$	
穿孔机		$D_{ch} = d_{ch} + 2S_{ch}$	$S_{ch} = S_g + \Delta m$	$d_{ch} = \delta'_g + \Delta n$	$\delta_{ch} = d_{ch} - K_{ch}$	$\mu_{ch} = \dfrac{D^2_{ch}}{4(D_{ch} - S_{ch})S_{ch}}$
管　坯		$D_p = (1 \pm 10\%)D_{ch}$				$\mu_z = \dfrac{D^2_p}{4(D_c - S_c)S_c}$

图 8-66 为由管坯到钢管变形过程示意图。

[例 1]：以生产 $\phi 76mm \times 7mm$ 的供冷拔用，材质为 1Cr18Ni9Ti 的钢管为例，计算各工序的主要尺寸。生产工艺流程：管坯在穿孔机上一次穿成毛管，毛管在轧管机上轧制两道再进行均整，最后定径，定径温度 950℃。

编制轧制表按逆轧制道次进行。

（1）定径后热状态下的钢管的尺寸。

外径：$D_d = (1 + \alpha t)D_c = (1 + 0.000012 \times 950) \times 76 = 77mm$

壁厚：$S_d = S_c = 7mm$

内径：$d_d = D_d - 2S_d = 77 - 2 \times 7 = 63mm$

（2）均整后钢管的尺寸、顶头尺寸。K_j 取 4mm。

外径：$D_j = D_d + K_j = 77 + 4 = 81mm$

壁厚：$S_j = S_d = 7mm$

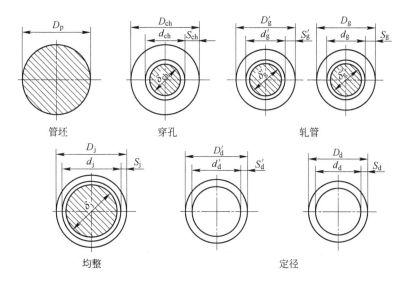

图 8-66 由管坯到钢管变形过程示意图

内径：$d_j = D_j - 2S_j = 81 - 2 \times 7 = 67mm$

（3）轧管机上的钢管尺寸及工具尺寸确定。

外径：第二道 $\quad D_g = D_g - K_j = 81 - 4 = 77mm$

第一道 $\quad D'_g = D_g = 77mm$

壁厚：第二道 $\quad S_g = S_d = 7mm$

第一道 $\quad S'_g = S_g + \dfrac{1}{2} \times 2 = 7 + 1 = 8mm$

内径：第二道 $\quad d_g = D_g - 2S_g = 77 - 2 \times 7 = 63mm$

第一道 $\quad d'_g = D_g - 2S'_g = 77 - 2 \times 8 = 61mm$

顶头直径：第二道 $\quad \delta''_g = d_g = 63mm$

第一道 $\quad \delta'_g = d_g - 2 = 63 - 2 = 61mm$

均整机用顶头 δ_j（取 $\Delta K = 3mm$）为：

$$\delta_j = d_g + \Delta K = 63 + 3 = 66mm$$

（4）穿孔机上的钢管尺寸及工具尺寸确定。

毛管壁厚（取 $\Delta s = 3.5mm$）：

$$S_{ch} = S_g + \Delta s = 7 + 3.5 = 10.5mm$$

毛管内径（取 $\Delta = 2mm$）：

$$d_{ch} = \delta'_g + \Delta = 61 + 2 = 63mm$$

毛管外径：

$$D_{ch} = d_{ch} + 2S_{ch} = 63 + 2 \times 10.5 = 84mm$$

穿孔机顶头（取 $K_{ch} = 4mm$）：

$$\delta_{ch} = d_{ch} - K_{ch} = 63 - 4 = 59mm$$

（5）管坯尺寸确定。

管坯选择根据：

$$D_p = (1 \pm 10\%)D_{ch}$$

根据坯料供应的情况用85mm的管坯。

（6）各机组延伸系数。

定径机延伸系数

$$u_d = \frac{(D_j - S_j)S_j}{(D_d - S_d)S_d} = \frac{(81 - 7) \times 7}{(77 - 7) \times 7} = 1.057$$

均整机延伸系数

$$u_j = \frac{(D_g - S_g)S_g}{(D_j - S_j)S_j} = \frac{(77 - 7) \times 7}{(81 - 7) \times 7} = 0.946$$

轧管机延伸系数

$$u_g = \frac{(D_{ch} - S_{ch})S_{ch}}{(D_g - S_g)S_g} = \frac{(84 - 10.5) \times 10.5}{(77 - 7) \times 7} = 1.575$$

穿孔机延伸系数

$$u_{ch} = \frac{D_p^2}{4(D_{ch} - S_{ch})S_{ch}} = \frac{85^2}{4 \times (84 - 10.5) \times 10.5} = 2.340$$

总延伸系数

$$u_{总} = \frac{D_p^2}{4(D_c - S_c)S_c} = \frac{85^2}{4 \times (76 - 7)} = 3.7396$$

8.4.2 钢管冷加工

钢管冷加工包括冷轧、冷拔、冷张力减径和旋压。冷轧和冷拔是目前钢管冷加工主要采用的手段。旋压的生产效率低、成本高，主要用于生产特薄壁高精度钢管。冷张力减径工艺目前也得到广泛应用。

各种钢管由于其材质、技术条件、规格不同，其生产工艺流程及工艺制度也有所不同，但总的来说由下列主要工序组成：

（1）冷加工前处理，其中包括尺寸形状、组织性能和表面状态三方面的准备；

（2）冷加工，其中包括冷拔、冷轧和旋压等；

（3）成品精整，其中包括成品热处理、切断、矫直和检验等。

冷拔（轧）无缝钢管的生产工艺：圆管坯→加热→穿孔→打头→退火→酸洗→涂油（镀铜）→多道次冷拔（冷轧）→坯管→热处理→矫直→水压试验（探伤）→标记→入库。

8.4.2.1 钢管冷轧主要方法

周期式冷轧是目前高精度薄（厚）壁管和异形管的主要方法。常用设备为二辊周期式冷轧管机和三辊周期式冷轧管机。二辊周期式轧机的生产规格范围：外径 $4 \sim 210$mm，壁厚 $0.1 \sim 40$mm，并可生产 $D_c/S_c = 60 \sim 100$ 的薄壁管（$D_c > 200$mm，$D_c/S_c > 100$ 时，采用旋压方式生产）。图8-67是二辊周期式冷轧管机工作原理图。

二辊周期式冷轧管机的孔型沿工作弧由大向小变化：入口比来料外径略大，出口与成品管直径相同，再后孔型略有放大以便管料转动。轧辊随机架往复运动在轧件上前后滚轧，芯棒与

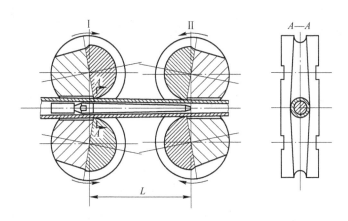

图 8-67　二辊周期式冷轧管机工作原理图

轧件作相应旋转，转角略有差异，使芯棒磨损均匀。轧辊回轧时能消除壁厚不均。轧辊回至原位，完成一个变形周期。如此反复直至整根管料轧完。

图 8-68 为多辊周期式冷轧管机工作原理图。其操作过程和两辊式相同，只是对轧件的加工是由安装在隔离架内的 3 ~ 5 个小辊进行。小辊沿固定在机头套筒中的楔形滑轨作往返运动，从而实现压下。其辊径小，轧制力小；孔型切槽浅，轧件和工具间滑动小，因而可生产高精度极薄管。规格范围：$D_e = 4 ~ 120mm$，$S_e = 0.03 ~ 3.0mm$，$D_e/S_e = 150 ~ 250$。

冷轧的发展趋势是多线、高速、长行程（大送进量）、长管料。

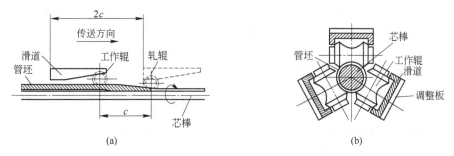

图 8-68　多辊周期式冷轧管机工作原理图
（a）轧机构造；（b）轧辊

8.4.2.2　钢管冷拔主要方法

冷拔法是最早被采用的生产高精度、薄壁管材的主要方法之一，尤其适用于生产小直径薄壁管。冷拔钢管一般以热轧无缝管、直缝焊管或冷轧钢管为原料，经酸洗、磷化、皂化等工序后进行拔制。

冷拔可以生产直径 0.2 ~ 765mm、壁厚 0.015 ~ 50mm 的钢管，是毛细管、小直径厚壁管以及部分异形管的主要生产方式。目前直线运动冷拔机的最大拔制长度达 50m。图 8-69 是现有冷拔管材的主要方法。

冷拔机的规格用其允许的额定拔制力大小和冷拔机的传动方式表示，例如，LB-20 表示为额定拔制力 20t 的链式冷拔机；80t 液压冷拔机表示额定拔制力为 80t，采用液压传动。

冷拔用热轧管、焊管或经过冷轧后的各种长度的管材为坯料，可空拔或配合不同的芯棒用

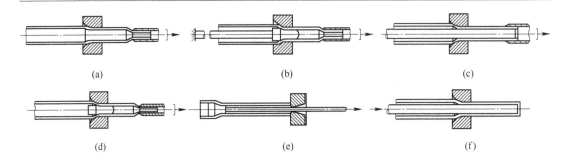

图 8-69　钢管拉拔示意图

（a）无芯棒拉拔；（b）短芯棒拔制；（c）长芯棒拔制；（d）游动芯棒拔制；（e）扩拔；（f）顶管

拉拔机通过拉拔模进行拔制，生产高精度、高强度的优质管材。其尺寸范围是直径 $\phi 0.4 \sim$ 216mm（最小直径可达 $\phi 0.3$mm）、壁厚 $0.3 \sim 10$mm（最小壁厚可达 0.1mm），长度一般为 $6 \sim$ 30m 或更长些。

无芯棒拔制也称空拔，用于减径、定径，每道最大延伸系数 1.5，主要受变形区横断面不均匀变形和管料强度限制，薄壁管还需考虑形状失稳的限制。所以来料壁厚系数不得小于 0.04。游动芯棒拔制主要用于生产小直径长管，道次延伸系数 $1.2 \sim 1.8$。它与空拔都是毛细管、小径厚壁管生产的主要方法，均可采用卷筒拔制。卷筒拔制的最大管径：钢管 36mm，铜管 60mm；最大拔制速度：钢管 300m/min，铜管 720m/min；拔制长度在 $130 \sim 2300$m；卷筒直径：管径大、壁厚薄，卷筒直径较大。卷筒拔制延伸系数比直线拔制小 15% $\sim$ 20%。

短芯棒拔制可同时减径减壁，应用较广。最大道次延伸系数 1.7，主要受管体拔后屈服强度和头部抗拉强度限制，小直径管有时受到芯棒强度的限制。

长芯棒拔制减壁能力强，可获得尺寸精度较高、表面质量较好的管材，是目前 $D_{\mathrm{e}} \leqslant$ 3.0mm、$S_{\mathrm{e}} \leqslant 0.2$mm 小直径薄壁管生产的唯一方法。其最大道次延伸系数 $2.0 \sim 2.2$。在线脱棒工艺：冷拔的同时辗轧管壁，拔后自行脱棒。

扩拔主要用于生产大直径薄壁管、定内径、制造双金属管等，一般扩径量 15% $\sim$ 20%。此外，还有双模拔制、辊模拔制、多线拔制、连拔、温拔以及超声波拔制等多种方法。目前冷拔的发展趋势是多条、快速、长行程和拔制操作连续化。

冷拔金属在变形过程中的加工硬化、延伸变长、管端不能继续穿过模孔、表面润滑膜破损等一系列变化，需要进行适当的处理，比如采用热处理工艺对管料加以软化、对管端需要锤头以便穿过模孔、进行管料的中间切断以适应拔机长度、对管料进行酸洗以去除表面氧化层以及重新润滑等以便继续加工。通常将这一系列工序统称为中间处理，所有的冷拔之前的加工内容称作拔前准备工作。中间处理或拔前准备工作对冷拔加工过程和产品的加工质量至关重要。

与冷轧相比，冷拔的道次变形量较小，小规格成品需要经过多次冷拔才能获得，通常需要多次退火处理。一次退火后冷拔直至下一次退火之间的工艺过程称作一个拔程，一个拔程中包括冷加工和中间处理过程。

因此，尽管冷拔管具有通常冷加工金属的所有优点，并且设备简单操作容易，但与冷轧相比，冷拔工艺道次多、中间处理工序多、成材率低。

8.4.2.3　钢管旋压

旋压本质上也是一种冷轧（见图 8-70），冷轧管机和旋压机的规格大小用其轧制的产品规格

（最大外径）和轧管机型式来表示。例如，LG-150 表示轧管机的形式为二辊周期式冷轧管机，轧制钢管的最大外径为 $\phi150mm$。LD-30 表示为多辊冷轧管机，轧制钢管的最大外径为 $\phi30mm$。

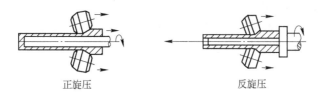

正旋压　　　　　　　　　　　反旋压

图 8-70　钢管旋压生产示意图

8.4.2.4　成品管精整

成品管精整工艺包括成品管热处理、矫直和切管、表面质量和尺寸精度检验、物理性能检验、工艺性能检验、无损探伤以及化学成分鉴定等。有些成品管还要经酸洗及钝化、烘干、涂油包装等。

冷加工生产钢管主要是解决品种问题，以满足国防和尖端科技部门的需要。

8.4.2.5　冷轧、冷拔制表编制

所谓冷轧、冷拔制表是指钢管冷加工的变形尺寸、加工方法、模具类型、中间工序和技术经济指标等参数所汇总而成的工艺表格。这一工艺表格对于生产组织、质量控制、设备管理具有重要意义。

拔制表编制原则是：

（1）合理选择加工方法和工艺流程，充分发挥设备特点，力求减少工序，缩短生产周期。

（2）合理选择变形参数，充分利用金属塑性，采用较大变形量，尽可能采用连拔。

（3）合理选用管料尺寸。保证变形量的前提下，管料尺寸尽可能接近成品尺寸；选用长管料以减少金属消耗；考虑设备能力平衡。

拔制表编制步骤与方法如下：

（1）管料选择：

$$D_0 = D_n + (5 \sim 30)mm$$
$$S_0 = S_n + (0.5 \sim 1.5)mm$$

（2）确定总延伸系数：

$$\mu_\Sigma = \frac{F_0}{F_n}$$

式中　F_0——来料横截面积，mm^2；

　　　F_n——成品管横截面积，mm^2。

（3）确定拔制道次：

$$n = \frac{\lg\mu_\Sigma}{\lg\mu_{cp}}$$

式中　μ_{cp}——平均延伸系数，一般为 1.30 ～ 1.60。

（4）选定各道次加工方法和所用工具形式，按塑性加工变形量规律分配各道次延伸系数，

并满足：

$$\mu_1\mu_2\cdots\mu_{n-1}\mu_n = \mu_\Sigma$$

（5）确定各道次钢管尺寸。

1）按上述初定的 μ_i 计算各道次钢管断面积：$F_i = F_{i-1}/\mu_i$，$i = 1, 2, \cdots, n$；

2）确定道次减壁量：$S_i = S_{i-1} - \Delta S_i$；

3）计算道次管径 $D_i = S_i + F_i/(\pi S_i)$；

4）按模具系列圆整 D_i；

5）修正 F_i 和 μ_i，并使满足步骤（4）；

6）确定各道次钢管长度：$L_i = \mu_i L_{i-1}$。

（6）计算拔制力，选择冷拔机，校核工艺可行性。

（7）确定中间工序。根据需要选择连拔、切断、锤头、热处理、酸洗、润滑、中间矫直等工序。

（8）其他工艺计算（技术经济指标）。内容包括道次拔后管长、根数和重量；每一中间工序金属消耗和总金属消耗；吨钢投料量等。用于核算产品成本和物料平衡。

表 8-9、表 8-10 为轧拔制表示例。

表 8-9   20A ϕ6mm×1mm 钢管的轧拔制表

道次	钢管尺寸/mm×mm	面积/mm²	延伸系数	轧拔制方法	中间工序
0	89×7	1085			
1	57×4	665	2.72	LG-75	热处理、切断
2	40×2	239	2.78	LG-55	热处理
3	25×0.85	64.5	3.54	LG-32	热处理、锤头、润滑
4	18×0.9	48.5	1.33	空　拔	润滑
5	13×0.95	36.0	1.34	空　拔	连拔、热处理、切断、锤头、润滑
6	10×1	28.4	1.28	空　拔	润滑
7	8×1	22.1	1.28	空　拔	连拔、润滑
8	6×1	15.4	1.4	空　拔	连拔、成品热处理

表 8-10   20A ϕ25mm×2mm 锅炉管的拔制表

道次	钢管尺寸		延伸系数	拔制方法	拔制力/kN	拔机	中间工序
	$D×S$/mm×mm	F/mm²					
0	57×3.5	588.0					锤头、酸洗、润滑
1	49×3	433.3	1.367	短芯棒	182	LB-30	矫直、润滑
2	40×2.4	283.4	1.53	短芯棒	167	LB-30	切头、切断、退火、锤头、矫直、酸洗、润滑
3	35×1.9	191.5	1.48	短芯棒	1.8	LB-15	矫直、润滑
4	25×2	144.4	1.33	空拔	55	LB-10	退火、矫直、切定尺

8.4.3   焊管生产

焊管生产方法的实质是：将管坯（钢板或带钢）用不同的成形方法弯曲成所需要的管筒形状，然后采用不同的焊接方法将其接缝焊合而使其成为管材。其尺寸范围广泛，直径为

$\phi5 \sim 4500\text{mm}$，壁厚为 $0.5 \sim 25.4\text{mm}$，直径与壁厚之比可达 80 以上，长度可达数百米。

焊管的成形方法有直缝焊管生产、螺旋缝焊管生产和 UOE 成形焊管生产。现代大多采用的是电焊法，其中包括各种电阻焊、感应焊、电弧焊和闪光焊等。

焊管是以板或带为原料，采用不同的成形方法将其弯曲成管筒形状，然后施以不同的焊接方法将接缝焊合从而获得管材。成形和焊接是焊管生产的基本工序。

电焊管生产的实质是采用不同的方法将管坯成形，然后使用电热方法使管筒接缝边缘处加热升温至焊合温度，而后加压焊合；或者是加热至熔化温度，使金属熔合而形成焊缝。

连续冷弯辊式成形机实际上是一套水平辊和立辊交替布置的二辊式连续冷弯型钢机组，是焊管应用最为普遍的成形机，如图 8-71 所示。

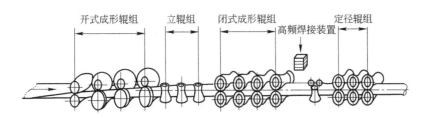

图 8-71　连续冷弯辊式成形机

履带式成形机不需要成形辊，主要部分是两个侧面的 V 形槽和三角模板，如图 8-72 所示。

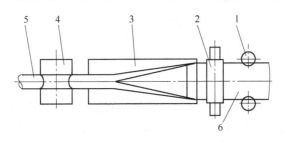

图 8-72　履带式成形机主要工艺过程
1—立辊；2—水平辊；3—履带成形器；4—成形辊；5—管筒；6—管坯

排辊式成形机组由二辊弯曲成形辊、板边弯曲辊、组合排辊成形辊、立辊组、四辊弯曲成形辊、导向辊、高频焊接装置、夹紧辊、拉拔装置和定径辊等设备组成，如图 8-73 所示。

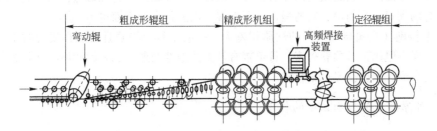

图 8-73　排辊式成形过程示意图

螺旋焊管机组是生产大直径焊管的主要方式之一。使用同一宽度的带钢能够生产出不同直径的钢管，尤其是可用窄带钢生产大直径的钢管，其生产工艺过程如图 8-74 所示。

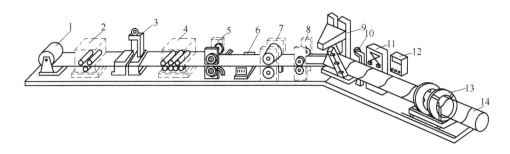

图 8-74　螺旋焊管机组工艺流程图

1—拆卷机；2—端头矫平机；3—对焊机；4—矫平机；5—切边机；6—刮边机；

7—柱递送辊；8—弯边机；9—成型机；10—内焊机；11—外焊机；

12—超声波探伤机；13—走行切断机；14—焊管

8.5　摩擦与润滑

　　金属塑性加工是在工具与工件相接触的条件下进行的，这时必然产生阻止金属流动的摩擦力。这种发生在工件和工具接触面间，阻碍金属流动的摩擦，称外摩擦。由于摩擦的作用，工具产生磨损，工件被擦伤；金属变形力能增加造成金属变形不均；严重时使工件出现裂纹，还要定期更换工具。因此，塑性加工中，须加以润滑。

8.5.1　金属塑性加工时摩擦的特点及作用

8.5.1.1　塑性成形时摩擦的特点

　　塑性成形中的摩擦与机械传动中的摩擦相比，有下列特点：

　　（1）在高压下产生的摩擦。塑性成形时接触表面上的单位压力很大，一般热加工时面压力为 100 ~150MPa，冷加工时可高达 500 ~2500MPa。如此高的面压使润滑剂难以带入或易从变形区挤出，使润滑困难及润滑方法特殊。

　　（2）较高温度下的摩擦。塑性加工时界面温度条件恶劣。高温下的金属材料，除了内部组织和性能变化外，金属表面要发生氧化，给摩擦润滑带来很大影响。

　　（3）伴随着塑性变形而产生的摩擦，在塑性变形过程中由于高压下变形，会不断增加新的接触表面，使工具与金属之间的接触条件不断改变。接触面上各处的塑性流动情况不同，有的滑动，有的黏着，有的快，有的慢，因而在接触面上各点的摩擦也不一样。

　　（4）摩擦副（金属与工具）的性质相差大，一般工具都较硬且要求在使用时不产生塑性变形；而金属不但比工具柔软得多，且希望有较大的塑性变形。二者的性质与作用差异如此之大，因而使变形时摩擦情况也很特殊。

8.5.1.2　外摩擦在压力加工中的作用

　　塑性加工中的外摩擦，大多数情况是有害的，但某些情况下，亦可采用。摩擦的不利方面：

　　（1）改变物体应力状态，使变形力和能耗增加。若接触面间摩擦越大，所需变形力也随之增大，从而消耗的变形功增加。一般情况下，摩擦的加大可使负荷增加30%。

（2）引起工件变形与应力分布不均匀。塑性成形时，因接触摩擦的作用使金属质点的流动受到阻碍，这将引起金属的不均匀变形。此外，外摩擦使接触面单位压力分布不均匀。变形和应力的不均匀，直接影响制品的性能，降低生产成品率。

（3）恶化工件表面质量，加速模具磨损，降低工具寿命。塑性成形时接触面间的相对滑动、摩擦热、变形与应力的不均匀将加速工具磨损。此外，金属粘结工具的现象，不仅缩短了工具寿命，增加了生产成本，而且也降低制品的表面质量与尺寸精度。

另一方面，亦可利用摩擦变害为利。例如，用增大摩擦改善咬入条件，强化轧制过程；增大冲头与板片间的摩擦，强化工艺，减少起皱和撕裂等造成的废品。

8.5.2 摩擦系数及其影响因素

摩擦系数随金属性质、工艺条件、表面状态、单位压力及所采用润滑剂的种类与性能等而不同。其主要影响因素有：

（1）金属的种类和化学成分。摩擦系数随着不同的金属、不同的化学成分而异。如钢中的碳含量增加时，摩擦系数会减小，如图 8-75 所示。一般说，随着合金元素的增加，摩擦系数下降。

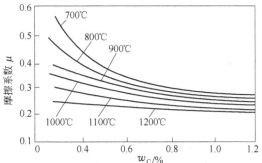

图 8-75 钢中碳含量对摩擦系数的影响

（2）工具材料及其表面状态。工具选用铸铁材料时的摩擦系数，比选用钢时摩擦系数可低 15% ~ 20%，而淬火钢的摩擦系数与铸铁的摩擦系数相近。硬质合金轧辊的摩擦系数较合金钢轧辊摩擦系数可降低 10% ~ 20%，而金属陶瓷轧辊的摩擦系数比硬质合金辊也同样可降低 10% ~ 20%。

（3）接触面上的单位压力。单位压力较小时，摩擦系数与正压力无关，摩擦系数可认为是常数。当单位压力增加到一定数值后，摩擦系数随压力增加而增加，但增加到一定程度后趋于稳定，如图 8-76 所示。

（4）变形温度。根据大量实验资料与生产实际观察，认为开始时摩擦系数随温度升高而增加，达到最大值以后又随温度升高而降低，如图 8-77 所示。

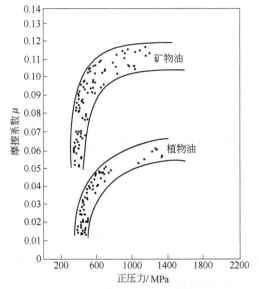

图 8-76 正压力对摩擦系数的影响

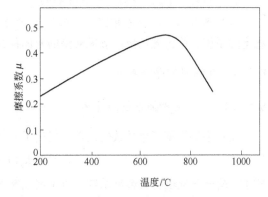

图 8-77 温度对钢的摩擦系数的影响

（5）变形速度。许多实验结果表明，随着变形速度增加，摩擦系数下降。但是，变形速度与变形温度密切相关，并影响润滑剂的曳入效果。因此，实际生产中，随着条件的不同，变形速度对摩擦系数的影响也很复杂，有时会得到相反的结果。

（6）润滑剂。压力加工中采用润滑剂能起到防粘减摩以及减少工模具磨损的作用，而不同润滑剂所起的效果不同。因此，正确选用润滑剂，可显著降低摩擦系数。

8.5.3 冷轧工艺润滑

8.5.3.1 冷轧工艺润滑剂的要求

（1）能较大幅度地降低摩擦系数，润滑效果好。

（2）在工具和金属表面上，在高速高压下能够有均匀而良好的润滑层，也就是在带钢表面上形成均匀、致密的一层油膜，而且这层油膜要有足够的强度，以保证稳定的润滑条件。

（3）润滑剂要有一定的化学稳定性，它不能腐蚀金属及工具表面，而且不至于游离，产生沉淀。

（4）润滑剂要有适当高的燃点，以避免在加工过程中由于变形热导致的温度升高而燃烧。

（5）加工后易于在表面清除，同时含灰分要少，否则退火后在金属表面上留下燃烧油迹，使表面质量变坏。

（6）润滑剂应当具有良好的冷却性能，以便把变形热带走，使轧制稳定，同时还要考虑到资源情况，做到质量好而价格便宜。

8.5.3.2 轧制润滑剂的基本类型

轧制润滑剂可按化学成分、聚合状态、用途等进行分类。按聚合状态，轧制生产中采用的润滑剂可分为：油和水-油混合物、乳化液。

（1）油和水-油混合物

在轧机上主要便于向轧辊和金属喷涂流动性好的液体油。按其化学成分可将它们分为以下五种：

1）矿物油；

2）植物脂肪和动物脂肪；

3）以合成脂肪酸为基础的油；

4）矿物油和植物油或合成油的混合物；

5）以植物油生产废料为基础的润滑油。

（2）乳化液。一种液相以细小液滴形式分布于另一种液相中，形成两种液相组织的足够稳定的系统，称为乳化液。形成液滴的液体称为分散相，乳化液的其余部分称为分散介质。

8.5.4 轧制时的摩擦系数

8.5.4.1 热轧时摩擦系数的计算

艾克隆德根据摩擦系数的因素，提出了一个计算摩擦系数的经验公式，即：

$$f = K_1 K_2 K_3 (1.05 - 0.0005t) \tag{8-15}$$

式中　K_1——轧辊材质影响系数，对于钢轧辊 $K_1 = 1.0$，铸铁轧辊 $K_1 = 0.8$；

　　　K_2——轧制速度影响系数；

K_3——轧件材质影响系数；

t——轧制温度。

应该指出，对表8-11中 K_3 的选取要慎重，这是因为当 K_1 与 K_2 不考虑时，利用表中的 K_3 值计算的结果将偏高，即为不计 K_1 与 K_2 时的 1.1 ~ 1.8 倍。显然这个结果很难说明问题，但由于目前尚缺乏这方面的深入研究，还不能对 K_3 进行修订。

表8-11 轧件材质的影响系数 K_3 值

钢　种	钢　号	K_3
碳素钢	20 ~ 70、T7 ~ T12	1.0
莱氏体钢	W18Cr4V、W9Cr4V2、Cr12、Cr12MoV	1.1
珠光体-马氏体钢	4Cr9Si2、5CrMnMo、5CrNiMo、3Cr13	1.3
奥氏体	0Cr18Ni9、4Cr14NiW2Mo	1.4
纯铁体钢	Cr25、Cr25Ti、Cr17、Cr28	1.55
含硫化物的奥氏体钢	Mn12	1.8

8.5.4.2 冷轧时摩擦系数的计算

冷轧中常采用下式计算摩擦系数，即：

$$f = K\left[0.07 - \frac{0.1v^2}{2(1 + v) + 3v^2}\right] \tag{8-16}$$

式中　K——润滑剂的种类影响系数，其值如表8-12所示；

v——轧制速度，m/s。

表8-12 润滑剂种类对摩擦系数的影响

润滑条件	K	润滑条件	K
干摩擦轧制	1.55	煤油乳化液（含10%）润滑	1.0
机油润滑	1.35	棉籽油、棕榈油或蓖麻油润滑	0.9
纱锭油润滑	1.25		

8.6 控制轧制与控制冷却

通常，通过提高含碳量来提高钢的强度，但含碳量的增加对许多工艺性能，如焊接性能、成形性能产生不利的影响。因此，用碳强化的钢的应用受到限制。为了保证钢结构的安全性，要求钢的强度和韧性达到优良的配合，这种含碳较高的钢往往要进行成本高的热处理，如淬火加回火。为了扩大成本低的高强度钢的应用，物理冶金学家们建议用其他强化机制来替代碳的强化。能同时提高强度和韧性的最有效的方法是晶粒细化。控制轧制与控制冷却工艺是达到此目的的工业技术，该技术把成形过程与显微组织的控制过程结合起来。

在现代钢铁工业中，控制轧制和控制冷却工艺是被广泛应用的技术之一。ASTM 和 JIS 的标准中已将控制控冷工艺命名为 TMCP。TMCP 代表热机械控制工艺，该工艺将热机械加工和冷却结合起来。控轧控冷技术的核心包括：（1）控制轧制温度和轧后冷却速度、冷却的开始温度和终止温度;(2)轧制变形量的控制;(3)钢材的成分设计和调整。

8.6.1　控制轧制

8.6.1.1　控制轧制的概念

控制轧制(Controlled rolling)工艺是指钢坯在稳定的奥氏体区域(A_{r3})或在亚稳定区域($A_{r3} \sim A_{r1}$)内进行轧制,然后空冷或控制冷却速度,以获得铁素体与珠光体组织,某些情况下可获得贝氏体组织。实际上,控制轧制是属于形变热处理的一种形式。现代控制轧制工艺应用了奥氏体的再结晶和未再结晶两方面的理论,通过降低钢坯的加热温度、控制变形量和终轧温度,充分利用固溶强化、沉淀强化、位错强化和晶粒细化机理,使钢板内部晶粒达到最大细化从而改变低温韧性,增加强度,提高焊接性能和成形性能。所以说,控制轧制工艺实际上是将形变与相变结合起来的一种综合强化工艺。

8.6.1.2　控制轧制强化机理

控制轧制能使钢材强韧化,其实质是通过调整各轧制工艺参数(如加热温度、变形量、终轧温度、轧后冷却)来控制钢在整个轧制过程中的冶金学过程(如奥氏体的再结晶、合金元素及其碳、氮化物的固溶物析出、相变、加工硬化、织构等),最后达到控制钢材组织和性能的目的。

控制轧制提高钢材强度及韧性的三个主要机理如下:

(1)晶粒细化。对于亚共析钢来说,铁素体晶粒越细,钢材的强度越高,韧性越好。相变前的奥氏体晶粒越小,相变后的铁素体晶粒也越细小。控制轧制可以通过两种方法使奥氏体晶粒细化:一种是奥氏体加工和再结晶交替进行使晶粒细化;另一种是在奥氏体未再结晶区轧制。

降低钢坯加热温度得到较小的原始奥氏体晶粒,加大每一道次的变形量,降低终轧温度,都有利于奥氏体再结晶晶粒的细化,即采用"低温大压下"细化低碳钢的铁素体晶粒。

为了实现在奥氏体未再结晶区轧制,需要提高奥氏体的再结晶温度,当钢中含铌、钛、钒等微量元素时,就具有这样的效果。因为这些元素的碳化物和氮化物由奥氏体析出后,可以明显地抑制奥氏体再结晶,从而有效地提高奥氏体再结晶温度,使轧制过程能在非结晶区域进行。

(2)碳、氮化物强化。钒、铌、钛是比较强的碳化物或氮化物形成元素,它们的碳化物或氮化物对钢的组织和性能发生强化作用。碳化物和氮化物在高温时溶解于奥氏体,奥氏体向铁素体转变后析出,对钢直接起弥散强化作用。

(3)亚晶强化。奥氏体晶粒的变化,在奥氏体 + 铁素体两相区域轧制时与在奥氏体再结晶温度以下轧制时相同。已相变的铁素体晶粒轧制产生亚晶粒、位错等使钢强化。在两相区域轧制的钢材相变为铁素体晶粒和含有亚晶的铁素体晶粒的混合组织,从而使钢的韧性和强度提高。

8.6.1.3　控制轧制的类型

控制轧制是以细化晶粒为主,用以提高钢的强度和韧性的方法。控制轧制后奥氏体再结晶的过程,对获得细小晶粒组织起决定性作用。根据奥氏体发生塑性变形的条件,控制轧制可分为奥氏体再结晶型（Ⅰ型）控制轧制、奥氏体未再结晶型（Ⅱ型）控制轧制和奥氏体加铁素体（A+F）两相区控制轧制三种类型，如图 8-78 所示。

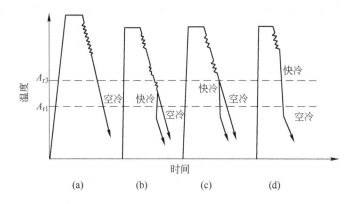

图 8-78 普通热轧工艺与控轧控冷工艺示意图
（a）普通热轧工艺；（b）三阶段控制轧制工艺（Ⅰ型+Ⅱ型+（A+F）两相区）
和控制冷却工艺；（c）两阶段控制轧制工艺（Ⅰ型+Ⅱ型）和控制冷却工艺；
（d）高温再结晶型（Ⅰ型）控制轧制工艺和控制冷却工艺

（1）再结晶型控制轧制（Ⅰ型）。它是将钢加热到奥氏体化温度，然后进行塑性变形，在每道次的变形过程或者在两道次之间发生动态或者静态再结晶，并完成其再结晶过程。经过反复轧制和再结晶，使奥氏体晶粒细化，这为相变后生成细小的铁素体晶粒提供了先决条件。为了防止再结晶后奥氏体晶粒长大，要严格控制接近于终轧几道压下量、轧制温度和轧制的间隙时间。终轧道次要在接近相变点的温度下进行。为防止相变前的奥氏体晶粒和相变后的铁素体晶粒长大，特别需要控制轧后冷却速度。这种控制轧制适用于低碳优质钢及低合金高强度钢。

（2）未再结晶型控制轧制（Ⅱ型）。它是将钢加热到奥氏体化温度后，在奥氏体再结晶温度以下发生塑性变形，奥氏体变形后不发生再结晶。因此，变形的奥氏体晶粒被拉长，晶粒内产生大量变形带，相变过程在 γ 晶界和变形带形成 α 核，使 α 的形核点增多，相变后铁素体晶粒 α 细化，对提高钢材的强度和韧性有重要作用。这种控制工艺适用于含有微量元素的低碳钢，如含铌、钛、钒的低碳钢。

（3）两相区控制轧制（过渡型）。它是将钢加热到奥氏体化温度后，经过一定变形，然后冷却到奥氏体加铁素体两相区再继续进行塑性变形。并在 A_{r1} 温度以上结束轧制。实验表明：在两相区轧制过程中，可以发生铁素体的动态再结晶；当变形量中等时，铁素体只有中等回复而引起再结晶；当变形量较小时，回复程度减小。在两相区的高温区，铁素体易发生再结晶；在两相区的低温区只发生回复。经轧制的奥氏体相转变成细小的铁素体和珠光体。由于碳在两相区的奥氏体中富集，碳以细小的碳化物析出。因此，在两相区中只要温度、压下量选择适当，就可以得到细小的铁素体和珠光体混合物，从而提高钢材的强度和韧性。

在实际轧制中，由于钢种、使用要求、设备能力等各不相同，各种控制轧制可以单独应用，也可以把两种或三种控制工艺配合在一起使用。

8.6.2 控制冷却

8.6.2.1 控制冷却的基本概念

控制冷却（Controlled Cooling）是控制轧后钢材的冷却速度达到改善钢材组织和性能的目

的。主要是通过相变来提高钢材性能的一种工艺，根据控制冷却后钢材的组织转变产物的不同。

控制冷却的相变机理是钢从奥氏体转变为铁素体或珠光体型组织时，是以扩散方式进行的，钢从奥氏体转变为马氏体或贝氏体组织时，则是以切变方式进行的。因此，加速冷却工艺主要是利用扩散相变机理和细化晶粒来改善钢材的性能，而直接淬火工艺则主要是利用切变机理和提高淬透性来改善钢材的性能。

8.6.2.2　控制冷却的类型

控制冷却已在钢板、钢管、型钢线材生产中得到广泛应用，其主要有以下几种工艺方法。

（1）轧后余热淬火，如厚钢板的轧后余热淬火、钢筋的轧后余热淬火、钢轨的轧后余热淬火和石油管的轧后余热淬火等，就是使钢材的表层或整个断面淬火，得到马氏体组织，然后利用回火处理或余热自回火得到良好的金相组织，达到改善性能的目的。

（2）轧后的快速冷却，如轴承钢的轧后快冷、板带的层流冷却或水幕冷却、线材的二次冷却等，其作用是将轧材从终轧温度快速冷却到一定的中间温度，如铁素体转变温度稍下或珠光体转变温度，阻止铁素体、珠光体在高温形成和晶粒变粗大，最后获得细小的室温金相组织，改善钢材的力学性能。

（3）中间控制冷却，如板带轧机的机架间冷却，线棒材生产的终轧前的加速冷却，是为了获得准确的终轧温度，结合控制轧制改善钢材的组织和性能。

（4）轧后余热正火，如锅炉管的余热正火，是控制冷却的应用，旨在改善锅炉管的持久性能。控制冷却的种类较多，而且同一种控制冷却，其开冷温度、终冷温度、冷却速度等也会因生产工艺和钢种的不同而有较大的差异。

8.6.2.3　控制冷却的方法

控制冷却的重要目的之一是在不降低钢材韧性的前提下，控制冷却速度来提高钢材的强度，尤其是对低碳钢、低合金钢和微合金钢材的强韧性改善特别有效。对高碳钢和高合金钢轧后控冷的目的是防止变形后的奥氏体晶粒长大，降低以致阻止网状碳化物的析出量和降低级别，减小珠光体球团尺寸，改善珠光体形貌和片间距，从而改善钢材的性能。

控制冷却钢材的性能取决于轧制条件和冷却条件。一般把轧后控制冷却分为一次冷却、二次冷却和三次冷却（空冷）三个阶段。一次冷却是指终轧温度开始到变形奥氏体向铁素体开始转变温度 A_{r3} 或二次碳化物开始析出温度 A_{rem} 这个温度范围内的冷却控制，其目的是细化相变前奥氏体晶粒，阻止碳化物析出，降低相变温度。二次冷却是指从相变开始温度到相变结束温度范围内的冷却控制，其目的有针对性控制相变过程，以保证钢材快冷后得到所要求的金相组织和力学性能。三次冷却（空冷）是指相变结束后至室温范围内的冷却，其目的是阻止含 Ni 钢或高碳钢碳氮化物的析出，保持其碳化物固溶状态，以达到固溶强化的目的。

常用的具体冷却方法有喷水冷却（喷流冷却）、喷射冷却、雾化冷却、层流冷却、浸水冷却、管内流水冷却等。

目前普遍采用的是控制终轧温度和轧制后冷却速度，为了控制钢材冷却的均匀性，有些冷却系统配置了宽度遮蔽装置、辊道加速控制、快速开闭控制阀、自动设定和自适应控制等先进的技术和装备，实现了控制冷却系统的自动控制，提高了温度的控制精度以达到所需材料组织及性能预期目的。目前世界上许多国家都利用控轧和控冷工艺生产高寒地区使用的输油、输气管道用钢板、低碳含铌的低合金高强度钢板、高韧性钢板，以及造船板、桥梁钢板、压力容器用钢板等。

控轧控冷技术经过近几十年的发展，在基本理论、相关设备和生产工艺等方面都有所提高和创新。在某些生产领域，如中厚钢板、薄带、薄板坯连铸连轧、连轧棒材和高速线材、型钢、无缝钢管等生产中，都合理地采用了控制轧制、控制冷却和在线热处理工艺。特别是在提高钢材综合力学性能、开发新品种、简化生产工艺、节约能耗、改善生产条件等方面，采用控轧与控冷工艺都取得了明显的经济效益和社会效益。

9 轧制参数检测

9.1 轧制压力测量

金属在轧制过程中作用在轧辊上的压力即轧制压力，它是轧机的基本负荷参数之一。目前广泛采用两种测量轧制压力的方法。第一种是通过测量机架立柱的拉伸应变测量轧制压力，又称应力测量法；第二种是用专门设计的测力传感器直接测量轧制压力。

9.1.1 应力测量法

轧制时，轧机牌坊立柱产生弹性变形，其大小与轧制力成正比，因此，只需测出牌坊立柱的应变就可推算出轧制力。

对于闭口牌坊，轧制时，牌坊立柱同时承受拉应力 σ_p 和弯曲应力 σ_N，其应力分布如图 9-1 所示。由图可见，最大应力发生在立柱内表面 $b—b$ 上，其值为：

$$\sigma_{max} = \sigma_p + \sigma_N \tag{9-1}$$

最小应力发生在立柱的外表面 $d—d$ 上，其值为：

$$\sigma_{min} = \sigma_p - \sigma_N \tag{9-2}$$

在中性面 $c—c$ 上，弯曲应力等于零，只有轧制力引起的拉应力 σ_p 为：

$$\sigma_p = \frac{\sigma_{max} + \sigma_{min}}{2} \tag{9-3}$$

由此可见，为了测得拉应力，必须把应变片粘贴在牌坊立柱的中性面 $c—c$ 上，以消除弯曲应力。因此一扇牌坊所受到的拉力为：

$$P_1 = 2\sigma_p A \tag{9-4}$$

式中 A——牌坊一个立柱的横截面积。

若四根立柱受力条件相同，则总轧制力 P 为：

$$P = 2P_1 = 4\sigma_p A \tag{9-5}$$

当在机架立柱中性面粘贴电阻应变片时，首先要正确确定立柱中性面的位置，对于简单断面的立柱，可用作图法找出中性面；对于复杂断面，先测出立柱内、外表面应力，再由式（9-3）求出 σ_p，然后在立柱另外两个表面的不同位置上测量应力 σ，当 $\sigma = \sigma_p$ 时，即为中性面。然后把测试点安置在截面比较均匀的地方。应变片按垂

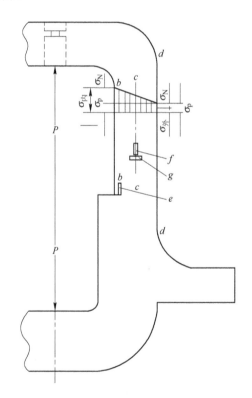

图 9-1 轧机牌坊立柱应力分布及测量点的选择

e、f、g——应变片

直和水平方向粘贴，可用半桥或全桥连线（图9-2）。为了防止应变片的机械损坏以及油、水及蒸气等有害介质的侵蚀，应变片应妥善保护。

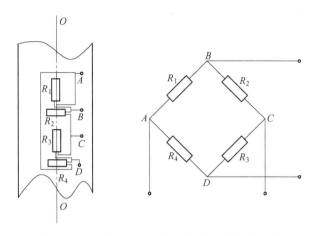

图9-2 应变片在机架立柱上的布置及接线方式

9.1.2 传感器测量法

在轧制压力测量中，用测力传感器直接测量轧制压力得到广泛应用。在轧钢中，测力传感器也称为测压头，简称压头。压头的种类很多，按其测量原理可分为电容式、压磁式和电阻应变式三大类：

（1）电容式传感器。电容式传感器把力转换成电容的变化。它由两个互相平行的绝缘金属板组成。由物理学可知，两个平行板电容器的电容 C 为：

$$C = \frac{\varepsilon \cdot S}{\delta} \tag{9-6}$$

式中　S——电容器的两个极板覆盖面积，cm^2；

　　　δ——电容器的两个极板间距，cm；

　　　ε——电容器极板间介质的介电常数，空气 $\varepsilon = 1$。

由式9-6可知，S、δ 和 ε 三个参数中，只要有一个参数发生变化都会使电容 C 改变，这就是电容式传感器的工作原理。

图9-3为测量轧制力使用的电容式传感器。在矩形的特殊钢块弹性元件上，加工有若干个

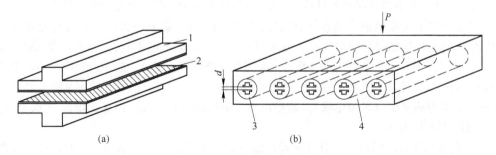

图9-3 电容式传感器原理图

（a）电极；（b）传感器构造图

1—绝缘物（无机材料）；2—导体（铜材）；3—电极；4—钢件

贯通的圆孔，每个圆孔内固定两个端面平行的丁字形电极，每个电极上贴有铜箔，构成平板电容器，几个电容器并联成测量回路。在轧制力作用下，弹性元件产生变形，因而极板间距发生变化，从而使电容发生变化，经变换后得到轧制力。

（2）压磁式传感器。压磁式传感器的基本原理是利用"压磁效应"，即某些铁磁材料受到外力作用时，引起磁导率 μ 发生变化的物理现象。利用压磁效应制成的传感器，称为压磁式传感器（在轧机测量中也常称为压磁式压头），有时也称为磁弹性传感器或磁致伸缩传感器。

图 9-4 为变压器型压磁式传感器的原理图。在两条对角线上，开有四个孔 1、2 和 3、4，如图 9-4a 所示。在两个对角孔 1、2 中，缠绕激磁（初级）绕组 $W_{1,2}$；在另两个对角孔 3、4 中，缠绕测量（次级）绕组 $W_{3,4}$。$W_{1,2}$ 和 $W_{3,4}$ 平面互相垂直，并与外力作用方向成 45°角。当激磁绕组 $W_{1,2}$ 通入一定的交流电时，铁芯中就产生磁场。在不受外力作用时，如图 9-4b 所示。由于铁芯的磁各向同性，A、B、C、D 四个区域的磁导率 μ 是相同的，此时磁力线呈轴对称分布，合成磁场强度 H 平行于测量绕组 $W_{3,4}$ 平面，磁力线不与绕组 $W_{3,4}$ 交链，故 $W_{3,4}$ 不会感应出电势。

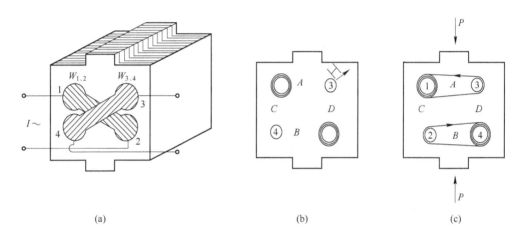

图 9-4　压磁式传感器原理图

（a）传感器绕线方式；（b）不受外力作用的磁场变化；（c）受外力作用的磁场变化

在外力 P 作用下，如图 9-4c 所示，A、B 区域承受很大压应力 σ，于是磁导率 μ 下降，磁阻 R_{m} 增大。由于传感器的结构形状缘故，C、D 区域基本上仍处于自由状态，其磁导率 μ 仍不变。由于磁力线有沿磁阻最小途径闭合的特性，此时，有一部分磁力线不再通过磁阻较大的 A、B 区域，而通过磁阻较小的 C、D 区域而闭合。于是原来呈现轴对称分布的磁力线被扭曲变形，合成磁场强度 H 不再与 $W_{3,4}$ 平面平行，磁力线与绕组 $W_{3,4}$ 交链，故在测量绕组 $W_{3,4}$ 中感应出电势 E 值。P 值越大，应力 σ 越大，磁通转移越多，E 值也越大。将此感应电势 E 经过一系列变换后，就可建立压力 P 与电流 I（或电压 U）的线性关系，即可由输出电流 I（或电压 U）表示出被测力 P 的大小。

（3）电阻应变式传感器。电阻应变式传感器的工作原理是当传感器受压时，粘贴在弹性元件上的电阻应变片随其弹性元件一起产生变形，从而引起应变片阻值变化，并通过传输电缆，输给动态电阻应变仪进行放大，最后输给记录仪进行记录，测得外加载荷（即压力）的数值。

9.2 轧制力矩测量

实际上，用直接测量法也不能直接地测量轧辊上的扭矩，测出的力矩总是包括了轧辊辊颈处的摩擦力矩和空载力矩。另外在一般情况下，较难对所测的轴进行直接标定，故所测轧制力矩的精度较轧制力低。直接测量法的另一特点是需采用专门的集电装置，将电桥输出信号从转动的轴上取下引至应变仪，故轧制力矩测量装置设计中很大一部分工作是设计合适的集电装置。

如图9-5所示，在轧辊的传动轴上粘贴应变片，实心轴扭矩的计算式为：

$$M = \frac{0.2ED^3}{1+\mu}\varepsilon_1 = \frac{0.2ED^3}{1+\mu}(-\varepsilon_3) \tag{9-7}$$

式中　E——传动轴的弹性模量；

　　　D——传动轴的直径；

　　　μ——泊松比；

　　　ε_1——与主应力 σ_1 相对应的主应变；

　　　ε_3——与主应力 σ_3 相对应的主应变。

可见，所测扭矩与应变片所感受的应变成线性关系，故采用此法测扭矩是可行的。

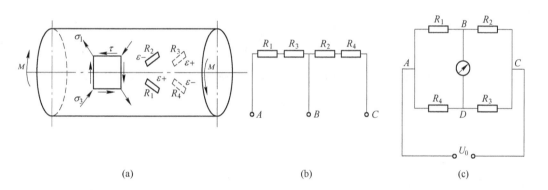

图9-5　测扭转应变的布图和组桥
（a）布片图；（b）组半桥；（c）组全桥

9.3 轧制张力测量

在带卷式的板带生产中大都采用带张力的轧制方法，这是由于张力对稳定轧制过程有利。但轧制时应注意严格地保持张力恒定，否则，由于张力的变化将引起轧制力发生相应的波动，使轧件产生纵向厚度不均。因此精确测量张力是保证板带轧制合理操作的一个重要基础，也是轧机实现自动控制的一个前提。

张力测量首先是通过张力辊和导向辊将张力转换成张力辊的压力，然后由张力传感器测出，最后按力三角形计算出张力大小。

9.3.1　单机座可逆式冷轧机张力测量

由图9-6可见，带钢1从轧辊出来后，通过张力辊3和导向辊4，再由卷筒5卷取。带钢1过张力辊3时，对张力辊3产生包角 2α（其大小取决于导向辊4和张力辊3之间的相对位置，而与卷筒5的卷取直径变化无关），于是有一个张力的合力 Q 作用在张力辊上。因此，在张力

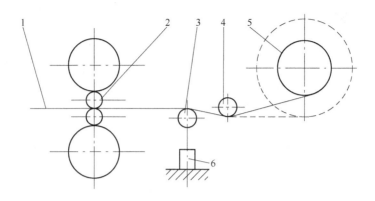

图 9-6 张力测量示意图

1—带钢；2—轧辊；3—张力辊；4—导向辊；5—卷筒；6—张力传感器

辊轴承座（或支架）下面安装张力传感器6，即可测出 Q 值，再由 Q 值推算出张力 T 值。

如图 9-7a 所示，用一个张力传感器测量带钢1的张力，在张力辊2的支架4的下面安装一个张力传感器3。若张力传感器倾斜安装（图9-7b），由张力传感器测出压力 Q，则带钢1的张力 T 为：

$$T = \frac{Q}{2\cos\alpha} \tag{9-8}$$

若张力传感器垂直安装（图9-7c），由张力传感器测出压力 F，则得张力 T 为：

$$T = \frac{F}{2\sin2\alpha} \tag{9-9}$$

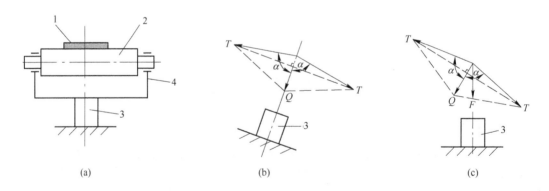

(a)   (b)   (c)

图 9-7 张力辊受力分析

（a）采用一个张力传感器；（b）张力传感器倾斜安装；（c）张力传感器垂直安装

1—带钢；2—张力辊；3—张力传感器；4—支架

9.3.2 连轧机张力测量

9.3.2.1 用三辊式张力测量装置测张力

在工业轧机上，常采用三辊式张力测量装置，如图9-8所示。为了使张力方向固定，需使

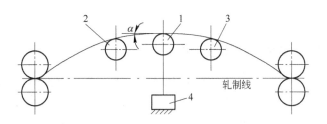

图 9-8 三辊式张力测量装置示意图
1—张力辊；2、3—导向辊；4—张力传感器

轧件抬高，脱离轧制线，并保持一定的斜度。为此采用三个辊子，在张力辊 1 的轴承座下面安装张力传感器 4，导向辊 2 和 3 保持 α 角不变，由张力传感器 4 测出轧件对张力辊的压力然后再换算出张力。

9.3.2.2 由活套支撑器连杆转角测量张力

对于热轧带钢连轧机，两架连轧机之间的活套支撑器把带钢挑起来，如图 9-9 所示，并与轧制线形成 ψ 和 θ 角。

$$\left.\begin{array}{l} \psi = \arctan \dfrac{l\sin\beta}{a + l\cos\beta} \\[2mm] \theta = \arctan \dfrac{l\sin\beta}{b - l\cos\beta} \end{array}\right\} \tag{9-10}$$

式中 β——连杆与水平线夹角。

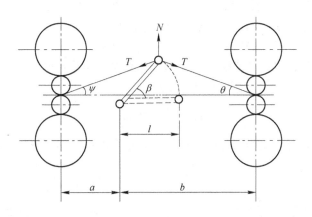

图 9-9 活套支撑器受力简图

连杆上的扭矩 M 为：

$$M = N \cdot l\cos\beta = T \cdot l(\sin\psi + \sin\theta)\cos\beta \tag{9-11}$$

所以带钢张力 T 为：

$$T = \frac{M}{l(\sin\psi + \sin\theta)\cos\beta} \tag{9-12}$$

将式（9-10）代入式（9-11）得 $T = f(M, \beta)$。由于支撑器电机是在堵转状态下工作的，因此，当稳定时，转动力矩等于堵转力矩（M = 常数），所以 T 只取决于 β，即可用支撑器转角大小来测量张力大小。转角的大小可用电位器或自整角机测量。

9.4　电机功率测量

9.4.1　直流电机电压、电流、功率的测量

近年来，电力电子技术广泛应用于电机控制领域，电力电子器件的应用使电机的电流或电压成为非正弦波形，用普通指示式仪表测量时，测量的准确度大大降低。在电机控制系统中往往需要了解电流或电压的波形、幅值、有效值或平均值等；不仅需要了解电机稳态运行时的情况，还常常需要了解电机电流、电压随时间变化的动态过程。这些情况下的测量工作，一般电工测量仪表是难以胜任的，而是采用示波器进行测量。

9.4.1.1　电压的测量

电压信号由电枢 C、D 两端引出，其测量电路如图 9-10 所示。电阻 R_1 为振子限流电阻，R_2 为附加限流电阻。

根据振子满幅记录及其安全性来选择 R_1 及 R_2：

$$R_1 = \frac{U_{\max} S_i}{Y_{\max}} \tag{9-13}$$

$$R_1 + R_2 = \frac{U_{\max} S_i}{0.8 Y_{\max}} = \frac{R_1}{0.8} \tag{9-14}$$

$$R_2 = \frac{1}{4} R_1$$

式中　　$U_{\max}$——最大电枢电压，V；

S_i——振子说明书中给出的振子直流电流灵敏度，mm/mA；

$Y_{\max}$——振子说明书中给出的光点最大线性偏转量，mm。

测量线路需通过标定才能确定其标定特性曲线。图 9-11 为电压标定方法，即原测定线路输入端并接一只 0.5 级的电压表读取 U_b 值。标定时设某一组稳定电压作为 U_b，同时记录的光点的相应偏移量为 Y_b，于是可得到电压比例系数 μ_U：

$$\mu_U = \frac{U_b}{Y_b} \quad \text{V/mm} \tag{9-15}$$

再把实测时从示波器图上得到的振子光点高度 h_c 乘以 μ_U，即可得到所测电压值 U_c，即：

$$U_c = \mu_U \cdot h_c$$

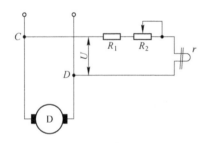　　　　　　　　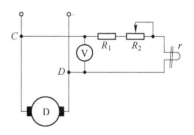

图 9-10　振子记录直流电压原理图　　　　　　图 9-11　电压标定电路图

9.4.1.2　电流的测量

由于主机容量一般都比较大，因而常采用分流器（FL）来测量较大的直流电流。分流器

为一阻值极小、功率很大，用较低电阻温度系数金属材料制造的电阻元件，如图9-12所示。一般分流器上都印有额定电流（从几十安［培］到几千安［培］），及对应的电位差值（mV），一般为75mV、150mV、300mV等。分流器的电流端串接到被测线路中，电压端接一只磁电毫伏表，当有电流流过时，两端产生电位差，该电位差值与流过其中的电流值成正比。因此可以说，电流的测量被转化为分流器两端电位差的测量。

测量信号由分流器A、B点引出，其测量电路如图9-13所示。显然，振子光点的偏转量Y_i与分流器两端电位差成正比。由于分流器的输出信号比较弱，故限流电阻R_1很小，甚至可以省略，R_2一般为几十欧。

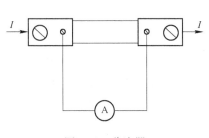

图9-12 分流器

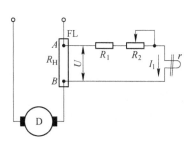

图9-13 测量电路图

为了确定其标定特性曲线，多采用图9-14所示的电流标定线路。标定时，将测量回路A、B两点从分流器上脱开，按图9-14接入由电源E、可变电阻R_3、R_4组成的模拟分流器的A'、B'两点。由$0\sim75$mV给定一组毫伏数，并同时记录振子相应偏转量Y_b，可得标定曲线斜率。

$$\gamma = m\frac{U_\text{标}}{Y_\text{标}} \quad \text{mV/mm} \tag{9-16}$$

设分流器特$m\dfrac{I_\text{H}}{U_\text{H}} = \beta$，A/mV

则

$$I_c = \beta \cdot \gamma \cdot h_c \tag{9-17}$$

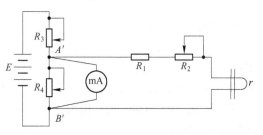

图9-14 电流标定电路图

9.4.1.3 直流电机功率测量

对于直流电机，一般是测量电机电枢电流I及电枢电压U，按下式计算功率W：

$$W = IU \quad \text{W} \tag{9-18}$$

9.4.2 交流电机电压、电流、功率的测量

9.4.2.1 交流电压测量

交流电压可采用电压变送器测量，其原理线路如图9-15所示。工作原理是：被测交流电

压信号通过电压互感器 YH 降压后，采用桥式电路进行全波整流，由滤波电容器 C 滤去输出中交流成分，由输出端输出 1mA 的电流信号及 5V 的电压信号。

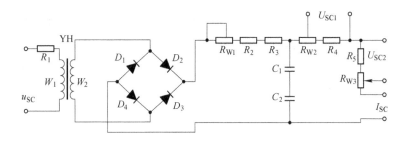

图 9-15 交流电压变送器原理线路图

交流电压变送器连同记录仪表一起进行标定，标定线路如图 9-16 所示。被测的输入量可用 0.5 级交流电压表来进行监视，输出直流电流用 0.5 级直流毫安表进行监视。输出直流电压应用 0.5 级高阻抗电压表测量，其内阻应大于 $60k\Omega$。TP_1 为 $0.5kV \cdot A$ 交流电压调整器。

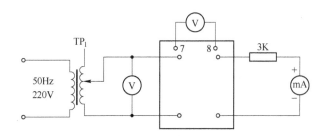

图 9-16 交流电压变送器标定线路图

9.4.2.2 交流电流测量

交流电流可用交流变送器测量，其原理线路如图 9-17 所示。图中 LH 为电流互感器，它的铁芯是由硅钢片制成的。在磁化的起始部分有非线性区，因此当被测交流信号较小时，互感器次级绕组感应的交流电流将是非线性的。为了减少由此产生的误差，采用了由四个二极管 $D_9 \sim D_{12}$ 及电阻 R_2 组成的补偿电路。在二极管两端电压较低时，它的伏安特性曲线呈非线性，其内阻与外加电压成反比。这样，在低电压时分流作用弱，在高电压时分流作用强。利用二极管的特性就可补偿硅钢的非线性误差。

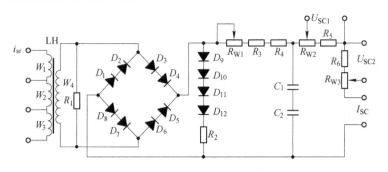

图 9-17 交流电流变送器原理图

交流电流变送器标定线路如图9-18所示。

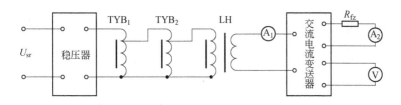

图9-18 交流电流变送器标定线路图

9.4.2.3 交流电机功率测量

交流电机功率可采用功率变送器测量,它是把三相有功功率（或无功功率）量变换成为与功率成正比的直流电流量或直流电压量的一种变换装置。

三相功率变送器的原理图如图9-19所示,它的主要部分为两个完全相同的功率测量部件。每个功率测量部件为一个时间差值乘法器,由磁饱和振荡器、恒流电路、桥式开关电路、电压互感器及电流互感器组成。使用操作要点为:

（1）由于电流互感器（指主电路）副边开路时将产生高电压,当从电流和互感器副边引出线时,应在副边并接一个短路刀闸,只有当确定从副边不是断路时,才允许拉开短路刀闸。

（2）电流接线面积不应小于4mm²,接头处刮净拧紧。

（3）相序与极性不能接错,必要时应用相序表及双线示波器予以判别,否则测量无效。

（4）变送器必须经过严格的标定。

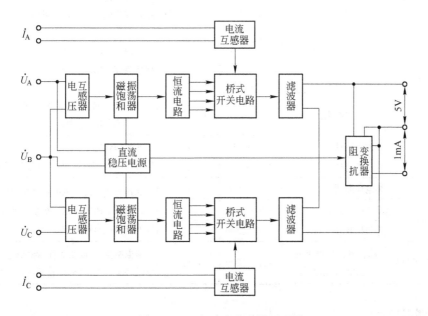

图9-19 三相功率变送器原理图

9.5 轧件温度测量

在轧钢生产中,钢材的组织与性能常随终轧温度的变化而变化。对于板带材的生产,轧制温度变化还将影响到板带材的尺寸精度，所以准确测量和控制温度，对提高产品的产量和质量、降低能耗等都具有十分重要的意义。

9.5.1　温度测量方法分类

根据被测对象的特点和测试目的，可选用不同的测温方法。温度测量方法可分为接触式测温与非接触式测温两类。接触式测温是把测量用的传感器和被测对象直接接触，两者进行热交换，最终达到热平衡，并示出温度值。常用的接触式测温仪器有膨胀式温度计、电阻温度计及热电偶温度计等。这类测温仪器发展较早，比较成熟，应用广泛，但对被测对象的温度场有干扰，影响测量精度，且在不允许接触或无法接触的场合就不能应用。非接触式测温是基于物质的热辐射原理，测温传感器与被测对象不直接接触。此法不会扰乱被测对象的温度分布，可实现远距离控制与测量。这类测温仪器有辐射温度计、红外温度计及光纤温度计等。常用的测温方法、类型及特点，见表9-1。

表9-1　常用测温方法、类型及特点

测温方法	温度计及传感器类型		测温范围/℃	精度/%	特　　点
接触式	热膨胀式	水　银	−500~650	0.1~1	简单方便；易损坏（水银污染）；感温部大
		双金属			结构紧凑、牢固可靠
		压力　液	−30~600	1	耐振、坚固、价廉；感温部大
		气	−20~350		
	热电偶	铂铑-铂	0~1600	0.2~0.5	种类多、适应性强，结构简单，经济、方便，应用研究广泛。须注意寄生热电势及动圈式仪表电阻对测量结果的影响
		其　他	−200~1100	0.4~1.0	
	热电阻	铂	−260~600	0.1~0.3	精度及灵敏度均较好，感温部大，须注意环境温度的影响
		镍	−50~300	0.2~0.5	
		铜	0~180	0.1~0.3	
		热敏电阻	−50~350	0.3~1.5	体积小，响应快，灵敏度高；线性差，须注意环境温度的影响
非接触式	辐射温度计		800~3500	1	非接触式测温，不干扰被测温度场，辐射率影响小，应用简便，不能用于低温
	光纤温度计		700~3000	1	
	热电探测器		200~2000	1	非接触式测温，不干扰被测温度场，响应快，测温范围大，适于测量温度分布，易受外界干扰，定标困难
	热敏电阻探测器		−50~3200	1	
	光子探测器		0~3500	1	
其　他	示温材料	碘化银，二碘化汞，氯化铁，液晶等	−35~2000	<1	测温范围大，经济方便，特别适于大面积连续运转零件上的测温，精度低，人为误差大

9.5.2　测量温度计

9.5.2.1　热电偶温度计

热电偶是基于热电效应而工作的。当两种不同导体的端点结合成一封闭回路时，如两结合点的温度不同，则在回路中产生热电势，此现象称为热电效应。实际上，热电偶是将热能转换为电能的一种能量转换型传感器。

图 9-20 表示两根不同导体 A 和 B 构成的热电偶，其工作端（热端，温度 T）插入被测介质中，与导线连接的另一端（冷端，温度 T_0）为自由端。当 $T \neq T_0$ 时，在回路中将产生热电势，热电势与热电偶材质及两端温度差有关，而与导体 A 和 B 的长度、直径无关。若保持 T_0 不变，则热电势随温度 T 而变化。因此，只要测出热电势值，便可知被测介质的温度值。

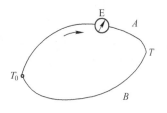

图 9-20　热电效应示意图

9.5.2.2　辐射温度计

根据斯蒂芬-玻耳兹曼定律来测量物体温度的仪表称辐射温度计，也称全辐射高温计。

斯蒂芬-玻耳兹曼定律：黑体全辐射能和绝对温度的四次方成正比。即：

$$E_0 = \sigma T^4 \tag{9-19}$$

式中　σ——斯蒂芬-玻耳兹曼常数，$\sigma = 2.07 \times 10^{-7}, kJ/(m^2 \cdot h \cdot K^4)$。

辐射高温计是基于被测物体的热辐射效应进行表面温度测量的。被测物体受热后发射出的热辐射能量，由感温器的光学系统聚焦在热电堆（由一组微细的热电偶串联而成）上，受热后有热电势输出。物体在不同的表面温度发射的热辐射能量不同，产生的热电势也随之改变。根据热电势的大小，由配套的显示仪表反映出被测物体的表面温度。不同物体的辐射强度在同一温度时并不相同，辐射温度计如按某一物体的温度进行刻度，就不能用来测量其他物体的温度。所以辐射温度计的刻度也是选择黑体作为标准体，按黑体的温度来分度仪表。这时用辐射温度计所测到的温度称为物体的辐射温度，即相当于黑体的某一个温度再加以修正计算就可求得被测物体的真实表面温度。

9.5.2.3　红外温度计

红外测温的基本原理是根据任何物体只要它的温度在绝对零度以上，就不断地发射红外线，物体温度越高，辐射功率越大，它们之间存在着一定的函数关系。如果测出物体所发射的红外辐射功率，则可确定其温度，此即红外测温的依据。

9.6　轧制过程在线检测

9.6.1　带钢厚度的测量

在现代化轧钢生产中，带材的厚度精度控制是保证产品质量的关键。要对产品厚度进行控制，就需要精确地和连续地测量出带材的厚度。

对于在常温下低速轧制的带材，通常采用接触式连续测厚仪。测量时轧件夹在两个测量辊之间，用差动变压器、电感式变换器、电容式变换器等将厚度变化变换成电信号，测量出两个测量辊间隔的变化，来反映厚度的变化。

在自动化程度比较高的高速连轧机上，因为各种类型的接触式测厚仪的动态响应差，机械磨损大，不能满足生产要求。因此，近年来，普遍采用适应高速轧机的、高精度的非接触式测厚仪表。非接触式测厚仪的种类很多，目前在轧制生产中比较常用和成熟的是放射性同位素测厚仪和 X 射线测厚仪（统称射线测厚仪）。

由于原子核的不稳定性，能自发地放射出 α 射线，β 射线，γ 射线；而且具有不受外界作用能连续放射射线的能力，这些射线能穿透物质使其电离。放射性元素有天然放射性元素和人工放射性元素之分。一切铀化合物、钍、镭等元素都具有天然放射性。由原子反应堆生产出的放射性元素称为人工放射性元素。如果放射源的半衰减期足够长，那么，在单位时间内放射出来的放射数量是一定的。当 α 射线、β 射线、γ 射线、X 射线穿透物质时，它的强度会逐渐减弱，这是由于物质吸收了射线的能量。被吸收的数量取决于被测物质的厚度。因此，如果能测得被吸收后射线的强度，就可以知道被测物质的厚度。射线穿透物质能量衰减的规律用下式表示：

$$I = I_0 \mathrm{e}^{-\mu x} \tag{9-20}$$

式中　I_0——入射射线强度；

I——穿过被测材料后的射线强度；

μ——吸收系数；

x——通过物质的厚度。

穿透式测厚仪的放射源和检测器分别置于被测带材的上、下方，其工作原理如图 9-21 所示。当射线穿过被测材料时，一部分射线被材料吸收；另一部分则透过被测材料进入检测器，为检测器所接受。

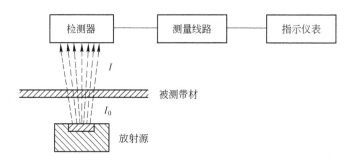

图 9-21　穿透式测厚仪原理图

当 I_0 和 μ 一定时，则 I 仅仅是 x 的函数。所以，如果测出 I 就可以知道厚度 x 值。但是由于被测材料不同，对于相同厚度的材料，其吸收能力也不相同。为此要利用不同检测器来检测穿透过来的射线，将其转换为电流量，经过放大后用专用仪表指示。

放射源的选择主要是根据其特性、射线种类和能量以及半衰期，按待测的厚度范围来选择合适的射线种类和能量。

由于射线穿过物质的能力与其种类和能量有关。α 射线能量最弱，几乎穿不透一张纸，所以在轧制生产上不能作为测厚仪的放射源。β 射线只能穿过厚度为几十微米至 1000 μm 的带钢，故 β 射线测厚仪常用于薄带钢的测量。一般 β 放射源可测到 1.2 ~ 1.5mm 的带钢。而 γ 射线能量较强，可测带钢厚度范围较宽，适于中厚板厚度的连续测量。

9.6.2　带钢宽度的测量

为了测量轧件宽度，通常是在带钢连轧机粗轧机组和精轧机组的末架轧机出口侧安装测宽仪。

连续测定板宽的测宽仪都是非接触式的，并依据使用的检测介质（光、超声波）和检测装置进行分类。现在在线使用的多数是光电式的。依据使用的车间，也可对测宽仪进行分类，例如冷轧带钢车间使用伺服式冷轧测宽仪、CCD 测宽仪，热轧带钢车间使用光电测宽仪。

9.6.2.1　热轧带钢板宽的测定方法

光电测宽仪可以连续测定热轧带钢车间高速运动的高温带钢的宽度。

图9-22所示为光电测宽仪的工作原理。在钢板上方装设检测部分,它内部装有两组扫描器,扫描器的间隔根据钢板宽度预先设定,连续地扫描钢板两侧的边部位置。为使钢板边部有强烈反差,在下方装设光源,即采用背影光源方式。利用光学系统在旋转狭缝上形成钢板边部的像,经过旋转狭缝变换成与时间对应的信号。通过旋转狭缝的光在光电倍增管内变换成电脉冲信号,并在脉冲信号上施加基准时钟信号,根据这个数字测定值和宽度设定值,求出宽度偏差和板材中心的横向摆动。

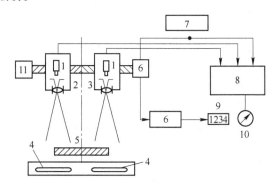

图9-22　光电测宽仪原理

1—光电管;2—左侧扫描器;3—右侧扫描器;4—下部光源;5—带钢;

6—自整角机;7—标准宽度给定;8—测定部分(放大、检波、调制);

9—宽度指示仪;10—偏差指示仪;11—电动机

9.6.2.2　冷轧带钢板宽的测定方法

如图9-23所示,冷轧伺服测宽仪用于冷轧车间,连续测定100℃以下的钢板宽度。广义上

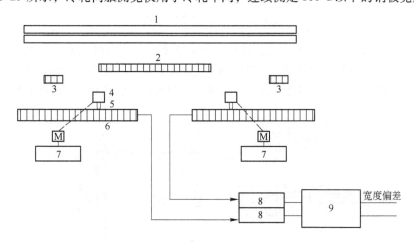

图9-23　冷轧伺服测宽仪原理图

1—光灯;2—被测板;3—校正片;4—边部检测器;5—读数头;

6—磁尺;7—伺服放大器;8—正反计数器;9—微处理机

讲，它也包含在光电测宽仪中，其主要特点是：（1）采用微控制器，扩充了各种补偿功能和自诊断功能；（2）由于采用了伺服方式使横向摆动引起的误差小。

9.6.3   带钢长度的测量

轧件长度的测量通常可根据旋转体的半径和转数来确定，例如，轧辊或导向辊都是随轧件的运动而转动，或者本身就是一个动力传动辊，其转动造成了轧件的运动。由于轧件和轧辊间的相对滑动以及轧制过程中辊径的变化还不能精确计算，所以其测量误差较大，因而不能用在轧机的自动控制中。为此，采用了一种用激光原理工作的测长仪。

激光测长仪由激光器、检测器、电子部件和显示器组成。其中激光器包括带有高压电源的激光源、透镜和分光镜。检测器接收测量信号后，将它变成脉冲送入电子部件，再经放大、计算，最后由显示器显示出长度来。

用激光测长仪测量轧件长度时，根据实际情况可采用干涉法或差分多普勒法。

（1）干涉法。干涉法激光测长仪的原理如图 9-24 所示。激光器射出的光用透镜把激光束变成一狭长光束，其方向是沿待测物的运动方向。由于光的干涉现象使反射光呈现出一种强变化的光斑。如果物体在运动，那么干涉图像也会运动，因此在光栅后面的电光接收器上就会产生一种与物体运动速度成比例的光频率信号。干涉法激光测长仪所能测定的速度为 0.5 ~ 50m/s。

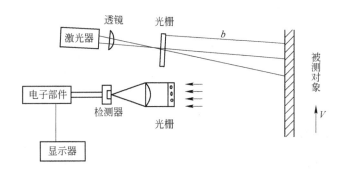

图 9-24   干涉法工作原理图

（2）差分多普勒法。差分多普勒法原理如图 9-25 所示。它由激光器发射光经过分光镜变成两条激光束，从运动方向不同的夹角射到物体上。根据多普勒反应，反射光相对于入射光要发生平移，如果这两束光正好射在物体同一位置上，则将两个已平移的反射光重叠而形成一个

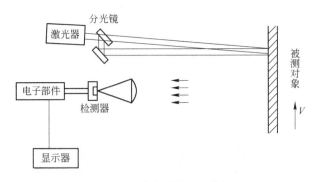

图 9-25   差分多普勒法工作原理

较低频率的差频，它和两束光的入射角之差与物体运动速度成正比。差分多普勒法的测量范围为 0.05 ~ 100m/s。

9.6.4　带钢板形检测

所谓板形，直观上是指板带的翘曲程度，其实质是指带钢内部残余应力分布。衡量带钢板形通常包括纵向和横向两个方面的指标。就纵向而言，用平直度表示，俗称浪形，即指板带长度方向上的平坦程度；在板的横向上，衡量板形的指标则是板带的断面形状，即板宽方向上的断面分布，包括板凸度、边部减薄及局部高点等。其中，板凸度是最为常用的横向板形代表性指标。

带钢板形检测仪器分为接触式和非接触式两大类。根据所检测的内容，一种是测量带钢平直度（纤维长度），以检测带钢的显性板形；另一种是检测带钢横向张应力的分布，以检测带钢的隐性板形。热轧带钢的板形检测仪要求在高温、潮湿的恶劣环境中工作，且热轧带钢是在无张力下运行，最常见的如图 9-26 所示，采用非接触激光测距，直接检测带钢的显性板形即可。

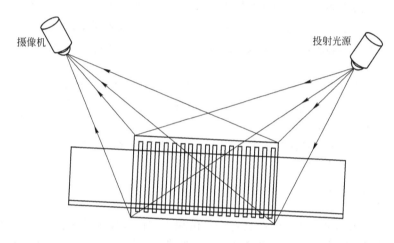

图 9-26　热轧板形检测

冷轧板形检测目前采用最多的是瑞典 ABB 公司的分段接触式板形辊。它是通过将测量辊分成若干个测量区段，并在每区段内安装测量传感器，测定带钢沿宽度方向上各段的径向力分布，再经过数学转化得到相应张应力分布，从而来判断板形缺陷的类型和大小。

9.7　钢材无损检测技术

无损检测诊断技术是一门新兴的综合性应用学科。它是在不损伤被检测对象的条件下，利用材料内部结构异常或缺陷存在所引起的对热、声、光、电、磁等反应的变化，来探测各种工程材料、零部件、结构件等内部和表面缺陷，并对缺陷的类型、性质、数量、形状、位置、尺寸、分布及其变化作出判断和评价。

常规的无损检测方法有涡流检测、磁粉检测、射线检测和超声检测，其中以超声检测的应用最为广泛。

9.7.1　超声检测

9.7.1.1　超声波检测的基本原理

超声波检测是利用超声波的物理性质，即通过某些介质的声速、声波衰减和声阻抗等声学特性来检测材料缺陷的一种无损检测方法。

超声检测中应用最广泛的物理量是介质的声速。首先，介质的声速与介质的许多特性如介质的成分、混合物的比例、溶液的浓度等有直接或间接的关系，利用这些关系，就可以通过测量声速来检测介质的这些参数。第二，介质的声速与介质所处的状态，如介质的温度、压力、流速等有关，因此可以通过测量声速来测量温度、压力、流速等参数。第三，如果某一介质的声速已知，利用声波传播的距离和传播的时间或利用声波波长和频率之间的关系即可测量距离。

利用声阻抗或声衰减与介质某些特性之间的关系来测量介质的相关特性参数也是常用的超声检测原理。

9.7.1.2 超声波传感器

将超声波发射出去，然后再接收回来并变成电信号的装置称为超声波传感器，也称超声波探头。超声波传感器根据其工作原理的不同可分为压电式、磁滞收缩式、电磁式。

目前应用数量最多的超声波传感器是依据压电效应的超声波传感器，它将来自发射电路的电脉冲加到压电晶片上，变成同频率的机械振动，从而向被检测对象辐射出超声波。同时，它又将从声场中反射回来的声信号转换成电信号，送入接收、放大电路，变为可在荧光屏上观察和判断的检测信号。

探头的基本形式有直探头和斜探头，直探头主要用于发射和接收垂直于探头表面的纵波，斜探头的压电晶片与探头表面成一定倾角，常用的有横波探头、表面波探头和板波探头，其他各种探头都可以说是它们的变形。

为增大声能的透过率，使声波更好地传入工件，常用液体，如有机油、甘油、水玻璃等作为耦合剂置于探头与工件之间。

9.7.1.3 超声波探伤技术

（1）脉冲反射法和穿透法。脉冲反射法是由超声波探头发射脉冲波到工件内部，通过观察来自内部缺陷或工件底面反射波的情况来对工件进行检测的方法。图9-27示出了接触法单探头直射声束脉冲反射法的基本原理。当工件中不存在缺陷时，显示波形中仅有发射脉冲 T 和底面回波 B 两个信号。而当工件中存在缺陷时，在发射脉冲与底面回波之间将出现来自缺陷的回波 F。通过观察 F 的高度可对缺陷的大小进行评估，通过观察回波 F 距发射脉冲的距离，可得到缺陷的埋藏深度。当材质条件较好且选用探头适当时，脉冲回波法可观察到非常小的缺陷

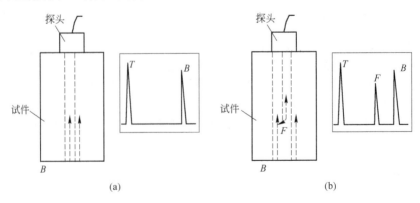

图9-27 脉冲反射法
（a）无缺陷；（b）有缺陷

回波，达到很高的检测灵敏度。但是，脉冲反射法不可避免地存在盲区。

穿透法通常采用两个探头，分别置于工件两侧，一个将脉冲波发射到工件中，另一个接收穿透工件后的脉冲信号，依据脉冲波穿透工件后能量的变化来判断内部的缺陷情况（图9-28）。当材料均匀完好时，穿透波幅度高且稳定；当材料中存在一定尺寸的缺陷或存在材质的剧烈变化时，由于缺陷遮挡了一部分穿透声能，引起声能衰减，从而使穿透波幅明显下降甚至消失。很明显，这种方法无法得知缺陷深度的信息，对缺陷尺寸的判断也十分粗略。

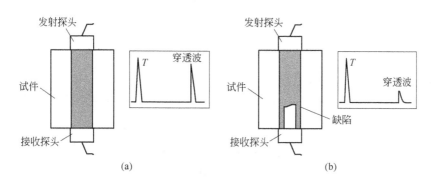

图 9-28 穿透法

(a) 无缺陷；(b) 有缺陷

脉冲反射法具有检测灵敏度高，缺陷定位精确，操作方便，只需单面接近工件等优点，在近表面分辨力和灵敏度满足要求的情况下，脉冲反射法是最好的选择。穿透法的优势在于其不存在检测盲区，缺陷的取向对穿透衰减影响不大，同时，材质衰减只有反射法的一半，因此，穿透法适用于缺陷尺寸较大的薄板以及衰减较大材料的缺陷检测。

（2）试块。脉冲反射法探伤的测定对象是反射波的位置及其大小，测定缺陷大小的绝对值往往比较困难，因此，常采用与已知量相比较的办法来确定被检工件的状况。另外，为了保证检测结果的准确性、可重复性及可比性，必须用一个具有已知固有特性的试块来对检测系统进行校准。因此，超声检测用试块通常分为两种，即标准试块（校准试块）和对比试块（参考试块）。

标准试块是具有规定的材质、表面状态、几何形状与尺寸，用以评定和校准超声检测设备的试块。标准试块通常由权威机构讨论通过，具有法规作用，用以测试探伤仪的性能，调整灵敏度和探测范围。

参考试块是针对特定条件而设计的非标准试块，大都采用与工件材质相同或相似的材料制作。可以是人工缺陷反射体，也可以是自然缺陷，从本质上说，它与标准试块是一致的。

（3）结果评定。纵波直探头检测时，缺陷波最大幅度的位置即为缺陷所处方位，缺陷距工件上表面的埋藏深度 l（图9-29）可根据工件上、下边界脉冲间距 T_0 和上边界与缺陷脉冲间距 T 以及工件厚度 l_0 依下式确定：

$$l = l_0 \frac{T}{T_0} \qquad (9-21)$$

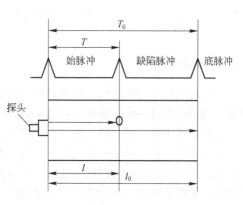

图 9-29 纵波检测缺陷位置的确定

　　斜探头横波检测时，缺陷位置的确定如图 9-30 所示。当找到缺陷波幅度最大的位置时，根据已知的折射角以及从仪器上读出的声程（x_f）、深度（d_f）或水平距离（l_f）即可通过简单的几何关系算出其他位置数据。在计算缺陷深度时，需注意二次波的检测情况。

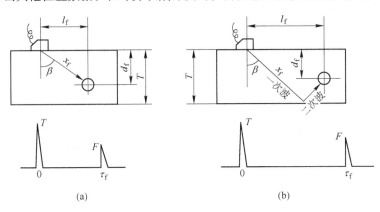

图 9-30　横波检测缺陷位置的确定
（a）一次波；（b）二次波

　　缺陷尺寸的评定方法按缺陷尺寸相对于声束截面尺寸的大小分为两种情况，缺陷小于声束截面时用当量尺寸评定法，缺陷大于声束截面时用缺陷指示长度测定法。当量法是将缺陷的回波幅度与参考试块缺陷的回波幅度进行比较，两者相等时以参考试块的缺陷尺寸作为缺陷当量。缺陷指示长度测定法是通过向缺陷两端移动探头，同时观察缺陷波幅度的变化，以缺陷波幅度降到某一值时探头移动的距离作为所测缺陷的长度。

9.7.2　涡流检测

　　涡流检测是基于电磁感应原理，揭示导电材料表面和近表面缺陷的一种无损检测方法。当载有交变电流的检测线圈靠近导电工件时，由于交变磁场的作用，工件中就会产生感应电流即涡流。涡流的大小、相位和流动轨迹受工件电导率、磁导率、形状、尺寸和缺陷等因素的影响，涡流还会产生自己的磁场并对原磁场产生作用，进而导致检测线圈交流阻抗的改变，测量线圈的阻抗即可获得工件物理、结构和冶金状态的信息。

　　涡流检测可用于测量或鉴别工件的电导率、磁导率、晶粒尺寸、热处理状态、硬度，检测折叠、裂纹、孔洞和夹杂等缺陷，测量非铁磁性金属基体上非导电涂层或铁磁性金属基体上非铁磁性覆盖层的厚度，还可用于金属材料的分选，并检测其成分、微观结构和其他性能的差别。

9.7.3　磁粉检测

　　磁粉检测是利用磁现象来检测铁磁工件表面及近表面缺陷的一种无损检测方法。其基本原理是，当铁磁性材料的工件被磁化时，其内部就会产生许多磁力线，由于磁力线必须通过工件的所有截面而不能中断，因此磁力线的密度取决于所通过截面的大小，截面越小，磁力线越密，反之亦然。若工件中有其他物质（如真空或非金属夹杂物等）存在，由于其导磁能力差，磁阻大，于是该处的磁力线密度就小，磁力线将发生弯曲，并在工件表面发生漏磁现象，产生漏磁场，如图 9-31 所示。如在工件表面撒上磁粉，则缺陷处存在的漏磁场就会吸附磁粉而形成与缺陷形状相应的磁痕。磁痕的宽度远大于缺陷的实际宽度，这样就显示出人眼难以察觉的

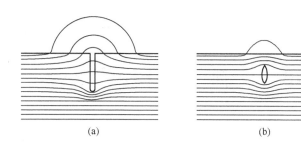

图 9-31　缺陷漏磁
（a）表面缺陷；（b）内部缺陷

细小缺陷。磁粉检测可发现各种裂纹、夹杂、折叠、白点、分层、气孔、疏松、冷隔等缺陷，并具有显示直观、灵敏度高、适应性好、效率高、成本低、设备简单、操作简便、结果可靠等优点。但它只能检测铁磁性材料的表面和近表面缺陷，且难于定量描述缺陷的深度。

9.7.4　射线检测

　　射线检测是基于被检工件对透入射线（无论是波长很短的电磁辐射还是粒子辐射）的不同吸收来检测工件内部缺陷的一种无损检测方法。其基本原理是：当射线透过被检工件时，由于工件各部分密度差异和厚度变化，或者由于成分改变导致的吸收特性差异，工件不同部位对射线的吸收能力亦不相同，因而可以通过检测透过工件后射线强度的差异来判断工件中是否存在缺陷，以及缺陷的性质、形状、大小和分布。

10　轧制自动化操作平台

10.1　轧制区的自动化功能

随着计算机及其相关技术的发展，许多轧钢生产过程采用计算机自动控制系统，而且规模较大的轧钢厂还采用二级或多级计算机控制。

10.1.1　跟踪

在轧制线同时有多块轧件在不同工序进行加工，跟踪的目的就是使计算机在任意时刻都能准确地了解在轧线上的每一轧件的实际位置，以便正确及时地启动相应的功能程序，执行相应的设备动作；同时也使计算机正确地确定每块轧件对应的数据区在内（外）存中的地址，以便能及时获取该轧件的数据进行处理，比如为设定计算提供数据，为人机界面提供数表及画面显示，供操作人员和维护人员掌握生产情况。

10.1.1.1　带钢热连轧计算机控制系统的跟踪

除加热炉内外，在整个轧制线（从加热炉上料辊道到卷取机后的运输链为止）的不同位置上设置高精度、高灵敏度的金属检测器（热区用热金属检测器，冷区用冷金属检测器）和轧机负荷继电器，它们的任务是监视轧件运行位置和及时发出跟踪信号，并在物理上把轧制线分隔成一个又一个的跟踪区。计算机跟踪这些金属检测器和负荷继电器在不同时刻发出的某一轧件头（或尾）检得（或检失）信号，来判断该轧件处于某一跟踪区。

在计算机内部建立数据区，并与轧件在轧制线上的加工区一一对应，随着轧件在加工区域的流动，轧件数据将在各数据区内逐区传送。图 10-1 表示出在轧制线上的轧件流动与计算机内部的数据流动的一一对应关系。图中上部表示生产流程线及轧件在生产线上的位置；下部表示计算机内部的数据区与轧件的对应位置及数据区内数据的传送流程。与生产流程线对应，数据区可分为初始数据区、加热数据区、轧制数据区及精整数据区。

初始数据区的内容有：钢号、炉号、钢坯尺寸、成品尺寸、化学成分、生产日期等生产管理所用的数据，以及计算机为数学模型计算的初始数据。初始数据应在图 10-1 中 A 时刻（钢坯送入加热炉上料辊道之前）送入计算机内部。

当钢坯进入加热炉入口侧的输送辊道时，设置在生产线上的冷金属检测器 CMD21 将板坯检得信号送给计算机，即图 10-1 中的 B 时刻，把初始数据区内的初始数据传送给加热炉数据区。在这段时间内，钢坯进行输送、入炉、加热、出炉，并送到轧制区。

加热数据区内，除初始数据外，还接受加热过程中产生的新数据，如加热炉炉温、板坯加热时间、加热温度、加热炉燃料及风的流量等。

当板坯进入轧制区，由 HMD11 检得板坯信号，计算机把加热数据区的数据传送到轧制数据区。同样，把检测的板坯轧制温度、压力、辊缝位置等数据送到轧制数据区内。

在图 10-1 中 D 时刻，由 HMD21 检得热轧带钢信号，轧制数据内的数据传送到精整数据区

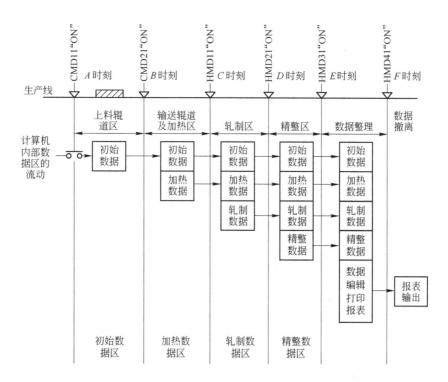

图 10-1 计算机内数据区、数据流与生产线物流对照图

内，除原有数据外，加上精整方面数据。精整数据区内为全部数据。这样可进行最后的数据编辑，打印成各种报表。

在计算机内部设置数据区，与生产线上的物流位置相对应，因而在生产线上划分成跟踪区。与数据区相对应的大的跟踪区是：上料辊道区、输入辊道及加热区、轧制区、精整区。

需要指出的是，在轧制线上还设置某些关卡，以便检查并预报轧件在轧制线上发生互相碰撞的可能性。具体做法是：计算机每秒计算一次轧制线上每块轧件的相互位置，并校核和检查其实际位置。如有碰撞的可能，则发出指令，启停有关辊道或使辊道自动降速，或轧件自动徘徊、延迟加热炉出钢时间等不同手段来拉开距离，防止轧件互相碰撞。

10.1.1.2 带钢冷连轧计算机控制系统的跟踪

冷连轧由于生产工艺及控制特殊性，跟踪功能可以分为三类：以钢卷跟踪为基础的物流跟踪，或称数据跟踪；以带钢特征点为基础的带钢映象；以带钢段跟踪为基础的测量值收集。

物流跟踪主要任务是启动及协调各功能程序的运行，故需要知道每一个钢卷在轧机区内所处的位置。为此，在轧机区设置一批跟踪点以及开辟一批数据区，跟踪点设置的位置及数量与功能程序的启动时序有关。

物流跟踪与热连轧跟踪相似。物流跟踪数据区为每个跟踪点配置了一个跟踪数据记录（由钢卷号、带钢附加号、带钢入口厚度、带钢出口厚度等数据组成），当带钢在轧机内移动一个位置（一个跟踪点）时，数据区内的数据也随着移动一个位置。因此，不同跟踪点上的跟踪数据可以反映带钢在轧机区内的实际位置，亦可供相应功能程序使用正确的带钢数据。

钢卷初始数据进入后，放在钢卷数据文件中（即物流跟踪区1）。在此钢卷进入轧机区入口段时将进行钢卷确认，即由轧机入口段操作人员输入信息后，由计算机确认该钢卷是否为轧制计划安排的下一个要轧的钢卷。确认后将此钢卷数据文件登记到确认后数据记录中（由钢卷确认到活套器出口为跟踪区2）。当带头进入第一机架，此数据记录将转移到跟踪区3（第一机架入口到卷取机）。同样，当钢卷小车卸卷时将转移到跟踪区4（卸卷小车到称重处）。物流跟踪以卷为基础，着重于带头、尾，直到称重完毕。

带钢特征点指带头尾、焊缝、楔形段开始位置，缺陷头尾、带钢段段头。随着这些特征点到达轧机不同位置启动不同的功能程序或作不同的处理。因此应根据这些位置将轧线分为 n 段，并根据测厚仪及压力仪设置，确定 m 个测量点。特征点跟踪根据带钢数据（焊缝位置、缺陷头尾位置等）确定各点到达各测量点的距离（需根据每一机架的压下率、前滑等计算），特征点的行程距离可用轧机主传动码盘传感器测量或用现代冷连轧机所设置的带钢速度激光测速仪测量。

带头尾跟踪主要用于传统冷连轧机的穿带、甩尾过程。随着带头到达不同位置来启动程序或投入张力控制，将液压压下位置内环切换到压力内环等工作。而甩尾过程则相反，应切断上述功能并接通甩尾辊缝修正等工作。

焊缝跟踪主要用于全连续式和酸洗-轧机联合机组。焊缝分为以下三种类型：（1）并接焊缝。这类焊缝到轧机时，需减速让它通过。（2）酸洗焊缝。为了连续酸洗而焊接。酸洗焊缝和并接焊缝都称为内部焊缝。对于这两类焊缝，除减速让其通过外，不需作任何处理。（3）变规格焊缝。为了动态变规格过程中张力不至于变动过大，对前后两个钢卷在带宽、带厚、材料等级等方面的参数差别有一定限制。变规格焊缝在轧机入口段对焊缝跟踪，在进入轧机后将对楔形区起始位置进行跟踪。为标明测量值所对应的带钢段，引入带钢段跟踪。

10.1.2   轧制节奏控制

轧钢生产是流水线作业，为了提高生产率，防止碰撞事故发生，前后工序（或机组）生产能力要平衡，要按照各个工序都能接受的节奏来组织生产，以尽量缩短轧件在工序间等待加工的时间。同时为了节能，要求出炉的板坯尽快送轧机轧制，不能停留和返回，因此，加热炉出钢间隔时间应根据轧制状况的变化而做出相应的调整。轧机轧制节奏控制功能主要就是协调加热炉与轧线之间的生产操作。根据板坯在加热炉内加热状况和轧线上实际轧制状况，控制加热炉最佳出坯时刻，以使带钢顺利输送和提高生产率，其功能关系如图10-2所示。

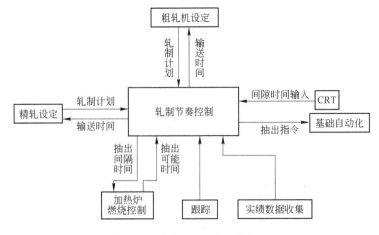

图 10-2   轧制节奏控制功能关系图

轧制节奏控制有两种方式：（1）定时方式。由操作人员根据设定的轧制节奏时间确定各加热炉的出炉时序。（2）节奏方式。对加热炉下一次将抽出的板坯，以抽出时间为基准，根据轧制指令、粗轧设定计算结果，预测计算从抽出开始到卷取机卷取结束为止的板带动向，编制输送计划；利用前后材料的输送计划，计算满足多个轧机限制条件的间隙；根据加热炉燃烧控制计算的加热炉抽出间隙，最后计算满足这些条件的最佳的下次抽出时间；同时，根据抽出时预测的输送计划与实际值之间的偏差，对下次抽出时间进行修正。也就是说，当前一块板坯在轧线上发生故障而不能轧制时，具有自动使加热炉内下块板坯延迟出炉的作用。

10.1.3 轧制过程的自动设定

轧制线上有许多设备，一个设备往往有若干个可以操作调整的量，如轧机的辊缝、轧辊转速、弯辊力、侧导板开口度、加热炉推钢机行程、卷取机助卷辊缝隙等。当采用自动化轧钢时，在轧件到来之前，控制系统必须自动地将这些操作量调整到合适的值（称为预设定），才能做到顺利生产，也才能生产出合格产品来，特别是轧材的头部质量主要是靠精确的预设定来保证的。自动化轧钢生产线上，设备的设定包含两项任务：一是根据产品质量目标和轧制线工艺设备情况以及一些约束条件（如设备安全要求），利用设定模型（工艺类数学模型），按照某种数学方法和程序计算出这些合适的值，即操作量的设定值，这需要计算机收集较多的信息，需要运用优化理论和方法、轧制规程制定原则等知识。二是接受这些设定值，按照时间、精度等方面的要求，将设备的操作量实际值调整到设定值上。第一项任务一般由过程控制级计算机完成，第二项任务一般由基础自动化级计算机完成。

由于是在轧钢前计算出操作量的设定值，需要的某些参数（比如温度）还没有实际值，只能用有关的数学模型算出，其值称为预估值，它不一定准确。由于设定模型本身预报精度低等原因，设定不一定是一次完成的，可能要经过多次完成。带钢热连轧粗轧机组和精轧机组的设定计算一般分几次完成，后一次比前一次精确。

带钢冷连轧与带钢热连轧相似，为了实现正确的设定计算，过程计算机需设有物流跟踪、数据采集及处理、模型自适应及模型自学习等功能，但其设定计算可分为预设定计算、重计算（轧制力模型自适应）、后设定计算（模型自适应后）以及全连续式和酸洗-轧机联合机组所设的动态变规格设定计算等几种类型。

10.2 轧制区的自动化系统配置

目前，在我国轧钢领域中，多级计算机控制系统较少见，且多侧重于轧制过程自动化，大多为二级、三级计算机控制系统，集成度还较低。

由于带钢热连轧生产是目前钢铁工业中应用电子计算机控制最成熟、最有效果的一种方式，因此，下面以某1450mm带钢热连轧机的三级计算机控制系统（第三级正在规划之中）为例，简单介绍多级轧钢计算机控制系统。

如图10-3所示，为各级计算机控制系统的功能示例。

（1）生产控制（FLS）级（第三级）。生产控制级计算机的控制范围是从炼钢厂连铸机的板坯出口处或热轧厂的板坯接收处开始，到热轧厂的成品发货处和钢卷发送处为止。

生产控制级计算机主要完成以下功能：材料和物流的跟踪与管理；热轧线轧制计划的编辑、制定和管理；精整线生产计划的编辑、制定和管理；发货计划的编辑、制定和管理；板坯库的控制和管理；钢卷库的控制和管理；成品库的控制和管理；磨辊车间的管理；热板坯的热装支持；运转操作支持；产品质量的管理；生产数据的收集和统计分析；与热轧厂过程控制计

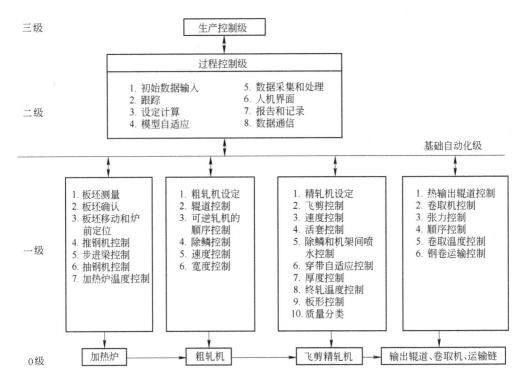

图 10-3　带钢热连轧计算机控制系统功能

算机、冷轧厂和炼钢厂生产控制计算机之间的通信以及热轧厂生产合同的管理。

（2）过程控制（PCC）级（第二级）。过程控制级计算机主要完成以下功能：初始数据输入、轧件跟踪、设定计算、模型自适应、数据采集和处理、人机界面 HMI、报告和记录以及数据通信。

（3）基础自动化（BA）级（第一级）。有人将第 0 级（数字 AC/DC 传动控制级）和第一级合称为传动与基础自动化级。基础自动化级的功能主要是执行过程控制级的设定值，使各设备的位置、速度调到设定值，以保证带钢轧制后的头部质量（如厚度、板形、温度等精度），并通过质量控制或工艺参数的动态控制（前馈、反馈控制），使带钢全长的厚度、宽度、板形及温度达到要求的精度，以及根据轧件在轧线上的位置完成轧线设备的顺序控制。

10.3　轧制区的自动化过程

在计算机控制下的生产流程与人工操作时的生产流程基本相同，但操作人员的操作方式、操作范围和内容都发生了变化，通常是通过人机界面（HMI）（显示器和键盘、面板等）来了解大范围内各种设备的实际运转情况和实际生产工艺情况，进行某些辅助的操作，必要时进行合理的干预，因此，操作人员应该将轧钢理论基础知识与计算机控制技术等知识相结合，深入了解各个设备的计算机控制系统是如何工作的，以及计算机之间是如何通信的，深入理解人机界面给出的各种信号的含义，并充分利用这些信息进行最佳的操作，以充分发挥计算机控制的优势和潜力来最大限度地提高产品质量和降低生产成本。

某 1450mm 带钢热连轧机轧制线主要设备有：两座加热炉、两台四辊可逆式粗轧机（机前附立辊轧机）、1 台热卷箱、1 台切头飞剪机、6 台四辊精轧机、一套层流冷却装置、两台地下式卷取机等。带钢热连轧生产线进行自动化轧钢时，板坯和轧制计划的原始数据由生产控制级计算机传送给过程控制级计算机。板坯原始数据包括钢种、化学成分、板坯厚度、板坯宽度、板坯长度、板坯重量、钢卷厚度、宽度及在板坯库中的位置等。如果没有生产控制级计算机，通过初始数据输入（PDI）终端直接输入到过程控制级计算机中。PDI 具有数据输入、查询、修改、删除、排序和显示等功能。

根据轧制计划表中所规定的顺序，某块板坯由起重机吊到上料 A 辊道上后，就处于过程控制级计算机的跟踪之下。

板坯上了 A 辊道后，要测量长度和重量。测量装置自动完成测量后，把实测数据传给计算机，计算机对数据进行检查，发现异常时输出报警信息，请求操作人员进行相应处理。计算机把 PDA 中的板坯号和由操作人员通过人机接口（HMI）装置输入的号码（应为标在实际板坯上的号码）比较，进行板坯确认或板坯识别。如果发现异常，要进行重新排序，做"缺号处理"或将板坯吊销。

在加热炉入口辊道（B 辊道），计算机对已经测量和确认过的板坯按照规定的炉号、炉列进行板坯移动和炉前定位控制，控制板坯的炉前对中停止，这由 B 辊道自动位置控制系统 APC 程序完成。

计算机确定推钢机的移动行程，并且对这一设定计算值进行合理性检查，在满足装钢条件时，通过 APC 程序控制推钢机把板坯装入加热炉内预定位置。

计算机控制步进梁的周期运动，正常轧制时，步进梁进行上升、前进、下降、后退的反复循环动作，使板坯逐渐移向出口侧。当发生异常时，如出钢时间大于规定时间，计算机控制步进梁进行上升、下降的踏步动作。

由计算机控制加热炉的燃烧控制和板坯在加热炉内移动的速度，使板坯温度在一定时间内达到轧制的要求。

过程计算机对加热炉区的跟踪可分为加热炉入口、炉内、出口区跟踪。跟踪功能为加热炉区的设定计算和顺序控制提供实时信息。

计算机利用有限差分法在线模拟板坯在加热炉内的加热过程，计算出炉内每块板坯的温度，并且通过数学模型计算出各段炉温设定值，加热炉燃烧控制由仪表调节器完成。

计算机根据轧件的尺寸和轧件的"运动方程"预测轧件在粗轧区、精轧区、卷取区的运行时间，并根据轧线上的生产状况和加热炉烧钢状况，决定板坯从加热炉抽出的时间，进行轧制节奏（MillPacing）控制。除了全自动抽钢方式外，还有定时抽钢和强制抽钢方式。

当有抽钢请求时，计算机首先检查抽钢的各种条件是否满足，然后进行抽钢机行程设定值计算，并通过 APC 程序控制抽钢机前进和后退，把加热好的板坯放在出炉辊道中心线上，根据前进方向是否有钢坯来决定出炉辊道的速度，移动板坯进入粗轧区。

当下一块板坯将被抽出时，过程控制计算机通过数学模型进行粗轧机组各设定值计算，比如水平轧机各机架各道次的压下位置，即轧前辊缝、立辊轧机各机架各道次的开口度、侧导板位置、水平轧机各架的咬入速度、轧制速度、抛钢速度、立辊轧机速度、前后辊道速度、除鳞方式、测量仪表基准值、压下（前滑）补偿值等。对粗轧机组设定计算有两次，时间分别是从加热炉抽钢时和板坯到达粗轧机入口时，第二次比第一次精确。

基础自动化级各计算机接受这些设定值后，通过各自的自动位置控制系统 APC 程序和各自的速度控制系统，在规定的时间内把水平轧机上工作辊位置、轧辊速度、立辊轧机开口度、侧导板位置等正常轧制工艺要求的各个设定项目（或操作变量）实际值调整到与设定值允许的偏差范围内。

　　板坯在粗轧可逆式轧机 R2 上来回轧制 3 道或 5 道，在轧制过程中轧辊和前后辊道既要正向运转，又要反向运转，因此基础自动化级计算机要对轧机进行顺序控制，包括 R2 机架主速度控制、辊道速度控制、除鳞喷水控制。

　　在粗轧区，计算机还要进行自动宽度控制，因为带钢在精轧区太薄，要进行侧压调宽很难。

　　从粗轧机组出口到精轧机组入口的辊道叫延迟辊道（Delay Table），按辊道的编号也称为E 辊道。计算机控制该辊道速度，既要缩短中间带坯的运行时间，又要避免前后两块相撞。当带坯进入最后一架粗轧机 R2 时，E 辊道的速度与 R2 机架同步。当带坯尾部离开 R2 机架时，计算机进行碰撞条件检查，如果不发生碰撞，则控制 E 辊道高速运转，否则控制 E 辊道低速运转直到不会相撞时才转为高速运转。

　　热轧带钢厂自动控制的核心对象是精轧机组，因此，本节重点介绍精轧机组的自动控制功能。精轧区域主要设备和检测仪表分布，如图 10-4 所示。

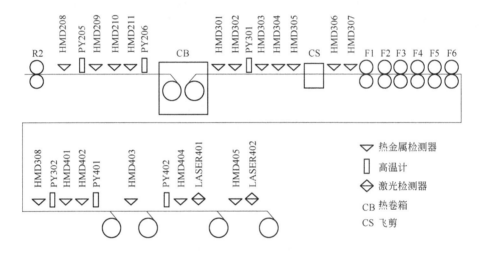

图 10-4　精轧线主要设备和检测仪表分布图

　　精轧机组的自动控制功能主要是控制精轧机组各机架的辊缝和速度，从而保持良好的连轧关系，得到所需的成品厚度。对精轧机组设定项目，一般采用三次设定计算。当 PY205 检得（即 ON）时，进行精轧机的第一次设定计算，即头部一次设定计算；当 PY205 检失（即 OFF）时，进行第二次设定计算，即尾部一次设定计算；当 PY206 检失时，进行第三次设定计算，即尾部两次设定计算。每次设定计算都是利用当时的实测带坯的温度，按温降模型和轧制力模型预报精轧各机架的变形温度和轧制力。随着中间带坯前进和接近精轧机，其温度测量值越来越准确，故后一次设定比前一次更精确。第二次和第三次设定之所以是对带坯尾部进行设定，主要是该生产线上有热卷箱，经过热卷箱卷取和随后的开卷后，中间带坯尾部变为头部，优先进入精轧机组。热卷箱的主要作用就是将带坯头尾对调，以减小头尾温差。

　　在带钢精轧过程中，AGC 程序动态地自动调节辊缝，以消除或减小带钢纵向厚度偏差，得到符合公差要求且厚度均匀的产品。

　　带钢在精轧机组连轧时，通过活套装置的缓冲作用，保持恒定的微张力、微活套量控制。计算机对活套的控制主要有以下功能：活套的高度控制、活套的张力控制、活套的顺序控制和活套的补偿控制。

第三次设定计算时要进行卷取机设定计算，算出卷取区控制所需要的基准值。设定项目主要有夹送辊的开口度、助卷辊的开口度、侧导板的开口度、卷筒的张力、超前率、夹送辊的超前、滞后率、辊道的超前率和滞后率。

带钢头部离开精轧机组末架开始到头部卷入卷取机为止，计算机控制热运行辊道（Hot-RunTable）的速度比精轧机组末架速度高（即超前），使辊道给带钢一个向前的拉力，防止头部起皱。带头咬入卷取机后，辊道与精轧机组速度同步。带尾离开精轧机减速机架时，计算机控制辊道的速度，使之比精轧机的抛钢速度慢，使辊道给带钢一个向后的拉力，以防止带钢尾部起皱。

带钢在精轧机组出口侧辊道上运行时，计算机通过预先设定及动态调节层流冷却装置的冷却水段的数目和喷水方式来控制带钢的卷取温度。

卷取完了的钢卷被卸卷小车放置在运输链上，向下工序运输，计算机判断操作人员对该钢卷是否发出"钢卷检查请求"，如有，则把钢卷送到检查线上，检查结果通过人机接口设备输入计算机，以便打印报表。

钢卷称重完了后，称重机把钢卷实测重量传给计算机，计算机对称重结果进行检查，判断重量是否合理，并产生报警信息。如果称重正常，计算机就设定"称重完成标志"并向打印机输出打印命令和钢卷号，打印报表。至此，过程计算机对轧件的控制结束，钢卷在钢卷库、成品库的控制与管理交由生产控制计算机完成。

10.4 轧制控制系统的操作画面

如图 10-5 所示，是换辊调零画面，主要显示轧机的数据。当轧机换完工作辊或支撑辊时，把相应的数据显示在画面上。相应的字段说明如下：

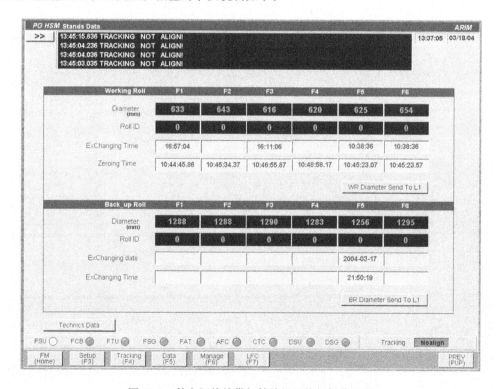

图 10-5 某车间热轧带钢精轧机组换辊操作界面

Working Roll 工作辊

Back_up Roll　支撑辊

Diameter　直径（mm）

Roll ID　轧辊 ID

ExChanging Date　换辊日期

ExChanging Time　换辊时间

Zeroing Time　调零时间

WR Diameter Send to L1　工作辊辊径传送给 L1 级

BR Diameter Send to L1　支撑辊辊径传送给 L1 级

11   钢材质量控制

11.1   钢材产品标准

钢材的产品标准是生产单位和使用单位在交货和收货时的技术依据，也是生产单位制定工艺和判定产品的主要依据。钢材的产品标准对于保证产品质量的提高、合理地开发品种、合理地利用资源和节约原材料以及使用维修等方面都起到积极的作用。

国家有关部门根据产品使用上的技术要求和生产部门可能达到的技术水平，制定了产品标准。按照制定的权限与使用范围的不同，产品标准可以分为国家标准（GB）、冶金工业部标准（YB）、企业标准（QB）、地方标准和国际标准等，其中主要产品标准为国家标准。

国家标准主要由五个方面内容组成：

（1）品种（规格）标准：主要是规定钢材的断面形状和尺寸精度方面的要求。它包括钢材几何形状、尺寸及允许偏差、截面面积和理论质量等。有特殊要求的在其相应的标准中单独规定。

（2）性能标准（技术条件）：规定各钢种的化学成分、机械性能、工艺性能、表面质量要求、组织结构以及其他特殊要求。

（3）试验标准：它规定取样部位、试样形状和尺寸、试验条件及试验方法。

（4）交货标准：对不同钢种及品种的钢材，规定交货状态。如：热轧状态交货，退火状态交货，经热处理及酸洗交货等。冷加工交货状态分特软、软、半软、低硬、硬等几种类型。另外还规定钢材交货时的包装和标识（涂色和打印）方法以及质量的证明书等。

（5）特殊条件：某些合金钢和特殊钢材还规定特殊的性能和组织结构等附加要求，以及特殊的成品试验要求等。

国家标准中所规定的技术要求，并不是一成不变的，它随着生产设备和生产工艺的改进，生产技术水平的提高以及使用部门对产品质量新的补充要求而定期进行修改和提高。

11.2   质量管理

质量管理是企业管理的关键，只有生产出质量良好，适应社会需求的产品，企业才可以在激烈竞争的社会中立于不败之地，因此，各个企业均把质量管理放到重中之重的位置。

质量管理是在产品设计、物资技术准备、确定工艺与加工制造、产品包装、产品销售及售后服务的全过程中，严格执行质量标准，加强检查和检验，运用数理统计方法全面预防与控制影响产品质量的各个因素，保证产品的质量要求，并且根据用户使用要求、意见，不断研究和改善产品的质量标准。

11.2.1   全面质量管理

11.2.1.1   PDCA 工作循环

PDCA 循环是管理学中的一个通用模型，PDCA 是英语单词 Plan（计划）、Do（执行）、

Check（检查）和 Act（纠正）的第一个字母，它是全面质量管理所应遵循的科学程序。全面质量管理活动的全部过程，就是质量计划的制订和组织实现的过程，这个过程就是按照 PDCA 循环，不停顿地周而复始地运转。

　　全面质量管理活动的运转，离不开管理循环的转动。改进与解决质量问题，赶超先进水平的各项工作，都要运用 PDCA 循环的科学程序。不论提高产品质量，还是减少不合格品，都要先提出计划。这个计划不仅包括目标，而且也包括实现这个目标需要采取的措施。计划制定之后，就要按照计划进行检查，是否实现了预期效果和目标。通过查找问题和原因并进行处理，将经验和教训制订成标准，形成制度。

11.2.1.2　PDCA 工作循环特点

　　PDCA 循环可以使我们的思想方法和工作步骤更加条理化、系统化、图像化和科学化。它具有如下特点：

　　（1）大环套小环，小环保大环，推动大循环。PDCA 循环作为质量管理的基本方法，不仅适用于整个工程项目，也适应于整个企业和企业内的科室、工段、班组以至个人。各级部门根据企业的方针目标，都有自己的 PDCA 循环，层层循环，形成大环套小环，小环里面又套更小的环。大环是小环的母体和依据，小环是大环的分解和保证。各级部门的小环都围绕着企业的总目标朝着同一方向转动。通过循环把企业上下或工程项目的各项工作有机地联系起来，彼此协同，互相促进。

　　（2）不断前进不断提高。PDCA 循环就像爬楼梯一样，一个循环运转结束，生产的质量就会提高一步，然后再制定下一个循环，再运转、再提高，不断前进，不断提高。

　　（3）形象化。PDCA 循环是一个科学管理方法的形象化。

11.2.2　ISO9001 质量体系

11.2.2.1　质量体系

　　质量体系指为保证产品、过程或服务质量满足规定（或潜在）的要求，由组织机构、职责、程序、活动、能力和资源等构成的有机整体。也就是说，为了实现质量目标的需要而建立的综合体。为了履行合同，贯彻法规和进行评价，可能要求提供实施各体系要素的证明。企业为了实施质量管理，生产出满足规定和潜在要求的产品和提供满意的服务，实现企业的质量目标，必须通过建立和健全质量体系来实现。

　　质量体系包含一套专门的组织机构，具备了保证产品或服务质量的人力、物力，还要明确有关部门和人员的职责和权力以及规定完成任务所必需的各项程序和活动。因此，质量体系是一个组织落实有物质保障和有具体工作内容的有机整体。

　　质量体系按体系目的可分为质量管理体系和质量保证体系两类，企业在非合同环境下，只建有质量管理体系。在合同环境下，企业应建有质量管理体系和质量保证体系。

11.2.2.2　质量体系认证

　　质量体系认证，又称质量体系评价与注册。这是指由权威的、公正的、具有独立第三方法人资格的认证机构（由国家管理机构认可并授权的）派出合格审核员组成的检查组，对申请方质量体系的质量保证能力依据三种质量保证模式标准进行检查和评价，对符合标准要求者授予合格证书并予以注册的全部活动。

A 质量体系认证的两个阶段

一是认证的申请和评定阶段，其主要任务是受理并对接受申请的供方质量体系进行检查评价，决定能否批准认证和予以注册，并颁发合格证书。

二是对获准认证的供方质量体系进行日常监督管理阶段，目的是使获准认证的供方质量体系在认证有效期内持续达到各项质量体系标准的要求。

B 质量体系认证的特点

独立的第三方质量体系认证诞生于 20 世纪 70 年代后期，它是从产品质量认证中演变出来的。质量体系认证具有以下特点：

（1）认证的对象是供方的质量体系。质量体系认证的对象不是该企业的某一产品或服务，而是质量体系本身。当然，质量体系认证必然会涉及到该体系覆盖的产品或服务，有的企业申请包括企业各类产品或服务在内的总的质量体系的认证，有的申请只包括某个或部分产品（或服务）的质量体系认证。尽管涉及产品的范围有大有小，而认证的对象都是供方的质量体系。

（2）认证的依据是质量保证标准。进行质量体系认证，往往是供方为了对外提供质量保证的需要，故认证依据是有关质量保证模式标准。为了使质量体系认证能与国际做法达到互认接轨，供方最好选用 ISO9001、ISO9002、ISO9003 标准中的一项。

（3）认证的机构是第三方质量体系评价机构。要使供方质量体系认证能有公正性和可信性，认证必须由与被认证单位（供方）在经济上没有利害关系，行政上没有隶属关系的第三方机构来承担。而这个机构除必须拥有经验丰富、训练有素的人员，符合要求的资源和程序外，还必须以其优良的认证实践来赢得政府的支持和社会的信任，具有权威性和公正性。

（4）认证获准的标识是注册和发给证书。按规定程序申请认证的质量体系，当评定结果判为合格后，由认证机构对认证企业给予注册和发给证书，列入质量体系认证企业名录，并公开发布。获准认证的企业，可在宣传品、展销会和其他促销活动中使用注册标志，但不得将该标志直接用于产品或其包装上，以免与产品认证相混淆。注册标志受法律保护，不得冒用与伪造。

（5）认证是企业自主行为。产品质量认证，可分为安全认证和质量合格认证两大类，其中安全认证往往是属于强制性的认证。质量体系认证，主要是为了提高企业的质量信誉和扩大销售量，一般是企业自愿、主动地提出申请，是属于企业自主行为。但是不申请认证的企业，往往会受到市场自然形成的不信任压力或贸易壁垒的压力，而迫使企业不得不争取进入认证企业的行列，但这不是认证制度或政府法令的强制作用。

11.2.2.3 ISO9001 标准

ISO9001 标准是国际标准化组织（ISO）在 1987 年提出的概念，是指由 ISO/Tc176（国际标准化组织质量管理和质量保证技术委员会）制定的国际标准。ISO9001 用于证实组织具有提供满足顾客要求和适用法规要求的产品的能力，目的在于增进顾客满意。随着商品经济的不断扩大和日益国际化，为提高产品的信誉，减少重复检验，削弱和消除贸易技术壁垒维护生产者、经销者、用户和消费者各方权益，这个第三认证方不受产销双方经济利益支配，公正、科学，是各国对产品和企业进行质量评价和监督的通行证，作为顾客对供方质量体系审核的依据，企业有满足其订购产品技术要求的能力。凡是通过认证的企业，在各项管理系统整合上已达到了国际标准，表明企业能持续稳定地向顾客提供预期和满意的合格产品。站在消费者的角度，公司以顾客为中心，能满足顾客需求，达到顾客满意，不诱导消费者。

11.3　钢材产品常见缺陷

11.3.1　型钢常见缺陷

型钢产品的缺陷有多种形式，究其原因，除轧制方面的原因外，还和铸锭（坯）质量、加热质量和精整操作等因素有关。这里对常见缺陷的形式和产生原因进行分析。

（1）结疤。型钢表面上的疤状金属薄块。其大小、深浅不等，外形极不规则，常呈指甲状、鱼鳞状、块状、舌头状无规律地分布在钢材表面上，结疤下常有非金属夹杂物。产生原因：

1）铸锭（坯）表面有残余的结疤、气泡或表面清理深宽比不合理。

2）轧槽刻痕不良，成品孔前某一轧槽掉肉或粘结金属。

3）轧件在孔型内打滑造成金属堆积或外来金属随轧件带入槽孔。

4）槽孔严重磨损或外物刮伤槽孔。

（2）表面夹杂。暴露在钢材表面上的非金属物质称为表面夹杂。一般呈点状、块状和条状分布，其颜色有暗红、淡黄、灰白等，机械地粘结在型钢表面上，夹杂脱落后出现一定深度的凹坑，其大小、形状无一定规律。产生原因：

1）铸锭（坯）带来的表面非金属夹杂物。

2）在加热或轧制过程中，偶然有非金属夹杂物（如加热炉的耐火材料及炉底炉渣、燃料的灰烬等）黏附在钢坯表面上，轧制时被压入钢材，冷却经矫直后部分脱落。

（3）分层。型钢截面上呈黑线或黑带状，严重的分离成两层或多层，分层处伴随有夹杂物。产生原因：

1）由于镇静钢的缩孔或沸腾钢的气囊未切净。

2）钢坯的皮下气泡，严重疏松，在轧制时未焊合，严重的夹杂物也会造成分层。

3）钢坯的化学成分偏析严重，当轧制较薄规格时，也可能形成分层。

4）钢坯尾孔未切净。

（4）气泡（凸包）。型钢表面呈现的一种无规律分布的圆形凸起称为凸包，凸起部分的外缘比较圆滑，凸包破裂后成鸡爪形裂口或舌形结疤称为气泡。气泡（凸包）多产生于型钢的角部及腿尖。产生原因：

1）钢坯有皮下气泡，轧制时未焊合。

2）成品孔或成品前孔轧槽有砂眼、掉块或龟裂。

（5）裂纹。型钢表面上的线形开裂，一般呈直线形，有时呈"Y"形，多为贯通全长，有时也局部出现，其方向多与轧制方向一致，裂纹一般与钢材表面相垂直。产生原因：

1）铸锭（坯）皮下气泡、非金属夹杂物经轧制破裂后暴露或铸锭（坯）本身的裂缝、拉裂未清除。

2）加热温度不均匀、温度过低、孔型设计不良、加工不精密或轧后钢材冷却不当，导致轧件各部延伸与宽展不一致。

3）粗轧孔槽磨损严重。

4）加热速度过快、炉尾温度过高，易形成裂纹，此种情况多发生在高碳钢和低合金钢上。

（6）尺寸超差。尺寸超差是指型钢截面几何尺寸不符合标准规定要求的统称。这类缺陷名目繁多，大部分以产生部位以及其超差程度加以命名。产生原因：

1）孔型设计不合理。

2）轧机调整操作不当。

3）轴瓦、轧槽或导卫装置安装不当，磨损严重。

4）加热温度不均匀造成局部尺寸超差。

（7）划伤（又称刮伤、擦伤、划痕）。一般呈直线或弧形的沟槽，其深度不等，通长可见沟底，长度自几毫米到几米，连续或断续地分布于钢材的局部或全长，多为单条，有时出现多条。产生原因：

1）导卫板安装不当，对轧件压力过大，将轧件表面划伤。

2）导卫板加工不良，口边不圆滑或磨损严重，粘有氧化铁皮，将轧件表面划伤。

3）孔型侧壁磨损严重，当轧件接触时产生弧形划伤。

4）钢材在运输过程中与表面粗糙的辊道、盖板、移钢机、活动挡板等接触造成划伤。

（8）缺肉。型钢其一侧面沿轧制方向全长或周期性的缺少金属称缺肉。缺陷处没有成品孔轧槽的热轧印迹，色暗、表面较粗糙。产生原因：

1）孔型设计不良，轧辊车削不正确及轧机调整不当，使轧件进入成品孔时，由于金属量不足，造成孔型充填不满。

2）轧槽错牙或入口导板安装不当，造成轧件某一面缺少金属，再轧时孔型充填不满。

3）前、后孔磨损程度不一样。

4）圆轧件弯扭造成进孔不正。

5）对于工、槽钢，捆钢坯时不清理，往往出现结疤掉到闭口腿内，在轧制过程中便会出现周期性的腿尖缺肉。

（9）耳子。型钢表面上与孔型开口处相对应的地方，出现顺轧制方向延伸的凸起部分称为耳子。有单边的，也有双边的，有时耳子产生在型钢的全长，也有局部或断续的，方、圆钢产生较多。产生原因：

1）孔型设计不合理，造成轧制时宽展量过大。

2）轧机调整不当或孔型磨损严重，使成品前孔来料过大或成品孔压下量过大，产生过充满，多产生双边耳子。

3）加热温度低，造成宽展量大。

4）导卫装置安装不牢或偏斜，尺寸过宽，使轧件进孔不正。

（10）扭转。型钢绕其轴线扭成螺旋状称为扭转。产生原因：

1）导卫板安装不良或磨损严重。

2）两侧延伸不一致，主要是轧件温度不均匀，压下量不均匀或辊子有轴向窜动。

3）轧辊安装不正确，上、下轧辊轴线不在同一垂直平面内，即上、下辊呈水平投影交叉，使轧件扭转。

4）矫直机调整操作不当。

（11）弯曲（弯头）。型钢沿垂直或水平方向呈现不平直的现象称为弯曲，一般为镰刀形或波浪形，仅在头部的弯曲称为弯头。产生原因：

1）成品孔导卫装置安装不良。

2）轧制温度不均、孔型设计不当或轧机操作不当，使轧件延伸不一致。

3）冷床不平、移钢拨爪不齐、成品冷却不均。

4）热状态下成品吊运或堆放不平整，造成吊弯、压弯等。

5）成品孔出口导板过短或轧件运行速度过快，撞挡板后容易出现端部弯曲。

6）矫直机操作调整不当。

7) 矫直机各辊压力不均或轴套辊芯磨损严重，产生水波浪弯曲。

8) 截面极不对称，腹部较宽，较薄的异形断面钢材，当成品孔压下量过大时，轧件出现严重拉缩现象，腹部往往出现水波浪弯曲。

(12) 发纹（又称发裂）。在型钢表面上分散成簇断续分布的细纹，一般与轧制方向一致，其长度、深度比裂纹小。产生原因：

1) 铸锭（坯）皮下气泡或非金属夹杂物轧后暴露。

2) 加热不均、温度过低或轧件冷却不当。

3) 粗轧孔槽磨损严重。

(13) 折叠。沿轧制方向外形与裂缝相似，与型钢表面成一定斜角的缺陷。一般呈直线状，也有锯齿状，通长或断续出现在型钢表面上。产生原因：

1) 成品孔前某道轧件出现耳子。

2) 孔型设计不当，槽孔磨损严重，导卫装置设计、安装不良等，使轧件产生"台阶"或轧件调整不当或轧件打滑产生金属堆积，再轧时造成折叠。

(14) 辊印。型钢表面呈连续性或周期性凸凹的印痕，高度与深度不太明显。产生原因：

1) 轧辊或矫直辊孔槽加工不良。

2) 导卫板拉得过紧，将轧槽磨出沟痕。

(15) 麻点（又称麻面）。型钢表面成片或成块的凹凸不平的粗糙面，多数呈连续分布，轻微者也有局部或周期性分布。产生原因：

1) 轧辊冷却不良，成品孔或成品孔前孔轧槽磨损严重，表面不光滑。

2) 氧化铁皮破碎压入钢材表面。

3) 槽孔严重腐蚀。

(16) 角不满。型钢的棱角未充满，超过允许范围。其形式包括塌角、钝角和圆角，一般通长或局部出现。产生原因：

1) 孔型设计不合理或轧机调整不当，角部充不满。

2) 轧辊轴向固定不牢，进口导板安装不当或严重磨损。

3) 轧件打弯，再轧进孔后轧件不正。

4) 矫直辊辊型设计不合理或调整不当。

5) 轧件温度过低。

(17) 拉穿。型钢腰部出现横向月牙状、舌形孔洞，缺陷内比较洁净，在截面对称的腿部面积大于腰部面积的异形面钢材的腰部经常可见。产生原因：

孔型设计不当或轧机调整不当，使轧件腰与腿的延伸相差过大，产生严重的拉缩现象，将腰部拉成孔洞。

(18) 轧损（又称中间轧废、轧甩）。轧制过程中造成的废品。产生原因：

1) 孔型设计不合理，轧钢操作调整及导卫装置安装不当等，使轧件弯曲、钻入辊道下面、卡夹、缠辊、跑出辊道等无法再继续轧制。

2) 机电设备事故影响，不能再轧。

3) 铸锭（坯）质量不良，结疤严重，开花头、过烧等不能再轧。

11.3.2 棒、线材常见缺陷

棒、线材是热轧型钢中断面尺寸较小的一种，用途极为广泛，工业、农业、建筑、交通运输、国防等部门都离不开它，所以，对棒、线材的性能、尺寸精度和表面质量的要求也极为严格。要想获得精确的成品尺寸、光洁的表面质量，必须首先从成品缺陷的分析入手，并采取相应的调整方法，这里对棒、线材常见缺陷的形式和产生原因进行介绍和分析。

（1）耳子。表面沿轧制方向的条状凸起称为耳子，有单边耳子，也有双边耳子。在高速型材轧机（连轧）生产中，最终产品头尾两端很难避免耳子的产生。产生原因：

1）轧槽导卫安装不正或放偏过钢，使轧件产生耳子。

2）轧制温度的波动或局部不均匀，影响轧件的宽展量，产生耳子。

3）坯料的缺陷，如缩孔、偏析、分层等或外来夹杂物，影响轧件的正常变形，形成耳子。

（2）折叠。表面沿轧制方向平直或弯曲的细线，在横断面上与表面呈小角度交角状的缺陷多为折叠。折叠两侧伴有脱碳层或部分脱碳层，折缝中间常存在氧化铁夹杂。产生原因：

1）前道次的耳子及其他纵向凸起物折倒轧入本体所造成，再轧形成折叠。

2）导卫板安装不当，有棱角或粘有铁皮使轧件产生划痕，再轧形成折叠。

（3）裂纹。表面沿轧制方向有平直或弯曲、折曲的细线，这种缺陷多为裂纹。由于钢坯上的缺陷经轧制后形成的裂纹常伴有脱碳现象，裂纹中间常存在氧化亚铁。由于轧后控冷不当形成的裂纹无脱碳现象伴生，裂缝中一般无氧化亚铁。产生原因：

1）钢坯上未消除的裂纹（纵向或横向），皮下气泡及非金属夹杂物都会造成裂纹缺陷。

2）钢坯上的针孔直口不清除，经轧制被延伸、氧化、熔接就会造成成品的线状发纹。针孔是铸坯常见的重要缺陷之一，不显露时很难检查出来。

3）高碳钢或合金含量高的钢坯加热工艺不当（预热速度过快，加热温度过高等），以及轧成后冷却速度过快，也可能造成成品裂纹。

（4）凸起及压痕。表面呈现一些连续性、周期性的凸起或凹下的印痕（某些印痕无规律性），缺陷形状、大小相似。产生原因：

凸起、压痕主要是轧槽损坏或磨损造成的。

（5）缩孔。截面中心部位的疏松或空洞称为缩孔，缩孔处存在非金属夹杂，同时某些非铁元素富集。产生原因：

连铸方坯按"小钢锭理论"有时出现周期性的缩孔，轧后不能焊合。

11.3.3　中厚板常见缺陷

中厚板是重要的钢材品种之一，是国民经济发展中造船、锅炉、石油、化工、工程机械和国防建设等行业所需的重要原材料。现今，在注重中厚板性能提高的同时，也更加关注钢板尺寸精度和表面质量。这其中表面质量受缺陷的影响十分严重，中厚板缺陷的形式多种多样，这里仅对中厚板常见缺陷的形式和产生原因进行介绍和分析。

（1）过热。钢板表面呈现大面积连续的或不连续的蓝灰色粗糙麻面或鳞片状翘皮，通常表面会出现一定深度的脱碳层，内部晶粒组织粗大，并伴有魏氏组织出现。产生原因：

1）钢锭（坯）在加热炉高温段停留时间较长或加热温度过高。

2）加热炉内氧化性气氛太浓，造成钢坯表面过度氧化。

（2）麻点。钢板表面形成局部的或连续的成片粗糙面，分布着大小不一、形状各异的铁氧化物，脱落后呈现出深浅不同、形状各异的小凹坑或凹痕。产生原因：

1）钢锭（坯）加热后表面生成过厚的氧化铁皮在轧制之前没有得到清理或清理不彻底，轧制中氧化铁皮呈片状或块状等形态压入钢板本体，轧后氧化铁皮冷却收缩，受到振动时脱落，在钢板表面形成麻点。

2）煤气中的焦油喷射或燃烧的气体腐蚀，也会形成焦油麻点或气体腐蚀麻点。

（3）氧化铁皮压入。钢板表面压入的氧化铁皮可分为一次氧化铁皮和二次氧化铁皮，一次氧化铁皮多为灰褐色 Fe_3O_4 鳞层；二次氧化铁皮多为红棕色 FeO 和 Fe_2O_3 鳞层组成。依压入氧化铁皮种类的不同，压入深度有深有浅，其分布面积有大有小，多数呈块状或条状。产生原因：

1）加热时间过长、加热温度过高或氧化性气氛过强，使得钢坯表面形成的氧化铁皮太厚而不易清除。

2）高压水压力不足、高压水喷嘴堵塞、立辊侧压小、轧制爆破除鳞不尽。

3）含合金元素 Ni 含量较高。

（4）非金属夹杂。不具有金属性质的氧化物、硫化物、硅酸盐和氮化物等嵌入钢板本体并显露于钢板表面的点状、片状或条状缺陷。产生原因：

1）在炼钢过程中脱氧剂加入后形成的脱氧化合物，在凝固过程中来不及浮出、排除而残留于钢坯中，轧制后暴露于钢板表面。

2）炼钢中间包、钢包等耐火材料崩裂，脱落后进入钢水，并随钢水铸入板坯，轧制后暴露于钢板表面。

3）由于连铸浇铸速度过快，捞渣不及时，造成保护渣随钢液卷入结晶器内，在钢坯和坯壳之间形成渣钢混合物，轧制后暴露于钢板表面。

4）钢坯在加热炉内加热时，加热炉耐火材料崩裂落到钢坯表面，轧制时压入钢板。

（5）裂纹。在钢板表面形成的具有一定深度和长度，一条或多条长短不一、宽窄不等、深浅不同、形状各异的条形缝隙或裂缝。从横截面观察，一般裂纹都有尖锐的根部，具有一定深度并且与表面垂直，周边有严重的脱碳现象和非金属夹杂。

常见的裂纹缺陷可分为以下几种形式。

1）纵裂纹。纵裂纹一般有两种形式：一种是成片状出现的沿轧制方向裂开的小裂口；另一种是有一定宽度的粗黑线状裂纹。产生原因：

①纵裂纹主要是由于钢坯在凝固过程中坯壳厚度不均造成的，当作用在坯壳的拉应力超过钢的允许强度时，在坯壳薄弱处产生应力集中而导致断裂，出结晶器后在二冷区扩展形成纵向裂纹，在纵向轧制中沿钢板轧制方向扩展并开裂。

②如果钢板出现多道贯穿轧制方向的裂纹，则有可能是较严重的钢坯横裂在钢坯横向轧制时扩展和开裂形成的。

③钢中大量气泡的存在，在加热及轧制过程中形成沿受力方向延伸的小裂纹，并经进一步扩展而导致开裂。

2）横裂纹。裂纹基本与钢板的轧制方向呈 30°～90°夹角，呈不规则的条状或线状等形态，分布的位置、数量、状态、大小各异，具有一定深度和长度，破坏钢板纵向连续性。产生原因：

①主要是由于钢坯振痕较深，造成振痕底部有微裂纹或坚壳带较薄。

②钢中的铝、氮含量较高，促使 AlN 质点沿奥氏体晶界析出，诱发横裂纹。

③钢坯在脆性温度 700～900℃矫直。

④二次冷却强度过高，导致钢坯横裂纹在轧制中扩展和开裂。

⑤不明显的钢坯纵向裂纹在钢坯横向轧制时扩展和开裂。

3）皴裂。在钢板表面呈现出数量较多、面积较大、较为短粗、长度不连续的横向裂纹，类似于冬季人手背部冻伤裂口。产生原因：

当钢坯的加热温度超过临界温度 A_{e3} 时，钢的晶粒过分长大，晶间结合力减弱，使钢坯的热塑性降低或者因钢坯表面存在细小的微裂纹在加热过程中被氧化，轧制中在钢板表面和角部产生裂纹或裂缝。

4）龟裂。钢板表面呈龟背状（网状）裂纹，一般长度较短，多呈弧形、人字形，方向各异，多产生在碳含量较高或合金含量较高、合金数量较多的钢板表面，在钢板垛放期间有时会发生裂纹扩展，导致钢板报废。产生原因：

①钢锭（坯）在较低温度进行火焰清理时，表面温度骤然升高引起热应力或在清理后的冷却过程中产生组织应力，使钢坯表面轻微炸裂。

②钢锭（坯）加热温度或加热速度控制不当，造成钢坯局部过热，过热部分出现一定深度的脱碳层，降低了钢的塑性，在轧制中由于表面延伸产生龟裂。

③钢锭（坯）表面的网状裂纹或星形裂纹在轧制中扩展和开裂。

5）发裂。钢板表面分布着形状不一，深度较浅的发状细纹，一般沿轧制方向排列，有长有短，有的分散，有的成簇分布，有的会布满钢板表面，有时沿钢板横向分布。产生原因：

①由于连铸机的一冷、二冷冷速及拉速不合理，或者保护渣选用不合适、保护渣受潮，造成钢坯表面出现许多微裂纹，在轧制中暴露和扩展。

②某些钢种因加热速度和加热温度不当，使钢坯表面出现热裂纹和少量脱碳导致塑性降低，轧制中在钢板表面形成细小裂纹。

③钢坯本身存在的皮下气泡、皮下夹杂等，在轧制中暴露而形成微小裂纹。

6）微裂纹。钢板表面的不同部位出现一些不易辨别的、形状不规则、缝隙细小、长度不连续、形态零乱的裂纹。这种裂纹有时在一定范围内以集中的形式出现，有时以零乱分布的形式出现，有时与其他形态的裂纹或缺陷伴随出现。产生原因：

①与其他形态的裂纹或缺陷伴随出现，基本上是其他形态的裂纹或缺陷的衍生形态，其成因与相关联的裂纹或缺陷相同。

②某些钢种的钢坯表面存在微裂纹。

③钢坯加热温度不合理产生微裂纹。

④钢坯局部受热强度较高造成表面出现一定的魏氏组织或脱碳，导致塑性降低，轧制中在钢板表面以不同形态表现出来。

7）带状裂纹

钢板表面上的分布面积较狭长，由各种形状不同、大小不一、各体之间相互渗透、单体面积不等的裂纹构成，整体表现为以条状或带状形态分布的裂纹，在一定区域富集，条状或带状裂纹长度方向与钢板的轧制方向相同。这种缺陷在钢板表面呈现为单区域或多区域同时存在的形式。

产生原因：主要是由于钢坯表面存在较为密集的不同形态的细小裂纹，在轧制中暴露、扩展，由于裂纹各体间距小，不同形态的裂纹相互渗透，从而在钢板表面形成较为密集的裂纹聚集区。

8）星裂。钢板表面分布着形状类似于簇状或不闭环多边形等形态较为复杂、深浅不一、清晰可见的裂纹。由于这种裂纹大多呈现为多边形的星状，故通称为星状裂纹。一般沿轧制方向呈带状分布，有的呈弥散分布，有的呈密集分布，裂纹内多含有硅酸盐等夹杂物。通常低合金钢种比普碳钢发生星裂的几率高，一般钢板越厚，出现星裂的几率就越高。产生原因：

①星裂大多数出现在锰、硅、铜、铝含量较高的钢种。

②来源于钢中或结晶器的铜原子在高温下有较高的自由能，容易向晶界扩散并富集在初生的奥氏体晶界上，硅酸盐类夹杂物也随钢水的流动富集在奥氏体晶界上，这都大大降低了晶界

的强度，在钢坯的冷却过程中，由于晶粒收缩而在钢坯表面形成星状裂纹，这种带有星状裂纹的钢坯在加热时，裂纹间隙周边受到高温氧化气氛的侵蚀，出现脱碳层和魏氏组织，在轧制中由于表面的延伸加剧了钢坯原生裂纹的扩展和演变。

（6）气泡。钢板表面出现无规则分布的、或大或小的鼓包，外形比较圆滑。气泡开裂后，裂口呈不规则的缝隙或孔隙，裂口周边有明显的胀裂产生的不规则"犬齿"，裂口的末梢有清晰的线状塌陷，裂口内部有肉眼可见的夹杂物富集。产生原因：

①钢坯皮下夹杂物引起，它主要与中间包水口对中不良或保护渣质量有关。保护渣卷入钢水后产生的含有非金属夹杂物的气囊，在轧制时，气体体积缩小，压力增大而产生鼓包并呈现在钢板局部表面上，此类缺陷表面处呈青色。

②钢中气体引起，连铸时由于拉速较快，钢坯内部的气体没有充分的时间溢出，留在钢坯内部形成气泡。在轧制时气泡扩展，导致金属局部难以焊合，当气泡内压力足够大时，将在钢板表面鼓起形成鼓包。

（7）折叠。钢板表层金属相互折合，其缝隙与表面倾斜成一定角度，内有较多的氧化铁皮，常呈通长的直线形，也有局部或断续地呈曲线形或锯齿形分布在表面上，如图 11-1 所示。产生原因：

1）轧制时，因导卫板安装不当或松动，个别机架辊磨损后产生的尖角对钢板表面的刮划，形成的表层金属褶皱或开裂、翻翘。

2）轧件被严重划伤或撞击产生局部开裂形成折皱。

3）加热炉滑轨划伤，导致钢坯下表面金属褶皱或开裂。

图 11-1　折叠缺陷

（8）结疤。钢板表面呈现为舌状、块状或鱼鳞状压入或翘起的金属片。结疤大小不一、深浅不等，结疤下常附着较多的氧化铁皮或夹杂物，如图 11-2 所示。

图 11-2　结疤缺陷

产生原因：钢坯在热状态下表面粘结有外来的金属物，在辊道上输送时，辊道表面粘附物的压入，加热时滑轨表面粘附物的压入，炉底处堆积过厚的氧化渣铁的粘附，在轧制过程中压入钢板表面。

（9）网纹。钢板表面呈现龟背状或其他形态网状的凸现纹络。

产生原因：轧制过程中，由于工作辊冷却水不合理、换辊周期较长、轧制时"卡钢"造成"烧辊"、轧辊制造的质量与轧辊材质选用问题等原因，在轧辊表面出现一至多条连续或局部的龟背状或其他形态的网状裂纹，有时因轧辊质量问题产生的轧辊表面裂纹可布满整个辊面。这些裂纹，在轧制中压刻在钢板表面，从而形成凸起的纹路。

（10）划伤。钢材在轧制和输送的过程中，被设备、工具刮出的单条或多条沟痕状的表面缺陷。存在于钢板表面沿纵向或横向，一般呈直线形，也有呈曲线形，其长度、宽度、深度各异，肉眼可见底部。划伤有热态划伤和冷态划伤，热态划伤的颜色与钢板表面颜色基本相同，冷态划伤呈金属色或浅蓝色。产生原因：

1）热轧区域的辊道、移钢或翻钢设备有尖棱，轧件通过时被划伤。

2）钢板与机架辊、机前、机后辊道、输送辊道、矫直辊道或冷床个别台面托辊出现死辊或辊道不同步产生的滑动刮擦。

3）钢板在横向移动或是调运过程中与其他物体之间的刮、擦、蹭、磨。

（11）波浪。钢板沿长度方向呈现高低起伏的波浪形状的弯曲，破坏了钢板的平直性。波浪有单侧、双侧、中间波浪三种形态，单侧波浪多出现在较厚的钢板中，双侧、中间波浪多出现在较薄的钢板中，如图11-3所示。产生原因：

1）在轧制过程中，由于辊型不良（包括轧辊的初始凸度配置不合理、轧辊冷却不良导致的辊凸度的异常、轧辊的不均匀磨损）出现的辊缝变化。

2）两侧的压下不稳定造成辊缝的跳动。

3）钢坯的加热温度不均匀造成的长度方向上的延伸不均匀。

4）轧制不对中出现的轧制不稳定。

图11-3 波浪缺陷

（12）瓢曲。瓢曲是钢板在长度或宽度方向上出现的同一方向的弧形翘曲，严重者呈船底形。产生原因：

1）由于轧制过程中辊缝的不平行造成钢板的纵向延伸一侧大于另一侧。

2）轧辊凸度设计不合理或与轧制规格不匹配出现横向不均匀变形。

3）钢板两面冷却条件不一致或冷却速度不均匀。

4）终轧道次压下量给定不合理。

5）个别钢种终矫温度不合理。

（13）分层。在剪切断面上呈现一条或多条平行的缝隙。实质上是钢板内部存在有局部或整体的基本平行于钢板表面的未焊合界面，破坏了钢板厚度方向的连续性，有时缝隙中有肉眼可见夹杂物，如图11-4所示。产生原因：

1）钢中的非金属夹杂物，在轧制的过程中，因塑性变形由球状变为椭圆状，最后变为片状，由于夹杂物与基体界面的结合力较弱，所以微小的应变就可使夹杂物和基体脱离，在界面

图 11-4   分层缺陷

上形成空洞，随着变形的进行，空洞长大、聚集，直至形成分层。

2）钢坯中心区域的低溶质元素富集，对含硫偏高的钢，中心偏析带内往往存在大量硫化物聚集，使钢中产生夹杂性裂纹，形成分层。

3）在进入轧制前钢坯内部存在有裂纹、疏松、缩孔等原始缺陷，在轧制过程中，由于变形条件不合适，内部缺陷不能完全焊合，产生分层。

（14）剪切错口。钢板在剪切断面出现较明显的凸起、台阶或不规则的"倒角"，使剪切断面的平直性和连续性受到破坏，如图 11-5 所示。产生原因：

由于夹送辊磨损或松动，钢板横移导板的跑偏磨损、变形，上剪刃或下剪刃松动，下剪床对正挡块磨损或松动等原因造成前后剪切时，钢板的端面不再同一直线上，剪切后在衔接处形成凸起、台阶或不规则的"倒角"。

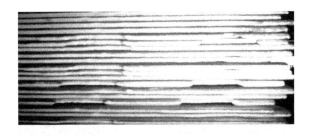

图 11-5   剪切缺陷

（15）外物压入。钢板表面有外来物（如螺杆、螺帽等金属件）嵌入或压入脱落后的凹痕。

产生原因：轧制过程中，外来物质掉落在轧件的表面，压入钢板本体，造成外来物的嵌入。

（16）压痕。钢板表面出现不同形状和大小不一的凹痕或凹坑，有的较为集中，有的则较为分散，有的沿轧制方向呈等距分布，如图 11-6 所示。产生原因：

1）由于轧机工作辊或矫直辊上粘附有较厚的氧化铁皮或其他外来金属的附着物，在轧制

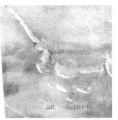

图 11-6   压痕缺陷

或矫直时钢板表面被压出痕迹。

2）钢板精整堆垛时与硬物碰压，也可能形成压痕。

11.3.4 热轧板（卷）钢常见缺陷

热轧产品具有强度高、韧性好、易于加工成形及良好的可焊接性等优良性能，因而被广泛用于船舶、汽车、桥梁、建筑、机械、压力容器等制造行业。其中热轧板（卷）钢的质量问题得到了广泛的关注，它直接影响到板（卷）钢的力学性能和工艺性能，如何减少热轧板（卷）的缺陷，提高其性能和质量是冶金从业者追求的永恒目标，这里对热轧板（卷）钢常见缺陷的类型及产生原因进行介绍和分析。

（1）辊印。辊印是一组具有周期性，大小形状基本一致的凸凹缺陷，并且外观形状不规则，如图 11-7 所示。产生原因：

1）由于辊子疲劳或硬度不够，使辊面一部分掉肉变凹，导致形成凸出缺陷。

2）由于辊子表面粘有异物，使表面部分呈凸出状，轧钢或精整加工时压入钢板表面形成凹坑缺陷。

图 11-7 辊印缺陷

（2）表面夹杂。在钢板表面破皮处，有不规则的点状、块状或长条状的非金属夹杂物，其颜色呈棕红色、黄褐色、灰白色或灰黑色，如图 11-8 所示。产生原因：

1）板坯皮下夹杂轧后暴露或板坯原有的表面夹杂轧后残留在钢板表面上。

2）加热炉耐火材料及泥沙等非金属物落在板坯表面上，轧制时压入板面。

图 11-8 表面夹杂缺陷

（3）氧化铁皮。氧化铁皮一般粘附在钢板表面，分布于板面的局部和全部。铁皮有的疏松易脱落，有的压入板面不易脱落。根据其外观形状不同有：红铁皮、线状铁皮、木纹状铁皮、流星状铁皮、纺锤状铁皮、拖曳状铁皮和散沙状铁皮等，如图 11-9 所示。产生原因：

1）板坯加热制度不合理或加热操作不良时产生一次铁皮难以除尽，轧制时被压入到钢板表面上。

2）大立辊设定不合理，铁皮未挤松，难以除掉。

3）由于高压除鳞水管的水压低，水嘴堵塞，水嘴角度不对及使用不当等原因，使钢板上的铁皮没有除尽，轧制后被压入钢板表面上。

4）氧化铁皮在沸腾钢中发生较多，在含硅较高的钢中易产生红铁皮。

图 11-9　压入氧化铁皮缺陷

（4）气泡。钢板表面有无规律分布的圆形凸包，有时呈蚯蚓式的直线状，其外缘比较光滑，内有气体。当气泡轧破后，呈现不规则的细裂纹。某些气泡不凸起，经平整后，表面光亮，剪切断面呈分层状，如图 11-10 所示。产生原因：

1）原板坯上存在较多的气泡、气囊类缺陷，经多道轧制没有焊合，残留在钢板上。

2）板坯在炉时间长，气泡暴露。

图 11-10　气泡缺陷

（5）折叠（折印、折皱、折边、折角）。钢板局部性的折合称折叠。沿轧制方向的直线状折叠称顺折，垂直于轧制方向的折叠称横折，边部折叠称折边。折叠与折印、折皱的区别主要在于缺陷的形状、程度不同而异，折边与折角根据角度大小不同相区别。横向折叠多发生在薄规格的带钢中，如图 11-11 所示。产生原因：

1）板坯缺陷清理的深宽比过大。

2）板坯温度不均匀或精轧轧辊辊型配置不合理及轧制负荷分配不合理等，轧制中的带钢原不均匀变形成大波浪后被压合。

3）立辊辊环的挤压或轧件有严重刮伤以及由于粗轧来料有较大的镰刀弯，对中不良等原因，刮框后再次被轧制压合。

图 11-11　折叠缺陷

4）卷取机前的侧导板严重磨损出现沟槽，开口度过小，夹送辊缝呈楔形，易使带钢跑偏，在侧导板沟槽处的部位被夹送辊压合。

5）因故没及时卷取，使卷取温度过低或卷取速度设定不合适。

6）钢卷卷边错动或因钢卷松动，在用吊车上吊，下降落地时易产生折边（折角），此时，常发生在厚度较薄的钢卷上。

7）带钢开卷温度过高或开卷时的张力及压紧辊的压力设定不合适。

（6）塔形（卷边错动）。钢卷上下端不齐，一圈比一圈高称塔形，卷边上下错动称卷边错动，如图 11-12 所示。产生原因：

1）助卷辊间隙调整不当。

2）夹送辊辊缝呈楔形。

3）带钢进卷取机时对中不良。

4）卷取张力设定不合适。

5）成形导板的间隙调整不当。

6）卷取机前的侧导板动作时间不同步。

7）卷筒与推卷器之间有间隙。

8）卷筒传动端磨损严重，回转时有较大的离心差。

9）带钢有较大的镰刀弯或板形不好。

图 11-12　塔形缺陷

（7）松卷。钢卷未卷紧，层与层之间有间隙称松卷，如图 11-13 所示。产生原因：

1）卷取张力设定不合适。

2）带钢有严重浪形或因卷取故障，带钢在辊道上有变形。

3）钢材屈服强度高，而卷取温度又过低。

图 11-13　松卷缺陷

4）卷取完毕后，圆形卷筒打反转。

5）捆带未打紧或捆带断。

（8）扁卷。钢卷端呈椭圆形称扁卷。容易发生在较软的和较薄的钢卷中，如图 11-14 所示。产生原因：

1）钢卷在吊运过程中，承受了较大的冲击。

2）钢卷卷得太紧，温度较高，平放在地面上或上面又堆放钢卷。

（9）镰刀弯。沿钢带长度方面的水平面上向一边弯曲，如图 11-15 所示。产生原因：

1）板坯有镰刀弯或严重的厚度不均。

2）粗轧、精轧辊磨损不均，辊缝出现楔形。

3）轧件两侧温度不均或加热温度不均。

4）轧机调整不良，两边压下量不一致。

5）立辊的中心线有偏差。

6）轧辊发生轴向窜动或两侧轴承磨损不均。

7）侧导板开口度过大，轧件跑偏或轧件对中不好。

図 11-14　扁卷缺陷　　　　　　　　　　图 11-15　镰刀弯缺陷

（10）楔形。钢板一边厚，一边薄，在钢板宽度方向的横断面上看，类似楔形，楔形程度有大有小。产生原因：

1）轧辊磨损严重。

2）辊缝调整不合适。

3）轧件跑偏。

4）轧件温度不均。

（11）凸度。钢板中间厚，两边薄，从钢板宽度方向的横断面来看，类似弧形，弧形程度有大有小。产生原因：

1）轧辊严重磨损。

2）轧辊的热膨胀冷却不均。

3）辊型设计不合理。

4）轧制负荷分配不均，轧辊弹跳变形过大。

5）弯辊装置不好。

6）加热温度不均或轧件温度不均。

（12）瓢曲。钢板的纵横部分同时在同一个方向出现的翘曲称瓢曲，如图 11-16 所示。产生原因：

1）轧件温度不均，轧制过程变形不均。

2）钢带在轧钢辊道上喷水冷却不均。

3）终轧压下率过小。

4）钢带在精整时，矫直机压下设定不良，开卷温度过高，压力辊、矫直辊磨损严重。

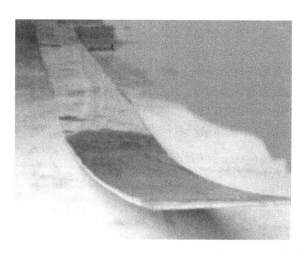

图 11-16　瓢曲缺陷

11.3.5　冷轧板（卷）钢常见缺陷

冷轧板（卷）由于具有良好的表面质量和高精度的尺寸，被广泛地运用于汽车、家电、建筑装饰等行业。其中表面质量是影响冷轧板（卷）的关键之所在，这里对冷轧板（卷）常见缺陷的类型和产生原因进行介绍和分析。

（1）表面夹杂。钢板（卷）表面呈现点状、块状或线条状的非金属夹杂物，沿轧制方向间断或连续分布，其颜色为红棕色、深灰色或白色。严重时，钢板出现孔洞、破裂、断带。产生原因：

1）炼钢时造渣不良，钢水黏度大，流动性差，渣子不能上浮，钢中非金属夹杂物多。

2）浇铸温度低，沸腾不良，夹杂物未上浮。

3）连铸时，保护渣被卷入钢中。

4）钢水罐、钢锭模或注管内的非金属材料未清扫干净。

（2）结疤。钢带表面出现不规则的舌状、鱼鳞状或条状翘起的金属起层，有的与钢板本体相连接，有的与钢板本体不相连，前者叫开口结疤，后者叫闭口结疤。闭口结疤在轧制时易脱落，使板面形成凹坑。产生原因：

1）炼钢时锭模内壁清理不净，模壁掉肉。上注时，钢水飞溅后粘于模壁发生氧化，浇铸温度低，有时中断注流，继续铸钢时，形成翻皮下铸锭，保护渣加入不当造成钢液飞溅。

2）轧钢方面，板坯表面残余结疤未清除干净，经轧制后留在钢板上。

（3）压入氧化铁皮。缺陷呈点状、条状或鱼鳞状的黑色斑点，分布面积大小不等，压入的深浅不一。这类铁皮在酸洗工序难以洗净，当铁皮脱落时形成凹坑。产生原因：

1）板坯加热温度过高，时间过长，炉内呈强氧化气氛，炉生氧化铁皮轧制时压入。

2) 高压水压力不足，连轧前氧化铁皮未清除干净。

3) 高压水喷嘴堵塞，局部氧化铁皮未清除。

(4) 欠酸洗。带钢上下表面严重时整个板面呈现条片状、黑灰色条斑，无光泽。产生原因：

1) 热轧带钢各部分温度和冷却速度不同，即沿带钢长度方向的头、中、尾以及沿宽度方面的边部和中部的温度和冷却速度不同，使同一带钢各部分的铁皮结构和厚度不同，因此，头部铁皮较厚，尾部铁皮较薄，因而，在酸洗速度相同的情况下，易产生局部未洗净。

2) 酸洗工艺不适当，如酸洗的浓度、温度偏低，酸洗速度太快，酸洗时间不足或亚铁浓度高未及时补充酸液等。

3) 拉伸除鳞机拉伸系数不够，使铁皮未经充分破碎、剥离，影响酸洗效果。

4) 带钢外形差，如镰刀弯、浪形等，使机械除鳞效果差，易造成局部欠酸洗。

(5) 粘结痕。退火钢卷层间相互粘合在一起称为粘结，平整后产生点状圆弧折痕。沿轧制方向呈现成排弧状折痕的是条状粘结严重的面粘结，平整开卷被撕裂或出现孔洞成为废卷。产生原因：

1) 轧钢卷取张力过大或张力波动，板形不好，造成隆起，在层间压力转大部位产生粘结。

2) 带钢表面粗糙度太小。

3) 钢质太软，碳、硅量少。

4) 热处理炉温过高或退火冷却速度过快。

5) 钢卷在装炉前碰撞受伤。

(6) 氧化色。钢板表面被氧化，其颜色由边部的深蓝色逐渐过渡到浅蓝色、棕色、淡黄色，统称氧化色。产生原因：

1) 退火时保护罩密封不严或漏气，导致钢卷氧化。

2) 罩式炉退火工序，高温出炉（钢卷温度大于110℃），导致钢卷氧化。

3) 保护气体露点过高或氢含量过低，加热前预吹洗时间不足，炉内存在残氧，钢卷在氧化性气氛中退火。

(7) 乳化液斑。经退火的钢板表面呈现不规则的或像小岛状的黑色、褐色图形。产生原因：

1) 在轧机出口处乳化液未除尽，加热时碳化，形成斑点。

2) 末机架出口吹风机压力小，吹不净。

3) 穿带时风机未开，甩尾时风机关闭。

(8) 划伤。钢板表面呈现直而细、深浅不一的沟槽。平行于轧向，连续或断续，疏密不一，无一定规律，平整前划伤处较平滑，沟槽处颜色为灰黑色，平整后划伤，有毛刺，呈金属亮色，如图11-17所示。产生原因：

1) 酸洗、轧钢、平整、精整各机组与带钢相接触的零件有尖锐棱角或硬物，产生相对运动。

2) 精整线的各种辊（夹送辊、压紧辊、导板等）不运转产生划伤。

3) 开卷或卷取时，带钢速度变化或层间相对运动。

(9) 折皱。薄钢板表面呈现凹凸不平的皱折，多发生在0.8mm以下的薄板，皱纹边部成一定角度，严重折皱成压褶。产生原因：

1) 带钢跑偏，一边拉伸，另一边产生褶皱。

2) 板形不良，有大边浪或中间浪，带钢过平整机、矫直机或夹送辊时，有浪形处产生

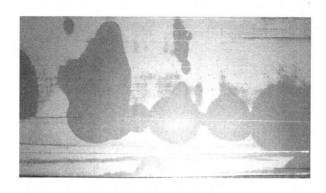

图 11-17 划伤缺陷

褶皱。

　　3）矫直机调整不当，变形不均造成。

　　(10) 辊印。钢板表面出现周期性的凹坑或凸包，严重的辊印导致薄带钢轧穿。产生原因：

　　1）带钢焊缝过高或清理不平，连轧时引起粘辊。

　　2）辊子上粘有硬金属物（焊珠、金属屑等）或污垢，轧制或平整时，硬物或污物压在带钢表面上，留下压痕。

　　3）工作辊掉肉。

　　(11) 压印。薄钢板表面所呈现的一定深度的凹坑为压印，有周期性，多少不一，缺陷处颜色较亮。产生原因：

　　1）生产过程中多种辅助辊（张力辊、压紧辊、夹进辊、矫直辊等）粘上铁屑、污垢后造成。

　　2）铁屑、异物掉入钢板垛内。

　　(12) 塔形。钢卷外形缺陷，在钢卷的端面一圈比另一圈高（或低），连续不断，形如宝塔，多出现于钢卷的内（外）圈部位。产生原因：

　　1）卷取机对中装置失灵，带钢跑偏。

　　2）带钢不平直，如镰刀弯、拉窄等。

　　3）板形不良，出现大边浪，使钢带超出光电管控制极限。

　　4）操作调整不当，卷筒收缩量小，推卷机推出钢卷时，内圈拉出。

11.3.6 钢管常见缺陷

　　钢管广泛地使用在机械、石油、地质钻探等行业。钢管缺陷产生的原因有三个方面：钢质不良；工艺不合理、工具质量不良；违反操作规程。因此，为避免缺陷的产生，应选择优质管坯，严格按技术规程进行操作，采用质量好的工具。对轧制过程中出现的缺陷，应正确分析判断产生的原因，及时采取措施加以消除。钢管常见的缺陷有如下形式：

　　(1) 轧卡。轧制过程中钢管突然停滞不前，使顶头卡在管子里称为轧卡。穿孔、轧管和均整过程中都能产生轧卡事故。按轧卡的部位可分为前卡、中卡和后卡。凡是促使顶头阻力增加或摩擦拽入力减小的因素，都将导致轧卡。轧卡的钢管有的局部报废，有的则整根报废。产生原因：

　　1）穿孔后荒管外径太大，壁厚太厚，内径小，导致压缩量过大和延伸系数过大。

　　2）顶杆位置过前或过后。

3）原料端部破裂或温度过低。

4）新轧槽摩擦系数小，轧制时打滑。

5）上、下辊错位。

6）后卡常由于顶头破裂或上辊抬起过早，以及润滑不良等原因造成。

（2）链带。链带是穿孔机出现的一种重大事故，它不仅造成中间轧废，而且易造成人身事故，并且需停车处理，影响生产。产生原因：

1）导板或出口槽严重磨损，有小的尖棱、破口或转动的轧件有破头，以及导板与轧辊的间隙过大等。钢管被尖棱部分切割，使金属进入导板与轧辊的间隙中，产生链带。

2）钢质不良，有严重非金属夹杂，使金属产生离层时更易发生。

（3）挤皱。挤皱又称"手风琴"，这种缺陷是在轧管机上产生的事故。轧管时由于某种原因使钢管前端卡（或顶）在后导板上，而轧辊继续旋转，强迫钢管前进而挤皱，尤其生产薄壁管时，易发生这种事故。

产生原因：因轧机调整不当，转速调整不合理等原因，在机架间堆钢，将钢管挤皱。

（4）扭麻花。轧制薄壁管时，在均整机上出现的扭曲事故，呈"麻花"状。产生原因：

1）均整机前台压盖内径太大，均整过程中钢管后端产生很大的甩动，当钢管后端有破头或轧管后端耳子过大时，则易被卡在某一部位上，阻碍钢管后端旋转，而前段继续旋转则产生扭麻花现象。

2）薄壁管过长，温度过高。这时管子刚性较差，若轧辊转速太高则易产生扭麻花现象。

（5）外折。在钢管外表面上呈现螺旋形的片状折叠，其螺旋方向与穿孔时钢管旋转方向相反，且螺距较大，这种缺陷称外折，如图 11-18 所示。

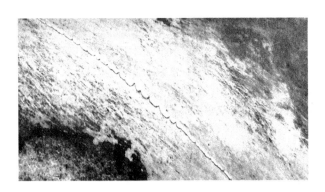

图 11-18　管坯穿孔后外折缺陷

产生原因：由于管坯表面存在着严重的裂纹、尖锐的铲痕、皮下气泡或夹杂等造成。这些缺陷在穿孔时被反复拉应力及扭转剪切应力的作用暴露扩大，继续加工不能焊合形成外折。

（6）内折。在钢管的内表面呈现螺旋形、半螺旋形、无规则分布的锯齿状折叠。在自动轧管机组钢管生产中十分常见。产生原因：

1）管坯加热温度过高，时间过长或温度过低，时间过短都将降低金属的塑形，在穿孔时管坯中心破裂形成内折。温度过高将产生大片的鱼鳞状内折，温度过低则产生细小的片状内折。

2）金属内部组织不良。如中心疏松或偏析以及非金属夹杂等使钢的高温塑形下降，导致穿孔时过早形成空腔，中心疏松形成内折。

3）轧机调整不当，这也是形成内折的主要因素。如顶头前压下量过大使变形区增加或椭圆度过大以及轧辊转数太高等，都能促使孔腔过早形成而产生内折。

4）管坯定心孔过小或不光滑，穿孔时与顶头接触局部擦破，在钢管头部形成半圈或一圈的定心内折。

5）顶头磨损严重，穿孔时擦伤钢管内壁促使形成内折。

（7）发纹。在钢管外表面呈现连续或不连续的细小发状裂纹，其旋转方向与穿孔时钢管的旋转方向相反，且螺距较大。

产生原因：由于钢质不良管坯表面存在皮下气泡、皮下夹杂和细小裂纹等未去除，在穿孔时表面受反复拉应力及扭转剪切应力的作用，暴露破裂而形成的，穿孔延伸越大暴露越厉害。发纹一般可以磨修挽救。

（8）离层。在钢管内表面出现螺旋形状或块状的金属分层或破裂称离层。

产生原因：由于钢质不良，在管坯中存在着非金属夹杂物，残余缩孔或严重疏松。在穿孔时被撕裂后不能焊合形成离层。

（9）结疤。在钢管的内外表面呈现有棱角的斑疤。产生原因：

1）当顶头或钢管尾端破碎的金属掉在均整辊之间，均整辊压到钢管外表面形成外结疤，当破碎金属掉入管内则形成内结疤。

2）轧制时，轧管机轧辊或定、减径辊被卡伤，在钢管外表面形成等距离的结疤。

3）斜筐条、翻料钩等输送部位有凸出的尖棱角会卡伤钢管外壁形成结疤。

4）加热炉炉底步进梁表面不光滑有尖锐棱角，或炉底受料槽有耐火砖渣、铁皮等硬物划伤钢管外壁或粘在管子上被压入钢管外壁而产生炉底结疤。

5）管坯质量不良，金属表面非金属夹杂物经轧制后焊合不好，脱落形成结疤。

（10）麻面。钢管表面呈现高低不平的麻坑，这种缺陷产生在轧管和定、减径工序中。产生原因：

1）轧管机轧辊和定、减径轧辊轧槽严重磨损，表面粗糙凹凸不平，轧后钢管表面也产生凹凸不平的麻面缺陷。

2）由于钢管在加热炉中加热温度过高或停留时间过长，表面产生较厚的氧化铁皮，减径时压入钢管外表面，矫直时脱落形成麻面。

（11）擦伤。钢管外表面呈现螺旋形伤痕，以及其他有规律或无规律分布的沟痕。

产生原因：穿孔机、均整机导板，出口槽损坏或粘结金属擦伤表面，另外穿孔机、均整机定心辊或升降辊表面不光滑及轧辊表面损伤等都能引起擦伤。

（12）撕破。钢管被撕开破裂的现象，多发生于薄壁管。

产生原因：由于钢管局部冷却被水浇黑，塑形显著降低，均整时被撕裂。特别轧低温的高碳钢、合金钢薄壁管尤其显著。

（13）内螺旋。在钢管内表面呈现螺旋状凹凸不平。产生原因：

1）缺陷产生于均整机，由于均整机顶头严重磨损，直径减少后端面与圆柱面接触圆周锐利，且后端偏斜，均整时产生内螺旋。

2）在圆盘延伸轧机上，由于圆盘轧制延伸太小，不能消除穿孔后的螺旋而残留在钢管内壁。

3）均整机顶杆弯曲，均整时引起强烈抖动也能产生内螺旋。

（14）轧折。沿管壁纵向局部或通常呈现外凹里凸的皱折，外表面呈条状凹陷。轧折产生于定、减径工序。产生原因：

1）由于均整后钢管外径大于第一架定、减径轧辊孔型宽度，减径时钢管被挤到辊缝中，再进入下一架时又被压向内壁形成轧折。

2）定、减径轧机调整不当，压下量分配不均、孔型严重错位，孔型设计宽展系数不适以及轧制线错乱也能引起轧折。

3）有时减径管操作不良，出炉推弯料，弯曲处易产生轧折。

（15）青线。钢管外表面呈现对称或不对称的线形痕迹。沿纵向分布，有的带有指甲状压印，这种缺陷产生在定、减径工序。产生原因：

1）定、减径孔型错位或严重磨损（在孔型开口处的侧壁尤其严重）。

2）轧低温钢，变形抗力大所致。

（16）凹面。钢管外表面局部向内凹陷，管壁呈现外凹里凸而无损伤现象。产生原因：

1）由于生产过程中管壁被硬物碰瘪，其中特别是大直径薄壁管。

2）在矫直时，由于钢管比较弯曲，咬入后甩动剧烈易被辊道碰瘪。

（17）弯曲。钢管沿长度方向不平直。仅是钢管端部呈现鹅头状的弯曲称为"鹅头弯"。产生原因：

1）矫直时压下量太小。

2）矫直辊角度调整不当，角度太大时与钢管的接触面积太小而矫不直。

（18）矫凹。矫凹是矫直机产生的缺陷，是钢管表面呈现螺旋状凹陷。产生原因：

1）角度小，在矫直过程中压下量又较大时，辊子的边棱把管子的表面压成凹痕。

2）矫直辊磨损严重，轧辊表面中间和一端磨成了棱角，钢管表面和棱角接触时局部受力过大，将钢管表面压成凹痕。

（19）毛刺。毛刺是切管时产生的缺陷，钢管端部沿圆周方向出现整圈或局部的切削时残留的锯齿状薄片。

产生原因：切管机刀倾角不适当，切刀严重磨损或刀尖损伤。

（20）壁厚不均。钢管壁厚不均是自动轧管机组最常见的缺陷之一。壁厚不均可分为横向壁厚不均和纵向壁厚不均两种。横向壁厚不均有对称的和不对称的，纵向壁厚不均有局部的或全长的。

产生原因：

1）管坯加热时温度不均匀，有阴阳面，温度高的地方易变形，温度低的地方变形相应减小，造成全长性的螺旋状壁厚不均。

2）穿孔机轧制中心线不正，两辊倾角不等，顶杆弯曲，轧制时产生过大震动以及顶头、导板过分磨损和顶头偏等都能造成全长壁厚不均。

3）管坯端头切斜度、压扁度及弯曲度太大，定心孔不正，易引起前端壁厚不均。

4）管坯切斜度大，温度不均，顶头过后造成穿孔，即将结束时轧制过程不稳定。穿孔机轧辊转速过高，入口嘴过大，穿孔时甩动剧烈等，都能引起后端壁厚不均。

5）穿孔机顶杆过细，定心辊打开过早，顶杆发生颤动所致。

（21）壁厚超差。钢管壁厚超出预定的规格尺寸。

产生原因：轧管机轧管时，长度控制不准，轧的长即壁薄，轧的短即壁厚。

（22）外径超差。钢管外径超过预定的规格尺寸，主要产生于定、减径机组。产生原因：

1）轧机调整不当，压下量分配不合理。

2）换钢种、规格时，轧机后三架调整不当，放开和压下不适量，易产生外径大或小。

3）加热炉温度波动大或局部加热不均，两端温差大，易产生外径大或小。

4）精轧辊车削不正确或磨损严重。

5）均整不良扩径量小，定径时易产生外径小，定径前钢管温度低易产生外径大，尤其是薄壁管。

6）不经均整轧制的厚壁管，由于轧管机回送辊调整量不当，夹得太紧，易产生局部外径小。

12 轧钢车间技术经济指标

轧钢车间各种设备、原材料、燃料、动力以及劳动力、资金等利用程度的指标，称之为技术经济指标。这些指标反映企业的生产技术水平和生产管理制度的执行情况，是鉴定车间设备和工艺是否先进合理的重要指标，也是评定车间各项工作优劣的主要依据。通过对同一类型不同车间的技术经济指标的对比，或者对同一车间不同时期的指标分析比较，可以找出差距，分析原因，提出改进生产、提高指标的途径。因此，研究与分析技术经济指标也是研究轧钢车间工作情况的重要方法之一，对促进轧钢生产发展有重要意义。

12.1 材料消耗指标

（1）金属消耗。金属消耗是轧钢生产中最重要的消耗，通常它占产品成本的一半以上，因此，降低金属消耗对节约金属、降低产品成本有重要意义。

金属消耗指标通常以技术消耗系数表示，它的含义是生产 1t 合格产品需要的钢坯量。其计算公式为：

$$K_{\text{金}} = \frac{W}{Q} \tag{12-1}$$

式中　$K_{\text{金}}$——金属消耗系数；

　　　W——投入的钢坯量，t；

　　　Q——合格的钢材量，t。

（2）燃料消耗。常用的燃料有煤、煤气、天然气和重油等。把生产 1t 合格产品消耗的燃料叫单位燃料消耗。由于燃料种类不同，其燃烧值差别也很大，所以，用实物消耗量来考核加热过程中的燃料消耗，难以真正说明加热炉的燃料消耗情况。不同炉子之间，同一炉子不同时间的燃料消耗也难以进行对比。为了便于考核和比较，通常把燃料消耗折合成发热量为 29.3MJ/kg 的标准燃料消耗量，以每吨合格产品消耗标准煤（kg/t）为单位进行考核。其计算公式为：

$$W_{\text{燃}} = \frac{W_{\text{标总}}}{Q} \tag{12-2}$$

式中　$W_{\text{燃}}$——单位合格产品标准煤消耗量，kg/t；

　　　$W_{\text{标总}}$——耗用的标准煤总量，kg；

　　　Q——轧制的合格产品数量，t。

折算标准煤的方法是以燃料的理论发热值与标准煤的发热量进行对比。

（3）电能消耗。主要用于驱动轧机的主电机和车间内各类辅助设备的电机生产用电以及照明用电。显而易见，照明用电只占耗电总量的很少部分。在实际生产中，电能消耗用生产 1t 合格钢材需要多少电量来表示，其单位为 kW·h/t，计算公式如下：

$$W_{\text{电}} = \frac{N}{Q} \tag{12-3}$$

式中　$W_电$——单位合格产品的电能消耗，$kW \cdot h/t$；

　　N——轧钢生产过程中的全部用电量，$kW \cdot h$；

　　Q——轧制合格钢材的数量，t。

（4）水消耗。轧钢车间用水按其用途可以分为生产用水、生活用水、劳动保护用水三项。这三项中后两项用水量并不大，生产用水是轧钢厂水消耗的主要方面。轧钢车间生产用水主要用于加热炉冷却、轧钢机轧辊冷却、冲刷氧化铁皮、热剪或热锯的冷却以及轧后控制冷却、冷床冷却等。轧钢车间有两种水耗量表示方法，一种是生产每吨合格产品消耗的水量，计算方法为：

$$W_水 = \frac{W_{水总}}{Q} \tag{12-4}$$

式中　$W_水$——单位合格产品的耗水量，m^3/t；

　　$W_{水总}$——总耗水量，m^3；

　　Q——合格产品质量，t。

另一种表示方法用单位时间内的耗水量表示，其单位为 t/h，用此种方法表示的较少。

（5）轧辊消耗。轧辊是轧钢机的主要备件，其消耗取决于每车削一次所能轧出的钢材数量和一对轧辊的辊径所能允许车削的次数。表示轧机轧辊消耗量的单位是每吨合格产品平均消耗的轧辊质量，通常称为辊耗。其计算公式为：

$$W_辊 = \frac{W_{辊总}}{Q} \tag{12-5}$$

式中　$W_辊$——单位合格产品的轧辊消耗，kg/t；

　　$W_{辊总}$——耗用的轧辊总质量，kg；

　　Q——轧制合格产品的质量，t。

（6）蒸汽消耗。蒸汽在轧钢车间主要用于冲刷煤气管道、冬季润滑油的保温、加热炉燃烧重油时的雾化以及合金钢车间酸洗工段酸溶液和水洗槽的加热等。生产 1t 合格产品所耗用的蒸汽量为单位产品的蒸汽消耗，其计算公式为：

$$W_汽 = \frac{W_{汽总}}{Q} \tag{12-6}$$

式中　$W_汽$——蒸汽的单位消耗，kg/t；

　　$W_{汽总}$——消耗的蒸汽总量，kg；

　　Q——轧制合格产品的质量，t。

（7）氧气消耗。轧钢车间的氧气消耗主要用于废品切割、清理钢坯表面以及设备检修等。轧钢车间生产工艺和设备的条件不同，所消耗的氧气数量也不一样。生产 1t 合格产品所消耗的氧气为单位产品的氧气消耗，其计算公式为：

$$W_氧 = \frac{W_{氧总}}{Q} \tag{12-7}$$

式中　$W_氧$——单位产品氧气消耗，m^3/t；

　　$W_{氧总}$——消耗的氧气总量，m^3；

　　Q——轧制合格产品的质量，t。

（8）压缩空气消耗。轧钢车间的压缩空气主要用作一些机械设备的动力、风铲清理和吹刷氧化铁皮等。由于各车间生产条件不同，使用压缩空气的设备种类和数量也各不相同，因此压缩空气消耗的多少并不代表该车间生产技术管理水平的高低。生产1t合格产品耗用的压缩空气量为单位产品压缩空气消耗量，其计算公式为：

$$W_{气} = \frac{W_{气总}}{Q}$$ 　　　　　　　　(12-8)

式中　　$W_{气}$——单位产品的压缩空气消耗量，m^3/t；

　　　　$W_{气总}$——压缩空气总耗用量，m^3；

　　　　Q——合格产品的质量，t。

（9）耐火材料消耗。轧钢车间的耐火材料主要用于加热炉的砌造，合金钢厂除加热炉使用耐火材料外，还有热处理使用。耐火材料的消耗取决于加热炉的种类、大小和数量，此外，加热制度、操作技术的熟练程度、日常维护和管理也影响耐火材料的消耗。生产1t合格产品耗用的耐火材料为单位产品的耐火材料消耗，以kg/t为计量单位。计算公式为：

$$W_{耐火} = \frac{W_{耐总}}{Q}$$ 　　　　　　　　(12-9)

式中　　$W_{耐火}$——单位产品耐火材料消耗量，kg/t；

　　　　$W_{耐总}$——耗用的耐火材料总量，kg；

　　　　Q——合格产品的质量，t。

（10）润滑油消耗。轧钢车间的润滑油消耗主要用于车间各种机械设备的润滑，如电机的润滑、轧机齿轮箱的润滑、轴承的润滑、锯机和剪机的润滑等，有的车间还包括工艺润滑油的消耗。生产1t合格产品所消耗的润滑油为单位产品润滑油消耗，计算公式为：

$$W_{油} = \frac{W_{油总}}{Q}$$ 　　　　　　　　(12-10)

式中　　$W_{油}$——单位产品润滑油消耗，kg/t；

　　　　$W_{油总}$——耗用的各种润滑油总量，kg；

　　　　Q——轧制合格产品质量，t。

（11）综合能耗。生产1t合格的轧钢产品，除了直接消耗一定数量的一次能源（燃料、电）之外，还间接消耗了一定数量的二次能源，例如1t蒸汽是由100~200kg标准煤生产出来的；$1m^3$的压缩空气需耗用$6kW \cdot h$的电能。每吨合格产品消耗的全部能量，称作综合能耗，计算公式为：

$$W_{综} = \frac{W_{综总} - W_{商}}{Q_{合}}$$ 　　　　　　　　(12-11)

式中　　$W_{综}$——单位产品的综合能耗（标煤），kg/t；

　　　　$W_{综总}$——一次能源总量（标煤），kg；

　　　　$W_{商}$——商品能源总量（包括外销燃料、电、氧气、蒸汽），kg；

　　　　$Q_{合}$——合格产品总量，t；

或　　　　　　　　　　　　$$W_{综} = W_{燃} + W_{电}$$

式中　　$W_{燃}$，$W_{电}$——单位产品的燃耗和电耗（标煤），kg/t。

12.2　技术经济指标

（1）日历作业率。任何一架轧机或一个机组都会有一定的停轧时间，用以处理故障、定期进行检修、更换轧辊以及进行交接班等，致使轧机不能全年连续不断的工作，这样就会造成轧机实际工作时间少于年日历时间。所谓轧机的实际工作时间包括轧机实际运转时间和生产过程中轧机的空转时间。以实际工作时间为分子，以日历时间减去计划大修时间为分母求得的百分数叫轧机的日历作业率，即：

$$轧机日历作业率 = \frac{轧机实际工作时间(h)}{日历时间(h) - 计划大修时间(h)} \times 100\% \qquad (12\text{-}12)$$

（2）成材率。成材率是反映轧钢生产过程中金属收得情况的重要指标。成材率越高，表明1t原料轧制出合格产品的数量越多；成材率低，则表明用1t原料轧制出合格产品的数量少。因此，成材率的概念是指用1t原料能够轧制出合格成品质量的百分数，其计算公式为：

$$b = \frac{Q_{合}}{G} \times 100\% \qquad (12\text{-}13)$$

式中　b——成材率，%；

　　$Q_{合}$——合格产品质量，t；

　　G——原料质量，t。

（3）合格率。轧制出的合格产品数量占产品总检验量与中间废品量之和的百分比叫合格率，计算公式如下：

$$合格率 = \frac{合格产品数量}{产品总检验量 + 中间废品量} \times 100\% \qquad (12\text{-}14)$$

（4）小时产量。轧机产量是衡量轧机技术经济效益的重要指标。轧机产量分别以小时、班、日、年为时间单位进行计算，其中小时产量为轧机常用的生产率指标。计算公式如下：

$$A = \frac{3600}{T} \times GbK_1 \qquad (12\text{-}15)$$

式中　A——轧机小时产量，t/h；

　3600——1h的秒数，s/h；

　　T——轧机的轧制节奏时间，s；

　　G——原料质量，t；

　　b——成材率，%；

　　K_1——轧机利用系数。

（5）年产量。轧钢车间的年产量是指轧机在一年内生产各种产品的综合年产量，是以车间轧机的平均小时产量为基础进行计算，计算公式如下：

$$A_{年} = A_{平} T_{计划} K_2 \qquad (12\text{-}16)$$

式中　$A_{年}$——轧机的年产量，t/年；

　　$A_{平}$——平均小时产量，t/h；

　　$T_{计划}$——轧机一年计划工作时间，h/年；

　　K_2——轧机时间利用系数。

（6）轧机利用系数。理论轧制节奏与实际轧制节奏之比称为轧机利用系数。它反映了轧机轧制节奏失调的程度与轧机理论小时产量和实际小时产量的差异，表示出轧机操作技术水平和熟练程度的高低。总之，轧机利用系数反映了轧机在没有停车的情况下所造成的时间损失。轧机利用系数用下式表示：

$$K_1 = \frac{T_理}{T_实} = \frac{A_实}{A_理} \qquad (12\text{-}17)$$

式中　K_1——轧机利用系数，一般为 0.80～0.85；

　　　$T_理$——理论轧制节奏，s；

　　　$T_实$——实际轧制节奏，s；

　　　$A_实$——实际小时产量，t/h；

　　　$A_理$——理论小时产量，t/h。

（7）全员劳动生产率。全员劳动生产率是经常采用的考核劳动者劳动效果的指标。全员劳动生产率也被称作全员实物劳动生产率，它的含义是企业平均每个职工在一定时间内生产出的合格产品数量。其计算公式为：

$$全员劳动生产率 = \frac{考核时间内生产的合格产品总量(t)}{考核时间内全部职工人数(人)} \qquad (12\text{-}18)$$

（8）工人实物劳动生产率、工人产值劳动生产率。工人实物劳动生产率是指企业内部平均每个工人在一定的时间内生产的合格产品实物量。其计算公式为：

$$工人实物劳动生产率 = \frac{考核时间内生产的合格产品总量(t)}{考核时间内员工总人数(人)} \qquad (12\text{-}19)$$

工人产值劳动生产率是指企业内生产工人在一定时间里生产的合格产品的总产值。其计算公式为：

$$工人产值劳动生产率 = \frac{考核时间内合格产品总产值(元)}{考核时间内员工总人数(人)} \qquad (12\text{-}20)$$

（9）固定资产。固定资产是企业在生产经营过程中使用期限较长，单位价值较高的主要劳动资料。这些劳动资料虽然能在若干个生产周期内使用，但其原有实物形态和使用价值不变，其价值则随着使用时间的延长逐渐地部分减少。其减少的价值以折旧的形式计入企业的生产成本、管理费用，随后通过产品销售得到补偿。

（10）流动资金。流动资金是除固定资金以外的企业资产，它是企业进行日常生活所必需的资本金。流动资金主要由以下几部分资产所组成：1）企业现有的资金；2）企业在银行的有价证券；3）企业所有的可以折旧的应收款；4）企业所有的可以变现的其他资产。其中货币资金是流动资金中最重要的组成部分。

（11）利润指标。企业利润是企业生产追求的目的，企业利润的大小反映了企业生产经营的效果。因此争取获得企业的最大利润是企业生产经营者的责任。企业的利润净额由营业利润、投资净收益、营业外收支净额和所得税等项目组成。

营业利润是指企业直接从事劳务经营活动所获取的利润，对工业企业而言，则为产品销售利润。而产品销售利润如下式所示：

$$产品销售利润 = 产品销售收入 - 产品销售费用 - 产品销售税金及其他附加费用$$

$$(12\text{-}21)$$

此外，还有其他业务利润，其数额为：

$$其他业务利润 = 其他业务收入 - 其他业务支出 \qquad (12\text{-}22)$$

投资净收益是指企业投资收益扣除投资损失后所得的数额。

因此，企业利润总额是指营业利润、投资净收益和营业外收入净额加上以前年度积累数额之和。企业净利润为利润总额减去所得税。

综上所述，增加企业的经济效益最有效的途径是增加各种收入、减少各种支出。

12.3 生产车间技术指标实例

以某冷轧薄板厂为例，给出轧钢生产车间技术指标，见表12-1。

表 12-1 某冷轧薄板厂主要生产技术指标

指标名称	单 位	指 标	
生产规模	$10^4 t/a$	170	
主要产品	—	—	
冷轧卷	$10^4 t/a$	90	
热镀锌卷	$10^4 t/a$	80	
热轧原料钢卷	$10^4 t/a$	186.856	
主厂房面积	m^2	145725	
工艺设备总重	t	35200	
工艺设备总装机容量	kW	120370	
劳动定员总人数	人	1918	
投资估算	万元	666137.05	

吨钢产品消耗指标	单 位	冷轧产品	1号热镀锌产品	2号热镀锌产品
金 属	t	1.099	1.099	1.099
电 力	kW·h	120	190	180
天然气	GJ	0.90	0.95	0.92
氮 气	m^3	20	100	16
氢 气	m^3	1.20	1.1	1.0
纯 水	m^3	0.3	0.4	0.4
过滤水	m^3	0.6	0.65	0.65
循环水	m^3	28	31	31
盐 酸	kg	2.0	2.0	2.0
各种清洗剂	kg	0.8	0.85	0.85
蒸 汽	kg	160	170	170
压缩空气	m^3	55	65	60
轧制油	kg	0.85	0.85	0.85
钝化剂	kg	—	0.14	0.16
防锈油、润滑油及油脂	kg	0.35	0.40	0.40
轧 辊	kg	1.08	1.00	1.00
锌 锭	kg	—	29	32
耐火材料	kg	0.10	0.12	0.12
包装材料	kg	4.0	4.0	4.0

附　　录

附录1　轧钢工理论知识复习题

一、选择题

1. 用来表示轧制 1t 合格钢材所需要的原料吨数，称为_____。
   A. 金属消耗系数　　　B. 综合利用系数　　　C. 成材率　　　D. 延伸系数

2. 将实心热管坯穿成空心毛管，然后再将其轧制成所要求尺寸的钢管是_____生产过程。
   A. 无缝钢管　　　B. 焊管　　　C. 铸管　　　D. 冷拔钢管

3. 金属晶体在外力作用下，沿一定的晶面和晶向产生相对移动的现象称为_____。
   A. 孪生　　　B. 滑移　　　C. 屈服　　　D. 剪切

4. 轧辊辊缝 S 在孔型周边之上的孔型，称为_____。
   A. 闭口孔型　　　B. 开口孔型　　　C. 半开（闭）口孔型　　　D. 控制孔型

5. 控制轧制工艺对钢板性能的影响是_____。
   A. 只提高钢板的强度　　　B. 只改善钢板韧性
   C. 既提高强度又改善韧性　　　D. 既不提高强度也不提高韧性

6. 增大摩擦系数，平均单位压力也将_____。
   A. 增加　　　B. 减小　　　C. 不变　　　D. 不变或减小

7. 热轧无缝钢管生产过程有_____两个主要变形工序。
   A. 穿孔和轧管　　　B. 酸洗和减径　　　C. 减径和精整　　　D. 穿孔和精整

8. 轧辊上辊调整装置，又称为_____。
   A. 导卫装置　　　B. 压下装置　　　C. 传动装置　　　D. 压上装置

9. 一般型钢轧机是以_____来标称。
   A. 辊身长度　　　B. 轧辊的原始直径
   C. 轧辊的名义直径　　　D. 辊身长度和轧辊原始直径

10. 压下量 Δh 与轧辊直径 D 及咬入角 α 之间存在的关系为_____。
    A. $\Delta h = D(1 - \cos\alpha)$　　　B. $\Delta h = D(1 - \sin\alpha)$
    C. $\Delta h = D(1 - \tan\alpha)$　　　D. $\Delta h = D(1 - \cot\alpha)$

11. 压下量增加，前滑也将_____。
    A. 增加　　　B. 减小　　　C. 不变　　　D. 不变或增加

12. 圆形断面钢材，截面上出现两个相互垂直、直径不等的现象，这两个直径的差值称为_____。
    A. 偏差　　　B. 不圆度　　　C. 厚度不均　　　D. 弯曲度

13. 在前滑区任意截面上，金属质点水平速度_____轧辊水平速度。
    A. 大于　　　B. 小于　　　C. 等于　　　D. 大于或等于

14. 轧制图表反映了轧制过程中_____的相互关系。
    A. 道次与时间　　　B. 轧件与孔型　　　C. 横梁与导卫　　　D. 轧件与导卫

15. 在轧制中厚板时，清除氧化铁皮的方法为_____。
    A. 酸洗　　　B. 除鳞　　　C. 加热　　　D. 退火

16. 在热状态下，碳素钢最有利的加工温度范围是_____。

A. 800～1100℃　　　　　B. 900～1000℃　　　　　C. 1000～1200℃　D. 800～1300℃

17. 一般来说不希望钢中含硫，但钢中含硫却可提高钢的_____。
　　A. 强度　　　　　　　　B. 硬度　　　　　　　　C. 易切削性　　D. 韧性

18. 亚共析钢中的含碳量升高时，其相对的 C 曲线向_____移。
　　A. 左　　　　　　　　　B. 右　　　　　　　　　C. 上　　　　　D. 下

19. 金属组织中晶粒度与其晶粒尺寸的关系是_____。
　　A. 晶粒度越大，晶粒直径越大　　　　　　B. 晶粒度越大，晶粒直径越小
　　C. 晶粒度与晶粒尺寸无关　　　　　　　　D. 晶粒度与晶粒直径均不变

20. 为了全面了解压力加工过程的特点，应该把变形过程中的_____结合起来分析。
　　A. 变形方式和变形图示　　　　　　　　　B. 主应力图和主变形图
　　C. 主变形与变形图示　　　　　　　　　　D. 变形方式和主应力图

21. 合金固溶强化的基本原因是_____。
　　A. 晶粒变细　　　　　　B. 晶粒变粗
　　C. 晶格类型发生畸变　　D. 晶粒度增加

22. 当奥氏体化的钢以大于临界冷却速度从高温冷却到 M_s 线以下时，过冷奥氏体转变为_____。
　　A. 莱氏体　　　　　　　B. 贝氏体　　　　　　　C. 马氏体　　　D. 屈氏体

23. 摩擦系数对轧制过程中的宽展是有影响的，正确地说法是_____。
　　A. 摩擦系数增大，宽展量也增大　　　　　B. 摩擦系数降低，宽展量增大
　　C. 摩擦系数增大，宽展量变小　　　　　　D. 摩擦系数降低，宽展量增大或不变

24. 在热轧时，随着变形速度_____，变形抗力有较明显的增加。
　　A. 提高　　　　　　　　B. 降低　　　　　　　　C. 不变　　　　D. 两者无关

25. 当一种金属进行塑性变形时，受到外力为1000N，受力的面积为200mm²，此时金属产生内力，其应力应为_____。
　　A. 5Pa　　　　　　　　B. 50Pa　　　　　　　　C. 5MPa　　　　D. 30MPa

26. 对于变形区的前滑值，下列说法错误的是_____。
　　A. 当宽度小于定值时，随宽度增加，前滑值也增加；而当宽度超过此值后，继续增加，前滑值不再增加
　　B. 当轧件厚度减小时，前滑值也相应地减小
　　C. 随相对压下量的增大，前滑值也增大
　　D. 当轧件厚度减小时，前滑值不变

27. 在其他条件不变的情况下，减小变形抗力的有效方法是_____。
　　A. 减小轧辊直径　　　B. 增加轧制速度　　　C. 增加摩擦系数　　D. 减小辊身长度

28. 将钢材加热到奥氏体化以后，以大于临界冷却速度快速冷却的热处理工艺过程称为_____。
　　A. 回火　　　　　　　　B. 正火　　　　　　　　C. 淬火　　　　D. 退火

29. 在轧制轴承钢时要进行退火处理，轴承钢的退火是_____。
　　A. 完全退火　　　　　　B. 球化退火　　　　　　C. 扩散退火　　D. 均匀化退火

30. 钢经过不同热处理会有不同的性能，而经过_____热处理后的钢具有良好的综合力学性能。
　　A. 正火　　　　　　　　B. 淬火＋低温回火　　　C. 淬火＋高温回火　　D. 淬火

31. 在生产实践中，常利用不同的加热和冷却的方法来改变钢的性能，其根据就是固态钢有_____特性。
　　A. 过冷度　　　　　　　B. 耐热　　　　　　　　C. 同素异构转变　　D. 导热性

32. 轧制产品要进行检验，其中表示钢材的塑性好坏的指标是_____。
　　A. 屈服强度　　　　　　B. 弯曲度　　　　　　　C. 延伸率　　　D. 宽展量

33. 镦粗矩形断面的试件，不断加大变形，最终得到的断面形状是_____。

　　A. 圆形　　　　　　　B. 矩形　　　　　　　C. 椭圆形　　　D. 菱形

34. 某热轧型钢厂选用六角-方孔型系统，其优点是_____。

　　A. 轧制延伸系数大　　　　　　　　　B. 轧件变形均匀，轧制平稳

　　C. 去除氧化铁皮能力好　　　　　　　D. 轧后轧件强度高

35. 轧制平均延伸系数与总延伸系数之间的关系是_____。

　　A. $U_均 = U_总/n$（n 是轧制道次）　　　　B. $U_均 = \sqrt[n]{U_总}$

　　C. $U_均 = U_总$　　　　　　　　　　　　D. $U_总 = nU_均$

36. 轧辊的孔型侧壁斜度越大，则轧辊的重车率_____。

　　A. 越小　　　　　　　B. 没什么影响　　　　C. 越大　　　D. 两者无关

37. 轧机操作台的控制电压一般是_____。

　　A. 11 V　　　　　　　B. 24 V　　　　　　　C. 220 V　　　D. 36 V

38. 热轧带钢卷要进一步冷加工，必须经过_____工序，才能轧制。

　　A. 平整　　　　　　　B. 退火　　　　　　　C. 酸洗　　　D. 皂化

39. 计算机在轧钢生产过程中的最主要的作用是_____。

　　A. 生产管理　　　　　B. 生产过程控制　　　C. 故障诊断　D. 生产计划制定

40. 产品技术标准中以"GB"的标准是_____的缩写代号。

　　A. 国家标准　　　　　B. 企业标准　　　　　C. 行业标准　D. 内控标准

41. 钢种牌号为 50 钢属于_____。

　　A. 低碳钢　　　　　　B. 中碳钢　　　　　　C. 高碳钢　　D. 合金钢

42. 板带钢轧制的_____是板带轧制制度最基本的核心内容。

　　A. 压下制度　　　　　B. 张力制度　　　　　C. 速度制度　D. 温度制度

43. 钢材表面出现周期性凹凸缺陷是_____引起的。

　　A. 轧辊缺陷　　　　　B. 导卫缺陷　　　　　C. 加热缺陷　D. 导板缺陷

44. 角钢是按照腿的_____来表示规格的。

　　A. 长度　　　　　　　B. 厚度　　　　　　　C. 重量　　　D. 面积

45. 在辊径一定时，降低_____，增加摩擦系数，便于顺利咬入。

　　A. 轧制压力　　　　　B. 轧制速度　　　　　C. 轧制温度　D. 辊道高度

46. 型钢轧机卫板安装在出口侧，其主要任务是防止轧件_____现象。

　　A. 跑偏　　　　　　　B. 缠辊　　　　　　　C. 甩尾　　　D. 翘头

47. 下列属于轧制缺陷的是_____。

　　A. 重皮　　　　　　　B. 耳子　　　　　　　C. 瘤孔　　　D. 麻面

48. 下列最有利于提高轧机小时产量的对策是_____。

　　A. 增加坯料单重　　　　　　　　　　B. 提高开轧温度

　　C. 增加成品机架压下量　　　　　　　D. 降低轧制速度

49. 消除轧件扭转缺陷的方法是_____。

　　A. 不轧低温钢或调整前一孔型的压下量，多压一些

　　B. 发现导板有粘挂铁皮现象，立即更换

　　C. 调整入口夹板，将轧件夹持并保持直立位置

　　D. 加强矫直机调整操作，及时更换磨损的矫直辊和辊轴

50. 连轧机组的精轧机应遵循_____原则。

　　A. 张力相等　　　　　B. 线速度相等　　　　C. 秒流量相等　D. 轧辊转速相等

51. 型钢表面成片或成块的凹凸不平的粗糙面，此缺陷称_____。

A. 压痕   B. 凹坑   C. 麻面   D. 折叠

52. 钢样在做拉伸实验时，试样拉断前瞬间承受的最大的应力称_____。

A. 屈服极限   B. 强度极限   C. 弹性极限   D. 刚度

53. 钢种牌号为 Q215 的钢管屈服强度大于或等于_____。

A. $215N/cm^2$ B. 215MPa   C. $215kg/mm^2$ D. 21.5MPa

54. 关于轧制节奏，说法正确的是_____。

A. 提高轧制节奏可以提高轧机小时产量

B. 交叉轧制时间越长，轧制节奏越长

C. 纯轧时间和间歇时间越长，轧制节奏越短

D. 纯轧时间越长，轧制节奏越短

55. 在轧制生产中，按负偏差组织轧制的钢材是_____。

A. 按实际重量交货结算的钢材   B. 按理论重量交货结算的钢材

C. 按负偏差量计算交货结算的钢材   D. 按生产计划计算的钢材

56. 在轧制生产中导卫装置或工作辊道或其他机械设备有尖角或突出部位易造成轧件的_____。

A. 磨损   B. 耳子   C. 划伤   D. 麻面

57. 折叠形成的原因是_____。

A. 钢坯皮下气泡或非金属夹杂物轧后暴露   B. 轧件冷却不当

C. 成品孔前某道次出了耳子   D. 轧辊缺陷

58. 在轧制时，轧制速度_____，摩擦系数越小。

A. 越小   B. 越大   C. 变缓   D. 不变

59. 按炉送钢制度是一种科学管理方法，它从炼钢开始，不论中间有多少环节，一直到成品入库，都要按_____转移、堆放和管理。

A. 钢的化学成分   B. 钢种   C. 炉罐号   D. 连铸坯

60. 棒线材连轧的粗轧机组选择的连轧方式为_____。

A. 活套无张力轧制   B. 微张力轧制   C. 穿梭轧制   D. 交叉轧制

61. 万能型钢轧机的轧辊结构特点是_____。

A. 立辊在水平辊之前   B. 立辊在水平辊之后

C. 立辊、水平辊轴线在同一平面内   D. 轧辊交叉

62. 长材连铸连轧中 EWR 技术即为_____。

A. 无头连铸连轧技术   B. 焊接无头轧制技术   C. 连续铸轧技术   D. 液芯轧制技术

63. 钢筋的连轧生产中采用的切分轧制的轧件的最终切分是靠_____。

A. 切分轮   B. 轧辊   C. 飞剪   D. 圆盘剪

64. 棒线连轧的微张力控制方法中的电流记忆法张力控制的依据是_____。

A. 轧件速度   B. 温度   C. 轧制压力   D. 轧机负荷电流

65. 奥氏体不锈钢棒线材轧后的在线热处理是_____。

A. 调质处理   B. 高温球化退火   C. 高温固溶淬火   D. 软化退火

66. 棒线连轧机组为保证在低速工作下的第一架轧机的轧辊的寿命，要求其第一架轧机的咬入速度不得低于_____。

A. 0.01m/s   B. 0.1m/s   C. 0.07m/s   D. 0.5m/s

67. 合金棒材轧机在各种合金钢种轧制要求下，其坯料的规格无法统一，这就决定了其粗轧和中轧之间必须_____。

A. 脱头轧制   B. 连轧   C. 交叉轧制   D. 活套轧制

68. 无孔型轧制主要用在棒线连轧的_____。

A. 精轧阶段   B. 定减径阶段   C. 延伸变形阶段   D. 冷却阶段

69. 为保证高速连轧，高速线材精轧机组采用的是_____。

    A. 液压马达传动　　　　B. 各架单独传动

    C. 交流电机传动　　　　D. 各架传动比固定集体传动

70. 棒线连轧的微张力控制方法中的前滑值记忆法张力控制的依据是_____。

    A. 温度　　　　　　B. 前滑值　　　　　C. 轧制压力　　　　D. 负荷电流

71. 棒线连轧中选用活套无张力轧制是为了保证_____。

    A. 保证轧制的精度　　B. 轧制稳定　　　　C. 减少轧制事故　　D. 储存轧件

72. 轴承钢棒线材轧后的热处理是_____。

    A. 调质处理　　　　　B. 高温球化退火　　C. 完全退火　　　　D. 软化退火

73. 高产量钢筋棒材轧机实现高产的轧制工艺特点是采用_____。

    A. 切分轧制　　　　　B. 单根轧制　　　　C. 高速轧制　　　　D. 低温轧制

74. 高速线材的精轧机组为保证轧辊在高速和高温的工作条件下的耐磨性，其辊环材质为_____。

    A. 耐热钢　　　　　　B. 合金钢　　　　　C. 高速工具钢　　　D. 碳化钨

75. 某中厚板二辊粗轧机的轧辊工作直径为1100mm，该粗轧机最大允许咬入角为27°，试问该道次最大压下量下的接触弧长度是_____。

    A. 200.50mm　　　B. 256.90mm　　　C. 230.78mm　　　D. 240.68mm

76. 在某加工变形过程中，已知 $B = 210mm$，$b = 230mm$，$u = 1.35$，试计算金属变形时纵向与横向流动的百分比各为_____。

    A. 65%和35%　　　B. 85%和15%　　　C. 75%和25%　　　D. 50%和50%

77. 在 $\phi650$ 轧机上热轧软钢，轧件的原始厚度为180mm，用极限咬入条件时，一次可压缩100mm，试问轧制时的摩擦系数是_____。

    A. 0.63　　　　　　B. 0.33　　　　　　C. 0.80　　　　　　D. 0.40

78. 沿轧件横断面高度上分布的宽展由_____三部分组成。

    A. 自由宽展、限制宽展和强迫宽展

    B. 滑动宽展、限制宽展和强迫宽展

    C. 滑动宽展、翻平宽展和鼓形宽展

    D. 自由宽展、翻平宽展和鼓形宽展

79. 若轧辊圆周速度 $v = 4m/s$，前滑值 $S_h = 7\%$，试问轧件出辊速度是_____。

    A. 4.10m/s　　　　B. 3.24m/s　　　　C. 3.72m/s　　　D. 4.28m/s

80. 某连轧机间的拉钢系数 $K_n = 1.03$，该轧机间的堆拉率是_____。

    A. -3　　　　　　　B. 6　　　　　　　　C. 3　　　　　　　D. -6

81. 某轧制过程中轧件的入口速度是 $3m/s$，轧件的出口速度为 $3.5m/s$，则该道次的延伸系数是_____。

    A. 1.51　　　　　　B. 1.17　　　　　　C. 0.86　　　　　　D. 1.71

82. 下列说法正确的是_____。

    A. 当咬入角和摩擦角相等时，中性角有极小值

    B. 当咬入角和摩擦角相等时，中性角有极大值

    C. 当咬入角等于两倍摩擦角时，中性角有极大值

    D. 当咬入角等于两倍摩擦角时，后滑区完全消失

83. 在 $t = 1100℃$，$\varepsilon = 25\%$ 和 $\varepsilon = 50s^{-1}$ 条件下45钢的变形抗力是_____。查相关图表可知：45钢变形抗力的基础值（即在 $t = 1000℃$，$\varepsilon = 10\%$ 和 $\varepsilon = 10s^{-1}$ 条件下测得的值）$\sigma_0 = 86MPa$，$k_g = 1.28$，$k_g = 1.29$，$k_t = 0.75$。

    A. 142.01　　　　　B. 110.08　　　　　C. 86　　　　　　　D. 106.50

84. 某小型厂采用 120mm×120mm×1400mm 的方坯轧成 ϕ25mm 的圆钢，若加热时有 2% 的烧损，试问轧出的圆钢的长度是_____。

    A. 40238mm   B. 47809mm   C. 41059mm   D. 43346mm

85. 若在轧辊工作直径为 430mm，轧辊转速为 100r/min 的轧机上，将 $H×B=90mm×90mm$ 的方坯一道次轧成 $h×b=70mm×97mm$ 的矩形断面轧件，用艾克隆德公式 $\varepsilon=\dfrac{2v}{H+h}\sqrt{\dfrac{\Delta h}{R}}$ 计算，试问该道次的变形速度是_____。

    A. 7.63s^{-1} B. 8.44s^{-1} C. 9.24s^{-1} D. 6.42s^{-1}

86. 在辊面磨光并采用润滑的轧机上进行冷轧，当轧入系数为 $\dfrac{\Delta h}{D}=\dfrac{1}{410}$ 时，试问该道次的咬入角是_____。

    A. 4°   B. 3°   C. 2°   D. 5°

87. 下列说法错误的是_____。

    A. 前滑与中性角呈抛物线的关系   B. 前滑与咬入角呈直线关系

    C. 前滑与轧件厚度呈双曲线关系   D. 前滑与辊径呈直线关系

88. 某轧钢车间在 1100℃ 轧制钢种为 45 钢，轧辊材质为铸钢，轧制速度 $v=4m/s$，查相关图表可知轧辊材质与表面状态的影响系数 $k_1=1$，轧制速度影响系数 $k_2=0.8$，轧件的化学成分影响系数 $k_3=1$。试问该轧制条件的摩擦系数是_____。

    A. 0.8   B. 0.32   C. 0.4   D. 0.5

89. 某轧钢车间轧机的标称是："800 二辊可逆/760×2 三辊/650 二辊两列横列式大型型钢轧机"该车间不可逆式轧机有_____台。

    A. 5   B. 4   C. 3   D. 2

90. 轧机机架的作用是_____。

    A. 用来安装轧辊、轧辊调整装置和导卫装置等工作机座中全部零件，并承受全部轧制力的部件。

    B. 用来安装轧辊、轧辊轴承和导卫装置等工作机座中全部零件，并承受全部轧制力的部件。

    C. 用来安装轧辊、轧辊轴承、轧辊调整装置和导卫装置等工作机座中全部零件，并承受全部轧制力的部件。

    D. 用来安装轧辊、轧辊轴承、轧辊调整装置和等工作机座中全部零件，并承受全部轧制力的部件。

91. 轧钢机主传动装置中确定采用减速机的一个重要条件是：（减速机的费用+减速机摩擦损耗的费用）_____（低速电机的费用－高速电机的费用）。

    A. 大于   B. 不大于   C. 不小于   D. 以上都不是

92. 轧辊轴承的工作特点是_____。

    （1）承受很大的单位压力 p；   （2）承受的热许值大；   （3）PV 值大；

    （4）工作温度高；   （5）工作条件恶劣。

    A.（1）（2）（3）（4） B.（1）（2）（4）（5） C.（3）（4）（5） D.（1）（4）（5）

93. 某轨梁厂 950 二辊粗轧机的压下装置中，大指针旋转一周相当于压下螺丝移动距离为 100mm，小指针旋转一周相当于压下螺丝移动距离为 1000mm，已知压下螺丝的螺纹直径及螺距为 340mm 和 40mm，问大指针旋转六周，压下螺丝旋转了_____圈？

    A. 10   B. 15   C. 25   D. 40

94. _____轧机是无机架紧凑式万能轧机。

    A. PC 轧机   B. VC 轧机   C. HC 轧机   D. CU 型轧机

95. _____联接轴的最大倾角最小。

    A. 梅花接轴   B. 滑块式万向接轴

C. 十字头式万向接轴　　D. 弧型接轴

96. 17-85/90×2300 冷钢板矫正机的辊距是_____。

A. 17mm　　　　　B. 85mm　　　　　C. 90mm　　　　　D. 2300mm

97. Q11-20×2000 型上切式斜刃剪板机，表示该剪机可冷剪最大厚度为_____。

A. 11mm　　　　　B. 20mm　　　　　C. 11cm　　　　　D. 20cm

98. 根据在辊式矫直机上的各辊压力的分布规律可知第_____辊的压力最大。

A. $n-3$　　　　　B. 3　　　　　C. 4　　　　　D. $n-2(n>6)$

99. 有一台轧机的新轧辊的直径为848mm，正常报废时的轧辊的直径为752mm，该轧机轧辊的名义直径为800mm，此轧辊的重车率是_____。

A. 12%　　　　　B. 13%　　　　　C. 8%　　　　　D. 10%

100. 质量管理体系 TS 16949 中的"TS"含义是_____。

A. 全方位系统　　B. 汽车厂名称　　C. 技术规范　　D. 国际标准化组织

101. 热轧后轧件表面氧化铁皮的构成由里到外是_____。

A. FeO、Fe_3O_4、Fe_2O_3　　　　　　　　B. Fe_3O_4、Fe_2O_3、FeO

C. Fe_2O_3、Fe_3O_4、FeO　　　　　　　　D. Fe_3O_4、FeO、Fe_2O_3

102. 按钢材性能分类，下列属于工艺性能的是_____。

A. 塑性　　　　　B. 磁性　　　　　C. 冲击　　　　　D. 韧性

103. 质量统计工具中 SPC 的中文含义是_____。

A. 分析过程控制　　B. 统计过程控制　　C. 检测过程控制　　D. 记录

104. 表示板带钢轧机规格的数据是依据_____。

A. 轧机刚度　　　B. 轧辊辊身长度　　C. 轧制力矩　　D. 电机功率

105. 计算机在轧钢生产过程中的最主要的作用是_____。

A. 生产管理　　　B. 生产过程控制　　C. 故障诊断　　D. 温度控制

106. 指挥人员在指挥吊车时，应距起吊物_____。

A. 2m　　　　　　B. 3m　　　　　C. 4m　　　　　D. 5m

107. 对碳素钢钢坯表面缺陷进行处理，一般采用_____。

A. 火焰、风铲清理法　　B. 砂轮清理法　　C. 机床清理法　　D. 化学清理法

108. 轧钢原料中常见的五大化学元素是_____。

A. 碳，硅，锰，磷，硫　　　　　　　B. 碳，锰，磷，硫，铜

C. 碳，硅，锰，硫，铜　　　　　　　D. 碳，锰，锌，硫，镍

109. 三段式步进加热炉指的是_____等三段。

A. 预热段、第一加热段、第二加热段　　　B. 第一加热段、第二加热段、均热段

C. 预热段、加热段、均热段　　　　　　　D. 第一加热段、第二加热段、第三加热段

110. 指挥吊车时，手臂平伸，掌心向下表示_____。

A. 急停　　　　　B. 停止　　　　　C. 下降　　　　　D. 上升

111. 热轧无缝钢管生产中斜轧穿孔的孔型由_____组成。

A. 顶头、轧辊　　　　　　　　　　　B. 顶头、轧辊、芯棒

C. 顶头、轧辊、导板　　　　　　　　D. 轧辊、芯棒

112. 制订钢材生产工艺过程的首要依据是_____。

A. 产品的技术条件　　　　　　　　　B. 生产规模的大小

C. 钢种的加工工艺性能　　　　　　　D. 轧钢机械设备

113. 环形加热炉中烟气流动方向与炉底转动方向_____。

A. 相同　　　　　B. 相反　　　　　C. 无关　　　　　D. 相反或相同

114. 钢坯加热温度的选择应依_____不同而不同。

    A. 钢坯的尺寸　　　　　　B. 钢种　　　　　　　　C. 钢坯的质量　　D. 钢的硬度

115. 加热速度是单位时间加热钢坯的_____。

    A. 数量　　　　　　　　　B. 厚度　　　　　　　　C. 长度　　　　　　D. 宽度

116. 传导传热是依靠_____来传递热量的。

    A. 分子之间相互碰撞　　B. 自由电子　　　　　　C. 原子　　　　　　D. 离子

117. 钢中产生白点缺陷的内在原因是钢中含_____量过高。

    A. 氮　　　　　　　　　　B. 氢　　　　　　　　　C. 氧　　　　　　　D. 硫

118. 在孔型设计中，上下两辊作用于轧件上的力矩相等的某一直线叫_____。

    A. 孔型的中性线　　　　B. 轧辊中线　　　　　　C. 轧辊轴线　　　　D. 轧制线

119. 加工硬化的后果是使金属的_____。

    A. 塑性降低　　　　　　　B. 强度降低　　　　　　C. 硬度降低　　　　D. 塑性提高

120. 对碳钢和低碳钢根据_____确定加热温度的上限和下限。

    A. 化学成分　　　　　　　B. 材质　　　　　　　　C. 铁碳合金相图　　D. CCT 曲线

121. 轧件变形不能穿透整个断面高度，因而轧件侧面呈_____。

    A. 单鼓形　　　　　　　　B. 双鼓形　　　　　　　C. 不变化　　　　　D. 矩形

122. 钢材控制轧制可分为_____种类型。

    A. 2　　　　　　　　　　　B. 3　　　　　　　　　　C. 4　　　　　　　　D. 5

123. 轧制终了的钢材在大气中冷却的方法称为_____。

    A. 强制冷却　　　　　　　B. 缓冷　　　　　　　　C. 自然冷却　　　　D. 控制冷却

124. 中厚板生产中为使板形平直，钢板轧后须趁热进行_____。

    A. 剪切　　　　　　　　　B. 酸洗　　　　　　　　C. 矫直　　　　　　D. 热处理

125. 按"废品落户"的有关规定进行钢质和轧钢操作废品的区别，____属于钢质废品。

    A. 气泡　　　　　　　　　B. 麻面　　　　　　　　C. 耳子　　　　　　D. 外折

126. 轧制钢板时，钢板头部容易出现一边的延伸大于另一边，此缺陷称为_____。

    A. 波浪　　　　　　　　　B. 瓢曲　　　　　　　　C. 镰刀弯　　　　　D. 扭曲

127. 型钢轧机上，轧辊的轴向调整主要是用来对准____，使孔型具有正确的相对位置。

    A. 横梁　　　　　　　　　B. 导卫　　　　　　　　C. 轧槽　　　　　　D. 导板

128. 关于热轧时轧辊辊身冷却意义的叙述，不确切的是_____。

    A. 保持轧辊在低温下工作，提高耐磨性　　　　B. 控制轧件温度

    C. 起一定润滑作用　　　　　　　　　　　　　D. 轧辊表面光洁，使轧件表面质量良好

129. 在板带热连轧生产过程中，为了减少轧件头尾的温度差，可采用_____或在精轧机组前采用热板卷箱等方法。

    A. 提高穿带速度　　　　　B. 减小冷却水　　　　　C. 升速轧制　　　　D. 减速轧制

130. MPM 管排锯辅助垂直夹紧装置作用_____。

    A. 稳定管排　　　　　　　B. 稳定管排，矫直钢管　　C. 矫直钢管　　　　D. 挤压钢管

二、填空题

1. 金属在变形中，有移动可能性的质点将沿着路径最短的方向运动，称为_____定律。

2. 变形速度是指_____与时间的比率。

3. 轧件的延伸是被压下金属向轧辊_____和出口两方向流动的结果。

4. 轧制后残存在金属内部的附加应力称为_____。

5. 金属在冷加工变形中，金属的变形抗力指标，随变形程度的增加而_____；金属的塑性指标随变形程度的增加而_____。

6. 在轧制变形区内，在_____处，轧件与轧辊的水平速度相等。

7. 计算轧制压力可归结为计算平均单位压力和_____这两个基本问题。

8. 在压力加工过程中，对给定的变形物体来说，三向压应力越强，变形抗力_____。

9. 细化晶粒的根本途径是控制形核率和_____。

10. 在金属进行压力加工过程中，我们可以根据_____计算出轧制后的轧件尺寸。

11. 适当地控制被加工金属的化学成分、加热温度、变形温度、变形条件及冷却速度等工艺参数，从而可以大幅度提高热轧材的综合性能的一种轧制方式，称为_____。

12. 金属产生断裂的种类有_____和韧性断裂。

13. 冷轧生产工艺中包括热处理工序，对钢材进行热处理操作分为加热、_____和冷却三阶段组成。

14. 钢的轧制工艺制度主要包括_____、速度制度和温度制度。

15. 型钢轧制中，孔型是由辊缝、_____、圆角、锁口、辊环等组成。

16. 上、下两轧辊轴线间距离的等分线叫_____。

17. 冷轧生产过程的基本工序为_____、轧制、退火、平整和精整。

18. 控制轧制分为奥氏体再结晶区控制轧制、奥氏体未再结晶区控制轧制和_____控制轧制。

19. 在轧钢生产过程中，对板带轧机的操作人员来说，人工测量带钢厚度的测量工具主要有螺旋千分尺和_____。

20. 45°高速线材轧机轧制生产中，在全轧制线上活套形成器有三种形式，即为下活套器、侧活套器和_____。

21. 在板带钢轧制生产过程中，厚度的自动控制 AGC 系统的监控方式，必须依靠精轧机末机架出口的_____提供测量数值。

22、即有水平辊又有立辊的板带轧机称为_____。

23、物体为保持其原有形状而抵抗变形的能力称为_____。

24、亚共析钢经轧制自然冷却下来的室温组织为_____和_____。

25. 轧机主传动电机力矩的四个组成部分为_____、附加摩擦力矩、空转力矩、动力矩。

26. 轧辊是由_____、_____、_____三部分组成。

27. 加热炉的均热段以_____传热为主。

28. 在低碳钢的拉伸试验中，试件在发生弹性变形后会出现屈服平台，此时应力称_____，然后在塑性变形达到_____时试件断裂。

29. 轧机的有效作业率指的是_____与计划生产时间和外部影响停机时间之差的比值。

30. 凡是两端开口并且有中空封闭型新断面，长度与周长成较大比例的钢材称为_____。

31. 加热炉中空气过剩系数大，炉内呈_____气氛。

32. 珠光体是_____和_____在特定温度下组成的机械混合物。

33. 在国标中表示碳钢产品质量标准的三种级别为 CQ 级、DQ 级和_____。

34. 轧制时轧件与轧辊表面接触的弧线称为咬入弧，咬入弧所对应的圆心角称作_____。

35. 在连轧工艺过程中，通过各机架金属量基本原则为_____的原则。

36. 形状特殊的孔型或轧件在轧制过程中迫使金属有较大的宽展，这种宽展称为_____。

37. 辊跳值取决于_____、轧制温度以及轧制钢种等。

38. 型钢孔型按车削方式分为开口孔型、闭口式孔型和_____。

39. 钢管按生产方法分_____和焊接钢管。

40、轧机常用的三种轧辊有锻钢轧辊、铸钢轧辊和_____。

41、纵轧轧管时的变形区有_____和减壁区，变形过程分为压扁变形、减径变形和_____。

42、回火按温度分为_____、中温回火、高温回火。

43、热轧带钢生产过程中，轧制分为_____和精轧阶段两个阶段。

44. 钢管连轧机组生产中，再加热炉是侧进侧出的_____加热炉。

45. 金属材料在外力作用下，抵抗变形和断裂的能力称为_____。

46. 型钢轧机上同一孔型上的两个轧辊辊环之间的距离称为_____。

47. 轧材出轧机后往上翘，此种轧机是采取_____轧制的。

48. 无缝钢管生产中，发生穿孔内折的种类有孔腔内折. _____和加热内折。

49. 通过计算规定轧制工艺各工序变形参数及轧机调整参数和变形工具尺寸的表格，称为_____。

50. 钢材加热的目的是提高_____，降低变形抗力，便于轧制，同时在钢的加热过程中，可以消除铸锭带来的某些组织缺陷和应力。

51. 在变形区靠近轧辊的出口处金属的纵向流动速度_____轧辊在该处的线速度这种现象称为前滑。

52. 通常热轧轧辊辊身直径的选择主要考虑_____及轧辊强度。

53. 精整包括轧后的钢材冷却、_____、矫直，酸洗，清理，分级，涂色，包装一直到交成品库为止的全部操作过程。

54. 用于轧钢生产的切断设备主要有剪切机、_____和火焰切割机和折断机四大类。

55. 轧机的平衡装置通常分为弹簧平衡、重锤平衡和_____。

56. 钢加热时表面含碳量会_____。

57. 产品标准一般包括以下内容_____、性能标准、试验标准和交货标准。

58. 把在十分缓慢的冷却速度下得到的，反映铁碳合金结构状态和温度，成分之间关系的一种图解称为_____或称为铁碳相图。

59. 影响钢氧化的因素有加热时间、加热温度和_____等。

60. 现代计算机控制的三级系统指的是：一级为_____；二级为过程监控级；三级为管理级。

三、简答题

1. 孔型有哪几部分组成？

2. 影响连轧常数计算值有哪些主要因素？

3. 改善轧件咬入条件有哪些方法？

4. 什么是正火，退火，淬火，回火？

5. 什么是控制轧制技术，控制冷却技术？

6. 影响辊型的主要因素有哪些？

7. 轧钢机工作图表在轧钢生产中有什么作用？

8. 轧钢现场管理的主要任务是什么？

9. 什么叫弹塑性曲线，其意义是什么？

10. 什么是过烧，产生的原因是什么？

11. 轧制图表是什么？

12. 影响金属变形抗力的因素有哪些？

13. 冷轧生产中，对带钢进行平整的主要目的是什么？

14. 铁碳平衡相图如何在轧制工艺上得到应用？

15. 热轧型钢延伸系数的分配原则是什么？

16. 什么叫层流冷却？

17. 什么叫"无头轧制"，其优点是什么？

18. 在热轧生产中，如何确定开轧温度？

19. 在热轧生产中确定其终轧温度时有什么考虑？

20. 在轧制生产中，提高成材率，降低金属消耗的主要措施有哪些？

21. 什么叫磁粉探伤和超声波探伤？

22. 孔型圆角的作用是什么？

23. 燃料稳定燃烧必须具备什么条件？

24. 什么是结疤，产生的原因是什么？

25. 轧辊调整装置的作用是什么？

26. 导卫装置的主要作用是什么？

27. 什么叫按炉送钢制度？

28. 轧机主机列由哪几部分组成，各组成部分的作用是什么？

29. 辊环的作用是什么？

30. 轧钢机的标称由哪六部分构成？

31. 静-动压轴承的特点是什么？

32. 动压轴承的工作原理是什么，怎样实现液体摩擦？

33. 热连轧带钢轧机精轧机组的活套支撑器的作用是什么？

34. 影响单位压力的主要因素是什么，怎样影响的？

35. 在轧制过程中，主电机轴上传动轧辊所需力矩由哪几部分组成，其表达式是什么？

36. 影响前滑的因素有哪些，如何影响？

37. 影响宽展的因素有哪些，如何影响？

38. 什么是通常长度、定尺长度、倍尺长度、短尺？

39. 什么是耳子，产生的原因是什么？

40. 裂纹产生的原因是什么？

41. 钢的加热温度不均对轧钢生产有什么影响？

42. 计算机在轧钢生产过程中的主要作用是什么？

43. 简述热轧无缝钢管车间菌式穿孔机的优点，其常换热工具有哪些？

44. 型钢轧机、钢板轧机和无缝钢管轧机是怎样标称的？

45. 常化的目的是什么？

46. 钢管连轧机分几次咬入，分别是什么？

47. 钢管车间的轧钢工使用吊车时应注意哪些事项？

48. 钢管穿孔机的穿孔变形的四个区是什么？

49. 高压除鳞系统压力一般是多少？

50. 冷轧带钢轧后钢卷上应描写哪些内容？

51. 冷轧带钢钢卷轧制前，需要按作业计划与钢卷核对哪些内容？

52. 冷轧带钢的乳化液喷嘴应如何安装？

53. 冷轧带钢轧后钢卷为什么要进行打捆？

54. 冷轧带钢在轧制过程中采用张力轧制的作用是什么？

55. 冷轧过程中工艺润滑的作用是什么？

56. 加工硬化对冷轧过程有何影响？

57. 在冷轧带钢时，为什么要进行轧辊零位的校正？

58. 冷轧带钢生产中，穿带过程中带钢头部跑偏的原因及预防措施是什么？

59. 冷轧带钢生产中，发生甩尾跑偏的原因及预防措施是什么？

60. 冷轧带钢生产中，带钢咬入困难的原因和预防措施是什么？

61. 板带钢成品厚度波动的原因什么？

62. 在冷轧带钢生产中，卷取张力过大或过小会带来什么缺陷？

63. 在带钢生产中，卷取为什么要采用恒张力控制？

64. 冷轧轧制过程一般有哪几种数学模型？

65. 数学模型在计算机控制中的作用是什么？

66. HC 主轧机厚度自动控制的基本思想是什么？

67. 冷轧对工艺润滑剂的要求是什么？

68. 冷轧工艺润滑剂有哪几种？

69. 带钢表面出现压痕的特征及产生的原因和预防措施是什么？

70. 带钢裂边的特征及产生的原因和预防措施是什么？

71. 控制板形能力较强的轧机有哪些？

72. 卷取机掉张力的原因及预防措施是什么？

73. 带钢热划伤的特征及产生的原因和预防措施是什么？

74. 如何预防轧辊爆辊伤人？

75. 轴承油气润滑有何优点？

76. 轧辊为什么要进行冷处理？

77. 主传动马达保险销断裂的原因和预防措施是什么？

78. 塌卷（扁卷）的特征及产生的原因和预防措施是什么？

79. 心形卷的特征及产生的原因和预防措施是什么？

80. 轧制中突然断带的原因和预防措施是什么？

四、计算题

1. 在 $\phi650$ 轧机上轧制钢坯尺寸为 $H \times B \times L = 100mm \times 100mm \times 2000mm$，在第 1 轧制道次的压下量为 35mm，轧件通过变形区的平均速度为 3.0m/s 时，求：（1）第 1 道次轧后的轧件长度（忽略宽展）；（2）第 1 道次的总轧制时间。

2. 已知轧前轧件断面尺寸 $H \times B = 100mm \times 200mm$，轧后厚度 $h = 70mm$，轧辊材质为铸钢，工作辊直径 $D_k = 650mm$，轧制速度 $v = 4m/s$，轧制温度 $t = 1100℃$，轧件材质为低碳钢，轧件与轧辊的摩擦系数为 0.4，用古布金公式 $\Delta b = \left(1 + \dfrac{\Delta h}{H}\right)\left(f \sqrt{R\Delta h} - \dfrac{\Delta h}{2}\right)\dfrac{\Delta h}{H}$ 计算该道次宽展量 Δb？

3. 在 $\phi1800/\phi980 \times 4200mm$ 四辊可逆式中厚板轧机轧制规格为 $8mm \times 2900mm \times 17500mm$ 的钢板。在某道次的压下量 $\Delta h = 25mm$，该道次的平均单位压力为 $1054 \times 10^5 Pa$；不计轧辊弹性压扁，忽略轧件的宽展。试计算该道次的轧制总压力。

4、某 $\phi650$ 开坯轧机的某一个道次的轧制力 $P = 13 \times 10^5 N$。轧辊的工作直径为 470mm，压下量为 27.5mm，辊颈直径为 380mm，轴承为胶木轴瓦，其摩擦系数为 0.02，已知轧制力臂系数 $\Psi = 0.60$，求该道次的轧制力矩和轧辊轴承中的附加摩擦力矩。

5. 某轧钢车间采用推钢式连续加热炉。炉内的坯料为两排，坯料间或坯料与炉墙的空隙距离为 0.3m，采用的最大推钢比为 200。如果坯料的尺寸为 $150mm \times 150mm \times 2100mm$，问该加热炉的宽度和长度至少为多少米？

6. 某中厚板车间 1 号推钢式加热炉的有效炉底强度为 $700kg/(m^2 \cdot h)$，炉内坯料为两排，坯料长度为 2.5m，炉底有效长度为 24m。问该 1 号加热炉的小时产量是多少吨？

7. 共析钢是含碳量为 0.77% 的铁碳合金，根据铁碳平衡图计算其平衡态室温组织中渗碳体组织和铁素体组织含量各是多少？

8. 用 $120mm \times 120mm \times 12000mm$ 的坯料轧制 $\phi6.5mm$ 线材，平均延伸系数为 1.28，求总延伸系数是多少，共轧制多少道次？

9. 若某道次轧制力为 200t，轧机刚度为 500t/mm，初始辊缝为 5.6mm，求轧后钢板厚度。

10. 受力金属内一点的应力状态为 90MPa，60MPa，30MPa，该金属屈服极限为 70MPa，问该点能否发生塑性变形。

11. 已知某加热炉每小时加热 270t 钢坯，炉子有效长度为 32.5m，采用单排进料，加热炉内的板坯之间中心距为 50mm，板坯宽 700mm，该加热炉可装多少块板坯？如果每块板坯为 15t，该炉可装多少吨板坯？

12. 已知一型材轧钢车间，轧制圆钢从 $\phi10mm \sim \phi40mm$，现已知生产 $\phi30mm$ 圆钢时，总的延伸系数是 14.154，计算该型钢车间使用多大的方坯坯料？

13. 在带钢轧制时，带钢轧前尺寸为 3mm × 420mm，轧后尺寸为 2.3mm × 420mm，已知前张力为 70000N，后张力为 75000N，计算该道次轧制时前、后平均单位张力值是多少？

14. 已知轧辊工作直径为 400mm，轧辊转速 500r/min，求轧制速度为多少（m/s）？

15. 某钢管车间轧制 $\phi140mm \times 6mm$ 规格的钢管，管坯直径为 $\phi180mm$，管坯长度为 2m，管坯烧损为 2%，求轧后成品钢管长度是多少？

16. 一个箱形孔的孔型高度是 160mm，在轧制时，轧机调整员调整该孔的高度为 158mm，轧出轧件高度是 160mm，问该轧机的辊跳值是多少？

17. 已知轧辊辊径为 $\phi700mm$，轧件的出口厚度 $h = 8mm$，中性角 $\gamma = 2°$，轧辊的转度为 380r/min，求轧件在该轧机实际的出口速度是多少？

18. 求含碳量 $0.77\% < w_C < 2.11\%$ 的铁碳合金在室温下的各组织的含量？

19. 求含碳量 $0.02\% < w_C < 0.77\%$ 的铁碳合金在室温下的各组织的含量？

20. 某轧钢车间的加热炉使用煤气做燃料，某段煤气流量为 $V_g = 5000km^3/h$，该煤气理论空燃比为 $L = 2.0$，空气过剩系数为 $N = 1.05$，求该段的空气量为多少 km^3/h？

21. 某棒材车间采用连续式加热炉加热 150mm × 150mm 的方坯，钢种为合金结构钢，其加热修正系数为 0.18，根据经验公式确定加热时间是多少？

22. 某轧钢车间某钢坯在加热过程中 1.5h 表面温度升高了 300℃，求加热速度是多少？

23. 轧制 $\phi121mm \times 8mm$ 规格的钢管，管坯外径为 $\phi180mm$，管坯长度为 3.6m，管坯烧损为 2%，求轧后成品钢管长度？

24. 某钢板轧机所轧原料重量为 6.5t，轧制节奏时间为 150s，轧钢机的利用系数是 0.8，成材率为 93%，试计算该轧机实际小时产量？

25. 某轧钢车间某月份计划定修及换辊时间为 36h，轧钢故障时间为 9h，其他设备及各故障时间为 34h，该月日历时间为 30d。求该月份日历作业率为多少？

附录2 轧钢工理论知识复习题答案

一、选择题

1.【A】2.【A】3.【B】4.【B】5.【C】6.【A】7.【A】8.【B】9.【C】10.【A】11.【A】12.【B】13.【A】14.【A】15.【B】16.【C】17.【C】18.【B】19.【B】20.【B】21.【C】22.【C】23.【A】24.【A】25.【C】26.【B】27.【A】28.【C】29.【B】30.【C】31.【C】32.【C】33.【A】34.【A】35.【B】36.【C】37.【B】38.【C】39.【B】40.【A】41.【B】42.【A】43.【A】44.【A】45.【B】46.【B】47.【B】48.【A】49.【C】50.【C】51.【C】52.【B】53.【C】54.【A】55.【B】56.【C】57.【C】58.【B】59.【C】60.【B】61.【C】62.【B】63.【A】64.【D】65.【C】66.【C】67.【A】68.【C】69.【D】70.【B】71.【A】72.【B】73.【A】74.【D】75.【B】76.【C】77.【A】78.【C】79.【D】80.【C】81.【B】82.【A】83.【C】84.【A】85.【B】86.【A】87.【B】88.【C】89.【C】90.【C】91.【B】92.【B】93.【B】94.【D】95.【A】96.【C】97.【B】98.【B】99.【A】100.【C】101.【A】102.【C】103.【B】104.【B】105.【B】106.【B】107.【A】108.【C】109.【C】110.【B】111.【C】112.【A】113.【B】114.【B】115.【B】116.【A】117.【B】118.【A】119.【A】120.【C】121.【B】122.【B】123.【C】124.【C】125.【A】126.【C】127.【C】128.【B】129.【C】130.【B】

二、填空题

1. 最小阻力 2. 变形程度 3. 入口 4. 残余应力 5. 升高、降低 6. 中性面 7. 接触面积 8. 越大 9. 长大速度 10. 体积不变定律 11. 控制轧制 12. 脆性断裂 13. 保温 14. 变形制度 15. 孔型侧壁斜度 16. 轧辊中线 17. 酸洗 18. 两相区 19. 游标卡尺 20. 立活套器 21. 测厚仪 22. 万能轧机 23. 变形抗力 24. 铁素体、珠光体 25. 轧制力矩 26. 辊身、辊颈、辊头 27. 辐射 28. 屈服极限、强度极限 29. 实际生产时间 30. 钢管 31. 氧化性 32. 铁素体、渗透体 33. DDQ级 34. 咬入角 35. 秒流量相等 36. 强迫宽展 37. 轧机性能 38. 半开口孔型 39. 无缝钢管 40. 铸铁轧辊 41. 减径区、减壁变形 42. 低温回火 43. 粗轧阶段 44. 步进梁式 45. 强度 46. 辊缝 47. 下压力 48. 定心内折 49. 轧制表 50. 塑性 51. 大于 52. 咬入角 53. 热处理 54. 锯机 55. 液压平衡 56. 降低 57. 规格标准 58. 铁碳合金状态图 59. 炉内气氛 60. 程序控制级

三、简答题

1. 答:孔型是由辊缝 S、侧壁斜度 $\tan\varphi$、内圆角 R 和外圆角 r、锁口四部分组成的。

2. 答:(1)轧件断面面积计算的影响;(2)轧辊工作直径计算的影响;(3)前滑的影响。

3. 答:改善咬入条件的方法通常有以下几种:(1)将轧件的头部手工切割成一斜面,使头部更易于进入轧辊;(2)在咬入时,在坯料上加一个推力,如采用夹送辊,帮助轧件咬入;(3)在轧辊上增加摩擦系数,如在轧辊上刻槽,或用点焊进行点焊;(4)孔型设计时,采用双斜度提高咬入角。

4. 答:正火是将钢加热到上临界点 A_{c3}(亚共析钢)和 A_{ccm}(过共析钢)以上约 $30 \sim 50℃$ 或更高的温度,使钢奥氏体化,并保温均匀化后,在空气中自然冷却到室温的热处理工艺。退火是将钢加热至临界点 A_{c1} 以上或以下温度,保温以后随炉缓慢冷却以获得近于平衡状态组织的热处理工艺。淬火是将钢加热到临界点 A_{c3}(亚共析钢)或 A_{c1}(共析钢和过共析钢)以上一定温度,保温一定时间,然后以大于临界冷却速度获得马氏体(或下贝氏体)组织的热处理工艺。回火将淬火后的工件,再加热到 A_{c1} 以下,保温一定时间,然后冷却到室温的热处理工艺。

5. 答：控制轧制是指在调整钢的化学成分的基础上，通过控制加热温度、轧制温度、变形制度等工艺参数，控制奥氏体组织变化规律和相变产物的组织形态，达到细化组织、提高钢材强度与韧性的目的。控轧冷却就是通过控制热轧过程中和轧后钢材的冷却速度，达到改善钢材的组织状态，提高钢材性能，缩短钢材的冷却时间，提高轧机生产能力的生产工艺。

6. 答：（1）轧制过程中轧辊受轧制力的作用，产生的弹性弯曲变形；（2）受温度作用而产生的热膨胀；（3）在轧制过程中产生的不均匀磨损。

7. 答：（1）分析轧钢机的工作情况，找出工序间的薄弱环节加以改进，使轧制更趋合理；（2）准确计算出轧制时间，各工序的交叉时间和轧制节奏时间，用来计算轧机的产量；（3）计算轧制过程中轧件所承受的轧制压力和电动机传动轧钢所承受的负荷。

8. 答：（1）优化组合生产要素，不断提高劳动生产率；（2）加强精神文明建设，培养员工队伍；（3）提高产品质量、降低物质消耗，提高经济效益。

9. 答：弹塑性曲线是轧机的弹性曲线和轧件塑性曲线的总称。其意义在于：（1）利用弹塑性曲线可以分析轧辊热膨胀与磨损后轧机的调整过程；（2）利用弹塑性曲线可以分析来料厚度变化时轧机的调整过程。

10. 答：钢坯在加热炉中加热温度过高时，金属的晶界发生熔化，同时炉气浸入使晶界氧化，破坏了晶格的结合，这种加热缺陷称为过烧。产生的原因是加热温度过高、加热时间过长和炉内氧化性气氛过强等。

11. 答：利用直线或折线反映轧件在轧制过程中所占用的轧制时间，各道次之间的间隙时间以及轧制一根钢所需要的延续时间，还有在轧制过程中轧件进行交叉轧制的情况和轧件在任一时间所处的位置的图表，就称为轧制图表。

12. 答：（1）金属的化学成分及其组织结构：合金的变形抗力大于纯金属的变形抗力；（2）变形温度：变形温度升高，变形抗力降低；（3）变形速度：变形速度加快，变形抗力升高；（4）变形程度：变形程度加大，变形抗力增加。

13. 答：（1）消除冷轧带钢明显的屈服平台，改善带钢的力学性能；（2）改善带钢的平直度；（3）使带钢表面达到一定的粗糙度，从而可获得不同的表面结构。

14. 答：根据铁碳平衡相图，可以制定各钢种的加热温度范围，开轧温度范围和终轧温度范围，这是铁碳平衡相图中温度与组织结构的关系向人们提供了参考依据，保证各钢种加工是在可靠状态下进行，并最终获得理想的组织和性能。

15. 答：（1）轧制开始时，轧件断面大，温度高，塑性好，变形抗力小，有利于轧制，但此时氧化铁皮厚，可能处于熔化状态，摩擦系数低，咬入困难，故主要考虑咬入条件；（2）随着氧化铁皮的脱落，且轧件断面减小，咬入条件改善，此时延伸系数可以不断增加，并达到最大值；（3）以后随轧件温度下降，金属变形抗力增加，塑性降低，因此电机能力和轧辊强度成为限制延伸系数的主要因素，此时应降低延伸系数；（4）在最后几道次中，为减少孔型磨损和保证断面形状和尺寸的正确，应采用较小的延伸系数。

16. 答：为保证热轧带钢的性能，带钢在出精轧机组后，应从850℃左右的终轧温度迅速冷却到550~650℃的卷取温度，层流冷却就是冷却带钢的一种方式，它采用低水压、大水量的冷却方式。它的特点是水流在带钢表面呈层流状，能冲破带钢表面的蒸气膜，没有水飞溅，冷却效果好。

17. 答：在轧制过程中，连续供无限长的钢坯，不间断地轧制，在一个换辊周期内，轧件长度可无限延长的轧制方法，称为"无头轧制"。其优点是：（1）可大幅度提高轧机产量；（2）消除了因咬入出现的堆拉钢造成断面尺寸超差和中间轧废；（3）大量减少切头切尾量，提高收得率；（4）减少因咬入对孔型的冲击，减少磨损，提高轧辊的使用寿命，有利轧机及其传动装置的平稳运转；（5）由于连续稳定轧制，为生产自动化创造了条件。

18. 答：开轧温度是指第一道的轧制温度，一般比加热温度低50~100℃，生产现场一般总希望开轧温度高一点，以便提高轧件的塑性，降低其变形抗力，节省动力，易于轧制变形。开轧温度的上限取决于钢的允许加热温度；开轧温度的下限主要取决于终轧温度的限制。轧件一般在整个轧制过程应保持单相奥氏体组织。近来控制轧制技术的发展，在如何确定合适的开轧温度上又增加了新的限制因素。

19. 答：终轧温度是指热轧生产的终了温度，终轧温度的高低对轧制的产量和质量都有显著的影响，终轧温度过低时，保证不了轧制是在奥氏体单相区进行，不但增加了钢的变形抗力，而且也降低了钢的塑性，容易产生尺寸超差和耳子、折叠等缺陷。终轧温度过高会造成钢的实际晶粒增大，降低钢的力学性能，同时影响钢的显微组织，如生产碳化物带状组织等。

20. 答：（1）保证原料质量，及时处理缺陷；（2）合理控制加热温度，减少氧化，防止过热、过烧等缺陷；（3）严格遵守和执行岗位技术操作规程，减少轧废，采用合理的负公差轧制；（4）保证轧制质量，尽可能减少切损；（5）注意区分各类钢种的冷却制度；（6）提高钢材的表面质量；（7）提高操作技术水平，应用先进的新技术。

21. 答：将试件置于探伤机强大磁场内，使其磁化，然后将氧化铁粉与汽油或酒精混合的悬浊液涂抹在试件表面上，此时氧化铁粉就聚集在那些表面或皮下有缺陷地方，这就是磁粉探伤。超声波探伤是利用超声波的物理性质检验低倍组织缺陷，用这种方法可直接检查钢材的内部缺陷，例如检验锅炉管，还可检查大锻件的内部质量。这两种探伤都属于无损检验。

22. 答：（1）可减小轧辊的应力集中，对防止断辊有益。（2）可防止轧件角部过尖以致温降太快。（3）在辊缝外的圆角，在轧件过时，得到钝而厚的耳子，从而防止了在下一道轧制时形成折叠缺陷。

23. 答：（1）要不断地供应燃烧所需的燃料；（2）要连续供应燃烧所需要的氧气或空气；（3）要保证燃烧的燃料在一定的温度以上。

24. 答：型钢表面上的疤状金属薄块叫结疤。产生的原因：（1）钢锭、钢坯有残存的结疤、重皮、皮下气泡。或钢锭、钢坯修磨的深度比不符合要求。（2）孔型掉肉或有砂眼。（3）轧件在孔型内打滑，造成金属堆积在变形区周围的表面，再轧制时产生结疤。（4）轧辊孔型刻痕不良。（5）外物落在轧件表面上，被带入孔型变形区内压入表面。（6）钢温不均或轧制温度不当。（7）孔型磨损起毛、导卫板加工或安装不良、围盘有尖锐棱角、或辊道上堆焊不平、刮伤轧件表面，轧制后形成结疤。

25. 答：（1）调整两轧辊轴线之间的距离，以保持正确的辊缝值，并给定压下量；（2）调整两轧辊的平行度；（3）调整轧辊与辊道水平面间的相互位置，以保证轧制线高度一致；（4）调整轧辊辊型，以减小板带沿板宽方向的厚度差并控制板型；（5）调整轧辊轴向位置，以保持正确的孔型形状。

26. 答：（1）使轧件按一定顺序和正确的状态在孔型中轧制；（2）减少轧制事故，保证人身和设备安全；（3）改善轧辊、轧件和导卫自身的工作条件。

27. 答：按炉送钢制度是科学管理轧钢生产的重要内容，是确保产品质量的不可缺少的基本制度。一般情况下，每个炼钢炉号的钢水的化学成分、非金属夹杂物和气体含量等都相近。按炉送钢制度正是基于这一点，从铸锭、开坯到轧制成材，从产品检验到精整入库都要求按炉罐号转移、堆放、管理，不得混乱，才能保证产品质量。

28. 答：（1）主电机：提供轧钢机的原动力；（2）传动装置：将主电机的运动和力矩传递给轧辊；（3）工作机座：完成轧制。

29. 答：轧辊两端的辊环可以防止氧化铁皮落入轴承，中间辊环主要起分开孔型的作用，承受金属给轧辊的侧压力，并为安装导板留有余地。

30. 答：轧钢机的标称可由六个部分构成，即轧机所生产的产品品种规格、轧辊的辊身主要尺寸、轧辊的辊数及其在机座中的配置型式、车间轧机的台数、车间各轧机的布置形式及轧机的工作制度。

31. 答：在低速、可逆运转或启动、制动的情况下，才使静压系统投入工作，而在高速稳定运转时，轴承则按动压制度工作。

32. 答：利用摩擦副表面的相对运动，把油带入摩擦表面之间，建立压力油膜把摩擦面分隔开。当辊颈在轴承中静止时，由于它本身的重量自然与轴承底部接触；当辊颈沿顺时针方向开始转动时，由于金属间的摩擦，辊颈靠左侧向上移动；当转速继续升高时，由于辊颈的转动将一定黏度的润滑油带入楔形间隙，辊颈稍向右侧偏移。这时由于高速转动体的泵压作用，不断地将润滑油从入口处压向出口处，

在间隙最小处 h_{min} 形成一个高压，此压力若足以与轧制力平衡，就能将辊颈浮起，使它与轴承内表面脱离接触，实现液体摩擦。

33. 答：（1）支套；（2）恒张；（3）纠偏缓冲与纠偏指令。

34. 答：（1）相对压下量的影响。相对压下量的增加，接触弧长度增加，单位压力增加，接触面积增加，轧件对轧辊总压力增加；（2）接触摩擦系数的影响。摩擦系数愈大，单位压力增加愈快，轧件对轧辊总压力随之增加；（3）辊径的影响。轧辊直径增加，接触弧长度增加，单位压力增加；（4）张力的影响。张力轧制单位压力显著降低，张力愈大，单位压力愈小。

35. 答：在轧制过程中，主电机轴上传动轧辊所需力矩由轧制力矩、附加摩擦力矩、空转力矩和动力矩组成，用下式表示：

$$M = \frac{M_z}{i} + M_m + M_k + M_d$$

式中　M_z——轧制力矩，用于使轧件塑性变形所需的力矩；

　　　M_m——克服轧制时发生在轧辊轴承，传动机构等的附加摩擦力矩；

　　　M_k——空转力矩，即克服空转时的摩擦力矩；

　　　M_d——动力矩，此力矩为克服轧辊不匀速运动时产生的惯性力所必需的；

　　　i——轧辊与主电机间的传动比。

36. 答：（1）压下率对前滑的影响。随压下率的增加，前滑增加，因为高向压缩变形增加，纵横变形增加，故前滑增加。（2）轧件厚度对前滑的影响。轧后轧件厚度减小，前滑增加。（3）轧件宽度对前滑的影响。轧件宽度小于40mm时，宽度增加，前滑增加。增加宽度其横向阻力增加，宽展减小，延伸增加，因而前滑增加；轧件宽度大于40mm时，宽度增加对前滑无影响。因为此时达到平面变形条件，轧件宽度对宽展不起作用，宽展为一定值，延伸也为一定值，前滑值不变。（4）轧辊直径对前滑的影响。辊径增加，前滑增加，因为此时咬入角降低，摩擦系数不变，故稳轧阶段的剩余摩擦力增加，金属塑性流动增加，前滑增加。（5）摩擦系数对前滑的影响。其他条件相同时，摩擦系数增加，前滑增加。因为摩擦系数增加引起剩余摩擦力增加，前滑增加。（6）张力对前滑的影响。张力存在时前滑显著增加；前张力增加时，变形区内金属向前流动阻力减小，前滑区增加，前滑增加；反之，后张力增加时，后滑区增加。

37. 答：（1）相对压下量的影响。压下量是形成宽展的源泉，是形成宽展的主要因素之一，压下量愈大，宽展愈大。（2）轧制道次的影响。总压下量一定时，轧制道次愈多，宽展愈小。（3）轧辊直径对宽展的影响。Δb 随轧辊直径 D 的增加而增加。因为 D 的增加，变形区长度增加，纵向阻力增加－最小阻力定律－横向流动增加。（4）摩擦系数的影响。随摩擦系数的增加，轧辊工具形状系数增加，σ_3/σ_2 比值增加，延伸减小，宽展增加。（5）轧件宽度对宽展的影响。绝对宽展随轧件宽度增加先增加后趋于不变。

38. 答：通常长度：又称不定尺长度，凡钢材长度在标准规定范围内而且无固定长度的都称为通常长度。定尺长度：按订货要求切成固定长度称为定尺长度。定尺钢材标准规定正偏差交货。倍尺长度：按订货要求的单倍尺长度切成整数倍数的称为倍尺长度（单倍尺的长度及倍数需在合同中注明）。短尺：凡长度小于标准中通常长度下限，但不小于最小允许长度者，称为短尺。

39. 答：耳子是指在型钢表面顺轧制方向，与孔型开口处相对应延伸的凸起。产生的原因：（1）孔型设计不合理、成品孔预留宽展量小。（2）轧机调整不当，成品孔压下量过大。（3）成品前孔磨损严重，进入成品孔金属过多，使成品孔过充满。（4）成品孔入口导卫偏斜。（5）成品孔入口导板间隙过大或松动，进钢不稳。（6）轧件温度低，宽展量大。

40. 答：（1）钢坯的皮下气泡、未清理净的裂纹及非金属夹杂物等，在轧制中破裂和延伸形成裂纹。（2）钢坯的内裂纹在轧制中扩大并暴露于表面也形成裂纹。（3）钢坯加热不均或钢温度过低及轧制不正确，各部分延伸宽展不一致也产生裂纹。（4）高碳钢和合金钢由于加热速度过快或冷却不当而形成裂纹。

41. 答：钢料上下温度不均形成阴阳面，即低温面为阴面，高温面为阳面。轧制时，有阴阳面的钢坯容易产生弯曲、扭转。阴面向上时，轧件出轧辊时向上弯；阴面向下时，轧件向下弯。向上弯易发生顶导卫板和缠辊等事故。钢料内外温度不均匀，轧制时延伸不均，使轧件产生应力，容易造成裂纹。沿钢料长度上温度不均匀，轧制时造成辊跳值波动，而使同一轧件尺寸波动，给控制成品尺寸公差造成困难。

42. 答：（1）生产管理；（2）生产过程监控；（3）直接数字控制；（4）生产过程程序控制；（5）制表显示；（6）故障诊断；（7）自适应控制。

43. 答：优点有延伸系数大，径壁比大，穿合金钢能力强，扩径量大，且穿出毛管质量好。常换工具有入口导管、受料槽、推料头、顶头、导板、导板支撑器、轧辊、挡叉、顶杆。

44. 答：型钢轧机是以轧辊名义直径或用人字齿轮座齿轮节圆直径标称。钢板轧机是以轧辊辊身长度标称的。无缝钢管轧机是以能够轧制的钢管最大外径标称的。

45. 答：（1）使钢材的组织变得均匀，细化晶粒；（2）改善钢的力学性能；（3）改善低碳钢和低合金钢的金相组织和性能。

46. 答：分两次咬入。第一次是轧件接触轧辊，轧辊将轧件拽入变形区。第二次是轧件接触芯棒，轧辊将轧件继续拽入变形区直至形成稳定轧制。

47. 答：首先要检查好吊具，正确选用钢丝绳，吊钢管时尽量使吊钩位于钢管中间，要求注意周围设备和行人，任何人不得在吊钩之下行动，吊顶杆时需两台吊车同时吊运，不得碰伤任何人和设备，防止意外事故

48. 答：穿孔准备区、穿孔区、辗轧区、归圆区。

49. 答：高压除鳞系统压力一般是 14 ~ 17.5MPa 之间。

50. 答：应在轧后钢卷外圈上描写：轧后冷轧带钢号；钢种；轧后规格（厚×宽，厚度为公称厚度）；卷重；生产日期和生产班别；在内圈和操作侧描写轧后冷轧带钢号。

51. 答：钢卷轧制前，需要按作业计划核对实物钢卷的冷轧带钢号、钢种、来料厚度、来料宽度、卷重以及成品架出口厚度设定值等重要数据。

52. 答：乳化液喷嘴应相互平行，且倾斜度为45°。

53. 答：由于冷轧是带张力轧制，轧后的钢卷都存在着卷取张力，根据规定，凡是钢卷直径大于900mm 的都必须打一道捆，对于厚度小于 0.35mm 的钢卷，内圈带头还必须采用点焊方式加以固定。钢卷若不打捆，当翻转以后，带钢因其本身的弹性，外部几圈松开，不便于吊运，装炉，易于掉卷损坏设备和造成伤亡事故；对于厚度小于 0.35mm 的钢卷，内圈带头若不加以固定，则钢卷在存放和吊运过程中，内圈带头滑动，使内径变小，甚至造成塌卷，给后工序的生产带来开卷困难，甚至使钢卷报废。

54. 答：张力轧制使工业化冷轧成为现实，张力在轧制过程中的主要作用是：（1）张力能控制前滑区与后滑区的变化，从而改变轧材在变形区的金属流量，这样张力能自动调整轧机辊缝的不水平度，能纠正轧材局部的横向不均匀，使轧材保持平直，防止带钢在轧制过程中的跑偏；（2）在轧制过程中，张力可以适当调整轧机主电机负荷；（3）改变轧件的应力状态，便于轧制更薄产品；（4）在冷轧过程中张力具有自动调节轧制过程状态的作用，使连轧在受一定外扰量后，可以由一稳态平衡达到另一稳态平衡。

55. 答：冷轧过程中，工艺润滑的主要作用是起润滑轧辊辊缝，冷却轧辊与轧件，轧制液在轧制过程中由于降低了摩擦系数，使得轧制压力下降，同时可采用分段冷却改变轧制液喷射的流量来调节轧辊的温度，从而达到调节辊型，以便达到调节板形作用的目的，另外轧制液起到降低轧件的温度，避免轧件和轧辊的温度局部升高，从而避免金属与轧辊的粘结的作用。

56. 答：带钢在轧制过程中产生不同程度的加工硬化，当加工硬化超过一定程度后，带钢因过分硬脆而不适于继续轧制，因此，带钢经冷轧一定的道次即完成一定的冷轧总压下量，要想继续轧薄，往往要经过软化热处理（再结晶退火）等，使轧件恢复塑性，降低变形抗力。

57. 答：当轧制几卷钢后，或经过一定的带负荷运转之后，轧辊就会产生膨胀和磨损，这就导致了

辊缝的变化，为了消除这种影响，采用"轧辊零位校正"即校辊。此外，这种"轧辊零位校正"还保证了辊缝的"平行度"。

58. 答：穿带过程中带钢头部跑偏的原因是：（1）辊缝未调整好（两侧辊缝大小不一样）；（2）带钢头部有镰刀弯或楔形太大；（3）带头被不正常咬入，如带钢中心线与轧机中心线不重合或平行，轧辊不对称咬入带钢等；（4）侧导板宽度过大。

预防穿带过程中带钢头部跑偏的措施是：（1）穿带前调好辊缝，穿带后发现跑偏现象适当调整倾斜，进行纠偏，如发现带钢头部向操作侧偏，可适当减小操作侧的辊缝，即加大操作侧压下量；（2）发现头部板形不好，应及时切除；（3）带头在咬入前要将其摆正；（4）侧导板宽度 = 带钢宽 + 8 ~ 10mm。

59. 答：甩尾跑偏的原因是：（1）原料尾部板形不良；（2）轧辊倾斜控制不当；（3）甩尾时无后张力。

预防甩尾跑偏的措施是：（1）确保带钢尾部板形良好（主要由热轧和酸洗解决）；（2）甩尾时根据带钢运行位置和板形情况，适当调整轧辊倾斜值；（3）确保入口压板台和机架间的压板台完好，甩尾时将其压紧以便产生一定的后张力；（4）甩尾时发现跑偏严重，应及时停机，防止损坏轧辊表面。

60. 答：带钢咬入困难一般多发生在第一机架，其原因是：（1）工作辊辊径太小；（2）带钢头部不干净（有油）；（3）工作辊使用时间太长，造成粗糙度低；（4）穿带前辊缝太小（压下量过大），以及带钢凸度与辊缝形状不匹配等。

预防带钢咬入困难的措施是：（1）尽量使用大直径的工作辊；（2）穿带前用煤油清洗带头；（3）定期更换工作辊，保持一定的粗糙度；（4）穿带辊缝正确或稍大；（5）第一机架工作辊采用喷砂辊。

61. 答：板带钢成品厚度波动的原因是：（1）轧件来料的原因：①引起金属变形抗力变化的因素，原料成分和组织的不均匀；②坯料尺寸变化的影响。（2）轧机设备的原因：①轧辊的热膨胀，轧辊的偏心运转等也会造成厚度波动以及轧制工艺条件方面的原因；②轧制速度调节不合理，轧制润滑状态不稳定；③轧制速度变化的影响。（3）轧机运行状态的原因：①轧制过程中的停车；②升速、降速。

62. 答：卷取张力过大将会产生轧制薄料出现心形，造成卸卷困难，在热处理退火过程易产生粘结。卷取张力过小将会产生打滑和扁卷。

63. 答：因为卷取张力波动将造成本机组出口钢卷卷取不齐，轧制卷取张力不稳定还可能引起掉张力，大张力冲击等现象。

64. 答：冷轧轧制过程的数学模型有：（1）能耗模型；（2）压力模型：变形抗力 K 子模型，计算轧辊压扁半径 Hitchcook 公式，应力状态系数 σ_p 子模型，张力因子 n_t 子模型；（3）弹跳方程；（4）连轧秒流量方程：前滑模型，张力公式；（5）轧机主电机力矩计算公式：轧制力矩计算公式，附加摩擦力矩 $M_摩$ 计算公式，空转力矩 $M_空$ 计算公式，动力矩 $M_动$ 计算公式；（6）轧制功率计算公式；（7）变形区参数计算公式：变形量计算公式，咬入角计算公式，中性角计算公式，变形区长度计算公式。

65. 答：计算机自动控制系统一般来说可分成两大部分即硬件和软件；所谓硬件是指计算机控制主机，外部设备，调节控制，信号检测部分等设施。软件是由计算机的系统软件和数学模型组成，计算机计算系统软件决定了计算机硬件部分的各种功能是否能正常的发挥。而数学模型则在软件系统中决定了计算系统的控制精度，而各种信号检测及调节控制部分在硬件系统中决定计算机控制系统精度的重要条件。

66. 答：HC 主轧机厚度自动控制的基本思想是：在第一机架即 AGC 粗调系统，保证来料厚度偏差基本得到消除，以后精调 AGC 系统；由于压下效率低，而且要保证良好板形，故常用调速度即调张力作为调厚手段，对带钢厚度再次进行精调，如误差超出精调系统的能力范围，便将偏差信号反馈给粗调 AGC 系统。

67. 答：工艺润滑剂应满足一系列工艺、经济和劳动卫生特点的要求，一般的基本要求如下：（1）降低外摩擦力（摩擦系数）；（2）减少磨损并防止轧辊粘钢；（3）保证轧材表面光洁；（4）很高的比热（用作润滑-冷却液）；（5）成分和性质的稳定性；（6）便于喷涂到轧辊和金属上；（7）对金属和设备没有损害、腐蚀等；（7）无毒性，没有难闻气味；（8）最小污染和废水净化简单；（9）便宜和资源丰富。

（适合广泛应用）。

68. 答：冷轧工艺润滑剂常采用下列几种：（1）矿物油：在轧制中以纯油方式应用，或者加少量防腐添加剂、洗涤剂、抗氧化剂等；（2）植物油：主要有棕榈油、蓖麻油、棉籽油、葵花籽油；（3）乳化液：一种液体以细小的液滴分布在另一种液体中，形成两种液体组成的足够稳定的液体，称为乳化液。乳化液广泛应用于各种轧制过程。它的冷却能力比油大得多，在循环系统中可长期使用，耗油量较低，且有良好的抗磨性能。乳化液所用的基础油有矿物油、植物油和动物脂肪等，在轧钢生产中一般采用水-油乳化液，其浓度一般在 1% ~ 10%。

69、答：特征：带钢表面呈周期性凹状印痕。

原因：（1）因断带或穿带甩尾不正常，带钢在工作辊表面上造成堆焊或粘结；（2）在轧机空转时预压力过小，造成工作辊与中间辊点接触而使中间辊周长方向磨损，受损中间辊反过来造成新更换工作辊表面压印而造成带钢表面压痕；（3）中间辊掉肉造成工作辊表面压印，即在带钢表面产生压痕。

措施：（1）轻微小面积压痕可对工作辊进行修磨（用砂石），严重压痕应更换工作辊；（2）轧机空转时给一定轧制压力或采用正弯辊，以避免局部损伤轧辊，发现中间辊局部损伤，避免使用负弯辊，减轻轧辊表面压痕深度，勤换工作辊，必要时及时更换中间辊。

70. 答：特征：带钢边部局部开裂或呈锯齿形裂口。

原因：（1）酸洗剪切边部状况不好，造成轧后带钢裂边（锯齿状）；（2）热轧板本身边部裂口或龟裂；（3）吊运中夹钳碰撞，使带钢边部损坏。

措施：（1）酸洗圆盘剪的剪刃间隙应按剪切的不同厚度规格精调节，并勤换剪刃；（2）热轧原板边部缺陷应在酸洗工序尽量切除（呈月牙形）；（3）吊运钢卷时，夹钳应稳、准、轻，防止吊具将钢卷边部碰损。

71. 答：控制板形能力较强的轧机有：CVC 轧机、VPC 轧机、VC 轧机、HC 轧机、HVC 轧机等。

72. 答：卷取机掉张力的原因是：（1）带钢头部卷取张力过小；（2）卷取张力控制系统故障；（3）废带头卷入卷芯；（4）带钢头部板形不良；（5）助卷器皮带损坏。

预防卷取机掉张力的措施是：（1）主操作工手动加大头部卷取张力；（2）发现卷取张力控制系统故障，及时通知电气和自动化人员进行检查处理；（3）如带头发生断带，则应卸掉断带的带钢头部后，重新卷取；（4）控制好带钢头部板形；（5）保证助卷器皮带状况良好。

73. 答：特征：带钢表面沿轧制方向无规律的局部条状凹痕。

原因：（1）轧辊和带钢温升过高；（2）轧制薄规格时，在高速高压下，轧制油的油膜强度不够，使润滑不良所致。

措施：（1）正确选择轧制油浓度和轧制油类型，确保良好的润滑性能；（2）使各机架的负荷分配尽量均衡；（3）正确选择乳化液的温度、压力，确保良好的冷却性；（4）选择适当的轧制速度，在润滑和冷却不好的情况下，轧制速度不应超过 600m/min；（5）当已发现有严重的热划伤时，立即更换工作辊。

74. 答：轧辊发生爆辊，从机架内抽出后，因残余应力可造成多次爆破，飞出碎片将人打伤。为避免爆辊伤人，首先要采取办法减少或避免爆辊，其次是对换出的爆裂辊，应及时用物体遮盖，在没有遮盖之前，人不应站在轧辊附近区域；再次是已爆裂的轧辊，应尽早送入磨辊间，放于安全位置。

75. 答：油气润滑的优点是：（1）润滑油的消耗量小；（2）连续供油性好；（3）阻力小，散热性好；（4）能适应高速、高温、重载条件；（5）轴承寿命长。

76. 答：将淬火后的轧辊过冷到 0℃ 以下，使钢中残余奥氏体继续转变为马氏体的工艺操作称为冷处理。冷处理的目的：（1）提高轧辊的硬度均匀性和耐磨性；（2）防止轧辊尺寸在存放和使用中发生时效变化；（3）防止轧辊开裂，增加抗事故能力。

77. 答：原因：（1）主传动马达保险销材质、尺寸精度较差，同时强度也低于设计要求；（2）高速断带造成堆钢，使轧辊速度剧变，传动轴承受扭矩过大。

措施：（1）使保险销的材质、尺寸精度和强度符合设计要求；（2）防止高速断带；（3）发现保险销断后，及时通知维护人员更换，避免其他设备损坏。

78. 答：特征：钢卷卧放时呈椭圆状。

原因：在整个轧制过程中，卷取张力都小于设定张力，卸卷以后便暴露，尤其以薄规格产品最明显，经吊车吊运以后会发生卷内孔径全塌；厚规格（1.0～1.2mm）产品，经退火后平整机上料时（由立卷变卧卷）暴露出来。

措施：在张力调节系统或张力设定不正常时，要通过手动操作方式，将卷取张力升高，以保证带钢头部及整卷的卷取张力符合工艺的要求，避免质量和安全事故的发生。

79. 答：特征：钢卷内径局部下凹。一般产生于薄规格，严重时造成卸卷困难及下工序上卷困难。

原因：带头（卷芯）卷取张力过小；轧制规格薄。

措施：提高带头卷取张力，一般应大于设定张力20%，适当增大带头厚度。

80. 答：轧制中突然断带的原因是：（1）原料缺陷，如夹杂、超薄、焊缝质量差、边裂、废边咬入等；（2）机架间张力过大；（3）板形不良（中间浪）；（4）轧制中轧辊剥落或爆辊；（5）机架间掉入异物；（6）掉张力；（7）压下偏斜；（8）主传动掉电等。

预防轧制中突然断带的措施是：（1）严格检查原料质量，在开卷之前尽量处理，如不能处理应作标记，并通知开卷工和主操作工，轧到缺陷位置时及时降速，防止高速断带；（2）操作工严格按设定值控制好张力，如发现张力过大，应通过速度、轧制压力、冷却润滑等来进行调节；（3）对原料有中间浪的钢卷应及时降速，轧制时，各架操作工严格控制好板形，防止中间浪（尤其是薄规格）；（4）新工作辊上机之前严格检查辊面质量，轧制中确保轧辊工艺润滑良好；（5）机架间各设备应定期检查和紧固，防止螺丝松脱及其他异物掉入轧机；（6）卷取时确保头部卷取良好，防止卷取张力波动，卷取张力应严格执行工艺制度，如发现张力控制系统故障，应及时通知有关专业人员进行检查处理；（7）压下偏斜影响因素较多，如设备、操作、电气、液压、原料、工艺制度等，应分类查明原因解决。

四、计算题

1. 解：（1）轧后轧件的高度 $h = 100 - 35 = 65\text{mm}$；

根据体积不变定律，可知：$H \times B \times L = h \times b \times l$

忽略宽展，则 $B = b$，则第 1 道次轧后的轧件长度为：

$$l = \frac{H \times B \times L}{h \times b} = \frac{100 \times 100 \times 2000}{65 \times 100} = 3076.92\text{mm}$$

（2）第 1 道次的总轧制时间为：

$$t = \frac{l}{v} = \frac{3076.92}{3 \times 10^3} = 1.03\text{s}$$

2. 解：（1）计算压下量及变形区长度

$$\Delta h = H - h = 100 - 70 = 30\text{mm}$$

$$l = \sqrt{R\Delta h} = \sqrt{\frac{650}{2} \times 30} = 98.7\text{mm}$$

（2）按古布金公式计算

$$\Delta b = \left(1 + \frac{\Delta h}{H}\right)\left(f\sqrt{R\Delta h} - \frac{\Delta h}{2}\right)\frac{\Delta h}{H}$$

$$= \left(1 + \frac{30}{100}\right) \times \left(0.4 \times 98.7 - \frac{30}{2}\right) \times \frac{30}{100} = 9.55\text{mm}$$

3. 解：变形区长度：

$$l = \sqrt{R\Delta h} = \sqrt{\frac{980}{2} \times 25} = 111\text{mm}$$

接触面积：$\qquad F = Bl = 2900 \times 111 = 321900 \text{mm}^2 = 0.3219 \text{m}^2$

轧制总压力：$\qquad P = \bar{p}F = 1054 \times 10^5 \times 0.3219 = 3.39 \times 10^7 \text{N}$

4. 解：接触弧长度：

$$l_j = \sqrt{R\Delta h} = \sqrt{\frac{470}{2} \times 27.5} = 80.39 \text{mm}$$

轧制力矩：

$$M_z = 2P\Psi l_j = 2 \times 13 \times 10^5 \times 0.60 \times 80.39$$
$$= 1254.08 \times 10^5 \text{N} \cdot \text{mm} = 1.25 \times 10^5 \text{N} \cdot \text{m}$$

轧辊轴承中的附加摩擦力矩：

$$M_{m1} = \frac{P}{2}f_1\frac{d_1}{2}4 = Pd_1f_1 = 13 \times 10^5 \times 380 \times 0.02$$
$$= 9.88 \times 10^6 \text{N} \cdot \text{mm} = 9.88 \times 10^3 \text{N} \cdot \text{m}$$

5. 解：已知坯料排数 $n = 2$，坯料的宽度 $b = 150\text{mm} = 0.15\text{m}$，坯料长度 $l = 2100\text{mm} = 2.1\text{m}$，坯料间或坯料与炉墙的空隙 $\delta = 0.3\text{m}$，最大推钢比 $i = 200$。则：

加热炉的宽度：

$$B = nl + (n+1)\delta = 2 \times 2.1 + (2+1) \times 0.3 = 5.1\text{m}$$

加热炉的长度：

$$L = ib = 200 \times 0.15 = 30\text{m}$$

所以该加热炉的宽度和长度至少为 5.1m 和 30m。

6. 解：已知有效炉底强度 $P = 700\text{kg}/(\text{m}^2 \cdot \text{h})$；炉内坯料排数 $n = 2$；坯料长度 $l = 2.5\text{m}$；炉底有效长度 $L = 24\text{m}$。则：

炉底的布料面积：$\qquad F = l \times L \times n = 2.5 \times 24 \times 2 = 120\text{m}^2$

加热炉的小时产量：$\qquad Q = PF/1000 = 700 \times 120/1000 = 84\text{t/h}$

所以该1号加热炉的小时产量是84t。

7. 解答：珠光体中的铁素体与渗碳体的相对量可用杠杆定律求出：

$$W_{\text{珠光体}} = W_{\text{Fe}} + W_{\text{Fe}_3\text{C}}$$

渗碳体组织含量：

$$W_{\text{Fe}_3\text{C}} = (P - S)/(P - K) \times 100\%$$
$$= (0.77 - 0.0218)/(6.69 - 0.0218) \times 100\% \approx 11\%$$

铁素体组织含量：

$$W_{\text{Fe}} = (S - K)/(P - K) \times 100\%$$
$$= (6.69 - 0.77)/(6.69 - 0.0218) \times 100\% \approx 89\%$$

所以渗碳体组织和铁素体组织的含量分别为 11%、89%。

8. 解：成品断面积：$3.25 \times 3.25 \times 3.14 = 33.166\text{mm}^2$

原料断面积：$120 \times 120 = 14400\text{mm}^2$

总延伸系数：$\mu_{\text{总}} = F/f = 14400/33.166 \approx 434.18$

总的轧制道次：$n = \lg\mu_{\text{总}}/\lg\mu_{\text{均}} = \lg434.18/\lg1.28 \approx 25$

故总延伸系数是434.18，总的轧制道次是25次。

9. 解：$h = S_0 + P/K = 5.6 + 200/500 = 6.0\text{mm}$

故轧后厚度为 6.0mm。

10. 解：由题意 $\sigma_1 = 90\text{MPa}$，$\sigma_2 = 60\text{MPa}$，$\sigma_3 = 30\text{MPa}$，$\sigma_s = 70\text{MPa}$

　　　且 $\sigma_2 = (\sigma_1 + \sigma_3)/2 = 60\text{MPa}$

　　　由塑性方程：$\sigma_1 - \sigma_3 = \sigma_s$

　　　　　　　　　$90 - 30 = 60 < 70\text{MPa}$

　　所以该点不能发生塑性变形。

11. 解：已知炉子的有效长度 $L = 32.5\text{m} = 32500\text{mm}$

　　　加热炉内的板坯数 $N = 32500/(700 + 50) \approx 43$ 块

　　　加热炉内板坯的质量 $Q = 43 \times 15 = 645\text{t}$

　　　该炉可装约 43 块板坯，可装 645t 板坯。

12. 解：已知总延伸系数 $\mu = 14.154$；成品圆钢的直径 $d = 30\text{mm}$。则生产该圆钢所采用的方坯坯料的面积 F_0 为：

$$F_0 = \frac{\pi d^2}{4} \times \mu = \frac{3.14 \times 30^2}{4} \times 14.154 = 10000\text{mm}^2$$

　　方坯的边长 a 为：

$$a = \sqrt{F_0} = \sqrt{10000} = 100\text{mm}$$

　　所以该型钢车间使用的是 $100\text{mm} \times 100\text{mm}$ 的方坯。

13. 解：根据公式 $Q = qBh$，则 $q = Q/Bh$

　　前平均单位张力为：　　$q_{前} = 70000/(420 \times 2.3) = 72.46\text{MPa}$

　　后平均单位张力为：　　$q_{后} = 75000/(420 \times 3.0) = 59.52\text{MPa}$

　　该道次轧制时前、后平均单位张力值分别为 72.46MPa、59.52MPa。

14. 解：根据轧制速度计算公式

$$V = \frac{\pi D n}{60} = \frac{3.14 \times 0.4 \times 500}{60} = 10.47\text{m/s}$$

15. 解：根据体积不变定律 $V_{前} = V_{后}$，可推出：

$$\frac{\pi D^2}{4} \times L \times (1 - 2\%) = \pi \times (d - s) \times s \times l$$

$$l = \frac{D^2 \times L \times 98\%}{(d - s) \times s \times 4} = \frac{0.18^2 \times 2 \times 0.98}{(0.14 - 0.006) \times 0.006 \times 4} = \frac{0.063504}{0.003216} = 19.75\text{m}$$

　　所以成品钢管长度为 19.75m。

16. 解：轧机的辊跳值：$160 - 158 = 2\text{mm}$

　　　所以该轧机的辊跳值是 2mm。

17. 解：根据公式前滑为

$$S_h = \gamma^2 R/h = (2 \times 3.14/180)^2 \times 350/8 = 0.053$$

　　根据公式出口速度

$$V_h = (1 + S_h)V = (1 + 0.053) \times 3.14 \times 0.7 \times 380/60 = 14.66\text{m/s}$$

　　所以轧件在该轧机实际的出口速度是 14.66m/s。

18. 解：室温下的组织为 $P + Fe_3C$（珠光体 + 渗碳体）

$$w_P = (6.69 - X)/(6.69 - 0.77) \times 100\%$$

$$w_{Fe_3C} = (X - 0.77)/(6.69 - 0.77) \times 100\%$$

19. 解：室温下的组织为 $F + P$（铁素体 + 珠光体）

$$w_F = (0.77 - Y)/(0.77 - 0.008) \times 100\%$$

$$w_P = (Y - 0.008)/(0.77 - 0.008) \times 100\%$$

20. 解：$V_a = V_g LN = 5000 \times 2.0 \times 1.05 = 10500 \text{km}^3/\text{h}$

21. 解：连续式加热炉的加热时间经验公式是：

$$T = K_1 \times D$$

已知加热修正系数 $K_1 = 0.18$；钢坯的厚度 $D = 150\text{mm} = 15\text{cm}$；则加热时间为：

$$T = 0.18 \times 15 = 2.7\text{h}$$

所以加热时间是 2.7h。

22. 解：加热速度：

$$v = 300/1.5 = 200\text{℃}/\text{h}$$

23. 解：根据体积不变定律 $V_前 = V_后$，可推出：

$$\frac{\pi D^2}{4} \times L \times (1 - 2\%) = \pi \times (d - s) \times s \times l$$

$$l = \frac{D^2 \times L \times 98\%}{(d - s) \times s \times 4} = \frac{0.18^2 \times 3.6 \times 0.98}{(0.121 - 0.008) \times 0.008 \times 4} = \frac{0.1143072}{0.003616} = 31.61\text{m}$$

所以成品钢管长度为 31.61m。

24. 解：已知原料质量：$Q = 6.5\text{t}$；轧制节奏时间：$T = 150\text{s}$；轧机的利用系数：$k_1 = 0.8$；成材率：$b = 93\%$。则：

轧机的实际小时产量：$A = 3600 \times Q \times k_1 \times b/T$

$$= 3600 \times 6.5 \times 0.8 \times 93\%/150$$

$$= 116.1\text{t}/\text{h}$$

25. 解：日历作业率 = 实际生产作业时间/(日历时间 - 计划停机时间)

$$= (30 \times 24 - 36 - 9 - 34)/(30 \times 24 - 36)$$

$$= 641/684$$

$$= 93.7\%$$

附录3　某公司轧钢工技能鉴定（应会）考核大纲

第一部分　笔试考核大纲（轧钢基本理论、生产工艺及设备等）（50%）

1. 钢铁基本知识。
2. 铁碳相图及热处理基本知识。
3. 塑性变形原理及轧制理论。
4. 轧钢机械主辅设备的分类方法及各类设备适用条件。
5. 轧钢原料的选用、生产计划编制方法及加热基本知识。
6. 轧钢生产工艺。
7. 各种工艺参数的检测和调整原理。
8. 型钢孔型设计及板带轧制规程的制定和修改。
9. 轧辊、导位装置、护板和轴承等轧钢备品的知识。
10. 掌握设定和修改工艺参数的能力。
11. 能够参与编写和修改轧机的操作技术规程。
12. 能够参与新工艺、新品种的试验。
13. 原料、加热工序、精整工序与轧钢工艺相关知识的掌握。
14. 能够提出轧钢生产情况的综合性报告或建议，组织安全生产。
15. 针对现场技术或操作问题，提出改进意见。
16. 根据国内外轧钢的新工艺、新技术和新设备的发展动向，提出推广应用的建议。

第二部分　技能考核大纲（50%）

1. 操作中故障的处理方法。
2. 操作过程中的有效控制方法。
3. 操作技术中的难点攻克。

详细如表1所示。

表1　某公司轧钢工技能考核项目及评分标准

项目	考核项目	评分依据	责任部门
粗轧	1. 责任废钢(40%)	属于操作方面原因的废钢，在厂规定废钢系数（0.4块/10000t）范围内的废钢，每块废钢扣5分；超过规定数量外的废钢，每块扣10分。依次累加	调度科、轧钢车间
	2. 产量(10%)	按照厂下达的经济指标，各班的有效生产时间内，完成规定产量得满分，产量少于规定量每少100t扣1分	调度科
	3. 开轧(20%)	换一套工作辊开轧成功得4分；换二套工作辊开轧成功得6分；工艺停机超过4h和检修开轧成功得10分。无开轧不得分。最高分不超过20分	轧钢车间
	4. 工艺通道(20%)	责任设备一个月无事故且无责任热停工得满分。因工艺通道问题造成的废钢，每块钢扣10分；造成热停工30min内扣5分，30分钟以上扣10分。重大事故不得分	
	5. 创新(10%)	提出合理化建议、改进操作等均酌情加分。无创新不加分	
	6. 事故(0%)	出现事故即扣分，一般生产操作事故扣20分，重大、特大事故以上均视为应会过程考不及格	

续表 1

项目	考核项目	评 分 依 据	责任部门
精轧 （压下）	1. 责任废钢(40%)	属于操作方面原因的废钢，在厂规定废钢系数（1.2 块/10000t）范围内的废钢，每块废钢扣 3 分；超过规定数量外的废钢，每块扣 8 分。依次累加	调度科、轧钢车间
	2. 产量(10%)	按照厂下达的经济指标，各班的有效生产时间内，完成规定产量得满分，产量少于规定量每少 100t 扣 1 分	调度科
	3. 厚度命中率(10%)	按照机房统计数据：1. 厚度命中率在 89% 以下，不得分；2. 厚度命中率在 89% ~ 91%，扣 5 分；3. 厚度命中率在 91% ~ 93%，扣 2 分；4. 厚度命中率在 93% 以上，满分	计算机室、轧钢车间
	4. CT 命中率(10%)	按照机房统计的数据：1. CT 命中率在 85% 以下，不得分；2. CT 命中率在 85% ~ 88%，扣 5 分；3. CT 命中率在 88% ~ 91%，扣 2 分；4. CT 厚度命中率在 91% 以上，满分	
	5. 工艺通道(20%)	责任设备一个月无事故且无责任热停工得满分。因工艺通道问题造成的废钢，每块钢扣 10 分；造成热停工 30 分钟内扣 5 分，30 分钟以上扣 10 分。重大事故不得分	轧钢车间
	6. 创新(10%)	提出合理化建议、改进操作等均酌情加分。无创新不加分	
	7. 事故(0%)	出现事故既扣分，一般生产操作事故扣 20 分，重大、特大事故以上均视为应会过程考不及格	
精轧 （速度）	1. 责任废钢(40%)	属于轧制方面的原因，在厂规定废钢数量范围内，每块废钢扣 4 分；超过规定数量外的废钢，每块扣 8 分。依次累加	调度科、轧钢车间
	2. 产量(10%)	按照厂下达的经济指标，各班的有效生产时间内，完成规定产量得满分，产量少于规定量每少 100t 扣 1 分。产量每超过 1000t 加 2 分，依次累加	调度科
	3. 宽度命中率(10%)	按照机房及计技科统计数据：1. 宽度命中率在 92% 以下，不得分；2. 宽度命中率在 92% ~ 94%，扣 5 分；3. 宽度命中率在 94% ~ 96%，扣 2 分；4. 宽度命中率在 96% 以上，满分	计算机室、轧钢车间
	4. FT6 命中率(10%)	按照机房及计技科统计数据：1. 89% 以下不得分；2. FT6 命中率在 89% ~ 91%，扣 5 分；3. FT6 命中率在 91% ~ 95%，扣 2 分；4. FT6 命中率在 95% 以上，满分	计算机室
	5. 工艺通道(20%)	责任设备一个月无事故且无责任热停工得满分。因工艺通道问题造成的废钢，每块钢扣 10 分；造成热停工 30min 内扣 5 分，30min 以上扣 10 分。重大事故不得分	轧钢车间
	6. 创新(10%)	提出合理化建议、改进操作等均酌情加分。无创新不加分	
	7. 事故(0%)	出现事故既扣分，一般生产操作事故扣 20 分，重大、特大事故以上均视为应会过程考不及格	

项目	考核项目	评分依据	责任部门
卷取	1. 责任废钢(30%)	在厂规定废钢系数（0.5块/10000t）范围内，每块废钢扣5分；超过规定数量外的废钢，每块扣10分。依次累加	调度科、轧钢车间
	2. 产量(10%)	按照厂下达的经济指标，各班的有效生产时间内，完成规定产量得满分，产量少于规定量每少10卷扣1分	调度科
	3. 卷形(30%)	根据轧制产品的规格：1. 1.8mm规格：合格率100%，得满分；合格率在95%~99%之间，扣1分；合格率在90%~94%之间，扣2分；合格率在85%~89%之间，扣3分；合格率在80%~84%之间，扣4分；合格率在75%~79%之间，扣6分。2. 2.0mm规格：合格率100%，得满分；合格率在95%~99%之间，扣1分；合格率在90%~94%之间，扣2分；合格率在85%~89%之间，扣3分；合格率在80%~84%之间，扣4分；合格率在75%~79%之间，扣6分。3. 不大于2.5mm规格：合格率100%，得满分；合格率在95%~99%之间，扣1分；合格率在90%~94%之间，扣2分；合格率在85%~89%之间，扣4分；合格率在80%~84%之间，扣5分；合格率在75%~79%之间，扣8分。4. 小于4.0mm规格：合格率100%，得满分；合格率在95%~99%之间，扣2分；合格率在90%~94%之间，扣4分；合格率在85%~89%之间，扣6分；合格率在80%~84%之间，扣8分；合格率在75%~79%之间，扣10分。5. 不小于4.0mm规格：合格率100%，得满分；合格率在95%~99%之间，扣5分；合格率在90%~94%之间，扣10分；合格率在85%~89%之间，扣15分	计技科
	4. 工艺通道(20%)	责任设备一个月无事故且无责任热停工得满分。因工艺通道问题造成的废钢，每块钢扣10分；造成热停工30min内扣5分，30分钟以上扣10分。重大事故不得分。	轧钢车间
	5. 创新(10%)	提出合理化建议、改进操作等均酌情加分。无创新不加分	
	6. 事故(0%)	出现事故既扣分，一般生产操作事故扣20分，重大、特大事故以上均视为应会过程考不及格	
运输链	1. 描号数量(20%)	按照操作记录本记录考核：1. 完成规定量的90%以下，扣20分；2. 完成规定量的90%~99%，扣1~10分；3. 完成规定量的100%以上，满分	轧钢车间
	2. 描号正确率(40%)	按照计技科记录考核：1. 正确率在95%以下，扣40分；2. 正确率在95%~98%，酌情扣10~30分；3. 正确率在98%~99%，酌情扣1~10分；4. 正确率在100%以上，满分	计技科
	3. 工艺通道(20%)	责任设备一个月无事故且无责任热停工得满分。因工艺通道问题造成的废钢，每块钢扣10分；造成热停工30min内扣5分，30min以上扣10分。重大事故不得分	轧钢车间
	4. 创新(20%)	提出合理化建议、改进操作等均酌情加分。无创新不加分	
	5. 事故(0%)	出现事故既扣分，一般生产操作事故扣20分，重大、特大事故以上均视为应会过程考不及格	

编制说明：

1. 本考核大纲编制根据中华人民共和国职业技能标准和职业技能鉴定规范中的有关规定。

2. 本考核大纲包括：笔试考核大纲（轧钢基本理论、生产工艺及设备等）（50%），技能考核（50%）两部分。

3. 本考核大纲适用于本公司高级轧钢工技能鉴定（应会）过程考核。

4. 为了便于记分，考核的两项内容均以百分制记分，实得分数乘以相应系数即可。

轧钢工技能鉴定工作小组

2009 年 12 月

参 考 文 献

[1] 国家劳动和社会保障部职业技能鉴定中心网：http：//www. osta. org. cn.

[2] 劳动和社会保障部职业技能鉴定中心组织编写. 国家职业技能鉴定教程[M]. 北京：北京广播学院出版社，2003.

[3] GB/T 13304.1—2008：钢分类第1部分：按化学成分分类.

[4] GB/T 13304.2—2008：钢分类第2部分：按主要质量等级和主要性能或使用特性的分类.

[5] GB/T 211—2008：钢铁产品牌号表示方法.

[6] 刘天佑. 钢材质量检验（第2版）[M]. 北京：冶金工业出版社，2008.

[7] 李登超. 钢材质量检验[M]. 北京：化学工业出版社，2008.

[8] 杨意萍. 轧钢加热工[M]. 北京：化学工业出版社，2009.

[9] 李群，高秀华. 钢管生产[M]. 北京：冶金工业出版社，2008.

[10] 杨满. 热处理工速成与提高[M]. 北京：机械工业出版社，2008

[11] 崔忠圻，覃耀春主编. 金属学与热处理（第2版）[M]. 北京：机械工业出版社，2007.

[12] GB/T 4156—2007：金属材料 薄板和薄带埃里克森杯突试验.

[13] GB/T 238—2002：金属材料 线材 反复弯曲试验方法.

[14] YB/T 5293—2006：金属材料 顶锻试验方法.

[15] GB/T 6394—2002：金属平均晶粒度测定法.

[16] 段小勇. 金属压力加工理论基础[M]. 北京：冶金工业出版社，2004.

[17] 朱兴元，刘忆. 金属学与热处理[M]. 北京：北京大学出版社，2006.

[18] 徐春等. 金属塑性成形理论[M]. 北京：冶金工业出版社，2009.

[19] 李尧. 金属塑性成形原理[M]. 北京：机械工业出版社，2004.

[20] 俞汉青. 金属塑性成形原理[M]. 北京：机械工业出版社，2004.

[21] 王平，崔建忠主编. 金属塑性成形力学[M]. 北京：冶金工业出版社，2006.

[22] 王廷溥，齐克敏主编. 金属塑性加工学—轧制理论与工艺（第2版）[M]. 北京：冶金工业出版社，2006.

[23] 赵志业等. 金属塑性变形与轧制理论[M]. 北京：冶金工业出版社，2001.

[24] 吕立华等. 金属塑性变形与轧制原理[M]. 北京：化学工业出版社，2007.

[25] 袁志学等. 金属塑性变形与轧制原理[M]. 北京：冶金工业出版社，2008.

[26] 张小平. 轧制理论[M]. 北京：冶金工业出版社，2006.

[27] 潘慧勤. 轧钢车间机械设备[M]. 北京：冶金工业出版社，2003.

[28] 邹家祥主编. 轧钢机械（第3版）[M]. 北京：冶金工业出版社，2006.

[29] 文庆明. 轧钢机械[M]. 北京：化学工业出版社，2004.

[30] 黄庆学. 轧钢机械设计[M]. 北京：冶金工业出版社，2007.

[31] 蔡乔方. 加热炉（第3版）[M]. 北京：冶金工业出版社，2007.

[32] 戚翠芬. 加热炉[M]. 北京：冶金工业出版社，2004

[33] 郑柏平. 热装热送的实践[J]. 湖南冶金，2000，(5).

[34] 韩孝永. 连铸坯热装热送技术的应用[J]. 有色金属，2007，59(1).

[35] 兰新武. 可移动钟罩式感应加热炉的结构与工作原理[J]. 中国重型装备，2008，(4)：29～30.

[36] 王广成. 感应加热在锻造生产中的应用[J]. 金属加工，2009，(3)：24～26.

[37] 双远华. 现代无缝钢管生产技术[M]. 北京：化学工业出版社，2008.

[38] 高秀华. 钢管生产知识问答[M]. 北京：冶金工业出版社，2007.

[39] 李国祯. 现代钢管轧制工具与设计原理[M]. 北京：冶金工业出版社，2006.

[40] 孙本荣. 中厚钢板生产[M]. 北京：冶金工业出版社，1993.

[41] 傅作宝. 冷轧薄钢板生产（第 2 版）[M]. 北京：冶金工业出版社，2006.

[42] 袁志学，马水明. 中型型钢生产[M]. 北京：冶金工业出版社，2005.

[43] 曲克主编. 轧钢工艺学[M]. 北京：冶金工业出版社，1997.

[44] 黄炜主编. 型钢生产工艺[M]. 北京：冶金工业出版社，2009.

[45] 赵松筠，唐文林主编. 型钢孔型设计（第 2 版）[M]. 北京：冶金工业出版社，2005.

[46] 柳谋渊. 金属压力加工工艺学[M]. 北京：冶金工业出版社，2008.

[47] 李曼云主编. 小型型钢连轧生产工艺与设备[M]. 北京：冶金工业出版社，2005.

[48] 强十涌，乔德庸. 高速轧机线材生产（第 2 版）[M]. 北京：冶金工业出版社，2009.

[49] 李登超等. 参数检测与自动控制. 第一版[M]. 北京：冶金工业出版社，2004.

[50] 宋美娟主编. 轧制测试技术[M]. 北京：冶金工业出版社，2008.

[51] 徐光宪等. 稀土（第 2 版）[M]. 北京：冶金工业出版社，1996.

[52] 王有铭，李曼云. 钢材的控制轧制和控制冷却[M]. 北京：冶金工业出版社，1995.

[53] 张景进. 中厚板生产[M]. 北京：冶金工业出版社，2005.

[54] 人力资源和社会保障部教材办公室组织编写. 型钢生产工艺[M]. 北京：中国劳动社会保障出版社，2009.

[55] 许源泉. 塑性加工学[M]. 北京：中国劳动社会保障出版社，2008.

[56] 熊及兹. 压力加工设备[M]. 北京：冶金工业出版社，1995.

[57] 温景林. 金属压力加工车间设计[M]. 北京：冶金工业出版社，1992.

[58] 夏佃秀，李兴芳等. 控制轧制和控制冷却技术的新发展[J]. 山东冶金，2003，(5)：38～41.

[59] 倪洪启，刘相华等. 板带材控制冷却技术[J]. 金属成形工艺，2004，(3)：53～55.